Physiologisches Praktikum.

Physiologisches Praktikum.

Chemische und physikalische Methoden.

Von

Prof. Dr. Emil Abderhalden,

Direktor des physiologischen Institutes der Universität zu Halle a S.

Mit 271 Figuren im Text.

Springer-Verlag Berlin Heidelberg GmbH

1912.

ISBN 978-3-662-35570-1   ISBN 978-3-662-36399-7 (eBook)
DOI 10.1007/978-3-662-36399-7

Vorwort.

Bei der Zusammenstellung der folgenden Anleitung zur Ausführung physiologischer Versuche mit Hilfe chemischer und physikalischer Methoden waren folgende Gesichtspunkte maßgebend: In erster Linie soll das Interesse des Forschenden geweckt werden. Es läßt sich dies leicht erreichen, wenn ihm Gelegenheit gegeben wird, bestimmte Versuche selbst vollständig durchzuführen. Begnügt man sich damit, dem Praktikanten einzelne Verbindungen zur Anstellung bestimmter Reaktionen zu übergeben, oder läßt man ihn einen Versuch mit vorbereiteten kompliziert gebauten Apparaten zu Ende führen, dann wird er leicht zum mechanischen Arbeiten verleitet. Dies ist nicht der Fall, wenn er sich die einzelnen Verbindungen selbst darstellt, oder wenn er sich die Apparate selbst aufbauen und zusammenstellen muß. Er lernt hierbei die einzelnen Methoden spielend kennen und unterrichtet sich über den Gebrauch der einzelnen Apparate. Das Hauptziel des physiologischen Praktikums ist dann erreicht, wenn jeder einzelne Praktikant die wichtigsten Apparate praktisch anwenden kann und durch eigene Anschauung die Eigenschaften der verschiedenen Verbindungen kennen gelernt hat. Eine gute praktische Ausbildung erleichtert das Studium der Physiologie ganz außerordentlich. Gleichzeitig wird eine feste Grundlage für die mit ähnlichen Methoden arbeitenden Disziplinen der Medizin gegeben.

Bei dem außerordentlich großen Material war die Auswahl der einzelnen Versuche mit großen Schwierigkeiten verknüpft. Es gibt auf jedem einzelnen Gebiete der Physiologie zahlreiche Versuchsanordnungen, die man nicht gern missen möchte. Doch mußte schließlich eine bestimmte Grenze gezogen werden. Es wird auch so fast unmöglich sein, die einzelnen, im folgenden beschriebenen Versuche alle in einem Praktikum durchzuführen, wobei noch vorausgesetzt wird, daß der Studierende einmal ein physiologisch-physikalisches und ferner ein physiologisch-chemisches Praktikum besucht. Manche werden diese Übungen auch mehrmals mitmachen. Hier wird sich dann Gelegenheit finden, manche der schwierigeren Versuche ausführen zu lassen.

Beim praktischen Arbeiten lernt der Studierende oft mehr von den mit ihm gemeinsam Arbeitenden als vom Lehrer. Aus diesem Grunde empfiehlt es sich, die einzelnen Gruppen verschiedene Versuche durchführen zu lassen. Am Schlusse der Stunde können dann die einzelnen Befunde ausgetauscht werden. Dies bezieht sich natürlich nicht auf die Versuche, wie z. B. Hämoglobinbestimmung, Blutkörperchenzählung, Bestimmung des Schwellenwertes bei Reizen usw., die unbedingt jeder einzelne einmal praktisch durchgeführt haben muß. Wohl aber kann man Fortgeschrittenere Versuche anstellen lassen, die gewisse Erfahrungen und besonderes Geschick voraussetzen, und die Resultate dann auch den anderen Herren demonstrieren. Auch kann ein und dasselbe Präparat auf verschiedenen Wegen dargestellt werden. Unerläßlich ist es, daß jeder einzelne Kursteilnehmer über alle Versuche — auch die mißlungenen! — genau Buch führt.

Mit der großen Anzahl von Abbildungen ist zweierlei bezweckt. Bei einer größeren Anzahl von Praktikanten ist es ganz unmöglich, jeden ohne Zeitverlust voll zu beschäftigen, so lange der einzelne vollständig von den Anweisungen des Lehrers abhängig ist. Hier sollen die Beschreibungen und vor allem die Abbildungen eingreifen. Sie geben die notwendigsten Anhaltspunkte zur selbständigen Ausführung der Versuche. Der Lehrer kann dann mit Leichtigkeit überall da eingreifen, wo sich Schwierigkeiten zeigen. Bei Beginn der Stunde erhalten kleinere Gruppen bestimmte Aufgaben. Sie beginnen, diese sofort zu lösen. Fehlt eine bestimmte Anweisung, dann werden bald da und dort einzelne Praktikanten beschäftigungslos sein. Damit schwindet dann auch recht bald das Interesse am Versuche. Erteilt man bei Beginn des Unterrichts die Anweisungen für alle auszuführenden Versuche, dann ist es wiederum für den einzelnen schwer, das ihn gerade Betreffende zu behalten.

Die Abbildungen sollen ferner später den Studierenden und den praktischen Arzt an die von ihm ausgeführten Experimente erinnern. Er wird dann mit größter Leichtigkeit imstande sein, bestimmte Versuche zu wiederholen. Das Erinnerungsbild wird bei ihm wieder geweckt.

Die Beschreibung der einzelnen Versuche ist absichtlich in gewissen Grenzen gehalten worden. Es ist nicht beabsichtigt, dem Anfänger eine Anleitung zum in jeder Hinsicht selbständigen Arbeiten zu geben. Auch soll kein Lehrbuch ersetzt werden. Aus diesen Gründen sind nur die wesentlichsten Punkte der Versuche angeführt. Der Lehrer soll durch die Anleitung nur unterstützt, nicht aber ersetzt werden. Der Studierende findet Versuche aus allen Gebieten der Physiologie, die ihn zu Fragestellungen anregen. Er will wissen, wie im einzelnen Fall die Reaktion verläuft, wie der Polarisationsapparat aufgebaut ist usw. Diese Fragen sind absichtlich nicht beantwortet. Hier greift der Unterricht ein und ergänzt die kurzen Angaben.

Bemerkt sei noch, daß bei der Abfassung des Leitfadens vorausgesetzt worden ist, daß der Praktikant bereits mindestens einen chemischen Kursus hinter sich hat. Nicht genug kann auch der Besuch eines physikalischen Praktikums empfohlen werden.

Zum Schlusse ist es mir eine angenehme Pflicht, Herrn Bruno Marx für die sorgfältige Anfertigung der Originalzeichnungen meinen herzlichsten Dank auszusprechen.

Halle a. S., den 1. Januar 1912.

Emil Abderhalden.

Nachtrag zum Vorwort.

Bei der Schilderung von allgemein bekannten Versuchen mit operativer Methodik bin ich teilweise der viel ausführlicheren Darstellung von R. F. Fuchs (Physiologisches Praktikum. Wiesbaden 1906, J. F. Bergmann) gefolgt.

Druckfehlerberichtigung.

Seite 23 muß es heißen: Zeile 25 von oben: Man erhält (mit Rhodanwasserstoffsäure) eine blutrote Färbung etc. statt Fällung.

Seite 253: Phakoskop statt Phagoskop.

Inhaltsverzeichnis.

Erster Teil.

Physiologische Untersuchungen mit Hilfe chemischer Methoden.

Zweiter Teil.

Physiologische Untersuchungen mit Hilfe physikalischer Methoden.

Inhaltsverzeichnis. XI

Erster Teil.

Physiologische Untersuchungen mit Hilfe chemischer Methoden.

Grundregeln und allgemeine Methoden beim chemischen Arbeiten.

Beim chemischen Arbeiten sind bestimmte Grundregeln zu beachten. Wohl die wichtigste ist: unbedingte Sauberkeit. Es bezieht sich dies nicht nur auf die Anwendung der einzelnen Gefäße und Apparate, sondern auch auf den gesamten Arbeitsplatz. Ohne peinliche Sauberkeit wird man nie gute Resultate erlangen. Weitere wichtige Grundregeln sind: Gewissenhaftigkeit und Ausdauer. Mißlingt ein Versuch, dann wiederhole man ihn mit größter Gründlichkeit, bis er zu einem guten Ende führt. Niemals bleibe man auf halbem Wege stehen und tröste sich damit, daß der Versuch ja hätte gelingen müssen, wenn man alle Regeln beachtet hätte. Ein Mißerfolg bedeutet nur dann einen Zeitverlust, wenn keine Lehren aus ihm gezogen werden. Geht man den Fehlern auf den Grund, dann wird man viel lernen und für das weitere Arbeiten wichtige Lehren ziehen. Man sei gewissenhaft gegen sich selbst und suche keinen begangenen Fehler zu vertuschen. Vor allem strebe man auch eine gute Ausbeute an.

Das praktische Arbeiten hat nur dann einen Wert, wenn es zu einer gewissen Selbständigkeit beim chemischen Arbeiten führt. Diese kann leicht erworben werden, wenn man gleich von Anbeginn des Arbeitens an möglichst selbständig denkt und jede einzelne Operation denkend vornimmt. Sehr wichtig ist es, daß man über jeden einzelnen Vorgang sich genau Rechenschaft gibt. Man verfolge alle Reaktionen an Hand von Formeln und versäume neben dem praktischen Arbeiten die Theorie nicht. Rein mechanisches Arbeiten kann zu einer großen Fertigkeit führen. Sie wird jedoch zu keinem dauernden Gewinn werden. Nur Verknüpfung von Praxis und Theorie wird dem praktischen Arbeiten eine grundlegende Bedeutung geben.

Die einzelnen Handgriffe lassen sich nur durch praktisches Arbeiten erwerben und können unmöglich einzeln beschrieben werden. Es seien im folgenden einige der wichtigsten Operationen kurz angeführt.

Im allgemeinen wird man die qualitativen und die quantitativen

Reaktionen in Lösung vornehmen. Die erste Aufgabe ist daher gewöhnlich das Lösen einer Substanz. Je feiner die Partikelchen sind, aus denen diese besteht, um so leichter und rascher wird die Lösung eintreten. Sehr oft

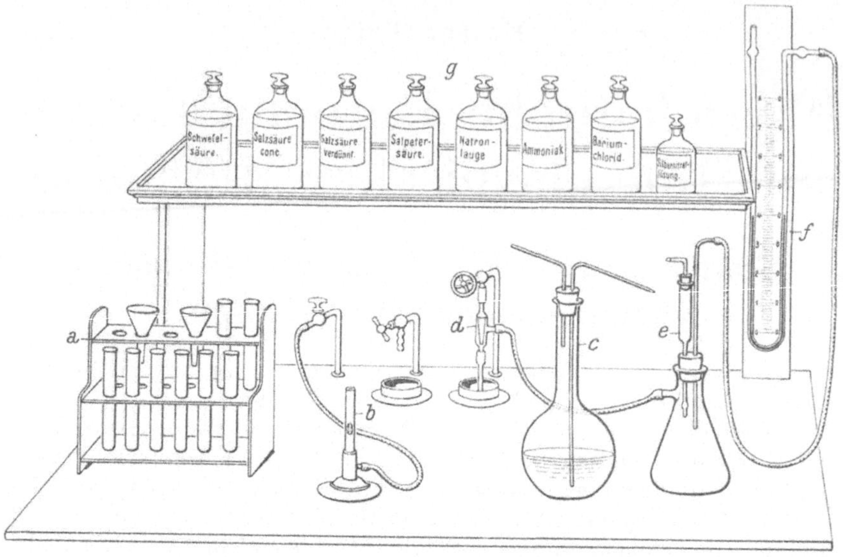

Fig. 1. Einrichtung eines chemischen Arbeitsplatzes.

a Reagensglasgestell mit Reagensgläsern   d Wasserstrahlpumpe.
   und Trichtern.   e Ventil.
b Bunsen-Brenner.   f Manometer.
c Spritzflasche.   g Reagentien.

ist die Substanz kristallisiert oder sonst zu gröberen Komplexen vereinigt. Es wird dann die Substanz zuerst mechanisch in feinste Partikelchen zerlegt. Man erreicht dies, indem man sie in einen Mörser (*a*) gibt und nun mit einem Pistill (*b*) so lange reibt, bis die ganze Masse

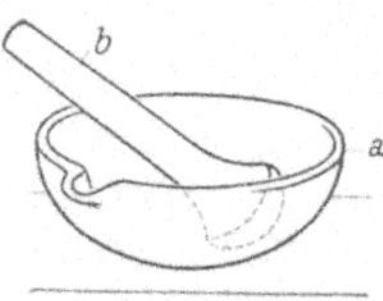

Fig. 2.
Mörser mit Pistill.

in feinstes Pulver verwandelt ist (vgl. Fig. 2). In besonderen Fällen begnügt man sich nicht mit einfachem Pulvern, sondern schüttet die Substanz auf ein Haarsieb (Fig. 3) aus und trennt so die feinkörnige von der grobkörnigen Masse. Die letztere wird dann nochmals zerrieben, wieder gesiebt und auf diese Weise die gesamte Masse in gleichmäßig feines Pulver verwandelt. Im allgemeinen genügt jedoch das Pulvern mit dem Pistill in der Reibschale.

Nunmehr wird die Substanz in ein Gefäß übergeführt, in dem man die Lösung vornehmen will. Um sie aus dem Mörser herauszubekommen,

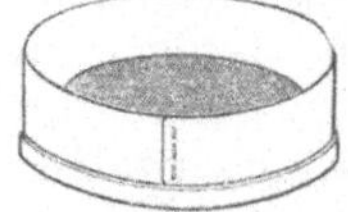

Fig. 3. Haarsieb.

benutzt man entweder einen Spatel (Fig. 4), eine Federfahne (Fig. 5) oder aber ein Kartenblatt. Schon bei dieser einfachen Operation ergibt sich eine sehr wichtige Regel, die für das chemische Arbeiten im allgemeinen von allergrößter Bedeutung ist. Diese Regel

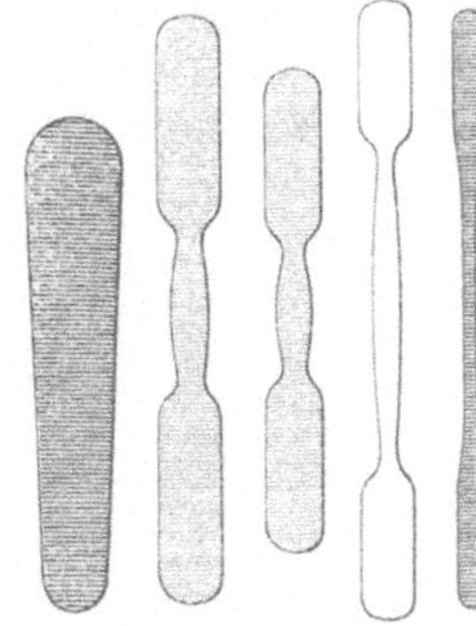

Fig. 4. Spatel.

Fig. 5. Federfahne.

lautet: **daß man stets das anzuwendende Gefäß der Substanzmenge, mit der man arbeiten will, anzupassen hat.** Man wird somit den Mörser nur so groß wählen, daß man die Substanz eben bequem zerreiben kann, ohne daß sie beim Umrühren mit dem Pistill über die Ränder des Mörsers hinausfällt. Um alle Verluste zu vermeiden, stellt man diesen am besten auf schwarzes Glanzpapier. Wird dann wirklich etwas Substanz aus dem Mörser herausgeworfen, dann kann man auf diesem diese einmal leicht erkennen und dann auch gut wieder gewinnen. Wird der Mörser zu groß gewählt, dann verliert man leicht Substanz, weil bei dem energischen Reiben stets etwas davon an der Mörserinnenfläche haften bleibt. Die gleiche Regel gilt für das zu wählende Gefäß, in dem man die Lösung vornehmen will.

Ist man über die Löslichkeitsverhältnisse der Substanz, mit der man arbeiten will, gar nicht orientiert, so führt man einige sogenannte **Reagensglasproben** aus. Diese sind von allergrößter Bedeutung. Sie schützen vor vielen schlimmen Erfahrungen und vor allem vor Zeitverlust. Man nimmt eine kleine Menge der feinpulverigen Substanz und bringt diese in ein kleines Reagensglas, fügt dann das Lösungsmittel in kleinen Portionen — tropfenweise — zu und beobachtet, wann die Substanz eben in Lösung geht. Tritt nach Hinzufügen von etwas Lösungsmittel in der Kälte keine Lösung ein, dann erwärmt man, ohne vorläufig mehr Lösungsmittel hinzuzugeben. (Vgl. die Haltung des Reagenzglases beim Erwärmen in Fig. 6.) Wenn in der Hitze keine Lösung erfolgt ist, so setzt man von neuem Lösungsmittel hinzu und erhitzt wieder. Man kann dann leicht abschätzen, wieviel Flüssigkeit man zur Lösung der ursprünglichen Substanzmenge braucht, und danach wählt man das Gefäß. Die Lösung nimmt man gewöhnlich am besten in einem weithalsigen Erlenmeyer

Fig. 6.

kolben (Fig. 7) vor. Dieser ersetzt das Becherglas. Es empfiehlt sich im allgemeinen, zuerst die Substanz in das Gefäß hineinzubringen und dann das Lösungsmittel aufzugießen, und nunmehr auf dem Wasserbade, einem Asbestdrahtnetze (Fig. 8) oder einem sog. Baboblech (Luftbad) (Fig. 9) zu kochen, falls man die Lösung in der Hitze herbeiführen will. Allgemeine Regeln lassen sich nicht geben, denn bald wird man in der heißen Flüssigkeit die Reaktion voll

Fig. 7. Erlenmeyerkolben.

ziehen, bald in der kalten. Im letzteren Fall muß man so viel Lösungsmittel anwenden, daß in der Kälte keine Substanz ausfällt. Auch hier kann man sich leicht durch Reagensglasproben überzeugen, wieviel Lösungsmittel notwendig ist.

Niemals arbeite man mit unreinen Körpern. Ergibt sich beim Lösen der Substanz, daß ein Rückstand bleibt, oder ist die Flüssig-

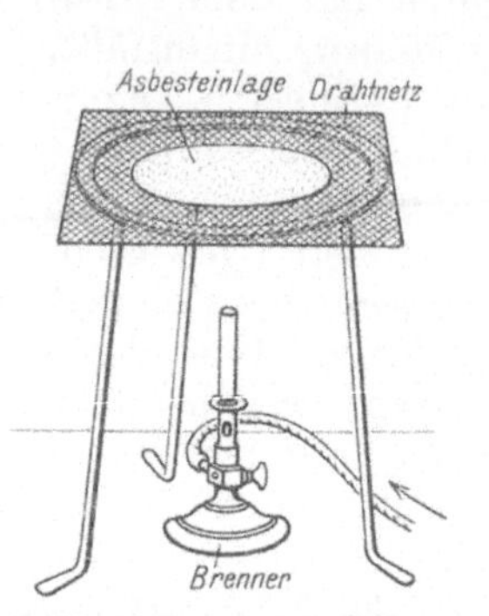

Fig. 8. Dreifuß mit Drahtnetz.

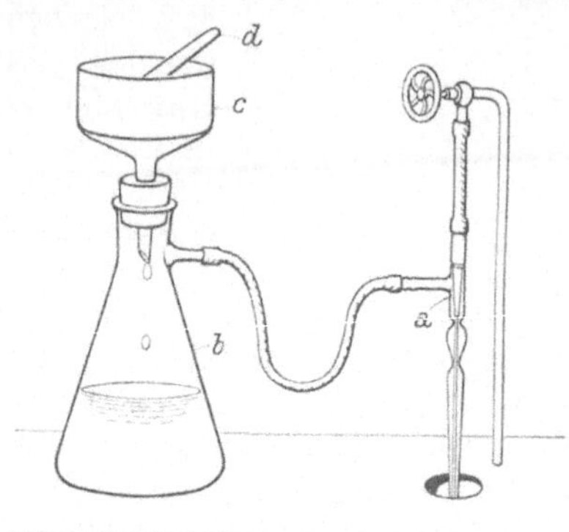

Fig. 11. Nutsche mit Saugflasche.

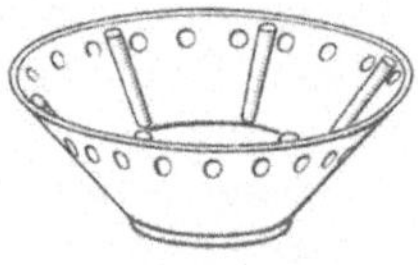

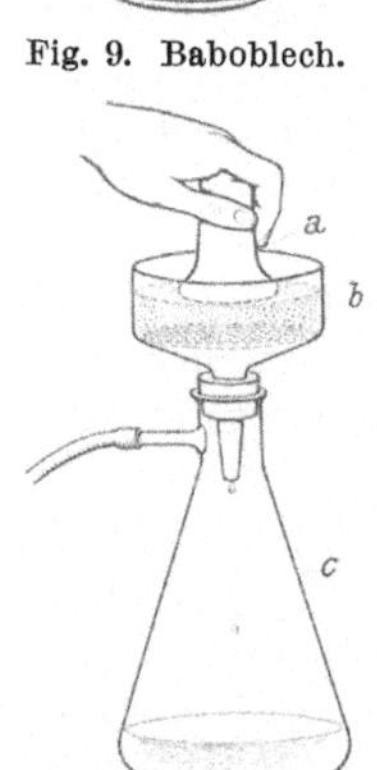

Fig. 9. Baboblech.

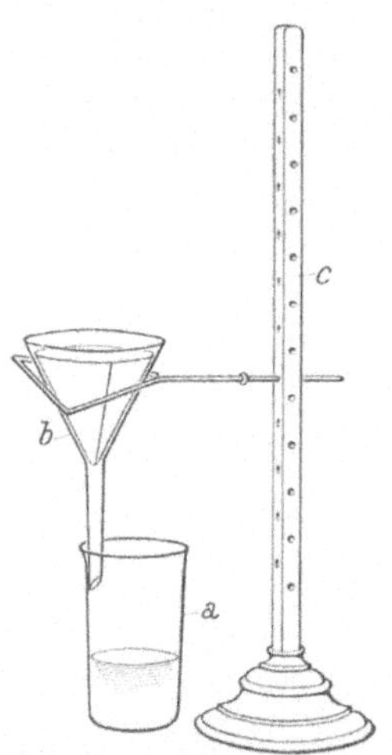

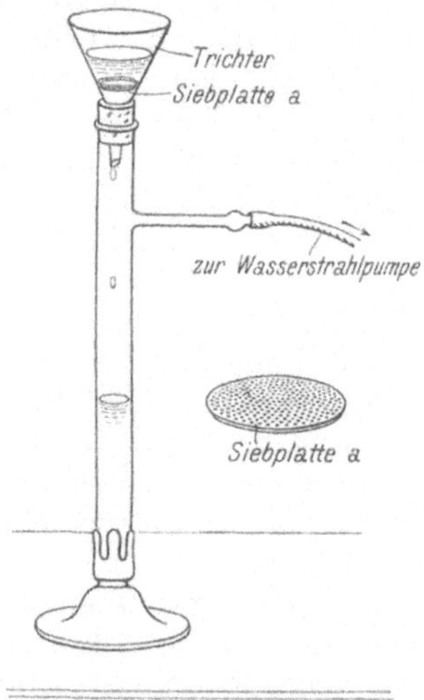

Fig. 10. Filtrierstativ mit
Trichter und Becherglas.

Fig. 12. Abpressen
des Filterrückstandes.

Fig. 13. Saugrohr mit
Trichter und Siebplatte.

keit nicht vollständig klar, dann muß man unbedingt filtrieren. Meist genügt hierzu ein kleiner Trichter mit einem gewöhnlichen Filter (Fig. 10) oder einem Faltenfilter, oder aber man benutzt eine Saugflasche b, auf welcher sich eine Nutsche c mit Filter befindet. (Vgl. Fig. 11.) Die erstere ist mit einer Wasserstrahlpumpe a verbunden. Wird diese in Tätigkeit gesetzt, dann evakuiert sie die Saugflasche. Die Flüssigkeit auf der Nutsche wird rasch in die letztere hineingesaugt und hierbei fast quantitativ durch das Filter getrieben. Das Nachwaschen des Filters gestaltet sich sehr einfach. Man gießt die Waschflüssigkeit auf die Nutsche auf, am besten, nachdem man das Evakuieren unterbrochen hat, läßt kurze Zeit stehen und verbindet dann die Saugflasche wieder mit der Pumpe. Will man das Waschwasser möglichst kurze Zeit mit dem Filterrückstand in Berührung lassen, dann unterbricht man während des Auswaschens das Saugen nicht. Der Rückstand wird mit einem Spatel (d in Fig. 11) oder mittels des Stöpsels (a) einer Flasche (vgl. Fig. 12, b = Nutsche, c = Saugflasche) gründlich abgepreßt. Hat man kleine Flüssigkeitsmengen, dann verwendet man mit Vorteil sog. Siebplatten. Sie werden mit einem aufgelegten Filter in einen passenden Trichter gelegt. Dieser wird mit Hilfe eines Stopfens auf einer kleinen Saugflasche oder einem Saugrohr (vgl. Fig. 13) befestigt. Das gleiche Prinzip findet sich beim sog. Hirschschen Trichter. Hier sind Trichter und Saugplatte vereinigt.

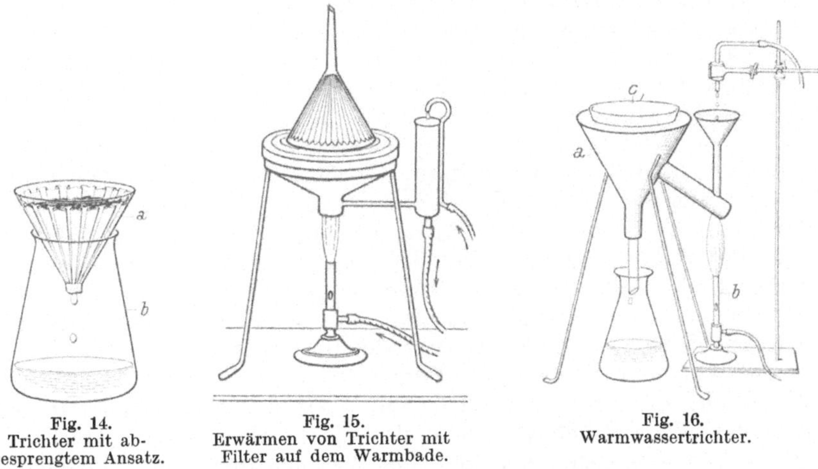

<table>
<tr><td align="center">Fig. 14.
Trichter mit ab-
gesprengtem Ansatz.</td><td align="center">Fig. 15.
Erwärmen von Trichter mit
Filter auf dem Warmbade.</td><td align="center">Fig. 16.
Warmwassertrichter.</td></tr>
</table>

Oft arbeitet man mit heiß gesättigten Lösungen. In diesem Fall kommt es beim Filtrieren leicht zum Ausfallen der Substanz auf dem Filter oder im Trichterhals. In vielen Fällen genügt es, wenn ein Trichter mit abgesprengtem Ansatz (a in Fig. 14, b = Erlenmeyerkolben) benutzt wird. Oder man erwärmt den Trichter mit dem eingelegten Filter durch Aufsetzen auf ein Wasserbad und gießt dann die zu filtrierende Flüssigkeit auf das heiße Filter (Fig. 15). Diese Art des Warmhaltens der Flüssigkeit kann man im allgemeinen nur anwenden, wenn man es mit wäßrigen Lösungen zu tun hat. Will man während längerer Zeit eine heiße Flüssigkeit ohne Abkühlen filtrieren, dann benutzt man hierzu einen sog. Warmwassertrichter (Fig .16). Er besteht aus einem Metallmantel a, in den ein gewöhnlicher Trichter (c) mit Filter in der aus Fig. 16 ersichtlichen Weise eingesetzt ist. In dem zwischen Trichter und Metallwand befindlichen Raum befindet sich Wasser, das durch den Brenner b erwärmt wird. Das verdampfende Wasser wird ergänzt. Bei der Wahl des Filters und Trichters und der Nutsche nebst der Saugflasche gilt die vorstehend gegebene Regel, immer alle Gefäße und Apparate genau den gegebenen Verhältnissen anzupassen. Niemals verwende man zu große Gefäße. Sie bedeuten fast in allen Fällen einen Substanzverlust.

Nunmehr kann man in der Lösung die Reaktion vornehmen. Meistens handelt es sich um das Ausfällen einer bestimmten Verbindung resp. eines bestimmten Ions durch eine zweite Verbindung resp. ein zweites Ion. Derartige Fällungsreaktionen sind fast in allen Fällen in der Kälte vorzunehmen. Sind sie in der Hitze herbeigeführt worden, dann wird man abkühlen und erst die kalte Flüssigkeit weiter verarbeiten. Die sich anschließende Operation ist die Filtration. (Vgl. Fig. 10, S. 4 *a* Becherglas, *b* Trichter mit Filter, *c* Stativ). Man gewöhne sich schon beim qualitativen Arbeiten an, möglichst quantitativ vorzugehen, d. h. vom Niederschlag alles auf das Filter zu bringen und hierbei nichts zu verspritzen oder sonstwie zu verlieren. Benutzt man einen weithalsigen Erlenmeyerkolben, so kann man die Flüssigkeit samt der Fällung direkt auf das Filter gießen. Am besten verwendet man jedoch hierzu einen Glasstab, den man, wie Figur 17 zeigt, an den Rand des Gefäßes anlegt. Man vermeidet so das Herabfließen von Flüssigkeit an der Außenwand des Gefäßes. Gleichzeitig verhütet man auch das Verspritzen. Gewöhnlich bleibt im Erlenmeyerkolben etwas Substanz an den Wänden haften. Um auch diese zu gewinnen, gießt man etwas vom Filtrat zurück, löst die Partikel mit Hilfe einer Federfahne (vgl. Fig. 5) oder eines Glasstabes, der an seinem unteren Ende ein kleines Stück Gummischlauch aufgezogen trägt (vgl. Fig. 18), von der Wand ab und gießt das Gemisch auf das Filter zum Hauptniederschlag. Zum Auswaschen des Erlenmeyerkolbens verwendet man mit Vorteil das Filtrat, wenn man einer zu starken Vermehrung desselben vorbeugen will, oder der Niederschlag in der Waschflüssigkeit löslich ist. Wird das Filtrat nicht weiter verarbeitet und ist der Niederschlag in der zum Waschen dienenden Flüssigkeit, z. B. in Wasser, unlöslich, dann kann man mittels einer Spritzflasche die Reste des Niederschlages leicht auf das Filter spülen. Will man mit heißem Wasser auswaschen, dann benutzt man am besten eine Spritzflasche, deren Hals man mit Filz umwickelt (Fig. 19) hat. Man kann sie dann ohne Gefahr der Verbrennung anfassen.

Stets prüfe man das Filtrat mit dem Fällungsmittel, ob auch genügend davon zugesetzt worden ist! Sehr wichtig ist ferner die folgende Regel: Man bewahre im allgemeinen alle Produkte, die im Laufe bestimmter Operationen sich bilden, auf, bis der Versuch zu Ende geführt ist. Es läßt sich bei Mißerfolgen die Fehlerquelle meist leicht feststellen, wenn die einzelnen Filtrate und Niederschläge noch zur Verfügung stehen.

Oft löst man eine Substanz in einem Lösungsmittel, um sie umzukrystallisieren. Auch hier sind Reagensglasproben von allergrößter Bedeutung. Man sucht festzustellen, welches die geringste Menge Lösungsmittel ist, in der die Substanz beim Erhitzen gerade noch in

Lösung geht. Dann verfolgt man an der Reagensglasprobe, ob sich beim
Abkühlen die Substanz in schönen Krystallen abscheidet. Nunmehr fügt
man zu der umzukristallisierenden Substanz möglichst wenig Lösungsmittel und erhitzt. Ist vollständige Lösung eingetreten, dann läßt man sie
ganz langsam sich abkühlen. War die Lösung nicht ganz klar, sondern
etwas gefärbt, dann ist es meist vorteilhaft, etwas Tierkohle — eine
Messerspitze voll — hinzuzugeben, nochmals aufzukochen und nunmehr
zu filtrieren. Erfolgt beim Abkühlen der Lösung keine Krystallisation
oder nur eine ganz ungenügende, dann muß man das Lösungsmittel
etwas verdunsten. Es ist nicht vorteilhaft, das Abdunsten des Lösungsmittels im weithalsigen Erlenmeyerkolben vorzunehmen, denn der
Hals des Gefäßes wirkt als Kühler. Man braucht deshalb längere

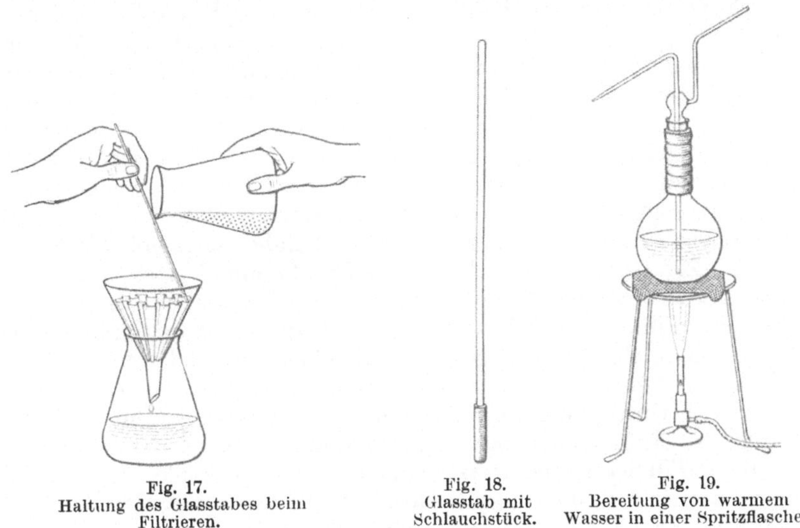

<table>
<tr><td style="text-align:center">Fig. 17.
Haltung des Glasstabes beim
Filtrieren.</td><td style="text-align:center">Fig. 18.
Glasstab mit
Schlauchstück.</td><td style="text-align:center">Fig. 19.
Bereitung von warmem
Wasser in einer Spritzflasche.</td></tr>
</table>

Zeit, um das Abdunsten zu bewirken. Man gießt die Lösung entweder in eine Porzellanschale oder in eine Krystallisierschale und dun-
stet dann auf dem Wasserbade vorsichtig ein. Man lasse hierbei die
Lösung nicht aus dem Auge, sondern beobachte fortwährend, ob Krystallisation eintritt. Das Umkrystallisieren hat nur dann einen Zweck,
wenn Unreinheiten wirklich entfernt werden. Wird die Lösung von
vorneherein zu stark eingedampft, dann werden die Krystalle sehr
leicht mit der unreinen Mutterlauge ausgeschieden. Ganz falsch ist
ein vollständiges Abdunsten des Lösungsmittels, denn dann erhält man
natürlich die ursprüngliche Substanz mit allen Unreinheiten wieder.
Oft beobachtet man das Auftreten einer Krystallhaut. Dann unter-
breche man das Eindunsten und lasse nunmehr die Flüssigkeit langsam abkühlen. Die Krystallmasse wird dann am besten auf einer Nutsche
abgesaugt, der Filterrückstand gut abgepreßt und mit einer Flüssigkeit,
in der die Krystalle schwer oder besser gar nicht löslich sind, nachgewaschen.
Oft wird die Krystallisation begünstigt, wenn man von vorneherein ein

Kryställchen der betreffenden Substanz zu der erkalteten Lösung hinzugibt. Es genügt die geringste Spur, um die Krystallisation anzuregen. Macht die Krystallisation Schwierigkeiten, dann kann man sie oft durch Reiben mit einem Glasstab einleiten. Man fährt mit einem solchen an den Wänden des Gefäßes auf und ab. Bald fühlt man, daß Rauhigkeiten eintreten. Die ersten Krystalle sind erschienen. Nunmehr setzt die weitere Krystallisation sehr bald ein. Manche Substanzen kristallisieren sehr schwer. Es gilt dies vor allem von den Zuckerarten. Hier muß man Geduld üben und oft Tage lang warten, bis dann plötzlich Krystalle er- scheinen. Je reiner eine Substanz ist, um so leichter wird sie im allgemeinen auch krystallisieren. Die Gewinnung von Krystallen ist eine Kunst, die sich jedoch bei genügender Ausdauer erlernen läßt.

Es ist in manchen Fällen schwer, die den Krystallen anhaftende Mutterlauge durch Filtration oder Abnutschen zu entfernen. Man bringt dann die Substanz entweder auf Filtrierpapier, schlägt sie in dieses ein und preßt dann ev. unter Anwendung einer Presse aus, oder man streicht das Produkt mittels eines Spatels auf eine Tonplatte oder einen Tonteller (vgl. Fig. 20). Steht eine Zentrifuge zur Verfügung, dann bringt man die Substanz auf eine mit Filter versehene Siebplatte (Fig. 13), legt diese in ein passend konstruiertes Zentrifugierröhrchen und zentrifugiert. Die Mutterlauge wird dabei abgeschleudert.

Die Zentrifuge (Fig. 21) kann sehr oft mit Vorteil zur direkten Abschleuderung eines Niederschlages verwendet werden. In diesem Fall wird die Flüssigkeit nebst Niederschlag direkt, d. h. ohne vorherige Filtration in das Zentrifugierröhrchen eingefüllt und nunmehr zentrifugiert. Die Zentrifuge erspart besonders dann sehr viel Zeit und auch Substanzverluste, wenn es sich um Niederschläge handelt, die leicht durch das Filter gehen oder sehr langsam filtrieren.

Beim Filtrieren von Niederschlägen, von Tierkohle, von Kristallen usw. beachte man die folgende Regel, die häufig vor großem Zeitverlust schützt. Die Filter sind leider oft nicht aus so gutem Materiale hergestellt, daß sie jeden Niederschlag direkt zurückhalten. Man beobachtet häufig, daß die zuerst durchgehende Flüssigkeit etwas von dem Niederschlag, der Tierkohle usw. mitnimmt. Beachtet man das Filtrat nicht genau, dann wird mit dem Filtrieren fortgefahren, bis die gesamte Flüssigkeit durchfiltriert ist, und erst dann sieht man, daß im Filtrat noch Substanzmengen enthalten sind, oder aber man beachtet zwar das zuerst durchgehende Filtrat genau, man hat jedoch den Trichter, resp. die Nutsche gleich auf das Gefäß aufgesetzt, in dem das gesamte Filtrat unterkommen soll. Man entdeckt nun, daß etwas von der Substanz resp. von der Tierkohle hindurchgegangen ist. Jetzt muß man den Inhalt des Gefäßes zurückgießen, wiederholt mit Wasser oder einer andern Flüssigkeit ausspülen, und so kommt es dann zu einer Vermehrung der ursprünglichen Flüssigkeit. Diese Störungen lassen sich leicht vermeiden, wenn man das zunächst durchgehende Filtrat in einem kleinen Erlenmeyerkölbchen oder in einem Reagensglas auffängt. Hat man sich davon überzeugt, daß das Filtrat vollständig klar abläuft, dann setzt man den Trichter mit dem Filter auf das Gefäß, in dem man das gesamte Filtrat auffangen will. Ebenso empfiehlt es sich, die Nutsche zunächst auf eine kleine Saugflasche aufzusetzen und zu beobachten, ob das Filtrat klar durchgeht. Bei einiger Übung wird man bald beurteilen können, wann diese Vorsichtsmaßregel unbedingt notwendig ist, und wann sie umgangen werden kann. Jedenfalls spart sie außerordentlich an Zeit, und mancher Verdruß bleibt aus.

Die abfiltrierte Substanz wird nun getrocknet. Um diese Operation in zweckmäßiger Weise vornehmen zu können, muß man die Eigenschaften der Substanz, die man erhalten hat, kennen. Ist dies nicht der Fall, dann muß man diese mittels kleiner Proben zunächst kennen

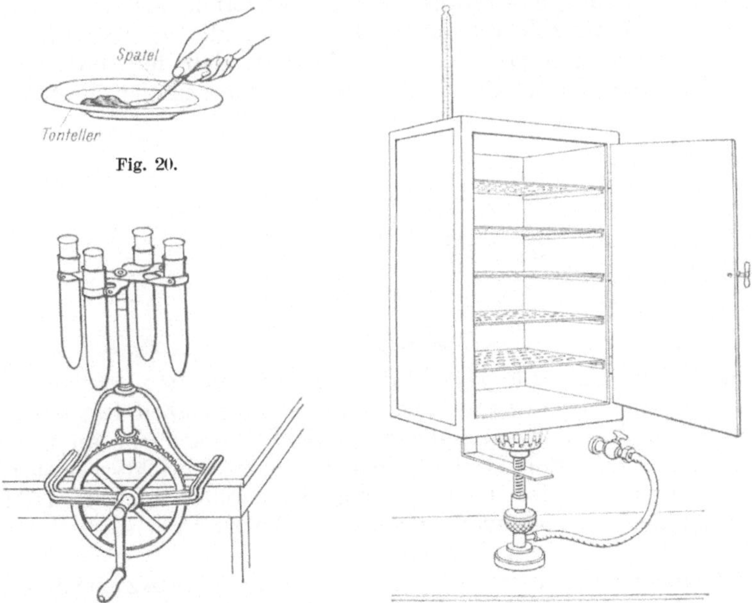

Fig. 20.

Fig. 21. Zentrifuge.

Fig. 22. Trockenschrank.

lernen. Es gibt keine allgemeine Regeln, nach denen man die Trocknung einer Substanz vollführen könnte. Es gibt Substanzen, die sich im Trockenschrank (Fig. 22) bei 80°, 100°, 120° ohne weiteres trocknen lassen. Andere würden hierbei tiefgehende Zersetzungen erleiden. Will man bei 100° trocknen, dann kann man die Substanz auch in einer Porzellanschale auf das Wasserbad bringen. Man muß hierbei häufig mit einem Glasstab resp. Spatel umrühren. Ist die Substanz gegen höhere Temperatur empfindlich, dann trockne man sie in einem gewöhnlichen mit Chlorcalcium oder Schwefelsäure beschickten Exsiccator (Fig. 23) oder in einem sogenannten Vakuumexsiccator über Schwefelsäure (vgl. Fig. 24). Soll neben Wasser auch Salzsäure absorbiert werden, dann gibt man in den Exsiccator ein Schälchen, das mit Kalk gefüllt ist (vgl. Fig. 25).

Enthält die Substanz **Krystallwasser**, dann will man dieses oft genau bestimmen und vor allen Dingen auch feststellen, bei welcher Temperatur es entweicht. Am besten arbeitet man in diesen Fällen mit dem sogenannten Vakuumtrockenapparat. Fig. 26 zeigt die Zusammensetzung dieses Apparates. Er besteht im wesentlichen aus einem Rohr in das man die Substanz in einem sogenannten **Schiffchen** (Fig. 27) hineingibt. Dieses Rohr läßt sich durch eine Wasserstrahlpumpe evakuieren. Es ist von einem Mantel umgeben. Dieser steht mit einem Rundkolben in Verbindung. In diesen hinein gießt man eine Flüssigkeit, bei deren Siedepunkt man trocknen will. Nunmehr erhitzt man die Flüssigkeit bis zum Siedepunkt. Die Dämpfe erwärmen hierbei das Gefäß, in dem sich die Substanz befindet, und damit auch die Substanz. Mittels eingeführter Thermometer kann man die Temperatur genau ablesen. Ein aufgesetzter Kühler verhindert, daß die verdampfende Flüssigkeit entweicht. Sie fließt immer wieder in den Rundkolben

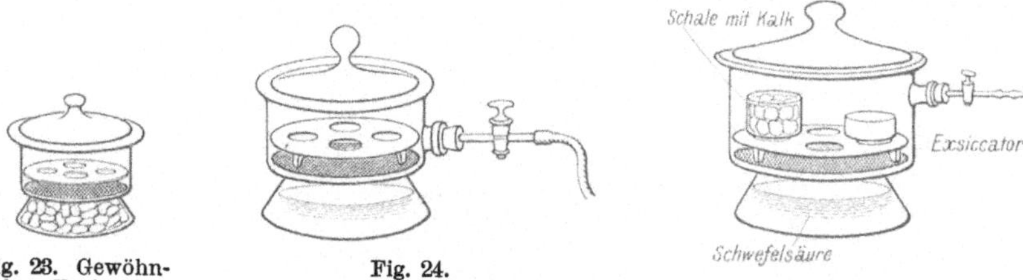

Fig. 23. Gewöhn-
licher Exsiccator.

Fig. 24.
Vacuumexsiccator.

Fig. 25.

zurück. Man kann die verschiedensten Flüssigkeiten wählen, deren Siedepunkt man genau kennt und dann von Zeit zu Zeit feststellen, ob die Substanz, deren ursprüngliches Gewicht wir kennen, an Gewicht abgenommen hat. Sobald die Substanz keinen Gewichtsverlust mehr zeigt, wird man bei einer höheren Temperatur weiter trocknen und feststellen, ob noch Gewichtsverlust eintritt. Die zu trocknende Substanz muß auf alle Fälle feinpulvrig sein.

In manchen Fällen wünscht man, **Flüssigkeiten zu trocknen.** Es kommt dies besonders dann in Betracht, wenn man eine bestimmte Substanz aus einer Flüssigkeit durch ein Lösungsmittel entfernt hat, z. B. durch Äther, Chloroform, Benzol, Alkohol usw. Würde man in diesen Fällen das Lösungsmittel einfach abdunsten, dann würde die Substanz mit Wasser zusammen übrig bleiben. Dieses könnte unter Umständen das Krystallisieren der Substanz verhindern oder bei weiteren Reaktionen hinderlich sein. Alkoholische Flüssigkeiten werden mit Kaliumcarbonat, Ätzkalk oder entwässertem Kupfersulfat getrocknet. Ätherischen Lösungen wird das Wasser am besten mit geglühtem Natriumsulfat resp. Magnesiumsulfat entzogen. Auch geglühtes Chlorcalcium leistet oft sehr gute Dienste. Bei der Wahl des Trockenmittels hat man stets die Art der in Lösung befindlichen Substanz zu berücksichtigen. Es lassen sich auch hier keine allgemeinen Regeln geben. Man gibt von der Substanz, mit der man trocknen will, möglichst wenig zu der Flüssigkeit hinzu. Man kann schon durch einfaches Beobachten feststellen, ob z. B. Äther, den man mit Natriumsulfat trocknen will, genügende Mengen von diesem Trocknungsmittel enthält. Sobald dieses nämlich Wasser aufnimmt, verliert es seine feinpulvrige Beschaffenheit. Es backt zusammen. Ist dies der Fall, dann gibt man vorsichtig noch etwas von dem geglühten Natriumsulfat hinzu. Verwendet man zu viel vom Trockenmittel, dann kann dieses unter Umständen beträchtliche Mengen von der Substanz aufnehmen. Es lohnt sich in allen Fällen, das Trockenmittel mit dem entsprechenden Lösungsmittel, also im besprochenen Falle mit absolutem Äther zu waschen. Man kann auf diese Weise die Ausbeuten oft ganz beträchtlich steigern.

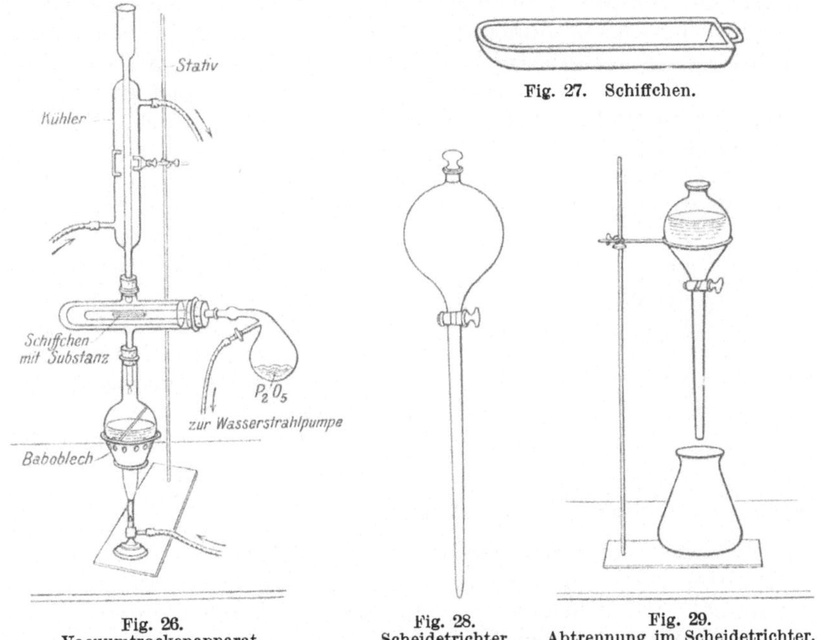

Fig. 27.   Schiffchen.

Fig. 26.
Vacuumtrockenapparat.

Fig. 28.
Scheidetrichter.

Fig. 29.
Abtrennung im Scheidetrichter.

Arbeitet man an Stelle von festen Körpern mit Flüssigkeiten, so wird man diese, falls es sich um solche von so verschiedenem spezifischem Gewicht handelt, daß sie sich von selbst abtrennen, im Scheidetrichter (Fig. 28) sich „scheiden" lassen. Man läßt dann bei abgenommenem Stopfen zunächst die spezifisch schwerere, sich unten befindende Lösung abfließen (Fig. 29). Man warte dann einige Zeit ab, damit die Flüssigkeit aus dem Abflußrohr möglichst vollständig abtropft und beobachte ferner, ob sich nicht noch etwas von der abgelassenen Flüssigkeit abtrennt. Haften an den Wänden des Scheidetrichters noch einzelne Tropfen der spezifisch schwereren Flüssigkeit, dann klopfe man mit dem Finger gegen die Wand des Scheidetrichters, oder man schwenke seinen Inhalt um. Will man auf diesem Wege zwei Flüssigkeiten möglichst scharf trennen, dann muß man dafür Sorge tragen, daß nach dem Ablassen der ersten Flüssigkeit das Ablaufrohr ganz von ihr befreit wird. Auf diesen Umstand wird meist zu wenig Sorgfalt verwandt. Man kann entweder das Rohr durch Ablassen von etwas der zweiten Flüssigkeit ausspülen und dann den Rest davon in einem besonderen Gefäß auffangen, oder aber man gießt die spezifisch leichtere Flüssigkeit nach dem Ablassen der spezifisch schwereren durch die obere Öffnung aus. Endlich kann man hierzu auch einen Heber anwenden.

Ist eine Scheidung auf so einfachem Wege nicht möglich, und wünscht man eine bestimmte Substanz von anderen in Lösung befindlichen ohne weitere Eingriffe abzutrennen, dann versucht man durch Anwendung spezifisch leichterer oder schwererer Lösungsmittel den betreffenden Körper aus der Lösung zu extrahieren. Die Herausnahme einer Substanz aus einer Flüssigkeit durch ein Lösungsmittel wird am besten durch sogenanntes Ausschütteln vorgenommen. Zu diesem Zweck bringt man die Flüssigkeit in einen Schütteltrichter, fügt das Lösungsmittel hinzu und schüttelt wiederholt energisch durch. Verwendet man ein leicht flüchtiges Lösungsmittel, z. B. Äther, dann kann bei energischem Schütteln innerhalb des Scheidetrichters Druck entstehen. Lüftet man nun den Stopfen des Scheidetrichters, dann kann es sich

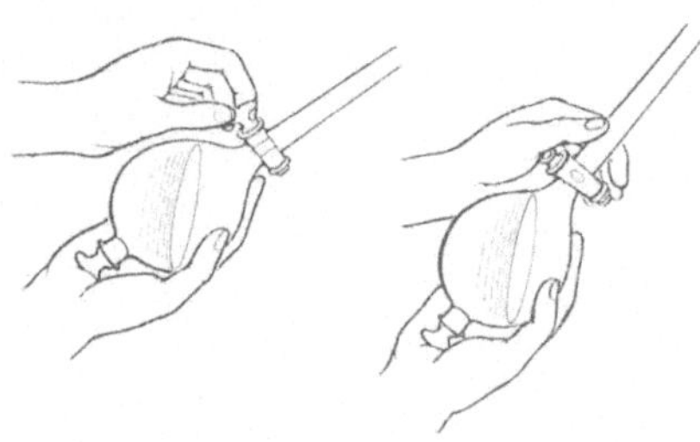

leicht ereignen, daß Flüssigkeit aus dem Scheidetrichter herausgeschleudert wird. Dies läßt sich durch einen einfachen Kunstgriff vermeiden. Hat man einige Male kräftig durchgeschüttelt, dann stellt man den Scheidetrichter auf den Kopf und öffnet den Hahn, schließt ihn wieder und schüttelt weiter (Fig. 30).

Fig. 30.
Haltung des Schütteltrichters beim Ausschütteln.

Schließlich befestigt man den Schütteltrichter in einem Stativ (vgl. Fig. 29), wartet ab, bis das Lösungsmittel sich von der ursprünglichen Flüssigkeit vollständig getrennt hat und scheidet dann die beiden Schichten durch Ablassen der spezifisch schwereren Flüssigkeit. Die gelöste Substanz gewinnt man in den meisten Fällen durch einfaches Abdunsten des Lösungsmittels, nachdem man zumeist vorher, wie oben geschildert, das Lösungsmittel getrocknet hat.

Eine exakte Trennung ist in den meisten Fällen durch einfache Extraktion mit einem Lösungsmittel nicht zu erreichen. Sie wird zumeist erst durch die fraktionierte Destillation bewirkt. Bestimmte Verbindungen haben bestimmte Siedepunkte. Diese sind abhängig von dem Druck, unter dem die Destillation vorgenommen wird. Entweder destilliert man bei gewöhnlichem Druck. Meist verwendet man hierbei einen Kühler, um das Destillat zu kondensieren. Man fängt es dann in einer sogenannten Vorlage auf. Oder aber man destilliert, wenn man leicht zersetzliche Körper hat, unter vermindertem Druck. Es hat dies den Vorteil, daß die zu destillierende Flüssigkeit bei einer viel niedrigeren Temperatur siedet. Man verwendet hierzu entweder einen einfachen Destillierkolben oder einen sog. Claisen-Kolben (vgl. Fig. 31). In letzterem Falle wird das Thermometer im angesetzten Rohr angebracht. Als Vorlage dient ein zweiter Destillierkolben, der je nach Bedarf mit Wasser, Eis oder einer Kältemischung gekühlt wird. In ihm kondensiert sich das Destillat. Der vorgelegte Destillierkolben steht mit einer Wasserstrahlpumpe in Verbindung. Die zu destillierende Flüssigkeit erwärmen wir im Wasser- oder Ölbade, oder es wird direkt mit der Flamme oder endlich im Luftbad auf dem Baboblech erhitzt.

Das Destillieren erfordert sehr viel Aufmerksamkeit. Die zu destillierende Flüssigkeit stellt in den meisten Fällen ein heterogenes Gemisch dar. Man sieht, daß bei einer bestimmten Temperatur Dämpfe auftreten oder eine Flüssigkeit sich im Kühler kondensiert. Man beobachtet nun genau ein in den Dämpfen befindliches Thermometer und merkt sich die Temperatur, bei der die Destillation begonnen hat. Nun tritt nach einiger Zeit plötzliches Steigen der Temperatur auf. Der Quecksilberfaden schießt in die Höhe. Jetzt weiß man, daß ein anderes Produkt zu destillieren beginnt. Man wechselt sofort die Vorlage und beobachtet nunmehr genau, ob die Temperatur eine konstante bleibt. In den meisten Fällen wird bei einer bestimmten Temperatur ein bestimmtes Destillat übergehen. Wenn die Temperatur sich ändert, d. h. wenn der Quecksilberfaden weiter steigt, oder zu sinken beginnt, dann unterbricht man die Destillation, nimmt die Vorlage mit dem Destillat weg und legt eine neue Vorlage vor. Auf diese Weise kann man die einzelnen Destillate getrennt auffangen. Diese Fraktionen sind meistens noch nicht ganz einheitlich. Es lohnt sich, die fraktionierte Destillation mit jedem einzelnen Destillate zu wiederholen. Selbstverständlich kann man diese Wiederholung der Destillation auf eine einzige Fraktion beschränken, wenn man eine bestimmte Substanz zu erhalten wünscht, deren Siedepunkt bereits bekannt ist. Man wird dann das, was zuerst übergegangen ist, den sog. Vorlauf, weggießen (ev. bei sehr wertvollen Substanzen auch diesen fraktionieren) und nur die Flüssigkeit, die bei einer bestimmten Temperatur übergegangen ist, nochmals der Destillation unterwerfen. Auch hierbei erhält man wieder einen kleinen Vorlauf. Erst dann geht die reine Verbindung über. Ein bestimmter Siedepunkt ist ein wichtiges Kriterium für die Reinheit einer Flüssigkeit. In manchen Fällen gestattet seine Feststellung ohne weiteres die Identifizierung der destillierten Verbindung. In den meisten Fällen wird man jedoch bestimmte Reaktionen, die Analyse usw. zu Hilfe nehmen müssen, um festzustellen, welche Verbindung vorliegt.

Um sich von der Reinheit einer festen Substanz zu überzeugen, bestimmt man ihren Schmelzpunkt. Hat man bereits bekannte Körper vor sich, dann wird man aus dem Schmelzpunkt schon beurteilen können, ob das erhaltene Produkt rein ist oder nicht. Selbstverständlich begnügt man sich damit im allgemeinen nicht, sondern stellt noch andere Konstanten fest, oder aber man hält sich an bestimmte typische Reaktionen, oder endlich, man führt die quantitative Analyse der einzelnen Elemente, die in der Substanz enthalten sind, durch.

Zur Schmelzpunktsbestimmung bedient man sich eines sog. Schmelzpunktsapparates. Ein einfacher, leicht zu bedienender Apparat ist der folgende. Er besteht aus einem Rundkolben, der ein langes Ansatzrohr besitzt (vgl. Fig. 32). Das Gefäß muß aus Jenaer Glas bestehen. Im Kolben befindet sich konzentrierte Schwefelsäure, oder, wenn man den Schmelzpunkt höher schmelzender Substanzen feststellen will, Paraffin. Im allgemeinen wird man mit Schwefelsäure auskommen. In diese taucht, bis etwa zum unteren Drittel der Flüssigkeit, ein Thermometer c, das durch den Kolbenhals eingeführt ist. Das Thermometer ist in einem

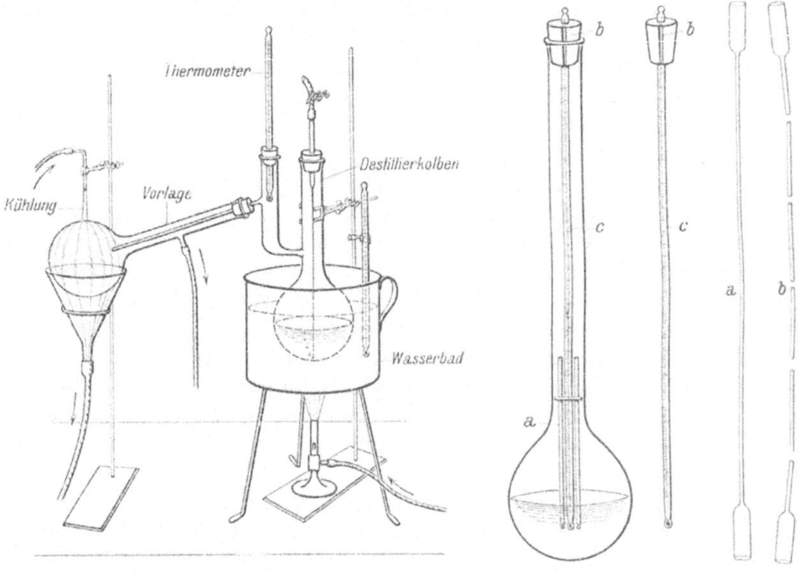

Fig. 31. Vacuumdestillation.

Fig. 32.
Siedepunktsapparat.

Fig. 33.
Gewinnung
von Schmelz-
punktsröhrchen.

Korkstopfen b befestigt, der den Kolbenhals nach oben abschließt. Beim Erhitzen der Schwefelsäure treten Dämpfe auf. Um diesen einen Abzug zu gestatten, wird in den Kork eine Kerbe geschnitten. Die Substanz füllt man in ein Schmelzpunktsröhrchen a ein. Diese sind leicht zu erhalten, indem man ein Glasrohr oder ein Reagenzglas vor dem Gebläse zu einer Capillare auszieht (Fig. 33a) und dann diese in etwa 4 cm lange Stücke zerschneidet (Fig. 33b). Wird nun das eine Ende der Capillare ausgezogen und dann der dünne Teil zusammengeschmolzen, dann erhält man das fertige Schmelzpunktsröhrchen (Fig. 34 u. 35). Die Substanz, deren Schmelzpunkt man bestimmen will, wird zunächst in einem kleinen Mörser, am besten einem Achatmörser (Fig. 36), fein gepulvert, dann mit dem Schmelzpunktsröhrchen aufgeschöpft, und die Substanz durch leichtes Aufklopfen am geschlossenen Ende angesammelt. Ist die Substanz sehr leicht oder haftet sie an den Wänden der Capillare an, dann kann man sie mit Hilfe eines unten zugeschmolzenen Glasfadens herunterstopfen. Noch einfacher ist es, die Schmelzpunktscapillare in ein Glasrohr einzuführen, und in diesem, wie Fig. 37 zeigt, herunterfallen zu lassen. Jetzt nimmt man das Thermometer mitsamt dem Korkstopfen aus dem Schmelzpunktskolben heraus und legt das Schmelzpunktsröhrchen so an das Thermometer an, daß die Substanz sich mit der Quecksilberkugel in gleicher Höhe befindet. Das Schmelzpunktsröhrchen haftet meist ohne weiteres durch Adhäsion an dem Thermo-

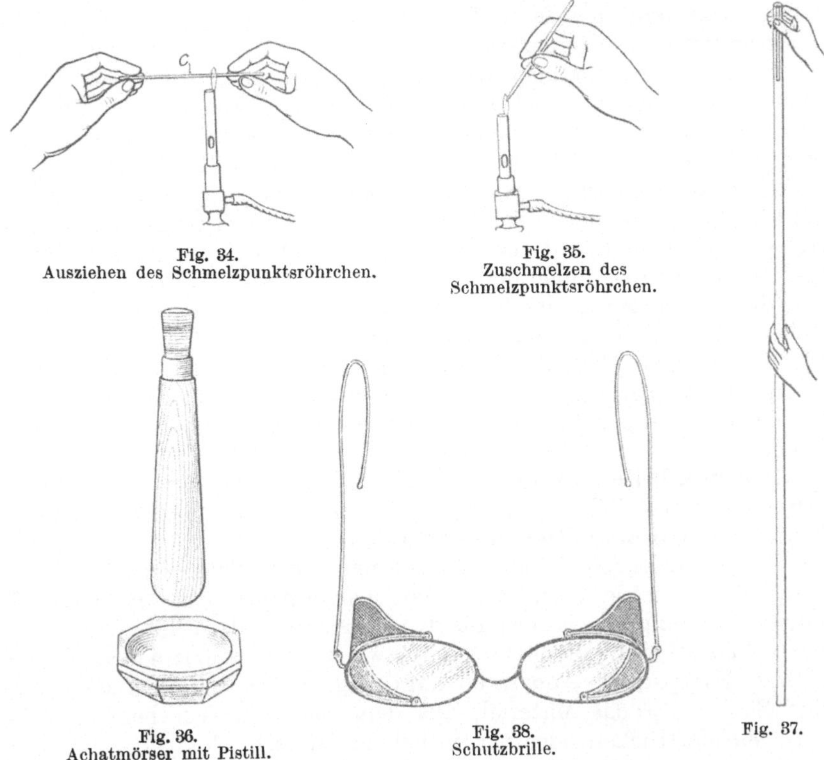

Fig. 34.
Ausziehen des Schmelzpunktsröhrchen.

Fig. 35.
Zuschmelzen des
Schmelzpunktsröhrchen.

Fig. 36.
Achatmörser mit Pistill.

Fig. 38.
Schutzbrille.

Fig. 37.

meter. Zur Sicherheit kann man es noch mit Hilfe eines kleinen Kautschukringes an ihm befestigen. Jetzt beginnt man mit dem Erhitzen, indem man einen Brenner in fächelnder Weise rund um den Schmelzpunktskolben herumführt. Handelt es sich um Substanzen, die einen bestimmten Schmelzpunkt haben, dann geht man mit dem Erhitzten langsam vor und beobachtet fortwährend das Aussehen der im Schmelzpunktsröhrchen befindlichen Substanz. Man notiert sich genau, wann eine Veränderung eintritt. Bald beobachtet man, daß die Substanz eine Färbung annimmt, oder aber sie beginnt zu sintern. Endlich stellt man fest, wann die Substanz vollständig geschmolzen ist. Sie bildet dann eine klare Flüssigkeit. Die scharfe Beobachtung der eintretenden Veränderungen hat bei der Schmelzpunktsbestimmung schon sehr oft zu wichtigen Resultaten geführt. Handelt es sich um Substanzen, die keinen festen Schmelzpunkt haben, sondern sich bei erhöhter Temperatur allmählich zersetzen, dann bestimmt man den Zersetzungspunkt, indem man das Erhitzen rasch vornimmt. Die Zersetzungspunkte geben niemals so scharfe Werte, wie die Schmelzpunkte. Erhitzt man langsam oder umgekehrt sehr rasch, dann kann man den Zersetzungspunkt innerhalb großer Intervalle finden. Bei der Zersetzung lassen sich mancherlei Beobachtungen machen. Bald sieht man das Auftreten von Gasen, bald kann man feststellen, daß die sich zersetzende Substanz bei einer bestimmten Temperatur ein bestimmtes Aussehen annimmt usw. Es kann auch vorkommen, daß die Substanz, ohne zu schmelzen, sublimiert und schließlich sich ganz verflüchtigt. Handelt es sich um die Identifizierung einer Substanz mit einer anderen bereits bekannten, dann empfiehlt es sich, von der letzteren etwas in ein zweites Schmelzpunktsröhrchen zu geben und, wie Fig. 32 zeigt, den Schmelzpunkt der bekannten Substanz gleichzeitig mit dem der zu identifizierenden festzustellen. Endlich mischt man etwas von beiden Substanzen in einem kleinen Mörser zusammen und nimmt den Schmelzpunkt des Gemisches. Bei der Bestimmung des Schmelzpunktes bediene man sich in allen Fällen einer sogenannten Schutzbrille (Fig. 38). Es können beim Platzen des Schmelzpunktskolbens sonst arge Verletzungen der Augen eintreten. Ferner lege man ein Tuch unter den Kolben, damit beim etwaigen Herunterfallen der Schwefelsäure kein Verspritzen stattfindet.

Sehr oft arbeiten wir auch mit gasförmigen Produkten. Bald handelt es sich um Fällungsreaktionen mittels Gasen, so z. B. um Ausfällung von Barium mittels Kohlensäure oder von Metallen, wie Kupfer, mit Schwefelwasserstoff, bald wünscht man andere Prozesse, wie z. B. die Esterbildung unter Vermittlung von gasförmiger Salzsäure oder die Infreiheitsetzung von Estern aus den salzsauren Salzen mit Ammoniakgas herbeizuführen. Die Gase bereiten wir uns im allgemeinen am besten in sog. Kippschen Apparaten (vgl. Fig. 39, a = Flüssigkeit, z. B. eine Säure, b = das Material, aus dem man ein Gas bereiten will, z. B. Marmorstücke), oder wir entnehmen sie sog. Bomben.

Eine sehr wichtige Regel, die auch für das qualitative Arbeiten gilt, ist die, daß man bei festen Körpern mit abgewogenen und bei Flüssigkeiten mit abgemessenen Mengen arbeitet. Man gewöhne sich daran, jede einzelne Operation wiegend oder messend zu verfolgen.

Beim präparativen Arbeiten erreicht man eine genügende Exaktheit, wenn man mit einer einfachen Schalenwage wiegt. Am besten hält man ein austariertes Gefäß zur Aufnahme der zu wiegenden Substanzen bereit, oder man benutzt gleich schwere Kartenblätter. Für quantitative Arbeiten verwenden wir eine sog. analytische Wage (vgl. Fig. 40). Wir bestimmen mit Hilfe der Gewichte des Gewichtssatzes (vgl. Fig. 41) das Gewicht der Substanz bis auf Zentigramme. Milligramme und Zehntelmilligramme werden mit Hilfe eines sog. Reiterchens, das auf den Wagebalken aufgesetzt wird, festgestellt. Die Substanz wird auf einer derartigen Wage nie direkt gewogen, sondern stets in einem Gefäß eingeschlossen. Meist benutzt man ein sog. Wäge-

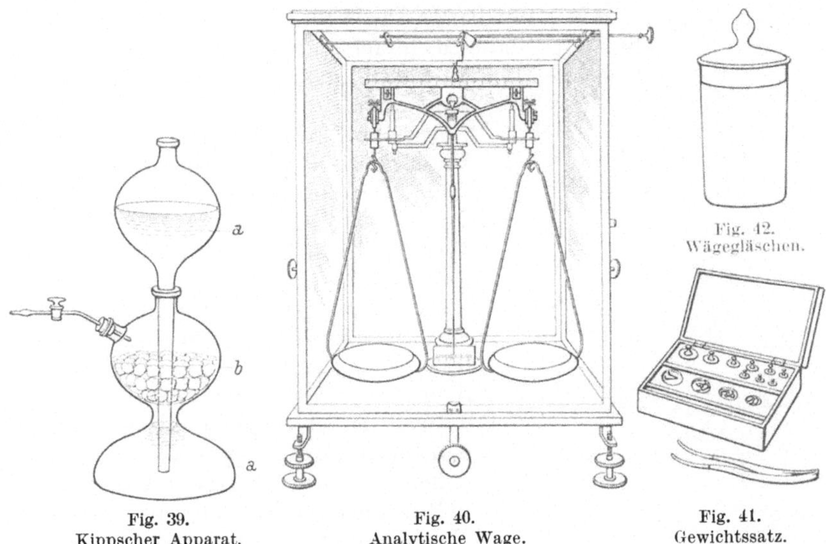

Fig. 42.
Wägegläschen.

Fig. 39.
Kippscher Apparat.

Fig. 40.
Analytische Wage.

Fig. 41.
Gewichtssatz.

gläschen (Fig. 42). Dieses wird zunächst in ganz reinem Zustande in einem Trockenschrank getrocknet und dann mittels einer Zange (vgl. Fig. 43) in einen Exsiccator (vgl. Fig. 23) übergeführt. Man läßt abkühlen und bestimmt jetzt das Gewicht des leeren Gefäßes, nachdem es im Exsiccator in die Nähe der Wage gestellt und mittels der Zange auf die Wagschale gesetzt worden ist. Ist das Gewicht g festgestellt, dann gibt man die zu wiegende Substanz in das Wägegläschen hinein,

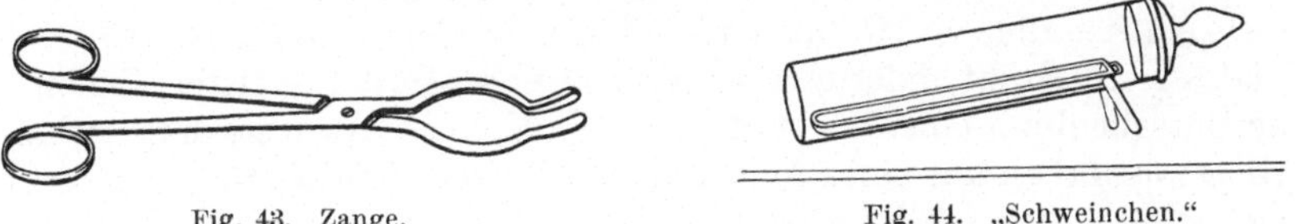

Fig. 43. Zange.

Fig. 44. „Schweinchen.“

verschließt und wiegt wieder. Man erhält das Gewicht g_1 des Wägegläschens + Substanz. $g_1 - g$ ergibt das Gewicht der Substanz. In manchen Fällen will man nicht den ganzen Inhalt des Wägegläschens benützen, sondern nur einen Teil. Man braucht dann das Gewicht des Wägegläschens nicht zu kennen, sondern wiegt Wägegläschen und Substanz zusammen, entnimmt dann etwas von ihr und wiegt zurück. Die Differenz der beiden Gewichte ergibt das Gewicht der herausgenommenen Substanz. Hat man eine Substanz in einem sog. Schiffchen getrocknet, dann bringt man dieses in einem sog. „Schweinchen" (vgl. Fig. 44) zur Wägung.

Arbeitet man mit Flüssigkeiten, dann mißt man diese ab. Zu gröberen Abmessungen bedient man sich der sog. Meßzylinder (vgl. Fig. 45), für feinere dienen die Büretten (vgl. Fig. 52, S. 38), Pipetten (Fig. 46) und die Maßkolben (Fig. 47). Die letzteren sind besonders dann zu empfehlen, wenn man von einer Flüssigkeit einen aliquoten Teil untersuchen will. Man gibt dann die gesamte Lösung in einen Maßkolben, füllt bis zur Marke mit einer entsprechenden Flüssigkeit, z. B. mit Wasser, auf und entnimmt mit einer Pipette einen aliquoten Teil. Die Berechnung des gefundenen Wertes für die gesuchte Substanz auf die gesamte Flüssigkeit ist dann eine sehr einfache. Man habe z. B. die Lösung auf 100 ccm aufgefüllt und in 10 ccm derselben 0,1 g Cl gefunden. In den 100 ccm sind dann 1,0 g davon enthalten.

Wo immer möglich, arbeite man mit den auf Grund der die Reaktion veranschaulichenden Formel berechneten Mengenverhältnissen und verwende, wo es angeht, sog. Normallösungen (vgl. hierzu S. 36). Das Arbeiten wird durch dieses Vorgehen instruktiver und gleichzeitig auch ein exakteres.

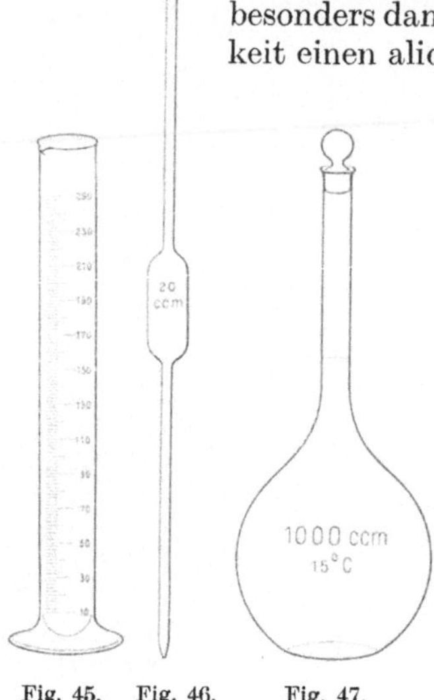

Fig. 45.   Fig. 46.   Fig. 47.
Meß-   Pipette.   Maßkolben.
zylinder.

Allgemeiner Gang bei der Untersuchung einer unbekannten Substanz oder Flüssigkeit.

Die erste Frage, die wir uns bei der Untersuchung einer Substanz vorlegen, ist die, ob sie aus organischen oder anorganischen Verbindungen besteht, oder aus beiden zugleich. In den meisten Fällen ist die Entscheidung eine sehr einfache. Ist die Substanz fest, dann nehmen wir etwas davon auf einen ganz reinen, blanken Platinspatel, glühen und beobachten die dabei auftretenden Veränderungen. Tritt Verkohlung ein und verbrennt die Kohle restlos, dann war nur organische Substanz vorhanden. Nur wenige organische Substanzen verbrennen ohne Verkohlung, so z. B. die Oxalsäure. Tritt zwar Verkohlung ein, bleibt aber ein glühbeständiger Rückstand, dann haben wir ein Gemisch von organischen und anorganischen Bestandteilen vor uns. Wenn dagegen überhaupt keine Verkohlung eintritt, sondern ein Rückstand bleibt, der selbst starkem Glühen widersteht, dann schließen wir auf anorganische Substanz. Es kann allerdings auch der Fall eintreten, daß eine anorganische Substanz sich vollständig verflüchtigt, dies trifft z. B. für das Chlorammon zu.

Erweist sich die Substanz als **anorganisch**, dann wird sie nach den weiter unten angegebenen Methoden auf die einzelnen Bestandteile untersucht. Die Asche wird auf alle Fälle auf ihre Reaktion geprüft. Auch kann man mit ihr schon die Flammenreaktion anstellen und sich so einigermaßen orientieren. Ebenso sind die Löslichkeitsverhältnisse des Aschenrückstandes von großer Bedeutung und geben manche Winke über die Substanz, die vorliegen könnte.

War die Substanz **zum Teil organisch, zum Teil anorganisch**, dann wird man einen Teil von ihr veraschen und die Asche untersuchen. Eine andere Portion verwendet man zur Untersuchung der organischen Bestandteile. Zunächst wird man — auch dann, wenn eine **rein organische Substanz** vorliegt — die Frage entscheiden, ob die Substanz **Stickstoff** enthält oder nicht. Vgl. den folgenden Abschnitt.

Enthält die Substanz **Stickstoff**, dann liegt der Schluß nahe, daß es sich um Verbindungen handelt, die entweder zum **Eiweiß** oder zu den **Nucleinsäuren**, ev. auch zu **Phosphatiden** in Beziehung stehen. Von Kohlehydraten käme nur etwa das **Chitin** resp. das **Glucosamin** in Betracht. Enthält die Substanz **keinen Stickstoff**, dann werden wir in erster Linie vermuten, daß Substanzen vorliegen, die den Kohlehydraten oder Fetten zugehören. Der weitere Gang der Untersuchung ist durch die Eigenschaften der betreffenden Körperklassen gegeben. Man halte sich an die bei den einzelnen Gruppen von Verbindungen weiter unten angegebenen Reaktionen.

Sind **Flüssigkeiten** zu untersuchen, dann sind die Verhältnisse etwas komplizierter. Man wird zuerst bei der Flüssigkeit die Reaktion, den Geruch und ev. den Geschmack feststellen und dann eine Probe zur Trockene verdampfen und prüfen, ob beim Glühen des Rückstandes Verkohlung eintritt, resp. Aschenbestandteile zurückbleiben. Während des Eindampfens wird man verfolgen, ob flüchtige Bestandteile entweichen, wie z. B. Ammoniak oder Fettsäuren usw. Am besten nimmt man das Verdampfen in einem kleinen Kölbchen vor und läßt die Dämpfe durch abgekühltes Wasser streichen, oder man legt, falls man z. B. auf Ammoniakgehalt der Flüssigkeit Verdacht hat, $^1/_{10}$ n-Schwefelsäure vor. Ist die Möglichkeit vorhanden, daß Säuren entweichen, wie z. B. Fettsäuren, dann wird man diese in $^1/_{10}$ n-Natronlauge auffangen, und zwar in allen Fällen in einer abgemessenen Menge. Durch Titration mit $^1/_{10}$ n-Natronlauge resp. im letzteren Falle mit $^1/_{10}$ n-Schwefelsäure bestimmt man, wieviel von den erwähnten Substanzen beim Eindampfen überdestilliert sind. Vgl. hierzu S. 38. Den Trockenrückstand der Flüssigkeit prüft man in der oben angegebenen Weise. Manche Substanzen wird man direkt aus der Flüssigkeit isolieren können.

Qualitativer Nachweis von Stickstoff in organischen Verbindungen.

Man gibt von der zu untersuchenden Substanz etwas in ein absolut reines, ganz trockenes Reagensglas und fügt nun etwa das 5—10fache Volumen an Natronkalk hinzu. Man vermeide dabei, daß der obere Teil des Reagensglases mit dem Natronkalk in Berührung kommt. Nun erhitzt man, nachdem die Substanz mit dem Natronkalk am besten mit Hilfe eines sauberen Glasstabes gut gemischt wurde. Bald beobachtet man das Entweichen von Ammoniak, falls es sich um eine stickstoffhaltige Substanz handelt. Man kann das Ammoniak am Geruch erkennen. Sicherer ist es, über die Öffnung des Reagensglases ein feuchtes rotes Lackmuspapier zu halten. Es bläut sich. Man hüte sich vor Berührungen mit der Reagensglaswand, besonders dann, wenn der Natronkalk nicht sorgfältig in das Reagensglas geschüttet wurde. Endlich kann man selbst sehr geringe Ammoniakmengen erkennen, wenn man einen in Salzsäure getauchten Glasstab der Öffnung des Reagensglases nähert. Es treten Nebel von Chlorammon auf.

Mit Hilfe der eben genannten Methode läßt sich der Stickstoff in allen biologisch wichtigen Verbindungen nachweisen. Eine allgemeiner anwendbare Methode ist die folgende: Es wird etwas von der Substanz in ein kleines Reagensglas gegeben. Dann bringt man ein linsengroßes Stückchen von auf Fließpapier abgetrocknetem Kalium hinzu und erhitzt. Man hält dabei die Öffnung des Reagensglases von sich abgewandt. Es tritt eine heftige Reaktion ein (Schutzbrille!). Nachdem das Reagensglas sich etwas abgekühlt hat, wird es unter dem Abzug bei möglichst tief herabgelassenem Schiebefenster in Wasser eingetaucht, das sich in einem kleinen Erlenmeyerkölbchen befindet. Das Reagensglas zerspringt dabei. Man filtriert nun die Lösung in ein Reagensglas. Zu dem klaren Filtrat gibt man jetzt einen Tropfen Eisenchloridlösung und dann einige Tropfen Ferrosulfatlösung hinzu und erwärmt. Es geht dabei das in Lösung vorhandene Cyankalium in Ferrocyankalium über. Jetzt wird abgekühlt und mit Salzsäure angesäuert. Beobachtet man grüne oder blaue Färbung oder Entstehung eines blauen Niederschlages, dann ist das der Beweis dafür, daß Stickstoff in der Substanz vorhanden ist. Es hat sich Berlinerblau gebildet. Vgl. auch die quantitative Stickstoffbestimmung nach Kjeldahl S. 127.

Aschenanalyse.

A. Qualitative Aschenanalyse.

Es sind im folgenden nur diejenigen Elemente berücksichtigt, welche als Nahrungsstoffe und Körperbestandteile eine ganz besondere Bedeutung haben. Ferner sind nur solche Methoden angeführt, die bei der praktischen Durchführung einer Aschenanalyse in Anwendung kommen. Es werden zunächst mit Hilfe der reinen Elemente resp. derjenigen Salze, die das entsprechende Element enthalten, die Eigenschaften der einzelnen Elemente studiert.

Nachweis der Kationen.
Nachweis der Alkalien.

In Betracht kommen Natrium und Kalium (Prüfung auf K·- und Na·-Ionen).

Flammenprobe. Es wird ein ca. 5 cm langes Stück Platindraht in das Ende eines Glasstabes eingeschmolzen. Das Ende des Platindrahtes wird zu einer Öse umgebogen. In diese gibt man etwas von der zu untersuchenden Substanz. Wir wählen als Beispiel Kochsalz. Wir zerreiben dieses in einem Mörser zu einem feinen Pulver und bringen nun etwas von der Substanz in die Öse des Platindrahtes. Nun

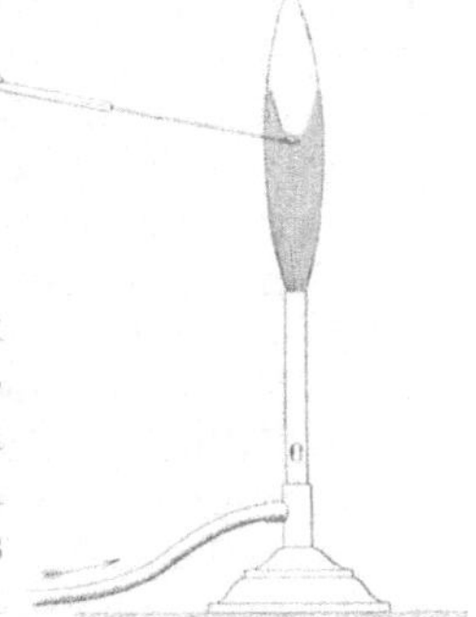

Fig. 48. Flammenprobe.

halten wir diese in den Rand einer Bunsenflamme (vgl. Fig. 48). Sie erscheint an der betreffenden Stelle gelb. Am besten wird das Pulvern des Kochsalzes nicht in demjenigen Raume vorgenommen, in welchem man die Flammenprobe ausführen will, weil die geringsten Spuren von Natrium genügen, um die sämtlichen Flammen im ganzen Laboratorium gelb zu färben.

Kalium, wir wählen Chlorkalium, gibt im Gegensatz zum Natrium eine violette Färbung der Bunsenflamme. Mischen wir Chlornatrium und Chlorkalium, und führen wir mit dem Gemisch die Flammenprobe aus, dann erblicken wir nur die durch das Natrium bedingte gelbe Färbung. Die violette Farbe des Kaliums wird verdeckt. Um Kalium neben Natrium erkennen zu können, betrachten wir die Flammenfärbung mit Hilfe eines Kobaltglases. Erblicken wir violette Färbung, so bedeutet das, daß Kalium vorhanden ist. Man kann die Probe noch dadurch verschärfen, daß man mit Hilfe eines Spektralapparates die Absorptionslinien der beiden Elemente im Spektrum feststellt.

Man kann beide Elemente auch in Lösungen erkennen. Man stelle von Kochsalz und Chlorkalium eine Lösung dar und bringe eine Probe der Flüssigkeit in die Öse des Platindrahtes und führe die Flammenprobe, wie oben angegeben, aus. Man erhält wiederum die entsprechenden Färbungen und kann auch jetzt mittels des Kobaltglases Kalium neben Natrium nachweisen.

Nachweis von Kalium und Natrium mit Hilfe von Fällungsreaktionen. Kochsalz, NaCl, wird in wenig Wasser gelöst und zu der Lösung einige Tropfen einer alkalischen Lösung von pyroantimonsaurem Kali $K_2H_2Sb_2O_7$ hinzugefügt. Es entsteht ein krystallinischer Niederschlag von pyroantimonsaurem Natron $Na_2H_2Sb_2O_7$. Kaliumsalze geben in wässeriger Lösung mit einigen Tropfen Natriumacetat und Weinsäure einen krystallinischen Niederschlag von saurem weinsaurem Kalium

$KHC_4H_4O_6$. Die Abscheidung erfolgt aus verdünnteren Lösungen nicht sofort, sondern allmählich. Sie wird durch Reiben mit einem Glasstab beschleunigt. In einem Gemisch von Natrium- und Kaliumsalz kann man die beiden Elemente erkennen, indem man die Flüssigkeit, die diese enthält, in zwei Teile teilt. Zu der einen Hälfte fügt man eine alkalische Lösung von pyroantimonsaurem Kali und prüft so auf Natrium. Zu der anderen Hälfte gibt man Natriumacetat und Weinsäure: Prüfung auf Kalium.

Eine weitere Unterscheidung liefert das Verhalten des Kaliums und Natriums gegenüber Platinchlorwasserstoffsäure, H_2PtCl_6. Fügt man eine etwa 10prozentige wässerige Lösung davon zu der Lösung eines Natriumsalzes, z. B. zu einer Kochsalzlösung, dann erhält man keine Fällung. Nimmt man dagegen eine nicht zu verdünnte wässerige Lösung eines Kaliumsalzes, z. B. von Chlorkalium, dann tritt bei Zusatz der Platinchlorwasserstoffsäure rasch eine Fällung von K_2PtCl_6 ein. Sie kann durch Zusatz von Alkohol vervollständigt werden. Die Schwerlöslichkeit des Kaliumplatinchlorids ist ein Hilfsmittel, um Kaliumsalze neben Natriumsalzen nachzuweisen. Diese Eigenschaft ist von großer Bedeutung. Wir werden bald sehen, daß Kalium mit Platinchlorwasserstoffsäure quantitativ abgeschieden wird.

Nachweis der Erdalkalien.

Es kommen in Betracht Magnesium und Calcium (Prüfung auf Mg¨- und Ca¨-Ionen).

Prüfung auf Magnesium. Wir wählen als Magnesiumsalz Magnesiumchlorid, $MgCl_2$, und als Calciumsalz Calciumchlorid, $CaCl_2$. Auf Zusatz von phosphorsaurem Natrium, Na_2HPO_4, Chlorammonium und Ammoniak erhalten wir in der wässerigen Lösung des Magnesiumsalzes einen krystallinischen Niederschlag. Er besteht aus Ammoniummagnesiumphosphat, $NH_4 \cdot MgPO_4 \cdot 6H_2O$. Gibt man zu der Lösung von Magnesiumchlorid Natronlauge, dann entsteht ein weißer Niederschlag von Magnesiumhydroxyd, $Mg(OH)_2$. Er löst sich in Chlorammonium auf. Ammoniumhydroxyd gibt ebenfalls eine Fällung von Magnesiumhydroxyd, doch ist die Fällung eine nur unvollkommene.

Prüfung auf Calcium. Die wässerige Lösung von Calciumchlorid gibt mit Natronlauge eine weiße Fällung von Calciumhydroxyd, $Ca(OH)_2$. Die Abscheidung ist keine vollständige. Gibt man zu der Fällung Wasser hinzu, dann läßt sich der Niederschlag wieder in Lösung bringen. Mit Ammoniak erhält man keinen Niederschlag. Ammoniumoxalat, $(NH_4)_2 \cdot C_2O_4$, gibt mit Calcium einen weißen Niederschlag von Calciumoxalat:

$$\begin{array}{c} COO\diagdown \\ | \qquad \diagup Ca \; . \\ COO \diagup \end{array}$$

Dieser ist unlöslich in Essigsäure, dagegen löslich in Salzsäure und in

Salpetersäure. Werden diese Lösungen mit Ammoniak neutralisiert, dann fällt Calciumoxalat wieder aus. In konzentrierten Lösungen gibt Calcium mit Schwefelsäure einen weißen Niederschlag von Calciumsulfat, $CaSO_4$. Die Abscheidung ist jedoch eine unvollkommene. In sehr verdünnten Lösungen tritt überhaupt keine Fällung ein.

Nachweis der Schwermetalle.

Es kommen im wesentlichen nur **Eisensalze** in Betracht und von den beiden Formen: Ferro- und Ferriverbindungen hauptsächlich die letzteren **Nachweis der Ferriionen,** Fe$\cdots$-Ionen. Wir gehen aus von Ferrichlorid, $FeCl_3$. Dieses löst sich in Wasser mit rotbrauner Farbe. Verdünnt man stärker, dann geht die Farbe in Gelbbraun bis Hellgelb über. Diese Gelbfärbung ist ein außerordentlich feines Reagens auf Eisen. Erhält man beim Lösen irgend einer Asche in verdünnter Salzsäure eine Gelbfärbung, dann kann man ziemlich sicher annehmen, daß Eisen anwesend ist. Gibt man zu der Lösung von Eisenchlorid Natronlauge oder Ammoniak, dann erhält man einen braunen, gallertartigen Niederschlag von Ferrihydroxyd, $Fe(OH)_3$. Fügt man zu der Eisenlösung Natriumphosphat, Na_2HPO_4, hinzu, dann fällt Eisenphosphat, $FePO_4$, in Form eines gelblichweißen Niederschlages. Die Fällung ist in Essigsäure unlöslich, löslich in Mineralsäuren. Mit Ferrocyanwasserstoffsäure, $H_4Fe(CN)_6$, resp. Ferrocyankalium entsteht ein blauer Niederschlag von Ferriferrocyanid: $Fe_4[Fe(CN)_6]_3$, Berlinerblau genannt. Sehr empfindlich ist die Reaktion mit Rhodanwasserstoffsäure, HCNS, resp. Rhodankalium. Man erhält eine blutrote Fällung unter Bildung von Ferrirhodanid: $Fe(CNS)_3$. Leitet man in die Lösung von Eisenchlorid Schwefelwasserstoff ein, so werden die Ferriionen zu Ferroionen reduziert. Die Lösung wird hierbei milchigweiß getrübt. Es hat sich Schwefel abgeschieden.

Nachweis der Anionen.

In Betracht kommen Kohlensäure, CO_2, Chlor, Cl, Jod, J, Phosphorsäure, H_3PO_4 und Schwefelsäure, H_2SO_4.

Nachweis von Chlor (Cl′-Ion). Wir benützen zum Nachweis des Chlors irgend eines der vorher gebrauchten Chloride, z. B. Kochsalz. Wir lösen dieses in Wasser und fügen zu der Lösung eine verdünnte Lösung von Silbernitrat, $AgNO_3$, hinzu. Es tritt sofort eine Fällung von Silberchlorid, AgCl, auf. Kochen wir die Lösung, dann ballt sich der Niederschlag zusammen. Er sinkt zu Boden. Die Fällung sieht zunächst rein weiß aus. Die Farbe geht jedoch beim Belichten in Violett und schließlich in Grau über.

Genau die gleiche Fällung erhalten wir beim Zusatz von Silbernitratlösung zu einer solchen von Magnesiumchlorid, Calciumchlorid usw. Die verschiedenartigsten Salze, welche Chlor enthalten, geben mit Silbernitrat eine Fällung. Chlorsilber löst sich in Ammoniak.

Nachweis von Jod (J′-Ion): Wir gehen aus von Jodkalium. Dieses

löst sich leicht in Wasser. Auf Zusatz von Silbernitrat erhalten wir
eine Fällung, die gelb aussieht. Es ist Jodsilber, AgJ, ausgefallen.
Der Niederschlag ist in Ammoniak so gut, wie unlöslich. Gibt man zu
der Lösung von Jodkalium etwas Chlorwasser, dann findet Abscheidung von Jod statt. Man kann dieses mit Schwefelkohlenstoff aufnehmen. Dieser färbt sich dabei rotviolett. Stärkekleister wird durch
Jod blau gefärbt. Man muß mit dem Zusatz des Chlorwassers vorsichtig sein, denn wenn man größere Mengen davon hinzufügt, dann wird
das elementare Jod zu Jodsäure oxydiert. Die Färbung des Schwefel-
kohlenstoffes verschwindet dann. Fügt man zu einer Lösung von Jodkalium verdünnte Salpetersäure, dann wird sofort Jod abgeschieden.
Hat man etwas von einer Stärkelösung zugesetzt, dann tritt Blaufärbung
ein.   Beim Kochen mit Eisenchloridlösung entweicht ebenfalls Jod.

Nachweis der Schwefelsäure (SO_4''-Ion). Wir gehen vom Magnesiumsulfat, $MgSO_4$, aus und lösen dieses in Wasser. Geben wir zu
der Lösung Barythydrat, $Ba(OH)_2$, (resp. Bariumchlorid), dann erhalten wir eine Fällung von Bariumsulfat, $BaSO_4$. Die Abscheidung ist eine quantitative.

Nachweis der Phosphorsäure (PO_4'''-Ion). Wir lösen Natriumphosphat, Na_2HPO_4, in Wasser. Auf Zusatz eines löslichen Eisensalzes,
z. B. von Eisenchlorid, tritt eine Fällung von Eisenphosphat, $FePO_4$,
ein. Fügt man Natriumacetat hinzu, dann ist die Fällung eine quantitative, weil das Eisenphosphat in Essigsäure vollständig unlöslich
ist. Gibt man zu der Lösung von Natriumphosphat sogenannte Magnesiamixtur (vgl. S. 43), dann tritt ein weißer krystallinischer Niederschlag von Magnesiumammoniumphosphat, $NH_4 \cdot MgPO_4 \cdot 6H_2O$, auf.
Dieser ist in Ammoniak und Chlorammonium unlöslich, dagegen löslich in Säuren. Auf Zusatz einer salpetersauren Lösung von molyb-
dänsaurem Ammoniak (vgl. S. 43) gibt Phosphorsäure beim Erwärmen einen gelben Niederschlag von phosphormolybdänsaurem
Ammoniak, $(MoO_3)_{12} \cdot (NH_4)_3PO_4$. Er ist unlöslich in Salpetersäure,
löslich in Ammoniak.

Nachweis von Kohlensäure (CO_3''-Ion). Calciumcarbonat, $CaCO_3$,
wird mit Salzsäure übergossen. Wir beobachten das Auftreten von Gasblasen. Halten wir das Reagensglas an das Ohr, dann hören wir ein
knisterndes Geräusch. Wollen wir uns überzeugen, ob das entwickelte
Gas wirklich Kohlensäure ist, dann leiten wir es am besten in Barytwasser ein. Kohlensäure bildet mit Baryt einen schwer löslichen Niederschlag von Bariumcarbonat, $BaCO_3$.

B. Quantitative Aschenanalyse.

Zur Ausführung der Analyse nehmen wir entweder Blut oder Milch,
oder aber wir stellen uns ein künstliches Aschengemisch dar. Zu Übungs-
zwecken ist das letztere vorzuziehen. Wir geben in Mengen von etwa
0,01—0,1 Gramm Natriumphosphat, Chlorkalium, Magnesiumphosphat,

Calciumchlorid und Eisenphosphat zusammen. Dazu fügen wir 5 Gramm vollständig aschenfreien Rohrzucker und mischen das Ganze gut durch. Mit dem Zusatz des Rohrzuckers bezwecken wir, ein Material zur Verkohlung und schließlich zur Verbrennung zu haben. Haben wir Milch oder Blut zur Analyse gewählt, dann werden diese Flüssigkeiten zuerst auf dem Wasserbad in einer Platinschale zur Trockene eingedampft und dann bei 120° im Trockenschrank vollständig getrocknet. Das künstliche Aschengemisch ist direkt zur Veraschung geeignet. Diese kann auf trockenem oder nassem Wege vorgenommen werden.

a) Veraschung durch Glühen.

Die Platinschale a wird auf ein auf einem Dreifuß befindliches Tondreieck oder auf ein passend konstruiertes Gestell (vgl. Fig. 49, c) gestellt und nun mit einem gewöhnlichen Bunsenbrenner b vom Rande her allmählich erwärmt (vgl. Fig. 49). Der Beginn des Erhitzens muß vorsichtig durchgeführt werden, um zu vermeiden, daß durch Verspritzen Substanz verloren geht. Nun erhitzt man stärker. Es tritt bald Verkohlung auf. Die Kohle kann auch Feuer fangen. Verluste entstehen hierbei nicht. Von Zeit zu Zeit rührt man die Kohle mittels eines Platindrahtes durch. Dieser verbleibt während der ganzen Veraschung in der Platinschale. Nachdem alles verkohlt und die Kohle eine Zeitlang geglüht worden ist, unterbricht man das weitere Erhitzen. Man läßt den Schaleninhalt sich abkühlen und zieht nun die noch kohlenstoffhaltige Asche mit destilliertem Wasser aus. Man zerkleinert dabei gröbere Stücke mit dem Platindraht oder einem Platinspatel, oder aber man zerreibt die gesamte Masse mit einem aus

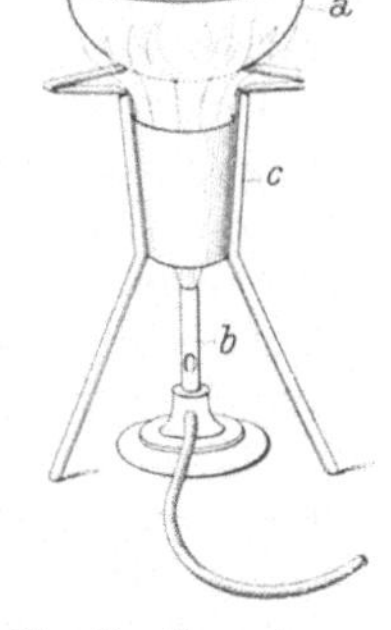

Fig. 49. Veraschung.

Achat bestehenden Pistill in der Platinschale. Es läßt sich auf diese Weise das Auslaugen der Asche mit Wasser viel besser herbeiführen. Nun filtriert man durch ein vollständig aschefreies Filter, und zwar so, daß möglichst wenig Kohle auf das Filterchen kommt. Die wässerige Lösung muß vollständig klar ablaufen. Ist sie trüb, dann wird sie sofort in die Platinschale zurückgegeben und der Schaleninhalt nach Zugabe des Filters zunächst auf dem Wasserbad zur Trockene verdampft, dann wieder geglüht und die Extraktion mit Wasser wiederholt. Wenn das Filtrat vollständig klar ist, dann wird es vorläufig in einem kleinen Erlenmeyerkolben für sich aufbewahrt. Das Filter gibt man zu dem Schaleninhalt zurück, trocknet im Trockenschrank bei 120° und setzt das Glühen fort. Es gelingt nun sehr leicht, in ganz kurzer Zeit die gesamte Kohle zu verbrennen. Es verbleibt dann eine reine Asche. Sie ist gewöhnlich nicht weiß, sondern durch das vorhandene Eisenoxyd etwas rötlich gefärbt. Nun wird die Asche mit verdünnter Salzsäure aufgenommen. Die Lösung färbt sich dabei — durch die Anwesenheit des Eisens bedingt — gelblich. Diesen salzsäurehaltigen Auszug gibt man zu dem früher abfiltrierten wässerigen Extrakte. Schale und Platindraht werden sorgfältig mit destilliertem Wasser abgespült. Die gesamte Lösung dient zum Nachweis von **Magnesium, Calcium, Eisen** und von **Phosphorsäure.** Zur Bestimmung der **Salzsäure** muß man eine zweite Portion für sich veraschen, weil bei der eben geschilderten Art der Veraschung geringe Mengen von Chlor verloren gehen. Um dies zu verhindern, setzt man vor dem Glühen 2—5 Gramm Natriumcarbonat hinzu, mischt die ganze Masse tüchtig durch und glüht nun. Selbstverständlich darf man die Asche in diesem Falle nicht mit Salzsäure aufnehmen. Man zieht sie mit Salpetersäure aus. Eine besondere Portion der Substanz wird verwendet, um die **Alkalien** nachzuweisen.

1. **Bestimmung von Eisen, Calcium, Magnesium und von Phosphorsäure.** Aus der salzsauren Lösung der Gesamtasche wird durch Zusatz von essigsaurem Ammonium in der Kälte das Eisen als Eisenphosphat gefällt. Der Niederschlag wird durch ein aschefreies Filter filtriert, mit Wasser gut ausgewaschen und dann im Filtrat das Calcium mit oxalsaurem Ammon als Calciumoxalat abgetrennt. Es wird wieder auf einem aschefreien Filter filtriert, mit Wasser nachgewaschen und im Filtrat plus Waschwasser durch Übersättigen mit Ammoniak das Magnesium als phosphorsaure Ammoniakmagnesia gefällt. Im Filtrat dieser Fällung wird der Rest der noch vorhandenen Phosphorsäure durch Magnesiamischung niedergeschlagen.

In allen Fällen werden zunächst die Niederschläge im Filter mit dem Trichterchen in einen Trockenschrank gebracht und hier bei 100 bis 120° getrocknet. Dann gibt man Filter und Niederschlag in einen gewogenen Platintiegel und glüht. Es empfiehlt sich, Filter und Niederschlag getrennt zu veraschen (vgl. S. 27). Man erhält so Eisenphosphat, Calciumoxyd und Magnesiumpyrophosphat. Die gesamte Ausbeute an Phosphorsäure berechnet sich aus den drei Komponenten: Eisenphosphat, Magnesiumpyrophosphat und endlich aus der mit der Magnesiamischung ausgefällten Phosphorsäure, die auch als Magnesiumpyrophosphat zur Wägung kommt.

Bei der Bestimmung des Calciums begnügt man sich nicht mit der Wägung des Calciumoxyds, sondern man raucht den Calciumoxydrückstand mit Schwefelsäure ab und führt dadurch das Calciumoxyd in Calciumsulfat über und wiegt darauf wieder.

Berechnung der Analysenresultate.

1. des Ca aus CaO und $CaSO_4$:

Beispiel: Gefunden 0,0077 g CaO. Die Überführung in $CaSO_4$ ergab 0,0186 g.

$$\underbrace{CaO}_{56,09} : \underbrace{Ca}_{40,09} = 0,0077 : x; \quad x = 0,0055 \text{ g Ca}.$$

$$\underbrace{CaSO_4}_{136,16} : \underbrace{Ca}_{40,09} = 0,0186 : x; \quad x = 0,0054 \text{ g Ca}.$$

2. des Fe und der P_2O_5 aus dem Eisenphosphatniederschlag:

Beispiel: Gefunden 0,2246 g $FePO_4$.

$$\underbrace{1\ FePO_4}_{150,85} : \underbrace{Fe}_{55,85} = 0,2246 : x; \quad x = 0,0831\ \text{g Fe}.$$

$$\underbrace{2\ FePO_4}_{301,70} : \underbrace{P_2O_5}_{142} = 0,2246 : x; \quad x = 0,1057\ \text{g } P_2O_5.$$

3. des Mg und der P_2O_5 aus $Mg_2P_2O_7$.

Beispiel: Gefunden 0,0214 g $Mg_2P_2O_7$.

$$\underbrace{Mg_2P_2O_7}_{222,64} : \underbrace{Mg_2}_{48,64} = 0,0214 : x; \quad x = 0,0047\ \text{g Mg}.$$

$$\underbrace{Mg_2P_2O_7}_{222,64} : \underbrace{P_2O_5}_{142} = 0,0214 : x; \quad x = 0,0136\ \text{g } P_2O_5.$$

4. der P_2O_5 aus $Mg_2P_2O_7$ (nach Fällung des Restes der Phosphorsäure mit Magnesiamixtur).

Beispiel: Gefunden 0,0420 g $Mg_2P_2O_7$.

$$\underbrace{Mg_2P_2O_7}_{222,64} : \underbrace{P_2O_5}_{142} = 0,0420 : x; \quad x = 0,0268\ \text{g } P_2O_5.$$

Summe der Phosphorsäure:

a) mit Eisen gefallen . . . .   0,1057 g
b) mit Magnesium gefallen . . . . .   0,0136 g
c) mit Magnesiamixtur gefällte P_2O_5 .   0,0268 g
0,1461 g P_2O_5.

Bestimmung des Chlors.

Bei der Veraschung wird auch hier zunächst mit Wasser extrahiert und erst dann vollständig verascht. Die Asche wird in Salpetersäure gelöst und die Lösung mit dem wässerigen Auszug vereinigt.

Aus der salpetersauren Lösung wird dann das Chlor in der gewöhnlichen Weise durch Zusatz von Silbernitrat, solange ein Niederschlag entsteht, gefällt. Es wird dann durch ein aschefreies Filterchen filtriert. Filter und Niederschlag gibt man in einen gewogenen Porzellantiegel, erhitzt bis zum Schmelzen und wiegt wieder. Es empfiehlt sich, Filter und Niederschlag getrennt zu glühen. In diesem Falle wird letzterer mit Hilfe einer Federfahne aus dem Filter auf ein Stück Glanzpapier gekratzt und das Filterchen dann im Porzellantiegel verascht. Darauf gibt man den Niederschlag in den gleichen Tiegel. Man vermeidet so das Eintreten von Reduktion.

Mit Vorteil verwendet man einen sog. Goochtiegel (vgl. Fig. 50). Er besteht aus einem Tiegel a, dessen Boden nach Art einer Siebplatte durchlöchert ist. Er wird mit Hilfe eines Stückes Kautschukschlauches auf einem sog. Vorstoß befestigt und dieser durch den Stopfen einer Saugflasche b geführt. Jetzt gießt man in den Tiegel eine wässerige Suspension von sorgfältig gereinigtem, langfaserigem

Asbest und saugt ihn mit Hilfe der Wasserstrahlpumpe fest. Auf den
so gebildeten dichten Asbestfilz legt man eine Siebplatte (vgl. Fig. 13)
und saugt darauf noch etwas Asbest fest. Man filtriert
nun so lange Wasser durch das so gebildete Filter hindurch, bis das Filtrat ganz klar abläuft, d. h. keine Asbest-
flocken mehr mitführt. Dann stellt man den von der
Saugvorrichtung abgenommenen Goochtiegel in einen gewöhnlichen Porzellantiegel, trocknet bei 120°, glüht
ihn dann mit dem Porzellantiegel, läßt im Exsiccator
abkühlen und wiegt. Nun setzt man den Goochtiegel
wieder auf die Saugflasche und filtriert den Niederschlag ab, trocknet ihn dann im gleichen Porzellantiegel und glüht wieder. An Stelle des Porzellantiegels
kann man auch ein kleines Schälchen als Unterlage
wählen.

Fig. 50.
Goochtiegel mit
Saugflasche.

Man kann auch das Chlorsilber durch ein gewogenes
Filterchen filtrieren und dann den getrockneten Chlorsilberniederschlag plus Filter direkt zur Wägung bringen.

Berechnung. Beispiel: Gefunden 0,5598 g AgCl.

$$\underset{143,34}{\underline{AgCl}} : \underset{35,46}{\underline{Cl}} = 0,5598 : x; \quad x = 0,1385 \, g \, Cl.$$

Bestimmung der Alkalien.

Die Lösung der gesamten Asche, die man ohne Zusatz in der
oben beschriebenen Weise darstellt, wird in eine Platinschale gegossen
und auf dem Wasserbade zur Trockene eingedampft. Den Rückstand
nimmt man mit Wasser auf und gibt nunmehr in einem Becherglase eine
Lösung von Barytwasser hinzu, bis die Bildung eines Häutchens auftritt. Dann wird auf dem Wasserbade erwärmt und heiß filtriert. Während des Filtrierens wird der Trichter mit einem Uhrglase bedeckt,
um die Anziehung von Kohlensäure zu verhindern. Das Filtrat wird
jetzt mit Ammoniak und kohlensaurem Ammon gefällt. Man läßt einige
Stunden stehen, filtriert dann und verdampft das Filtrat in einer
Porzellanschale auf dem Wasserbade. Die Ammoniaksalze werden
abgeraucht, der Rückstand mit Oxalsäure wiederholt eingedampft
und schließlich geglüht. Den verbleibenden Rückstand nimmt man in
wenig heißem Wasser auf, filtriert durch ein kleines Filterchen, gibt das
Filtrat in eine kleine Platinschale von bekanntem Gewicht, dampft
ein und glüht den Rückstand. Löst sich der verbleibende Rückstand
in Wasser nicht klar auf, dann wird nochmals durch ein kleines Filter
filtriert und das Filtrat nunmehr mit Salzsäure in der gleichen Platinschale wieder eingedampft. Es hinterbleiben dann die Chloralkalien. Diese werden gewogen. Man kennt dann die Gesamt-
summe von Chlorkalium und Chlornatrium.
Nun wird das Chlorkalium in der schon früher angegebenen Weise
(vgl. S. 22) mit Hilfe von Platinchlorwasserstoffsäure unter Anwen-

dung von Alkohol abgetrennt. Man bringt dann das ausgefallene **Kaliumplatinchlorid** zur Wägung und berechnet daraus die Menge des vorhandenen **Kaliums**. Man kann dann sehr leicht durch Abzug des KCl-Wertes von der bekannten Summe von Chlorkalium plus Chlornatrium den Gehalt an Chlornatrium und daraus den Natriumgehalt feststellen und den Gehalt an Natrium berechnen.

Berechnung der Analysenresultate.

Beispiel: Die Summe der Chloralkalien betrage 0,3656 g. Hieraus seien 0,0564 g K_2PtCl_6 erhalten worden.

$$K_2PtCl_6 : K_2 = 0,0564 : x.$$
$$485,96 : 78,20 = 0,0564 : x. \quad x = 0,0093 \text{ g K}.$$
$$K_2PtCl_6 : 2KCl = 0,0564 : x.$$
$$485,96 : 149,12 = 0,0564 : x. \quad x = 0,0172 \text{ g KCl}.$$

$$
\begin{array}{l}
0,3656 \text{ g KCl} + \text{NaCl} \\
\underline{0,0172 \text{ g KCl}} \\
0,3484 \text{ g NaCl}.
\end{array}
\qquad
\begin{array}{l}
\text{NaCl } (58,46) : \text{Na } (23) = 0,3484 : x. \\
x = 0,1371 \text{ g Na}.
\end{array}
$$

b) Veraschung auf nassem Wege

(Verfahren von Neumann).

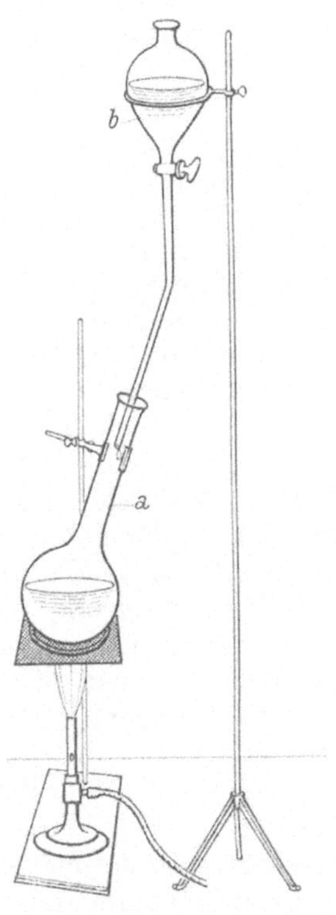

Die Veraschung mit Hilfe des sogenannten Säuregemisches muß in einem gut ziehenden Abzug vorgenommen werden. Das Säuregemisch besteht aus gleichen Teilen konzentrierter Schwefelsäure und Salpetersäure vom spez. Gewicht 1,4. Die Veraschung nimmt man in einem Rundkolben a (Fig. 51) aus Jenaer Glas vor. Diesen stellt man in schiefer Lage auf ein Baboblech und läßt das Säuregemisch aus einem Tropftrichter b allmählich in den Rundkolben einfließen. Der Rundkolben soll einen Inhalt von etwa $^3/_4$ Liter haben.

Man gibt zunächst die Substanz in den Rundkolben hinein. Sie braucht nicht trocken zu sein. Man kann auch Flüssigkeiten, z. B. Harn, direkt veraschen. Dann fügt man 5—10 ccm des Säuregemisches hinzu und erwärmt mit kleiner Flamme. Sobald die Entwicklung der braunroten Dämpfe nachläßt, gibt man aus dem Tropftrichter tropfenweise weiteres Säuregemisch hinzu, und zwar etwa 5 ccm, und fährt damit

Fig. 51.
Veraschung nach Neumann.

fort, bis ein Nachlassen der Reaktion eintritt, d. h. bis die Bildung der braunroten Dämpfe abzunehmen beginnt. Man überzeugt sich davon, daß die Verbrennung beendigt ist, indem man das Zufließen des Säuregemisches für einige Zeit unterbricht, weiter kocht und dann beobachtet, nachdem die braunen Dämpfe verschwunden sind, ob die Flüssigkeit im Kolben dunkel gefärbt ist oder sich gar noch schwärzt. Ist das der Fall, dann muß man von neuem Säuregemisch hinzugeben, weiter kochen und nach einiger Zeit wiederum unterbrechen, um das Aussehen der Flüssigkeit feststellen zu können. Ist die Flüssigkeit schließlich gelb oder ganz farblos, und tritt nach weiterem, etwa 10 Minuten lang dauerndem Erhitzen keine Dunkelfärbung und auch keine Gasentwicklung mehr ein, dann ist die Veraschung vollständig beendigt. Jetzt fügt man zu der Flüssigkeit etwa dreimal soviel Wasser hinzu, als man Säuregemisch verbraucht hat, und kocht 5—10 Minuten. Hierbei entweichen braune Dämpfe, die von der Zersetzung der entstandenen Nitrosylschwefelsäure herrühren.

Bestimmung der Alkalien, des Chlors, des Eisens, des Calciums, des Magnesiums und der Phosphorsäure nach Veraschung auf nassem Wege.

Bestimmung der Alkalien.

Es wird zunächst die Aschenlösung in einer Platinschale eingedampft, dann die Schwefelsäure durch vorsichtiges Erhitzen zum größten Teil weggedampft. Nun nimmt man den Rückstand in Wasser auf, kocht, gibt Chlorbariumlösung hinzu, solange ein Niederschlag entsteht, und dann Barytwasser bis zur stark alkalischen Reaktion. Jetzt filtriert man bei bedecktem Trichter. Der Niederschlag wird sorgfältig ausgewaschen und das Filtrat dann genau so weiter verarbeitet, wie es oben bei der trockenen Veraschung beschrieben worden ist. (Vgl. S. 22.)

Bestimmung des Chlors.

Bei der Veraschung mit dem Säuregemisch wird das in der Lösung vorhandene Chlor quantitativ ausgetrieben. Man muß, um auf diesem Wege das Chlor bestimmen zu können, die entweichenden Dämpfe in eine Silbernitratlösung einleiten. Es fällt dann Chlorsilber aus. Die Ausführung der Bestimmung ist eine ziemlich komplizierte. Es ist deshalb im allgemeinen die Bestimmung des Chlors auf dem Wege der trockenen Veraschung vorzuziehen. Es sei auf diese verwiesen (S. 27).

Bestimmung des Eisens.

Der Eisengehalt wird titrimetrisch festgestellt. Das Prinzip der Methode ist das folgende: Man erzeugt in der Aschenlösung einen Niederschlag von Zinkammoniumphosphat. Dieser reißt alles Eisen quantitativ mit. Das so abgetrennte Eisenoxyd macht nach dem Lösen in Salzsäure aus Jodkalium äquivalente Mengen Jod frei, die dann nach Stärkezusatz mit einer Thiosulfatlösung von bekanntem Gehalt bestimmt werden. Es sind folgende Lösungen erforderlich:

1. Eisenchloridlösung. Sie muß 2 mg Eisen in 10 ccm enthalten. Sie wird hergestellt, indem man genau 20 ccm einer Eisenchloridlösung[1]), die 10 Gramm Eisen im Liter enthält, in einen Litermaßkolben gibt, dann 2 ccm konzentrierter Salzsäure zusetzt und mit Wasser genau bis zur Marke auffüllt. Man kann die Lösung lange unverändert aufbewahren. Am besten wählt man dazu eine Flasche mit brauner Farbe.

2. Eine Thiosulfatlösung. Es werden 40 Gramm Natriumthiosulfat in etwa 1 Liter Wasser gelöst. Die Lösung wird gleichfalls in einer braunen Flasche aufbewahrt. Von dieser Lösung verdünnt man einen Teil unmittelbar vor dem Gebrauch um das 40fache.

3. Eine Stärkelösung. Es wird in $1/_2$ Liter kochenden Wassers 1 Gramm lösliche Stärke aufgelöst. Man kocht dann noch weitere 10 Minuten.

4. Endlich braucht man sogenanntes Zinkreagens. Etwa 25 Gramm Zinksulfat und ca. 100 Gramm Natriumphosphat werden jedes für sich in Wasser gelöst und die Lösungen in einem Litermaßkolben vereinigt. Der sich bildende Niederschlag von Zinkphosphat wird durch Zusatz von verdünnter Schwefelsäure gerade in Lösung gebracht und dann auf 1 Liter aufgefüllt.

Alle Reagenzien müssen selbstverständlich frei von Eisen sein.

Zunächst wird nun die Thiosulfatlösung eingestellt. Es werden 10 ccm Eisenchloridlösung in einem Kolben mit etwas Wasser, einigen Kubikzentimetern Stärkelösung und etwa 1 Gramm Jodkalium versetzt. Dann wird auf 50—60° erwärmt und mittels der Thiosulfatlösung titriert, bis die blaue Farbe über Rotviolett gerade verschwunden ist. Die Lösung muß mindestens 5 Minuten farblos bleiben. Färbt sie sich wieder violett, dann muß noch etwas von der Thiosulfatlösung zugegeben werden. Die verbrauchten Kubikzentimeter der Thiosulfatlösung entsprechen bei Anwendung der obengenannten Eisenchloridlösung gerade 2 mg Eisen.

Jetzt beginnt man die Bestimmung des Eisengehaltes in der Aschenlösung. Zunächst wird das Eisen ausgefällt. Man verdünnt die Aschenlösung und kocht sie dann etwa 10 Minuten, kühlt ab und gibt jetzt 20 ccm des Zinkreagenzes hinzu. Nun versetzt man unter guter Abkühlung so lange mit Ammoniak, bis der weiße Niederschlag von Zinkphosphat gerade bestehen bleibt. Bis zur annähernden Neutralisation setzt man konz. Ammoniak, dann aber stärker verdünntes zu. Jetzt gibt man etwas mehr Ammoniak hinzu, bis der weiße Niederschlag gerade

---

[1]) Diese bereitet man sich nach Fresenius wie folgt: 10,04 Gramm blankgeputzter, dünner, weicher Eisendraht, entsprechend 10 Gramm reinem Eisen, werden in einem schiefliegenden langhalsigen Kolben in Salzsäure gelöst, die Lösung mit chlorsaurem Kali oxydiert und der Überschuß an Chlor durch gelindes Kochen vollständig entfernt. Nun wird die Lösung in einem Maßkolben genau auf 1 Liter verdünnt.

verschwunden ist[1]). Dann wird auf dem Baboblech bis zum Sieden erhitzt. Sobald sich krystallinische Trübung zeigt, erhitzt man noch etwa 10 Minuten. Man muß hierbei vorsichtig sein, weil die Flüssigkeit oft zu stoßen beginnt. Der krystallinische Niederschlag kann leicht von der Flüssigkeit durch Dekantieren abgetrennt werden. Man gießt von der heißen Flüssigkeit etwas durch einen Filter von etwa 4 cm Durchmesser und prüft eine kleine Probe mit Salzsäure und Rhodankalium. Es darf keine Rotfärbung eintreten. War jedoch eine solche aufgetreten, dann muß man das Filtrierte wieder in den Kolben zurückgeben und von neuem kochen. Dann prüft man wieder. Bei negativem Ausfall der Probe wird der Niederschlag im Kolben etwa dreimal durch Dekantieren mit heißem Wasser gewaschen. Das letzte Waschwasser darf, wenn man zu etwa 5 ccm davon einige Krystalle von Jodkalium, ferner Stärkelösung und einen Tropfen Salzsäure zugibt, keine oder doch nur eine äußerst schwache Violettfärbung geben.

Jetzt wird der Trichter mit dem Filter, den man zum Abfiltrieren der Probe benutzt hat, auf den Kolben gesetzt und der Filterrückstand in verdünnter heißer Salzsäure gelöst, und dann mit heißem Wasser wiederholt nachgespült. Eine Probe des letzten Waschwassers darf mit Rhodankalium keine Eisenreaktion mehr geben. Ebenso muß das Filter eisenfrei sein. Nun ist alles Eisen in salzsaurer Lösung im Kolben enthalten. Der Kolbeninhalt wird zunächst mit verdünntem Ammoniak neutralisiert, bis gerade wieder der weiße Zinkniederschlag erscheint und dieser dann durch tropfenweisen Zusatz von verdünnter Salzsäure wieder gelöst. Die Lösung läßt man sich auf etwa 50—60° abkühlen und nun wird genau so, wie es oben für die Titerstellung der Thiosulfatlösung angegeben worden ist, mit dieser titriert.

Die Berechnung des Eisengehaltes ist sehr einfach. Wurde z. B. bei der Titerstellung festgestellt, daß 10 ccm Eisenchloridlösung = 2 mg Eisen 9,2 ccm Thiosulfatlösung erforderten, und brauchte man bei der Haupttitration 18,4 ccm der Thiosulfatlösung, dann berechnet sich der Eisengehalt nach der Proportion: $9{,}2 : 2 = 18{,}4 : x$; $x = 4$ mg Eisen.

Bestimmung des Kalkes.

Die Aschenlösung wird nach dem Erkalten abgekühlt und mit etwas Wasser verdünnt, kurz aufgekocht und dann in ein Becherglas oder in einen Erlenmeyerkolben übergeführt. Der Kolben wird einmal mit Wasser nachgespült, dann gibt man unter Umrühren das 4—5-fache Volumen an Alkohol hinzu. Man benutzt den Alkohol auch zum weiteren Ausspülen des Kolbens. Dann wird auf dem Wasserbade erwärmt, bis der Niederschlag von Calciumsulfat sich flockig abzusetzen beginnt. Nach etwa 12 Stunden wird durch ein aschefreies Filterchen filtriert. Man wäscht mit 80—90 prozentigem Alkohol nach und verascht im gewogenen Platintiegel, oder man sammelt den Niederschlag auf einem gewogenen Filter und wiegt dann Filter plus Niederschlag nach erfolgtem Trocknen bei 120° bis zur Gewichtskonstanz.

---

[1]) Sind reichlich Erdalkaliphosphate vorhanden, dann bleibt der Niederschlag bestehen. In diesem Falle muß man die Reaktion mit Hilfe von Lackmuspapier kontrollieren.

Bestimmung des Magnesiums.

Die Aschenlösung wird zunächst durch Eindampfen und Abrauchen vom größten Teil der Schwefelsäure befreit, dann gibt man zum Rückstand Wasser und Ammoniak hinzu. Nach erfolgter Übersättigung tritt meist schon eine Fällung von Ammoniummagnesiumphosphat ein. Enthält die Flüssigkeit nicht genügend Phosphorsäure, dann setzt man Natriumphosphatlösung zu. Nach 12 stündigem Stehen wird abfiltriert, mit 2,5 prozentiger Ammoniaklösung gewaschen, dann getrocknet und verascht, und zwar wird zuerst das Filterchen, das aschenfrei sein muß, für sich in den Porzellantiegel hineingegeben und verascht. Erst dann gibt man den Niederschlag in den Tiegel. (Vgl. hierzu S. 27.) Zuletzt fügt man noch einige Tropfen verdünnter Salpetersäure hinzu, trocknet, glüht abermals und wägt nun das Magnesiumpyrophosphat. Dieses muß rein weiß sein.

Bestimmung der Phosphorsäure.

Es sind folgende Lösungen erforderlich. 1. Eine 50 prozentige Ammonnitratlösung, 2. eine 10 prozentige, in der Kälte hergestellte, filtrierte Ammonmolybdatlösung, 3. $^1/_2$ n-Natronlauge und $^1/_2$ n-Schwefelsäure, endlich eine 1 prozentige, alkoholische Phenolphthaleinlösung.

Bei der Durchführung der Veraschung mit dem Säuregemisch müssen hier einige Modifikationen eintreten. Einmal darf zur Veraschung nicht mehr als 40 ccm des Säuregemisches gebraucht werden. Ist die Veraschung beendigt, dann fügt man ungefähr 140 ccm Wasser hinzu, so daß man schließlich 150—160 ccm Flüssigkeit hat. Nun gibt man 50 ccm 50 prozentiges Ammoniumnitrat hinzu und erhitzt auf 70 bis 80°, d. h. bis gerade Blasen aufzusteigen beginnen. Darauf werden 40 ccm Ammoniummolybdänlösung zugesetzt. Der entstandene Niederschlag von phosphormolybdänsaurem Ammoniak wird durchgeschüttelt. Er scheidet sich hierbei körnig ab. Man läßt dann 15 Minuten stehen. Das Filtrieren und Auswaschen erfolgt durch Dekantieren. Man bringt den Kolben am besten auf ein Baboblech und läßt durch vorsichtiges Neigen die Flüssigkeit auf ein aschefreies Faltenfilterchen fließen. Dieses hat man vorher gedichtet, indem man durch Aufgießen von eiskaltem Wasser die Poren möglichst zusammenzieht. Man reguliert den Zufluß so, daß das Filterchen niemals ganz leer läuft. Das Filter selber füllt man höchstens bis zu zwei Drittel an. Nachdem die Flüssigkeit vollständig durchgegossen ist, wobei sehr wenig von dem Niederschlag auf den Filter kommen soll, wird der Niederschlag mit 150 ccm eiskaltem Wasser versetzt. Beim Eingießen des Wassers werden gleichzeitig die Kolbenwände abgespült. Man schüttelt kräftig durch und läßt den Niederschlag sich wieder absetzen. Es wird wieder filtriert und das Dekantieren noch zwei- bis dreimal wiederholt. Waschwasser und Filterchen dürfen gegen Lackmuspapier nicht mehr sauer reagieren. Nunmehr gibt man das ausgewaschene Filter in den Kolben zu der Hauptmenge der Fällung, fügt 150 ccm Wasser hinzu und verteilt das Filter durch heftiges Schütteln über die ganze Flüssigkeit. Jetzt löst man den gelben Niederschlag, indem man aus einer Bürette gemessene Mengen einer $^1/_2$ n-Natronlauge hinzufließen läßt. Es wird hierbei nicht erwärmt. Nachdem eben eine farblose Flüssigkeit entstanden ist, hört man mit dem Zusatz auf. Dann gibt man noch einen Überschuß von 5—6 ccm $^1/_2$ n-Natronlauge hinzu und kocht die Flüssigkeit etwa 15 Minuten lang. In dieser Zeit sind gewöhnlich die Ammoniakdämpfe mit den Wasserdämpfen vollständig verflüchtigt. Man prüfe die Wasserdämpfe durch Einhalten eines feuchten roten Lackmuspapieres. Wird dieses noch blau gefärbt, dann muß das Kochen weiter fortgesetzt werden. Nach dem völligen Abkühlen unter der Wasserleitung und nach Ergänzung der Flüssigkeitsmenge auf etwa 150 ccm setzt man 6—8 Tropfen Phenolphthaleinlösung hinzu und titriert dann den Überschuß an Alkali durch $^1/_2$ n-Schwefelsäure zurück. Die Berechnung ist eine außerordentlich einfache. Die Anzahl der zugefügten Kubikzentimeter $^1/_2$ n-Natronlauge minus der verbrauchten Kubikzentimeter $^1/_2$ n-Schwefelsäure geben mit 1,268 multipliziert die Menge P_2O_5 in Milligrammen oder mit 0,554 multipliziert die Menge Phosphor in Milligrammen.

Bestimmung des Chlors im Harn (nach Volhard).

Zu dieser Bestimmung sind folgende Lösungen erforderlich: 1. $^1/_{10}$ n-Silbernitratlösung (16,99 Gramm Silbernitrat im Liter enthaltend), 2. eine $^1/_{10}$ n-Ammoniumsulfocyanatlösung. Es werden 8—9 Gramm des Salzes in 1000—1100 ccm Wasser gelöst. Diese Lösung wird dann mittels Titration mit $^1/_{10}$ n-Silbernitratlösung und Hinzufügen der erforderlichen Menge Wasser $^1/_{10}$ normal gemacht. 3. Braucht man eine gesättigte Eisenalaunlösung und endlich Salpetersäure, bestehend aus 1 Teil konz. Salpetersäure und 3 Teilen Wasser. Man muß letztere aufkochen, um die Stickstoffoxyde zu entfernen und sie dann vor Licht geschützt aufbewahren.

Die Titration selbst führt man wie folgt aus: Es werden 10 ccm Harn mit einer Pipette in einen 100 ccm-Maßkolben hineingemessen und dann 20—30 ccm Wasser, 20 ccm Salpetersäure, 2 ccm Alaunlösung und 20 ccm Silbernitratlösung hinzugegeben. Nun wird geschüttelt, damit sich der entstandene Chlorsilberniederschlag zusammenballt. Dann füllt man den Maßkolben bis zur Marke auf, stöpselt zu, dreht den Kolben einige Male um, damit vollständige Mischung der Flüssigkeit herbeigeführt wird. Nun gießt man durch ein trockenes Filter und entnimmt mit einer Pipette 50 ccm der Flüssigkeit zur Titration. Der Überschuß des Silbernitrates wird mit der $^1/_{10}$ n-Sulfocyanatlösung zurücktitriert. Der Endpunkt, eine rötliche Färbung, ist sehr scharf.

Bestimmung von Calcium und Magnesium im Harn (nach McCrudden).

200 ccm Urin werden in einen Erlenmeyerkolben gebracht. Dazu fügt man 2 Tropfen einer 1 prozentigen, roten Alizarinlösung, dann wird vorsichtig tropfenweise verdünnte Salzsäure zugesetzt, bis die Farbe des Indicators anfängt gelb zu werden. Zu dem neutralen oder

etwas sauren Urin gibt man jetzt 10 ccm einer annähernd 2 prozentigen
Salzsäure und 10 ccm einer 2,5 prozentigen Oxalsäure. Dann wird
bis zum Sieden erhitzt. Das ausgefallene Calciumoxalat wird körnig.
Zu der gelinde siedenden Lösung werden 10—15 ccm einer 3 prozentigen
Ammoniumoxalatlösung zugefügt, und zwar in der Weise, daß man
von Zeit zu Zeit auf einmal einige Tropfen zugibt. Es gelingt so bei
deutlich saurer Reaktion den Hauptteil des Calciums zu fällen und die
Bildung von Calciumphosphat zu verhindern. Nun läßt man vollständig abkühlen und setzt dann unter beständigem Umrühren langsam
8 ccm einer 20 prozentigen Natriumacetatlösung hinzu. Man läßt nun
12 Stunden stehen, filtriert durch ein aschefreies Filter und wäscht mit
kalter, 1 prozentiger Lösung von Ammoniumoxalat, bis das Waschwasser
keine Chlorreaktion mehr gibt. Der Niederschlag wird dann getrocknet,
im gewogenen Platintiegel geglüht und das Calcium als Calciumoxyd
gewogen.

Filtrat und Waschwasser vom Calciumoxalat werden in eine Porzellanschale gegossen und 20 ccm konz. Salpetersäure zugegeben. Das
Gemisch wird dann fast bis zur Trockene verdampft. Sobald keine
Stickoxyde mehr entweichen, setzt man 10 ccm konz. Salzsäure zu und
verdunstet die Lösung wieder fast bis zur Trockene. Jetzt gibt man
ca. 80 ccm Wasser und unter beständigem Umrühren tropfenweise Ammoniak zu, bis die Lösung alkalisch ist. Es werden nun 25 ccm verdünnten
Ammoniaks vom spez. Gewicht 0,96 unter Umrühren zugesetzt und
schließlich die Mischung an einem kühlen Orte (Eisschrank) aufbewahrt.
Nach 12 Stunden wird der Niederschlag abfiltriert und mit alkoholischer
Ammoniaklösung (1 Teil Alkohol, 1 Teil verdünntes Ammoniak und 3 Teile
Wasser) frei von Chloriden gewaschen. Der getrocknete Niederschlag
und der aschefreie Filter werden in einem gewogenen Platintiegel geglüht und dann das Magnesium in Form von Magnesiumpyrophosphat
gewogen.

Maßanalyse.

Bei der Gewichtsanalyse haben wir die Reagenzien, die z. B.
zum Ausfällen dienen, stets in einem Überschusse angewandt. Es kam
in erster Linie darauf an, den Körper, den man nachweisen wollte,
quantitativ zur Abscheidung zu bringen. Ein Überschuß muß nur
dann möglichst vermieden werden, wenn die betreffende Fällung im
Fällungsmittel löslich ist.

Bei der Maßanalyse gehen wir im Gegensatz dazu stets von Reagenzien mit genau bestimmtem Gehalte aus. Wir ermitteln dann,
wieviel wir von diesen brauchen, um eine bestimmte Reaktion gerade
durchzuführen. Um diesen Punkt zu erkennen, müssen wir bestimmte
Erkennungszeichen haben. Bei manchen Reaktionen wird das Ende
durch einen Farbenwechsel oder durch das Auftreten oder Verschwinden eines Niederschlages exakt angezeigt. Bei Zusatz von Permanganatlösung zu einer Eisenoxydullösung z. B. wird die rote Farbe des Per-

manganats ganz plötzlich bestehen bleiben. Es ist dies dann der Fall, wenn alles Eisenoxydul oxydiert worden ist. Gibt man zu salpetersaurem Silber eine Kochsalzlösung von genau bekanntem Gehalt, dann kann man, wenn die Fällung sorgfältig vollzogen und das Fällungsmittel aus einer Bürette zugefügt wird, genau erkennen, wann gerade noch ein Tropfen der Kochsalzlösung in der salpetersauren Silberlösung eine Fällung erzeugt. Liest man die angewandte Zahl von Kubikzentimetern der Kochsalzlösung genau ab, dann läßt sich auf sehr einfache Weise berechnen, wieviel Silber in der Lösung vorhanden ist. Wir haben drei solche maßanalytische Bestimmungen bereits kennen gelernt. Vgl. S. 30, 33, 34.

In den meisten Fällen muß man, um den Endpunkt einer Reaktion zu erkennen, eine besondere Substanz, einen sogenannten Indicator, hinzusetzen. Geben wir z. B. Lackmustinktur zu einer Säure, dann färbt sich die Lösung rot. Die Farbe wird in dem Augenblicke in blau umschlagen, wenn durch Zusatz von Lauge die Säure neutralisiert worden ist.

Eine große Bedeutung haben die sogenannten Normallösungen erlangt. Diese enthalten im Liter 1 Gramm-Äquivalent, d. h. das Äquivalentgewicht des betreffenden Reagenses in Grammen ausgedrückt. Wenn wir beispielsweise zu Natronlauge Salzsäure geben, dann erhalten wir eine Reaktion, die durch folgende Gleichung dargestellt wird:

$$Na(OH) + HCl = NaCl + H_2O.$$

Diese Gleichung zeigt nicht nur den qualitativen Verlauf der Reaktion an, sondern gleichzeitig auch die Mengenverhältnisse, in denen diese Verbindungen reagieren. Wir können an Stelle der Verbindungen die Molekulargewichte eintragen.

$$+ \,Na(OH) + HCl = NaCl + H_2O.$$
$$\underbrace{23\ 16\ 1}_{40} \quad \underbrace{1 + 35{,}45}_{36{,}45} \quad \underbrace{58{,}45 + 18}_{76{,}45}$$
$$\underbrace{\phantom{40 \qquad 36{,}45}}_{76{,}45}$$

Wir bezeichnen die Mengen einer Verbindung resp. eines Ions, die mit bestimmten Mengen einer zweiten Verbindung resp. Ions in Reaktion treten, als chemisch gleichwertig oder äquivalent. Verbinden sich Wasserstoff und Chlor, dann tritt ein Atom Chlor mit einem Atom Wasserstoff in Reaktion. In diesem Fall ist ein Atom Wasserstoff einem Atom Chlor äquivalent. Setzen sich Salzsäure und Natriumhydroxyd um, dann tritt ein Molekül HCl mit einem Molekül Na(OH) in Reaktion, d. h. es ist ein Molekül Salzsäure einem Molekül Natronlauge äquivalent. Die Äquivalentgewichte sind im ersteren Falle gleich den Atomgewichten und im letzteren Falle gleich den Molekulargewichten. Wenn Schwefelsäure und Natriumhydroxyd sich umsetzen, so sind, da die Schwefelsäure zweibasisch, Natriumhydroxyd dagegen nur einsäurig ist, zwei Moleküle Natronlauge einem Molekül Schwefelsäure äquivalent, d. h. das Äquivalentgewicht der Schwefelsäure ist, auf Natronlauge bezogen, halb so groß als das Molekulargewicht. Wenn wir endlich Phosphorsäure mit Natronlauge reagieren lassen, dann brauchen wir drei Moleküle Natronlauge. Das Äquivalentgewicht der Phosphorsäure ist somit gleich einem Drittel ihres Molekulargewichtes, immer bezogen auf Natronlauge. Gehen wir aus vom Bariumhydroxyd, so sind für ein Molekül dieser Base zwei Moleküle einer einbasischen Säure zur Neutralisation erforderlich. Das Äquivalentgewicht vom Bariumhydroxyd ist somit halb so groß als das Molekulargewicht, unter der Voraussetzung, daß man eine einbasische Säure als Ausgangspunkt wählt.

Viel übersichtlicher werden die Verhältnisse, wenn wir als Grundlage die Theorie der Lösungen wählen. Die Lehre von der elektrolytischen Dissoziation sagt aus, daß Säuren dadurch charakterisiert sind, daß ihre Lösung freie Wasserstoffionen enthält, Basen dagegen geben OH-Ionen ab. Vergleiche die folgenden Formeln.

$$HCl \qquad HNO_3 \qquad H_2SO_4 \qquad H_3PO_4$$

$$H \quad Cl \qquad H \quad NO_3 \qquad H \quad H \quad SO_4 \qquad H \quad H \quad H \quad PO_4$$

$$OHNa \qquad\qquad (OH)_2 Ba \qquad\qquad (OH)_3 Fe$$

$$OH \quad Na \qquad\qquad OH \quad OH \quad Ba \qquad OH \quad OH \quad OH \quad Fe$$

Salze sind dadurch charakterisiert, daß sie weder Wasserstoffionen noch Hydroxylionen abzuspalten vermögen. Wenn wir auf Salzsäure, Schwefelsäure oder Phosphorsäure Natronlauge einwirken lassen, dann können wir an Hand der folgenden Gleichung leicht feststellen, daß stets dieselbe Reaktion abläuft.

$$HCl + Na(OH) \qquad = NaCl \qquad + H_2O,$$
$$H_2SO_4 + (Na(OH))_2 = Na_2SO_4 + 2H_2O,$$
$$H_3PO_4 + (Na(OH))_3 = Na_3PO_4 + 3H_2O,$$

oder moderner dargestellt:

$$H^+ + Cl^- + Na^+ + OH^- = Na^+ + Cl^- + H_2O \text{ usw.}$$

Die Gleichungen reduzieren sich, da einzelne Teile, wie Cl^-, Na^+, auf beiden Seiten unverändert wieder erscheinen, auf:

$$H^+ + OH^- = H_2O.$$

Stets vereinigen sich Wasserstoffionen und Hydroxylionen. Wir können von diesem Gesichtspunkt aus eine Normallösung auffassen, als eine Lösung, die im Liter eine ganz bestimmte Wasserstoffionenkonzentration resp. Hydroxylionenkonzentration aufweist.

Die Benutzung der Normallösungen ergibt eine sehr einfache Berechnungsweise. Nach der gegebenen Definition enthält z. B. Normalsalzsäure in einem Liter 36,45 Gramm HCl, die Normalnatronlauge 40 Gramm NaOH im Liter. Nach der Gleichung HCl + NaHO = NaCl + H_2O entsprechen 40 Gramm NaOH genau 36,45 Gramm HCl. Es muß somit je 1 ccm der normalen Salzsäure einem Kubikzentimeter der normalen Natronlauge entsprechen und auch umgekehrt. Hat man z. B. mit einer Normalsalzsäure eine Natronlauge von unbestimmtem Gehalt unter Zusatz eines Indicators titriert und für 100 ccm derselben 90 ccm Normalsalzsäure zur Neutralisation verbraucht, so enthalten diese 100 ccm Lauge 90 × 0,040, d. h. 3,60 Gramm NaOH, d. h. **man multipliziert die verbrauchten Kubikzentimeter der Normallösung mit dem in Milligrammen ausgedrückten Äquivalentgewicht des zu berechnenden Körpers.**

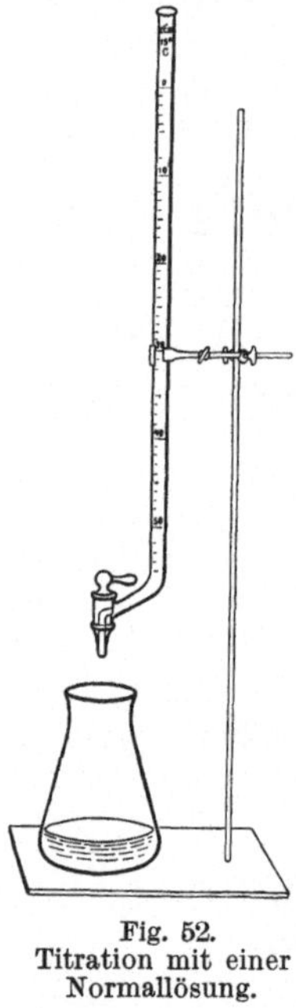

Man überzeuge sich durch Ausführung einiger Beispiele davon, daß gleiche Volumina von Normallösungen sich genau entsprechen. Man fülle in eine Bürette Normalsalzsäure (Fig. 52) und gebe in ein Erlenmeyerkölbchen 15 ccm Normalnatronlauge und füge dazu ein paar Tropfen Phenolphthaleinlösung[1]). Die Flüssigkeit färbt sich rot. Nun läßt man von der Normalsalzsäure vorsichtig zufließen. Sobald 15 ccm zugegeben sind, beobachtet man, daß die Flüssigkeit sich entfärbt. Bei Zusatz eines Tropfens von Normalnatronlauge tritt sofort wieder Rotfärbung auf.

Wir nehmen ferner 50 ccm $^1/_{10}$ n-Natronlauge. Diese enthält in einem Liter 4 Gramm Natronlauge. Wir brauchen in diesem Falle 5 ccm der Normalsalzsäure, um vollständige Neutralisation herbeizuführen.

Eine andere Bürette füllen wir mit Normalnatronlauge. In ein Erlenmeyerkölbchen geben wir 30 ccm Normalsalzsäure, 1—2 Tropfen Methylorange als Indicator und lassen nun aus der Bürette (Fig. 52) Normalnatronlauge zutropfen bis die Übergangsfarbe des Indicators sich zeigt. Wir brauchen 30 ccm der Normalsalzsäure, um 30 ccm Normalnatronlauge zu neutralisieren. Haben wir etwas zuviel Normallauge resp. Normalsäure hinzugefügt, dann können wir durch Zusatz von Normalsäure resp. Normallauge wieder zurücktitrieren.

Fig. 52.
Titration mit einer Normallösung.

Haben wir eine beliebige Lösung von Lauge, deren Gehalt uns unbekannt ist, so können wir, wie schon oben erwähnt, sehr einfach unter Anwendung von Normalsäure den Gehalt an Lauge feststellen. Zuerst wird die Lauge, z. B. Natronlauge, genau abgemessen, indem man sie in einen Maßkolben überführt und dann mit destilliertem Wasser auf ein bestimmtes Volumen auffüllt. Dann nehmen wir 10 ccm dieser Lösung,

---

[1]) 1 Gramm Phenolphthalein in 100 Gramm verdünntem Weingeist gelöst.

geben Methylorange oder einen anderen Indicator, z. B. alizarinsulfosaures Natrium, zu und lassen nun aus einer Bürette Normalsalzsäure zufließen, bis die Übergangsfarbe des Indicators sich zeigt. Wir wollen annehmen, daß wir 22,7 ccm Normalsalzsäure gebraucht haben. In 1000 ccm Normalsalzsäure sind 36,45 Gramm Salzsäure enthalten. Diese können 40 Gramm Natronlauge = 1000 ccm Normalnatronlauge neutralisieren. 1 ccm der Normalsäure entspricht somit 0,04 Gramm Na(OH) und 22,7 ccm Säure folglich $22,7 \times 0,04 = 0,908$ Gramm. Die angewandten 10 ccm Lauge enthalten somit 0,908 Gramm Na(OH).

Bestimmung des spezifischen Gewichts von Flüssigkeiten.

a) Mit Hilfe eines Aräometers.

Man gibt die zu bestimmende Flüssigkeit in ein hohes zylinderförmiges Gefäß (z. B. einen Meßzylinder). Dann läßt man in ihr den Aräometer schwimmen (Fig. 53). Er darf weder die Wandungen des Gefäßes, noch seinen Boden berühren. Der Teilstrich der Skala, bei dem das Niveau der Flüssigkeit die Spindel des schwimmenden Aräometers schneidet, gibt bei geeichten Instrumenten direkt das spez. Gewicht an. Die Eichung wird meist bei 16° vorgenommen. Bestimmt man das spez. Gewicht einer Flüssigkeit bei einer anderen Temperatur, dann muß man eine Korrektur vornehmen. Einfacher ist es, die Bestimmungen bei ca. 16° vorzunehmen.

b) Mit Hilfe eines Pyknometers.

Es gibt sehr verschiedene Formen von Pyknometern. Wir wählen ein Glaskölbchen, das einen eingeschliffenen, von einer Capillare durchbohrten Stöpsel trägt, in dem sich eine Marke befindet (vgl. Fig. 54). Es wird zuerst der Pyknometer leer gewogen. Darauf füllt man ihn genau bis zur Marke mit destilliertem Wasser und wiegt wieder. Man entleert nun das Gefäß, spült es mit Alkohol aus und schließlich mit reinem Äther. Dann trocknet man es durch Aussaugen mit der Wasserstrahlpumpe. Nun wird es in der gleichen Weise mit der zu untersuchenden Flüssigkeit gefüllt. Die Temperatur muß während der ganzen Bestimmung die gleiche bleiben. Das Füllen des Pyknometers geschieht in der Weise, daß man zuerst so viel Flüssigkeit hineingibt, daß die ganze Capillare des Stöpsels gefüllt ist. Dann nimmt man aus der Capillare mit Filtrierpapier so viel von der Flüssigkeit heraus, bis

Fig. 54.
Pyknometer.

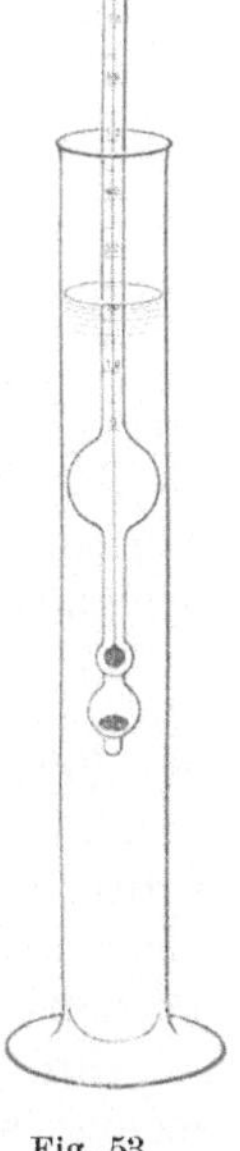

Fig. 53.
Aräometer.

diese nur noch bis zur Marke reicht. Es sei g_1 das Gewicht des Pyknometers, g_2 das Gewicht nach der Füllung mit destilliertem Wasser, g_3 dasjenige nach der Füllung mit der zu bestimmenden Flüssigkeit. Die Temperatur t sei konstant. Es ist dann das Gewicht des Wassers $w = g_2 - g_1$, das der untersuchten Flüssigkeit $f = g_3 - g_1$. Der Quotient $\dfrac{f}{w}$ gibt das Verhältnis der Gewichte gleicher Volumina bei der Versuchstemperatur $t°$. Um daraus das spez. Gewicht der untersuchten Flüssigkeit berechnen zu können, ist erst aus dem gefundenen Wassergewicht der Inhalt des Pyknometers zu ermitteln. 1 ccm Wasser von 4° wiegt 1 Gramm. Mit steigender Temperatur nimmt infolge der Ausdehnung das Gewicht ab. (Vgl. in Landolt-Börnsteins physikalisch-chemischen Tabellen das Gewicht von 1 ccm Wasser bei verschiedener Temperatur bezogen auf 4°.) Teilt man das gefundene Wassergewicht w durch das Gewicht von 1 ccm Wasser (m) bei der Versuchstemperatur $t°$, so erhält man den Inhalt des Pyknometers gleich $\dfrac{w}{m}$ und durch Division dieses Wertes in das Gewicht der Flüssigkeit f das Gewicht von 1 ccm der letzteren, oder das spez. Gewicht bei $t°$, bezogen auf Wasser von 4°: $\dfrac{f}{w} \cdot m$.

Qualitative Mikroanalyse.

Mikrochemischer Nachweis von Kalium (nach Macallum).

Zum Nachweis geringster Spuren von Kalium ist ganz besonders das sogenannte Kobaltreagens, Kobaltnatriumhexanitrit, $CoNa_2(NO_2)_6$ geeignet. Dieses wird bereitet, indem man 20 Gramm Kobaltnitrit und 25 Gramm reines Natriumnitrit in 75 ccm verdünnter Essigsäure (10 ccm Essigsäure auf 75 ccm Wasser verdünnt) löst. Es findet bei der Vermischung der genannten Substanzen eine lebhafte Entwicklung von Stickstoffperoxyd statt. Tritt eine Abscheidung auf, so wird abfiltriert, das Filtrat auf 100 ccm aufgefüllt und in einer mit einem Glasstopfen gut verschließbaren Flasche am besten im Eisschrank aufbewahrt.

Gibt man eine geringe Menge des Kobaltreagenses zu einer Kaliumlösung, so entsteht sogleich ein orangegelber Niederschlag von dodekaedrischen Krystallen. Sie sind in kaltem Wasser und in 80 prozentigem Alkohol sehr wenig löslich. Ist nur sehr wenig Kalium vorhanden, dann erhält man beim Zusatz des Reagenses keine Fällung, sondern höchstens eine gelbe Färbung. Um auch in diesem Falle die Anwesenheit der Kobaltkaliumverbindung nachzuweisen, wendet man eine Lösung von saurem Ammoniumsulfid, $(NH_4)HS$, (1 Teil Sulfidreagens und 1 Teil Wasser) an. Das Kobalt wird augenblicklich unter Bildung von schwarzem Kobaltsulfid ausgefällt. Die Ammoniumsulfidlösung bereitet man durch Einleiten von Schwefelwasserstoff, den man durch eine Waschflasche, die Wasser enthält, geschickt hat, in eine Ammoniaklösung (von der Dichte 0,96). Es wird so lange eingeleitet, bis der Ammoniakgeruch verschwunden ist und Geruch nach Schwefelwasserstoff auftritt.

Wir stellen uns nunmehr mit dem Gefriermikrotom mehrere Schnitte durch Lebergewebe dar. Diese bringen wir einzeln auf einen Objektträger und bedecken sie mit dem Kobaltreagens. Nach einer Stunde gießen wir das Reagens ab, entfernen den letzten Rest mit Hilfe von Filtrierpapier, geben dann Wasser hinzu, lassen es, soweit wie möglich, abtropfen und nehmen den letzten Rest mit Hilfe von Fließpapier weg. Nun läßt man die Ammoniumsulfidlösung einwirken. Wir nehmen von ihr etwas und geben dazu das gleiche Volumen reinen Glycerins, das wir mit einem Volumen Wasser verdünnt haben. Nun bedecken wir das Präparat mit einem Deckglas und betrachten unter dem Mikroskop, an welchen Stellen Kobaltsulfid entstanden ist.

Sehr hübsche Präparate erhält man auch, wenn man einzellige Lebewesen wählt, wie z. B. Hefezellen. Zu diesen setzt man etwa 2 Volumina des Kobaltreagenses, läßt es eine Stunde einwirken und zentrifugiert dann die Zellen ab. Das Reagens wird abgegossen, Wasser auf die Zellen gegeben und wiederum zentrifugiert. Auf diese Weise werden die Zellen gewaschen. Dann bringt man sie auf einen Objektträger und behandelt sie mit der Glycerin-Ammoniumsulfidmischung.

Mikrochemischer Nachweis von Eisen in Geweben.

Wir wählen zum Nachweis von Eisen Lebergewebe. Dieses Organ wird in kleine Stücke zerschnitten, die nicht mehr als 5 mm Durchmesser haben dürfen. Sie werden sofort in absoluten Alkohol gelegt. Nach 24 Stunden wird der Alkohol durch frischen ersetzt und dies am Ende des zweiten Tages wiederholt. Die Behandlung mit Alkohol darf auf keinen Fall weniger als 48 Stunden dauern. Selbstverständlich müssen alle Instrumente, Gefäße und Lösungen, die man anwendet, vollständig frei von Eisen sein. Ist das Gewebe genügend gehärtet, so bringt man es eine halbe Stunde lang in völlig reines, destilliertes Wasser und stellt dann mit dem Gefriermikrotom Schnitte her. Man bedient sich hierbei mit Vorteil flüssiger Kohlensäure als Gefriermittel. Die Dicke der Schnitte darf nicht mehr als 20 μ betragen. Nun werden die Schnitte 24 Stunden lang in eine frisch bereitete, 0,5 prozentige wässerige Lösung von Hämatoxylin gebracht. Die braungelbe Farbe, die das Gewebe annimmt, kann teilweise durch Auswaschen mit destilliertem Wasser beseitigt werden. Am besten legt man die Schnitte in absoluten Alkohol und gibt dann das gleiche Volumen Äther hinzu. Nach 2 Stunden ist das unangegriffen gebliebene Hämatoxylin zumeist vollständig entfernt. Das Gewebe ist nun nur noch ganz leicht braungelb gefärbt. Man kann noch mit Eosin oder Safranin nachfärben. Dann werden die Schnitte durch absoluten Alkohol von Wasser befreit, mit Xylol behandelt und dann in Benzol eingebettet. Unter dem Mikroskop sieht man überall da, wo anorganisches Eisen vorkommt, sei es in Form eines Oxyds oder als Phosphat oder locker an Eiweiß gebunden, die blauen oder blauschwarzen Flecken des Eisenhämatoxylins.

Zum Nachweis von organisch gebundenem Eisen verwendet man die folgende Methode. Man stellt ebenfalls wieder Schnitte von Gewebe dar und bewahrt sie in Alkohol auf. Man überträgt sie dann auf einen Objektträger und gibt mit Hilfe einer Gänsekielspitze einen Tropfen verdünnten Glycerins hinzu. Nun wird der Schnitt unter dem Mikroskop zerzupft, und zwar am besten mit elfenbeinernen Nadeln, um zu vermeiden, daß Eisen von außen zugeführt wird. Man gibt einen Tropfen der sauren Ammoniumsulfidlösung hinzu. Nachdem das Glycerin mit dem Sulfidreagens mit Hilfe eines Gänsekiels gut durchgemischt worden ist, wird das Deckglas aufgelegt, und nunmehr unter dem Mikroskop festgestellt, ob Eisenreaktion eingetreten ist. Meist wird man einige Körnchen Ferrosulfid erblicken. Nun wird das Präparat 3—8 Tage in einem Trockenschrank bei 60° belassen. Man beobachtet dann, daß der Kern der Zellen ganz allmählich eine schwache Grünfärbung annimmt. Diese Färbung nimmt von Tag zu Tag zu, bis die Kerne ganz dunkelgrün aussehen. Um zu beweisen, daß in der Tat Ferrosulfid vorliegt, läßt man unter das Deckglas etwas Wasser eindringen, um das Glycerin und das Ammoniumsulfid wegzuwaschen. Dann bringt man einen Tropfen einer Mischung von gleichen Teilen 0,5 prozentiger Salzsäure und 1,5 prozentiger Kaliumferricyanidlösung unter das Deckglas. Man erhält eine tiefblaue Färbung.

Capillaranalyse. (Goppelsroeder.)

Wir schneiden ca. 2 cm breite Filtrierpapierstreifen *b* (Schleicher & Schüll, Düren [Rheinland], Sorte 598) und hängen einen solchen mit dem einen Ende in die zu untersuchende Flüssigkeit *c*, z. B. Harn, Milch, Galle usw. Das andere Ende ist in der Klemme eines Stativs *a* befestigt (vgl. Fig. 55). Wir beobachten, daß nach kurzer Zeit Flüssigkeit im Streifen hochsteigt.

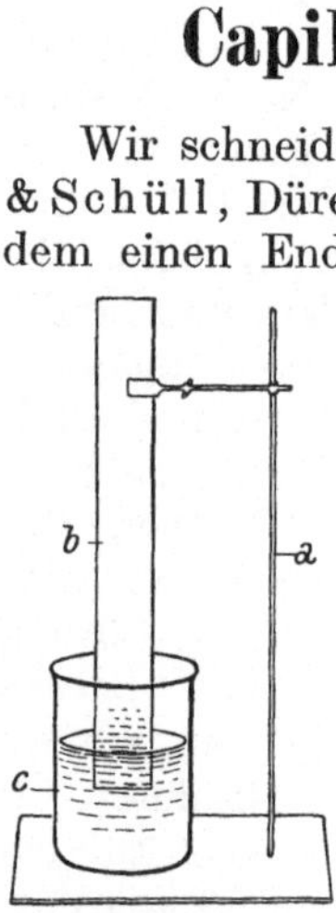

Zum Nachweis von Harnstoff betupfen wir den Streifen mit Mercurinitratlösung. Wir erhalten eine weiße Trübung.

Zum Nachweis von Eiweiß und Peptonen wird der Streifen, nachdem er in eine eiweiß- resp. peptonhaltige Flüssigkeit eingetaucht worden war, zuerst mit heißer Kupfersulfatlösung und dann mit Ätzkalilösung betupft. An den Stellen des Streifens, an denen Eiweiß resp. Pepton sich findet, erhält man rotviolette Färbung (Biuretreaktion).

Fig. 55.
Capillaranalyse mittels Filtrierpapier.

In einem weiteren Versuch lassen wir den Streifen in eine sehr verdünnte Tyrosinlösung eintauchen und weisen nachher auf ihm diese Aminosäure durch Auftupfen von Millons Reagens nach.

Man vergleiche ferner das Verhalten verschiedener Milch-, Gallen- und Harnarten.

Herstellung der angeführten Reagenzien.

Magnesiamischung: 110 g krystallisiertes Magnesiumchlorid und 140 g Ammoniumchlorid werden in 1300 ccm Wasser gelöst. Zu der Lösung fügt man 700 g 10 prozentigen Ammoniaks. Nach mehrtägigem Stehen wird filtriert. (Vgl. S. 24.)

Molybdänsaures Ammoniak: 50 g Molybdänsäure werden in 200 g 10 prozentigen Ammoniaks gelöst. Zu der Lösung fügt man 750 g Salpetersäure vom spez. Gewicht 1,2. Nach mehrtägigem Stehen treten oft Krystallabscheidungen ein. Von diesen wird abgegossen. (Vgl. S. 24.)

Millons Reagens: Quecksilber wird in dem zweifachen Gewicht Salpetersäure vom spez. Gewicht 1,42 gelöst. Zum Schlusse wird etwas erwärmt. Nun setzt man das doppelte Volumen Wasser hinzu, läßt über Nacht stehen und filtriert die Lösung. (Vgl. S. 86.)

Glyoxylsäure: Zu 1000 ccm einer gesättigten wässerigen Lösung von Oxalsäure gibt man 60 g Natriumamalgam. Es erfolgt lebhafte Wasserstoffentwicklung. Ist diese beendigt, dann verdünnt man die Lösung nach erfolgtem Abgießen vom Quecksilber mit der dreifachen Menge Wasser. (Vgl. S. 86.)

Brückes Reagens (Quecksilberkaliumjodidlösung): In 1000 ccm Wasser werden 100 g Jodkalium gelöst und in die heiße Lösung so viel Quecksilberjodid in kleinen Portionen eingetragen, als in Lösung geht. Man läßt nun erkalten und filtriert dann von abgeschiedenen Krystallen ab. Zum Schlusse fügt man noch einige Krystalle von Jodkalium zu. (Vgl. S. 64.)

Atomgewichte[1]).

Kalium (K)	=	39,10
Natrium (Na)	=	23,00
Magnesium (Mg)	=	24,32
Calcium (Ca)	=	40,09
Barium (Ba)	=	137,37
Eisen (Fe)	=	55,85
Kupfer (Cu)	=	63,57
Silber (Ag)	=	107,88
Platin (Pt)	=	195,00
Molybdän (Mo)	=	96,00
Chlor (Cl)	=	35,46
Jod (J)	=	126,92
Schwefel (S)	=	32,07

[1]) Es sind nur diejenigen Elemente berücksichtigt, die in den aufgeführten Versuchen vorkommen.

$$\begin{aligned}
\text{Phosphor (P)} &= 31,00 \\
\text{Wasserstoff (H)} &= 1,008 \\
\text{Sauerstoff (O)} &= 16,00 \\
\text{Stickstoff (N)} &= 14,01 \\
\text{Kohlenstoff (C)} &= 12,00
\end{aligned}$$

Verhältniszahlen
zur Berechnung von Analysenresultaten.

$$\begin{aligned}
K_2PtCl_6 &: K_2 &&= 1 : 0{,}160919 \\
K_2PtCl_6 &: 2\,KCl &&= 1 : 0{,}307272 \\
NaCl &: Na &&= 1 : 0{,}393430 \\
Mg_2P_2O_7 &: Mg_2 &&= 1 : 0{,}218469 \\
CaO &: Ca &&= 1 : 0{,}714744 \\
CaSO_4 &: Ca &&= 1 : 0{,}294433 \\
FePO_4 &: Fe &&= 1 : 0{,}370255 \\
2\,FePO_4 &: P_2O_5 &&= 1 : 0{,}470666 \\
Mg_2P_2O_7 &: P_2O_5 &&= 1 : 0{,}637801 \\
AgCl &: Cl &&= 1 : 0{,}247383 \\
BaSO_4 &: H_2SO_4 &&= 1 : 0{,}420176 \\
BaSO_4 &: S &&= 1 : 0{,}137380
\end{aligned}$$

Organische Präparate.

Die im folgenden beschriebenen Präparate sind von drei Gesichtspunkten aus gewählt worden. Einmal sollen bei ihrer Darstellung möglichst viele verschiedene Methoden geübt werden. Dann sind Körper gewählt worden, die sich bei dem Abbau der Nahrungsstoffe ergeben. Es soll Gelegenheit gegeben werden, sich mit den Eigenschaften dieser Körper vertraut zu machen. Endlich sind Substanzen, wie Aldehyde, Säuren usw. aufgenommen worden, damit einige allgemeine Reaktionen durch eigene Anschauung kennen gelernt werden.

Darstellung von Nitrobenzol aus Benzol.

$$C_6H_6 + NO_2 \cdot OH = C_6H_5 \cdot NO_2 + H_2O.$$

In einem Kolben von 500 ccm Inhalt werden 150 Gramm konz. Schwefelsäure und 100 Gramm gewöhnliche Salpetersäure vom spez. Gewicht 1,4 zusammengegossen. Das Gemisch wird auf Zimmertemperatur abgekühlt. Dann gibt man unter häufigem Umschwenken und Kühlen durch Einstellen in kaltes Wasser 50 Gramm Benzol in kleinen Portionen hinzu. Der Kolben darf, da Gase entweichen, nicht verschlossen werden. Man achte sorgfältig auf die Temperatur. Sie soll 60° nicht wesentlich überschreiten. Beginnen größere Mengen von roten Dämpfen zu entweichen, dann ist die Kühlung eine zu geringe. In diesem Falle hält man den Kolben direkt unter fließendes Wasser.

Ist alles Benzol eingetragen, dann setzt man das Schütteln unter gleichzeitigem Erwärmen auf 60° noch eine halbe Stunde fort. Das Erwärmen nimmt man am besten so vor, daß man den Rundkolben in einen mit Wasser von 60° gefüllten Emailletopf auf einen Strohkranz setzt.

Jetzt wird der ganze Kolbeninhalt in ca. 1 Liter Wasser gegossen. Das Nitrobenzol scheidet sich hierbei als schweres Öl am Boden des Gefäßes ab. Um es von der Flüssigkeit zu trennen, wird das ganze Gemisch in einen Scheidetrichter übergeführt. Man wartet, bis das Öl sich gesammelt hat und läßt es dann abfließen. Zur weiteren Reinigung wird das Öl nochmals mit Wasser gewaschen, im Scheidetrichter möglichst vollständig vom Wasser getrennt und dann in einem Kölbchen von etwa 100 ccm Inhalt mit 5 Gramm gekörntem Chlorcalcium getrocknet. Nach 12 Stunden wird in einen kleinen Destillationskolben hineinfiltriert. Dieser darf höchstens bis zur Hälfte mit dem Öl angefüllt sein. Zu diesem fügt man einige Siedesteinchen, die man sich durch Zerschlagen eines Tontellers herstellt. Jetzt verbindet man den Destillationskolben mit einem einfachen Kühlrohr. Als Vorlage wählt man ein Stehkölbchen oder einen Erlenmeyerkolben. Um während des Destillierens die Temperatur der Dämpfe feststellen zu können, wird durch den Stopfen des Destillationskolbens ein Thermometer eingeführt

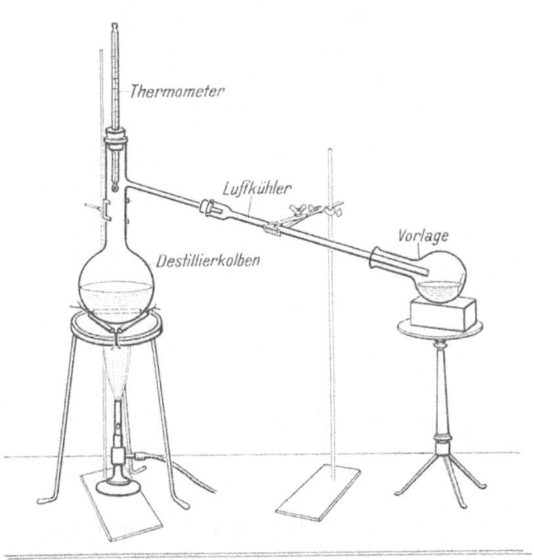

Fig. 56.

(vgl. Fig. 56). Man erhitzt nun, indem man die Flamme eines Bunsenbrenners unter dem Destillationskolben hin und her bewegt. Zuerst destillieren Benzol und Wasser über. Plötzlich steigt dann die Temperatur auf etwa 205°. Es ist dies das Zeichen, daß nunmehr Nitrobenzol übergeht. Es wird nun rasch die Vorlage gewechselt und die Destillation des Nitrobenzols fortgesetzt, bis der Kolbeninhalt sich braun zu färben beginnt.

Das Nitrobenzol kann zur weiteren Reinigung nochmals in der gleichen Weise destilliert werden. Die Ausbeute an reinem Produkt beträgt etwa 80 Prozent. Man kann die Ausbeute noch steigern, wenn man bei der Abscheidung des Öls im Scheidetrichter etwas Äther hinzufügt. Der Äther nimmt das gelöste Nitrobenzol aus der wässerigen Lösung auf. Ebenso ist es vorteilhaft, das ölige Nitrobenzol mit Äther zu verdünnen, ehe man das Trocknungsmittel — Chlorcalcium — hinzufügt, und ferner das Chlorcalcium, nachdem das Öl abfiltriert worden ist, noch mit etwas Äther auszuwaschen. Der Äther wird dann abdestilliert und im übrigen verfahren, wie es eben beschrieben worden ist. Die Ausbeute beträgt in diesem Falle etwa 90 Prozent.

Darstellung von Anilin aus Nitrobenzol.

$$C_6H_5 \cdot NO_2 + 3\,H_2 = C_6H_5 \cdot NH_2 + 2\,H_2O\,.$$

Durch Reduktion von Nitrobenzol erhält man Anilin. Es werden 90 Gramm granuliertes Zinn und 50 Gramm Nitrobenzol in einem Kolben von 1 Liter Inhalt zusammengebracht. Unter häufigem Umschütteln wird in kleinen Portionen rauchende Salzsäure — ca. 200 ccm — zugefügt. Es findet dabei ziemlich starke Erwärmung statt. Die Heftigkeit der Reaktion reguliert man durch zeitweiliges Einstellen des Kolbens in

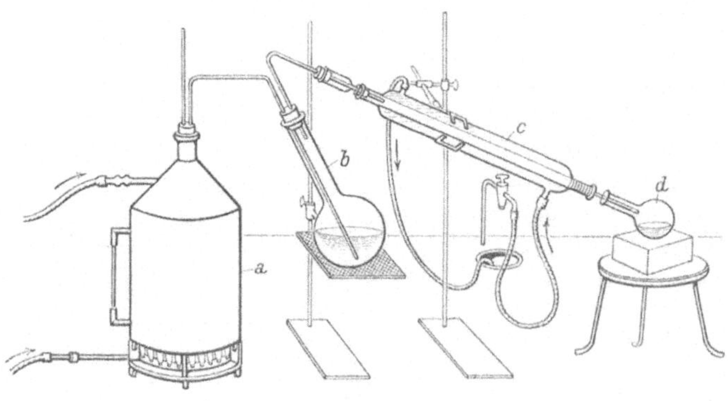

Fig. 57.

kaltes Wasser. Ist die Reaktion beendigt, so ist der Geruch nach Nitrobenzol vollständig verschwunden. Sehr häufig scheidet sich während der Operation das Zinndoppelsalz des Anilins in Form einer weißen Krystallmasse ab. Man fügt zum Schlusse so viel Wasser hinzu, daß dieses Salz vollständig in Lösung geht. Jetzt gießt man vom unveränderten Zinn ab. Man versetzt nun die saure Lösung mit einem Überschuß an konz. Natronlauge. Hierbei gehen die anfangs ausgeschiedenen weißen Zinnoxyde wieder in Lösung. Gleichzeitig scheidet sich metallisches Zinn ab. Das Anilin fällt als Öl aus. Es läßt sich mit Äther extrahieren. Der Äther wird im Scheidetrichter abgetrennt, mit Kaliumcarbonat getrocknet und das Anilin nach dem Verdampfen des Äthers fraktioniert destilliert.

Man kann das Anilin auch dadurch aus der Lösung entfernen, daß man unmittelbar nach dem Zusatz der Natronlauge durch das Gemisch Wasserdämpfe durchleitet. Das Anilin geht mit diesen in die Vorlage über. Man benutzt hierzu die in Fig. 57 dargestellte Apparatur. Man entwickelt aus einem mit Wasser gefüllten Blechgefäß a durch Erhitzen

Wasserdämpfe. Diese werden in einen Rundkolben b, in dem sich die das Anilin enthaltende Flüssigkeit befindet, geleitet. Die Flüssigkeit gerät bald ins Sieden. Die Dämpfe werden durch einen Kühler c kondensiert und in einer Vorlage d aufgefangen. Sobald das Destillat klar abläuft, wird die Destillation unterbrochen. Auf dem wässerigen Destillat schwimmt das Anilin als Öl. Es läßt sich leicht abheben. Man wendet zur Isolierung des Anilins mit Vorteil Äther an. Diesen gibt man zu dem Gemisch im Scheidetrichter, schüttelt gut durch und trennt dann die ätherische Schicht ab. Der Äther wird dann mit Kaliumcarbonat getrocknet. Nach etwa zwölfstündigem Stehen wird filtriert, der Äther abgedampft und das verbleibende Anilin in der gleichen Weise, wie es beim Nitrobenzol beschrieben worden ist, fraktioniert, nur kühlen wir diesmal mit Wasser (Fig. 58). Das reine Anilin siedet bei 181°. Die Ausbeute beträgt 95 Prozent.

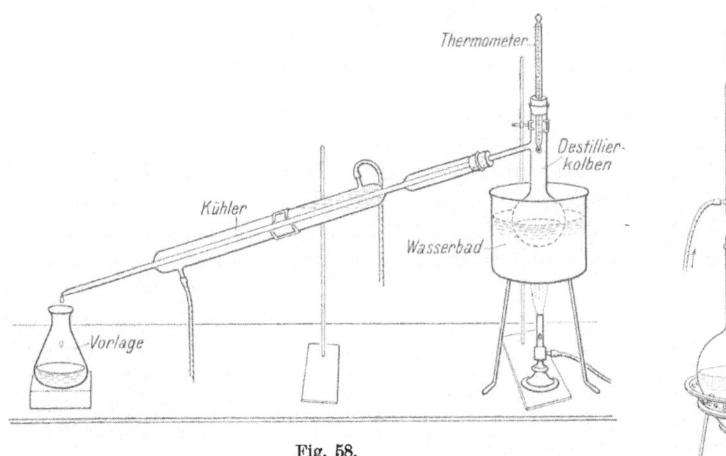

Fig. 58.

Fig. 59.

Das Anilin läßt sich durch folgende Reaktionen charakterisieren. Gibt man zu einer Spur von Anilin Wasser und zu der Lösung filtrierte Chlorkalklösung, dann tritt intensiv blauviolette Färbung ein. Versetzt man einige Tropfen des Anilins mit verdünnter Schwefelsäure, dann scheidet sich das Sulfat der Base ab. Es läßt sich leicht aus heißem Wasser umkrystallisieren.

Darstellung von Acetanilid aus Anilin.

$$C_6H_5 \cdot NH_2 + HOOC \cdot CH_3 = C_6H_5 \cdot NH(OC \cdot CH_3) + H_2O.$$

Man gibt in einen 100 ccm fassenden Rundkolben 20 Gramm Anilin und 30 Gramm Eisessig und kocht nun unter Anwendung eines Rückflußkühlers 6—8 Stunden auf dem Baboblech (vgl. Fig. 59). Die Bildung des Acetanilids verfolgt man mit Hilfe von Reagensglasproben. Man entnimmt nach ca. sechsstündigem Kochen eine Probe und beobachtet, ob

diese beim Abkühlen erstarrt. Ist dies der Fall, dann gießt man das
Reaktionsgemisch noch heiß in dünnem Strahle in 500 ccm heißes Wasser.
Zu der Lösung gibt man eine Messerspitze voll Tierkohle und kocht
kurz auf. Jetzt wird durch einen erwärmten Trichter filtriert. (Vgl.
S. 5, Fig. 15 u. 16.) Aus dem Filtrat fällt das Acetanilid beim Abkühlen
bald krystallinisch aus. Es wird nach dem völligen Erkalten abgenutscht,
scharf abgepreßt und, falls das Präparat rein weiß ist, im Exsiccator getrocknet. Ist das Acetanilid noch gefärbt, dann wird es nochmals aus
heißem Wasser unter Anwendung von Tierkohle umkrystallisiert. Das
reine Acetanilid schmilzt zwischen 115 und 116°. Beim Kochen mit
Alkalien entwickelt das Acetanilid Geruch nach Anilin.

Darstellung von Phenylhydrazin aus Anilin.

$$C_6H_5 \cdot NH_2 + NaNO_2 + 2\,HCl = C_6H_5 \cdot N_2 \cdot Cl + NaCl + 2\,H_2O\,.$$
$$C_6H_5 \cdot N_2 \cdot Cl + H_4 = C_6H_5 \cdot NH \cdot NH_2 \cdot HCl\,.$$
$$C_6H_5 \cdot NH \cdot NH_2 \cdot HCl + Na(OH) = C_6H_5 \cdot NH \cdot NH_2 + NaCl + H_2O\,.$$

Man löst 10 Gramm Anilin in 100 ccm konz. Salzsäure, kühlt mit
Kältemischung, versetzt mit einer Lösung von 10 Gramm Natriumnitrit in 50 ccm Wasser und gießt unter beständigem Rühren in eine
Lösung von 60 Gramm Zinnchlorür im gleichen Gewicht konz. Salzsäure. Es scheidet sich sofort salzsaures Phenylhydrazin ab. Dieses wird
auf einem Koliertuch abgesaugt, der Filterrückstand mit konz. Salzsäure gewaschen und dann über Natronkalk im Vakuumexsiccator getrocknet. Zur Bereitung des freien Phenylhydrazins übergießt man die Krystallmasse
mit überschüssiger Natronlauge, schüttelt gut durch und nimmt die abgeschiedene Base in Äther auf. Die ätherische Lösung wird mit kohlensaurem Kali 12
Stunden stehen gelassen, dann filtriert, verdampft und der Rückstand unter vermindertem Druck aus

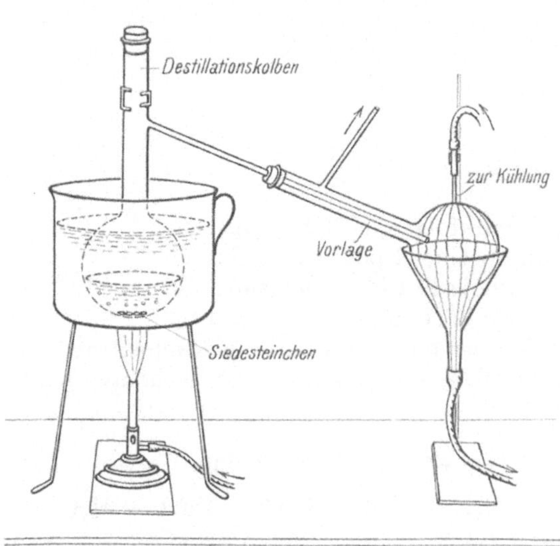

Fig. 60.

einem Destillationskolben destilliert. Man verwendet zum Erhitzen ein
Ölbad. Um Siedeverzug zu vermeiden, gibt man einige Siedesteinchen zu

der Flüssigkeit (Fig. 60). Die Verwendung der sonst üblichen Capillare (vgl. Fig. 81) ist hier nicht zu empfehlen, weil durch die Luft das Phenylhydrazin leicht oxydiert wird. Die Vorlage wird mit Wasser gekühlt. Bei 12 mm Druck geht das Phenylhydrazin bei 120—140° über. Das Destillat muß vollständig farblos sein. Die Ausbeute beträgt 10 Gramm. Das Phenylhydrazin wird sofort in dickwandige, am besten am offenen Ende bereits etwas ausgezogene Reagensgläser gefüllt, und zwar in Portionen von 2—5 Gramm. Die Reagensgläser werden sofort vor dem Gebläse zugeschmolzen. (Vgl. Fig. 61 *a*, *b* und *c* und Fig. 62, die das Zuschmelzen ohne vorheriges Ausziehen zeigt.) Besitzt man keine

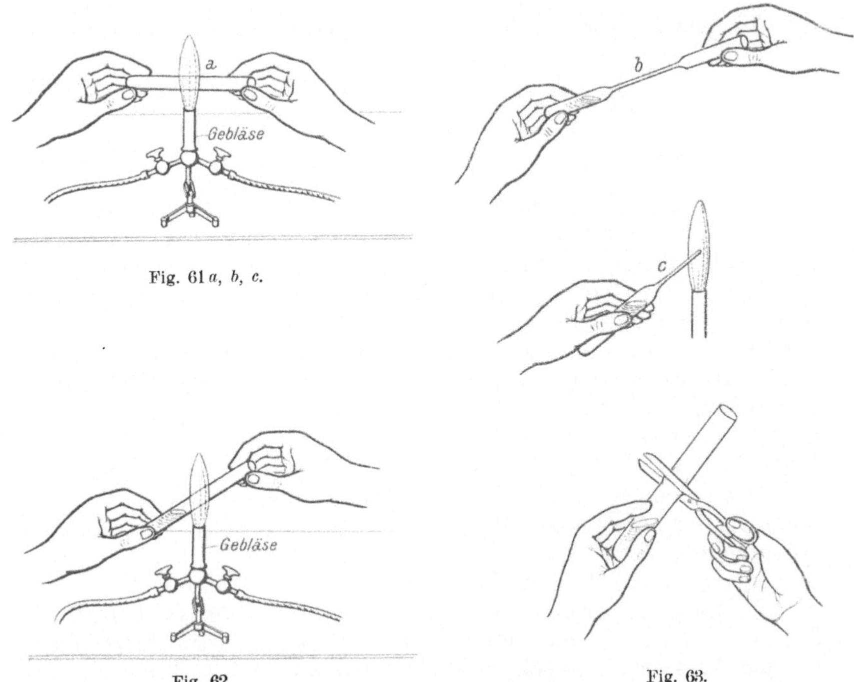

Fig. 61 *a*, *b*, *c.*

Fig. 62.
Zuschmelzen von Präparatenröhren.

Fig. 63.

Übung im Zuschmelzen, dann kommt man auch mit folgendem Verfahren aus: Es wird das Röhrchen mit der Base versehen, das offene Ende unterhalb der Öffnung vor dem Gebläse erhitzt und dann einfach mit einer Schere durchgeschnitten (Fig. 63). Man erhält so eine lineare „Narbe“, die ganz gut dicht hält. Der Zweck des Einschmelzens des Phenylhydrazins in kleinen Proben ist folgender: Man braucht die Base speziell zum Nachweis von Zucker. Hierzu verwendet man im allgemeinen nur wenige Gramm. Hat man aus einem Gefäß die Base entnommen, dann beginnt schon die Oxydation und der Inhalt des Gefäßes färbt sich gelb, dann braun. Mit diesem unreinen Phenylhydrazin erhält man schlechte Resultate. Bewahrt man das reine

Phenylhydrazin in kleinen Portionen auf, dann kann man jedesmal den Inhalt eines Röhrchens verwenden und den Rest verwerfen. Unreines Phenylhydrazin reinigt man am besten über das salzsaure Salz oder man friert die freie Base aus und gießt die braune Mutterlauge fort. (Vgl. auch S. 59.)

Darstellung von Diazobenzolsulfosäure aus Anilin.

$$C_6H_4 \Big\langle {N \equiv N \atop SO_3}$$

Wir gehen aus von Anilin und bereiten zuerst Sulfanilsäure:

$$C_6H_5 \cdot NH_2 + SO_2 \Big\langle {OH \atop OH} = NH_2 \cdot \bigcirc SO_3H$$

$$= C_6H_4 \cdot NH_2 \cdot SO_3H \ .$$

50 Gramm Anilin werden allmählich unter Umrühren in 150 Gramm rauchende Schwefelsäure (20 Gramm 70prozentige, SO_3 enthaltende, rauchende Schwefelsäure + 130 Gramm konz. Schwefelsäure) eingetragen. Das Gemisch wird dann 4 Stunden im Ölbade auf 170° erhitzt. Man überzeuge sich durch einen Reagensglasversuch davon, daß die Reaktion wirklich beendet ist. Es ist dies dann der Fall, wenn eine Probe des Reaktionsgemisches, mit Wasser und wenig überschüssiger Natronlauge versetzt, kein Öl (Anilin) mehr abscheidet. Nun wird die gesamte Masse in ungefähr $1/3$ Liter Eiswasser eingegossen. Die Sulfanilsäure fällt dabei sofort krystallinisch aus. Die Krystalle sind mehr oder weniger stark gefärbt. Um sie zu reinigen, werden sie in etwas mehr als der berechneten Menge heißer, sehr stark verdünnter Natronlauge gelöst. Jetzt wird nach Zusatz von etwas Tierkohle aufgekocht und filtriert. Zum Filtrat gibt man verdünnte Salzsäure. Es fällt dann die Sulfanilsäure wieder aus. Die Ausbeute beträgt etwa 60 Gramm. Zur Trocknung der Sulfanilsäure wird diese in einer Porzellanschale auf das Wasserbad gestellt und häufig mit dem Glasstabe umgerührt.

Umwandlung der Sulfanilsäure in Diazobenzolsulfosäure: 40 Gramm von der getrockneten und in der Reibschale fein zerriebenen Sulfanilsäure lösen wir nunmehr unter Erhitzen in der berechneten Menge Natronlauge. Die Lösung wird dann so weit verdünnt, daß sie beim Abkühlen auf 50° keine Krystallisation mehr zeigt. Zu der Lösung setzen wir etwas mehr als die berechnete Menge Natriumnitrit und tragen dann das Gemisch unter sehr gutem Umrühren in überschüssige kalte, verdünnte Schwefelsäure ein. Nach kurzer Zeit findet Abscheidung von weißen Krystallen statt. Es ist dies die Diazoverbindung[1]. Nach erfolgter Abkühlung und dadurch vervollständigter Kry-

---

[1] Der Vorgang ist dem beim Phenylhydrazin (vgl. S. 48) mit Formeln belegten ganz analog.

stallisation wird abgenutscht und im Vakuumexsiccator getrocknet.
Das Produkt darf nicht bei 100° getrocknet werden, weil es sich sonst
zersetzen würde. Die Diazobenzolsulfosäure ist ein wichtiges Reagens
auf Eiweiß. Vgl. Seite 87.

Darstellung von β-Naphthalinsulfochlorid aus Naphthalin.

$$\cdot SO_2Cl = C_{10}H_7 \cdot SO_2Cl \,.$$

Gewinnung der β-Naphthalinsulfosäure: $C_{10}H_8 + H_2SO_4$
$= C_{10}H_7 \cdot SO_3H + H_2O$.

Es werden in 120 Gramm 96 prozentige, 100° warme Schwefelsäure
im Laufe einer Viertelstunde nach und nach unter Umrühren 100 Gramm
feingepulvertes Naphthalin eingetragen. Nun erhitzt man langsam auf
160° und hält diese Temperatur 12 Stunden. Die Schmelze löst sich nun
bis auf eine schwache Trübung vollständig in Wasser. Die Lösung wird
in 1½ Liter Wasser eingegossen, dann kochend mit Kalkmilch neutralisiert, heiß koliert und gut abgepreßt. Den Rückstand kocht man nochmals mit 1 Liter Wasser auf, koliert wieder, preßt gut aus und dampft
jetzt die Lauge so lange ein, bis eine Probe beim Erkalten einen dicken
Brei liefert. Beim Abkühlen der ganzen Masse erhält man einen dicken
Brei von Kalksalz. Er wird nach 24 Stunden abgepreßt und dadurch
die leichter löslichen Salze der α-Monosulfosäure und der Disulfo-
säuren entfernt.

Zur Überführung in das Natriumsalz wird das Kalksalz in viel heißem
Wasser gelöst und kochend mit so viel Sodalösung versetzt, bis eine abfiltrierte Probe mit Soda keinen Niederschlag mehr gibt. Dann wird
die abgenutschte Lösung des Natronsalzes eingedampft, bis Krystalle
erscheinen. Jetzt läßt man abkühlen und wartet, bis die Krystallisation
sich vervollständigt hat. Es wird abgenutscht, scharf abgepreßt und
dann auf dem Wasserbad und schließlich bei 180° getrocknet.

Die Ausbeute an naphthalinsulfosaurem Natrium beträgt 100 Gramm.
Sie läßt sich durch Verarbeitung des Filtrates des Natronsalzes leicht
auf 130—150 Gramm steigern.

Darstellung des Chlorids: Man gibt zu 10 Teilen des β-naph-
thalinsulfosauren Natriums 6 Teile pulverisiertes Phosphorpenta-
chlorid und erhitzt das Gemisch 4 Stunden unter häufigem Umschütteln im Ölbade auf 125°. Man gießt das noch warme Reaktionsgemisch
in eine geräumige Reibschale und knetet mit Eis und dann mit Wasser
durch. Hierbei verwandelt sich das Produkt in feines Pulver. Es wird
durch Dekantieren mit Wasser gewaschen, dann abgenutscht und so
lange mit Wasser nachgewaschen, bis das Filtrat nur noch ganz schwach
sauer reagiert. Zur Reinigung wird das β-Naphthalinsulfochlorid aus
absolutem Äther umkrystallisiert. Es schmilzt bei 78°.

4*

Darstellung von Benzoesäureäthylester.

$$C_6H_5 \cdot COOH + C_2H_5 \cdot OH = C_6H_5 \cdot CO \cdot O \cdot C_2H_5 + H_2O.$$

50 Gramm Benzoesäure werden in einem Rundkolben von 200 ccm Inhalt in 100 Gramm absolutem Alkohol gelöst. Dann fügt man 10 Gramm konz. Schwefelsäure hinzu und kocht 4 Stunden am Rückflußkühler. Jetzt wird etwa die Hälfte des Alkohols auf dem Wasserbade abdestilliert und zur verbleibenden Flüssigkeit 300 ccm Wasser zugefügt. Man neutralisiert mit festem, gepulvertem Natriumcarbonat. Die Operation dient zur Entfernung der Schwefelsäure und der unveränderten Benzoesäure.

Der Benzoesäureäthylester hat sich als Öl abgeschieden. Er wird mit Äther extrahiert, der Äther im Scheidetrichter abgetrennt, mit geglühtem Kaliumcarbonat getrocknet und dann nach erfolgter Filtration abdestilliert. Der Rückstand wird dann fraktioniert destilliert. Der reine Ester siedet bei 212°. Die Ausbeute beträgt 55 Gramm.

Darstellung von Acetaldehyd durch Oxydation von Äthylalkohol.

$$CH_3 \cdot CH_2 \cdot OH + O = CH_3 \cdot C\!\!{\diagdown\atop\diagup}{H \atop O} + H_2O.$$

Es werden 200 Gramm Natriumbichromat, das in linsengroße Stücke zerschlagen ist, in einem Kolben von 2 Liter Inhalt mit 600 Gramm Wasser übergossen. Der Kolben muß mit einem Kühler versehen sein, der mit einer in einer Kältemischung befindlichen Vorlage verbunden ist (Fig. 64). Nunmehr läßt man aus einem Tropftrichter unter häufigem Umschütteln ganz allmählich ein Gemisch von 200 ccm Alkohol und 270 Gramm konz. Schwefelsäure zufließen. Hierbei erwärmt sich die Masse von selbst. Sie färbt sich grün. Bald destilliert neben Alkohol und Wasser Aldehyd über.

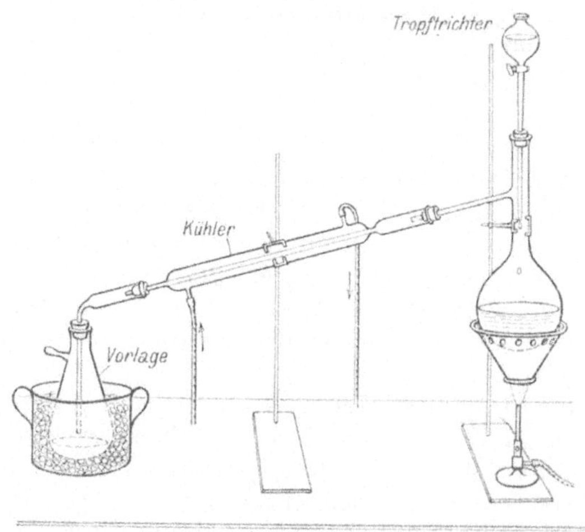

Fig. 64.

Um den im Reaktionsgemisch noch vorhandenen Aldehyd zu gewinnen, erwärmt man den Kolbeninhalt auf dem Baboblech.

Um das Destillat zu trennen, wird es aus einem Rundkolben b (Fig. 65), der sich auf einem Wasserbad a befindet, destilliert. Mit dem Kolben ist durch einen sogenannten Vorstoß ein schräg nach aufwärts verlaufender Kühler c verbunden. Dieser wird aus einem Topf d mit Wasser von 25° gespeist. Den Zufluß reguliert man durch eine Klemmschraube. Haben die Dämpfe den Kühler passiert, dann gelangen sie in einen Tropftrichter, der in einen Erlenmeyerkolben taucht, der absoluten, mit Eiswasser gekühlten Äther enthält. Dieser absorbiert den Aldehyd. Im Kühler werden die Alkohol- und Wasserdämpfe konden-

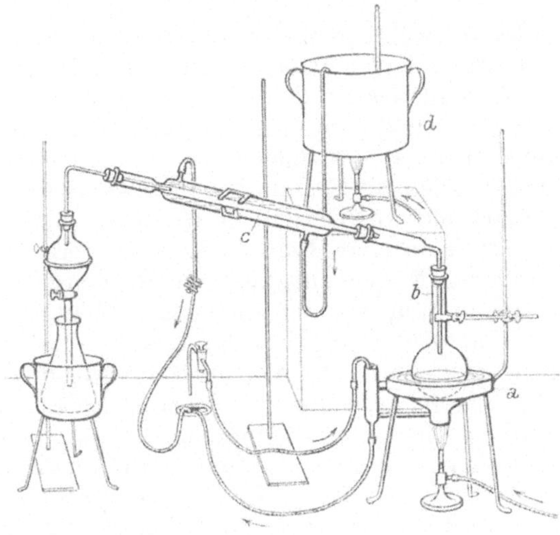

Fig. 65.

siert. Die sich bildenden Flüssigkeiten fließen in den Destillationskolben zurück. Der Aldehyd dagegen geht in die Vorlage über.

Überführung des Aldehyds in Aldehydammoniak:

$$CH_3CHO + NH_3 = CH_3 \cdot CH {\Large<} {}^{HO}_{NH_2} \; .$$

In die ätherische Lösung des Aldehyds leitet man nunmehr unter sehr guter Kühlung trockenes Ammoniakgas ein. Dieses entnimmt man einer Bombe und läßt es zur Trocknung durch einen Kalkturm streichen, oder man entwickelt es durch Kochen von wässerigem Ammoniak. Auch in diesem Falle trocknet man mit Kalk. Bald scheidet sich das Aldehydammoniak in Krystallen ab. Diese werden abgenutscht, mit Äther gewaschen und auf Filtrierpapier getrocknet. Um aus dem Aldehydammoniak den freien Aldehyd zu gewinnen, wird ersteres mit verdünnter Schwefelsäure übergossen und destilliert. Den Aldehyd trocknet man mit Chlorcalcium. Er wird dann noch einmal destilliert. Er siedet bei 21°. Der Aldehyd reduziert lebhaft. Gießt man ihn zu einer ammoniakalischen Silberlösung, dann erhält man Abscheidung von metallischem Silber — Silberspiegel. Bei dieser Probe ist jeder Überschuß an Ammoniak zu vermeiden. Der Aldehyd läßt sich nicht unzersetzt aufbewahren. Man verwende ihn zum Studium der Reduktionsproben.

Darstellung von Harnstoff.

$$C = O {\Large<} {}^{NH_2}_{NH_2} \; .$$

Blutlaugensalz wird in einer Reibschale zerkleinert und dann in dünner Schicht auf einer Eisenschale ausgebreitet. Nun wird langsam unter fortwährendem Umrühren erwärmt, bis die Krystalle vollständig verwittert sind und beim Zerdrücken keinen gelben Kern mehr zeigen. Jetzt wird das Salz noch warm in einer Reibschale zu feinem Pulver zerrieben, und dann dieses wieder auf der gleichen Schale ausgebreitet und etwa 4—6 Stunden bei gleichmäßiger Temperatur getrocknet. Nun werden 200 Gramm von dem so erhaltenen wasserfreien Ferrocyankalium mit 150 Gramm geschmolzenem Kaliumbichromat im warmen Zustande in einer Reibschale innig verrieben. Durch Erhitzen einer Probe des Ferrocyankaliums im Reagensglas stellt man vorher fest, ob es keine Spur von Wasser mehr enthält.

Von dem Gemisch trägt man 5—6 Gramm auf die schon vorher benutzte eiserne Schale. Man erhitzt diese mit einem Dreibrenner. Die Masse wird dabei schwarz. Sobald das Verglimmen aufhört, wird das schwarze Produkt an den Rand der Schale geschoben. Man gibt dann eine neue Portion des Gemisches auf die Schale. Bei dem ganzen Prozeß darf keine Ammoniakentwicklung eintreten. Schließlich wird das schwarze Reaktionsprodukt noch warm in einer Reibschale zerrieben, und nach dem Erkalten mit Wasser ausgelaugt. Zu der Lösung setzt man $^3/_4$ vom Gewicht des trockenen Blutlaugensalzes an trockenem, schwefelsaurem Ammon hinzu, filtriert und dampft auf dem Wasserbade bei ca. 60—70° ein. Hierbei geht das cyansaure Ammon in Harnstoff über. Zunächst krystallisiert Kaliumsulfat aus. Dieses wird von Zeit zu Zeit durch Filtration entfernt. Schließlich verdampft man die letzte Mutterlauge vom Kaliumsulfat zur Trockene und extrahiert den Rückstand mit absolutem Alkohol. Der Alkohol wird abgedunstet. Es tritt bald Krystallisation von Harnstoff ein. Dieser wird abgesaugt und zur völligen Reinigung aus siedendem Amylalkohol umkrystallisiert. Der Harnstoff krystallisiert meist in dünnen, langen, vierseitigen Prismen mit sehr stumpfer Pyramide an den Enden. Sie schmelzen unter Entwicklung von Ammoniak bei 132°. Vgl. auch die Darstellung von Harnstoff aus Harn.

Darstellung von phenolschwefelsaurem Kali.

$$C_6H_5OH + OH \cdot SO_2OK = C_6H_5O \cdot SO_2OK + H_2O.$$

In einem Rundkolben von 500 ccm Inhalt werden 60 Gramm Kalihydrat in 100 ccm Wasser unter Erwärmen gelöst und 100 Gramm Phenol zugesetzt. Die klare Lösung wird auf 70° abgekühlt. Jetzt setzt man 125 Gramm feingepulvertes pyroschwefelsaures Kali in kleinen Portionen unter fortwährendem Umschütteln zu.

Das pyroschwefelsaure Kali bereitet man sich durch Erhitzen von 100 Gramm feingepulvertem neutralem Kaliumsulfat mit 60 Gramm konzentrierter Schwefelsäure unter dem Abzuge. Man steigert die Temperatur allmählich, bis das Schäumen aufhört. Dann läßt man erkalten.

Man hält nun das Gemisch 10 Stunden lang auf einer Temperatur von 70°, gießt dann 500 ccm kochenden gewöhnlichen (96 proz.)

Alkohol hinzu, schüttelt durch und filtriert durch einen Heißwassertrichter. Im Filtrat erscheinen bald Krystalle von phenolschwefelsaurem Kali. Sie werden aus heißem Weingeist umkrystallisiert.

Kohlehydrate.

1. Qualitativer Nachweis der Kohlehydrate.

a) Nachweis von Traubenzucker, Glucose.

$$\begin{array}{c} C{\displaystyle \diagup^{O}_{\diagdown H}} \\ | \\ H \cdot C \cdot OH \\ | \\ HO \cdot C \cdot H \\ | \\ H \cdot C \cdot OH \\ | \\ H \cdot C \cdot OH \\ | \\ CH_2OH \end{array}$$

Es kommen im wesentlichen drei Methoden in Betracht, um Traubenzucker nachzuweisen.

1. Die Reduktionsproben. Sie beruhen darauf, daß die Aldehydgruppe des Traubenzuckers außerordentlich leicht oxydiert wird. Sie entnimmt den dazu nötigen Sauerstoff vorhandenen Metalloxyden. Diese werden dabei reduziert. Daher der Name Reduktionsproben.

Wir gehen von einer 1 prozentigen Lösung von Traubenzucker in Wasser aus. Zu einer Probe davon setzen wir zunächst Natronlauge und fügen vorsichtig Kupfersulfatlösung hinzu. Ein Überschuß an Kupfersulfat ist zu verhüten, weil sonst beim Kochen leicht Kupferoxyd abgeschieden werden könnte, dessen schwarze Farbe die ganze Reaktion verdecken würde. Nunmehr kochen wir das Gemisch auf und beobachten dann nach einiger Zeit das Auftreten eines ziegelroten Niederschlages. Es hat sich Kupferoxydul, Cu_2O, gebildet (**Trommersche Probe**). An Stelle von Natronlauge und Kupfersulfat können wir auch eine Lösung von Seignettesalz (weinsaures Kali-Natron) in Wasser und Kupfersulfatlösung verwenden (**Fehlingsche Lösung**). Das Resultat ist genau dasselbe. Nehmen wir an Stelle von Kupfersulfat ein anderes Metalloxyd, z. B. Wismutoxydsalz, dann erhalten wir ebenfalls Reduktion, in diesem Falle also Abscheidung von Wismutoxydul. Dieses ist schwarz gefärbt (**Almén-Nylandersche Probe**).

2. Gärungsprobe. Wenn wir zu einer Traubenzuckerlösung Hefezellen hinzufügen, dann beobachten wir, daß nach einiger Zeit an der Oberfläche der Flüssigkeit Gasblasen auftreten. Sie beginnt sich mit Schaum zu bedecken. Geben wir die Zuckerlösung in einen Stehkolben, und fügen wir etwas Preßhefe hinzu, dann können wir leicht nachweisen, daß das sich entwickelnde Gas Kohlensäure ist, indem wir den Kolben mit einem zweiten, der Barytwasser enthält, durch ein Rohr verbinden (vgl. Fig. 66). Wir beobachten, daß bald Gasblasen auftreten. Jede einzelne Blase umgibt sich mit einer Niederschlagsmembran. Es scheidet sich Bariumcarbonat ab. In der Flüssigkeit selbst bleibt das zweite Produkt der alkoholischen Gärung, der Alkohol, zurück. Aus einer bestimmten Menge Traubenzucker erhalten wir eine bestimmte Menge Kohlensäure. Es geht dies ohne weiteres aus der beistehenden Formel hervor:

$$C_6H_{12}O_6 = 2\,C_2H_5OH + 2\,CO_2\,.$$

Die Zerlegung des Traubenzuckers in Kohlensäure und Alkohol ist allerdings keine direkte. Es treten mehrere Zwischenstufen auf, doch hat das mit der Menge der Endprodukte nichts zu tun.

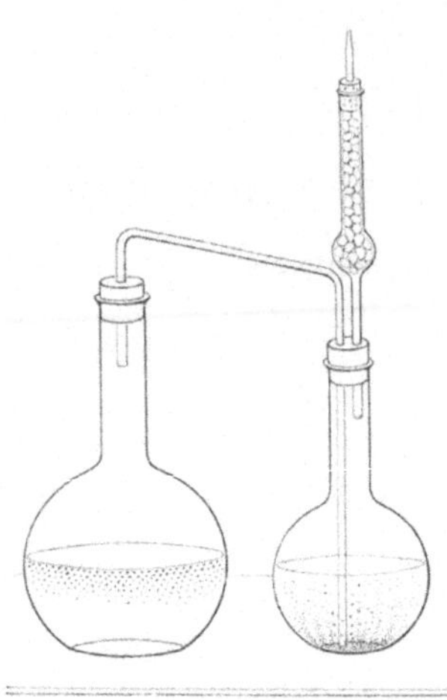

Fig. 66. Gärversuch.

Man stellt empirisch fest, wieviel Kohlensäure eine bestimmte Menge Traubenzucker liefert, indem man das Kohlensäuregas in einem Rohr auffängt, das eine Einteilung besitzt. Wir nehmen einen sogenannten Eudiometer, füllen diesen mit Wasser und lassen nun die Kohlensäure in dem oben abgeschlossenen Rohr aufsteigen und beobachten, wieviel Kohlensäure aus der zugesetzten Menge Traubenzucker entstanden ist. Traubenzucker liefert 46,54 % CO_2 (1 ccm CO_2 [760 mm 0°] entspricht 4 mg Glucose). Bei 34° findet sich das Temperaturoptimum für die Hefegärung.

Es sind im Handel sogenannte Gärungsröhrchen (Fig. 67) zu haben. Es existieren mannigfache Formen davon. Die Einrichtung ist im Prinzip in allen Fällen die gleiche. Wir lassen in einem Röhrchen, das eine Einteilung besitzt und mit der zuckerhaltigen Flüssigkeit gefüllt ist, Hefe auf diese einwirken. Die Kohlensäure sammelt sich dann in dem Rohr und wir können nach einiger Zeit, wenn die

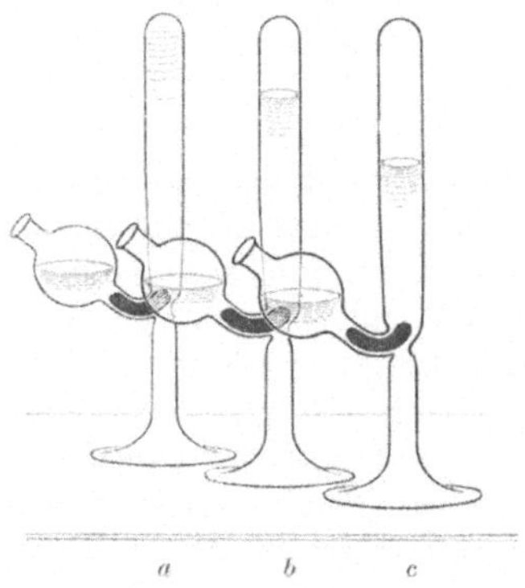

Fig. 67.
Gärprobe mit Kontrollversuchen.

Gärung beendigt ist, ablesen, wieviel Kubikzentimeter Kohlensäure entstanden sind. Auf einer dem Apparat beigegebenen Tabelle läßt sich direkt entnehmen, wieviel Gramm Zucker der beobachteten Menge Kohlensäure entsprechen.

Wir dürfen jedoch diese Gärungsprobe niemals ausschließlich in der eben genannten Weise durchführen. In allen Fällen müssen wir zwei

Kontrollproben ansetzen. Einmal müssen wir uns davon überzeugen, daß die angewandte Hefe wirklich befähigt ist, Zucker zu vergären. Wir können das leicht feststellen, wenn wir die Hefe, die wir zur Ausführung von Zuckerproben verwenden wollen, zu einer Zuckerlösung hinzufügen und diese mit der Hefeaufschwemmung in ein Gärungsröhrchen hineingeben (Fig. 62 b) und beobachten, ob Kohlensäure abgeschieden wird. Ferner müssen wir kontrollieren, ob die Hefe nicht in sich vergärbare Kohlehydrate enthält. Um diese Fehlerquelle auszuschließen, suspendieren wir etwas von der Hefe, und zwar die gleiche Menge, die wir anwenden wollen, um in der zu prüfenden Flüssigkeit Zucker nachzuweisen, in Wasser und füllen das Gemisch in ein Gärungsröhrchen ein (Fig. 62 a). Nun beobachtet man, ob sich Kohlensäure abscheidet.

Haben die beiden Proben die Brauchbarkeit der Hefe ergeben, d. h. ist keine Gasentwicklung bei der Probe, die Hefe plus Wasser enthielt, aufgetreten, und ist ferner in der Zuckerlösung Gärung eingetreten, dann geben wir nunmehr von der Hefe etwas zu der zu prüfenden Flüssigkeit (Fig. 62 c). Meistens wird es sich um Urin handeln. Wir füllen die Lösung in das Gärungsröhrchen ein und beobachten, wieviel Kohlensäure sich abscheidet. Daß Kohlensäure vorhanden ist, können wir leicht beweisen, indem wir Natronlauge im Röhrchen aufsteigen lassen. Die Kohlensäure wird vollständig absorbiert, oder aber wir geben etwas Barytlösung hinzu und stellen fest, daß ein Niederschlag von Bariumcarbonat entsteht.

3. Bestimmung des Zuckers durch Polarisation. Der Traubenzucker enthält vier asymmetrische Kohlenstoffatome. Er ist optisch aktiv, und zwar besitzt er ein ganz bestimmtes Drehungsvermögen. Bringen wir die auf Traubenzucker zu untersuchende Flüssigkeit in ein Po-

Fig. 68. Polarisationsrohr.

sationsrohr (vgl. Fig. 68), so können wir mit Hilfe eines Polarisationsapparates (vgl. Fig. 71, S. 61) leicht feststellen, ob die Flüssigkeit ein Drehungsvermögen besitzt.

Beispiel: Bei Verwendung eines 1 dm langen Polarisationsrohres sei die Drehung $\alpha = 5,3°$, die spezifische Drehung des Traubenzuckers ist $= 52,74°$ nach rechts ($+ 53°$). Das Gewicht G des die festgestellte Drehung gebenden Traubenzuckers berechnet sich auf 100 ccm Lösung nach der Formel:

$$G = \frac{5,3 \cdot 100}{52,74 \cdot 1} \left\} \begin{array}{l} 5,3 = \alpha, \\ 52,74 = [\alpha]^\mathrm{D} \text{ spezifische Drehung,} \\ 1 = \text{Länge des Polarisationsrohres in dm.} \end{array}\right.$$

$$G = 10,04 \text{ g.}$$

Die Drehung allein ist jedoch nicht maßgebend, denn es können in der zu prüfenden Lösung mancherlei andere Substanzen vorhanden sein, die ebenfalls optisch aktiv sind. Diese können in der gleichen Richtung drehen oder aber auch ein entgegengesetztes Drehungsvermögen besitzen. Durch derartige Verbindungen können große Fehler bei der Berechnung des Traubenzuckergehaltes aus dem abgelesenen Winkel entstehen. Ein Urteil darüber, ob das Produkt, dessen Drehungsvermögen wir festgestellt haben, ausschließlich aus Traubenzucker besteht, können wir uns bilden, indem wir aus dem abgelesenen Winkel den Traubenzuckergehalt berechnen und den erhaltenen Wert durch eine quantitative Reduktionsprobe und die Gärprobe kontrollieren. Es entstehen aus der optisch aktiven Glucose inaktive Zerfallsprodukte. War das Drehungsvermögen ausschließlich durch Traubenzucker bedingt, dann muß jetzt, wenn wir nach vollendeter Gärung die Drehung ablesen, das Drehungsvermögen vollständig verschwunden sein. Ist das nicht der Fall, dann beweist dies mit Sicherheit, daß noch andere optischaktive Stoffe in Lösung sind, welche nicht Traubenzucker entsprechen. Durch Ausführung einer Reduktionsprobe können wir uns dann davon überzeugen, ob noch andere reduzierende Zucker vorhanden sind.

Wir haben bereits festgestellt, daß die beiden letzten Proben auf Traubenzucker sich leicht quantitativ gestalten lassen. Dies ist auch mit der ersten Probe, der Reduktionsprobe, der Fall. Wir kennen eine ganze Reihe von quantitativen Bestimmungen des Traubenzuckers, die auf Reduktionsproben beruhen. Das Prinzip ist in allen Fällen das gleiche (vgl. S. 64).

Nachweis von Traubenzucker mit Hilfe von Phenylhydrazin.

Läßt man auf ein Molekül Traubenzucker ein Molekül Phenylhydrazin einwirken, dann erhält man nach der folgenden Gleichung ein sogenanntes Hydrazon:

$$CH_2(OH) \cdot [CH(OH)]_3 \cdot CH(OH) \cdot C{\overset{O}{\underset{H}{\diagdown}}} + H_2N \cdot NH \cdot C_6H_5$$

$$= CH_2(OH) \cdot [CH(OH)]_3 \cdot CH(OH) \cdot CH = N \cdot NH \cdot C_6H_5 + H_2O \, .$$

Dieses ist in Wasser sehr leicht löslich und läßt sich nicht abtrennen. Gibt man ein zweites Molekül Phenylhydrazin hinzu, dann reagiert dieses mit dem Traubenzucker zunächst unter Oxydation der benachbarten sekundären Alkoholgruppe zu Carbonyl und darauf folgender Kuppelung. Wir erhalten ein sogenanntes Osazon. Vgl. die folgende Formel:

$$\overset{\text{Bildung der Ketogruppe}}{CH_2(OH) \cdot [CH(OH)]_3 \cdot CO \cdot CH} = N \cdot NH \cdot C_6H_5 + H_2N \cdot NH \cdot C_6H_5$$

$$= CH_2(OH) \cdot [CH(OH)]_3 \cdot C \cdot CH = N \cdot NH \cdot C_6H_5 + H_2O \, .$$

$$\overset{\|}{N} \cdot NH \cdot C_6H_5$$

Das Osazon des Traubenzuckers, Glucosazon genannt, ist in Wasser schwer löslich und krystallisiert bald aus. Zur Darstellung von Glucosazon darf man nur ganz reines Phenylhydrazin anwenden. Es muß vollständig farblos oder doch höchstens leicht gelb gefärbt sein. Am besten verwendet man Phenylhydrazin, das man sich selbst aus Anilin bereitet hat (vgl. S. 48). Das käufliche Phenylhydrazin ist meistens unrein.

Es enthält Oxydationsprodukte und ist braun gefärbt. Am besten reinigt man es, indem man es bei 15 mm Druck destilliert und das farblose Destillat durch wiederholtes Abkühlen auskrystallisieren läßt. Den flüssig gebliebenen Teil gießt man jedesmal ab. Dann werden die Krystalle in etwa dem 3—4fachen ihres Volumens getrockneten Äthers gelöst. Die Lösung wird in einer Kältemischung abgekühlt und die ausgeschiedene Base scharf abgenutscht. Um zu vermeiden, daß die auf dem Filter sich befindlichen Krystalle wieder in Lösung gehen, stellt man die Saugflasche mit der Nutsche am besten in einen Emailletopf und umgibt dann Nutsche und Saugflasche mit Eisstückchen. Den Filterrückstand wäscht man mit stark abgekühltem Äther. Jetzt wird die Destillation wiederholt, und zwar ebenfalls bei 15 mm Druck. Meist genügt jedoch das Umkrystallisieren aus Äther, um ein genügend reines Präparat zu erhalten.

Um die Glucose in das Osazon überzuführen, verwendet man eine Mischung, bestehend aus einem Volumen Phenylhydrazin und einem solchen von 50 prozentiger Essigsäure. Dieses Gemisch verdünnt man mit der dreifachen Menge Wasser. Es muß hierbei eine klare Lösung entstehen. Diese Mischung bereitet man sich erst kurz vor der Ausführung der Probe. Man gibt sie nun zu der zuckerhaltigen Flüssigkeit und erhitzt 45 Minuten auf dem Wasserbade. Am besten nimmt man die Probe im Reagensglase vor und stellt dieses direkt in das kochende Wasser. Bald beginnt beim Abkühlen der Lösung die Ausscheidung des Glucosazons. Handelt es sich um Harn, dann benutzt man 5—10 ccm davon. Der Harn muß frei von Eiweiß und ganz klar sein.

An Stelle der oben angegebenen Mischung kann man auch ein Gemisch von 2 Teilen salzsaurem Phenylhydrazin und 3 Teilen wasserhaltigem Natriumacetat verwenden. Ist das salzsaure Phenylhydrazin nicht farblos, dann wird es aus heißem Alkohol umkrystallisiert.

Das Glucosazon krystallisiert in zu Büscheln vereinigten Nadeln. Der Schmelzpunkt liegt bei 205°.

Es sei hier noch bemerkt, daß der **Fruchtzucker** genau das gleiche Osazon liefert, nur ist die Reihenfolge des Eintrittes der Phenylhydrazinreste die umgekehrte. Die Hydrazone müßten verschieden sein, doch sind sie bisher nicht isoliert worden. Vgl. die folgenden Formeln.

$$CH_2(OH) \cdot [CH(OH)]_3 \cdot CO \cdot CH_2 \cdot OH + H_2N \cdot NH \cdot C_6H_5$$

$$= CH_2(OH) \cdot [CH(OH)]_3 \cdot \underset{\overset{\|}{N \cdot NH \cdot C_6H_5}}{C} \cdot CH_2OH + H_2O$$

Bildung der Aldehydgruppe

$$CH_2(OH) \cdot [CH(OH)]_3 \cdot \underset{\overset{\|}{N \cdot NH \cdot C_6H_5}}{C} \cdot C\overset{\nearrow O}{\underset{\searrow H}{}} + H_2N \cdot NH \cdot C_6H_5$$

$$= CH_2(OH) \cdot [CH(OH)]_3 \cdot \underset{\overset{\|}{N \cdot NH \cdot C_6H_5}}{C} \cdot CH \cdot N \cdot NH \cdot C_6H_5 + H_2O \cdot$$

b) Nachweis von Rohrzucker (Saccharose), Milchzucker (Lactose) und Malzzucker (Maltose).

$$C_{12}H_{22}O_{11}.$$

Das Disaccharid **Rohrzucker** liefert bei der Hydrolyse ein Molekül Traubenzucker und ein Molekül Fruchtzucker. Beide Komponenten reduzieren, während die Saccharose selbst kein Reduktionsvermögen zeigt. Diesen Umstand können wir dazu benutzen, um Rohrzucker zu identifizieren. Haben wir eine Zuckerart vor uns, die an und für sich Metalloxyde nicht reduziert, dagegen nach erfolgter Spaltung Reduktion zeigt, dann dürfen wir ziemlich sicher auf Rohrzucker schließen. Die Feststellung des Drehungsvermögens und des Verhaltens gegenüber dem Fermente Invertin sichert die Diagnose. Der Rohrzucker dreht nach rechts. Nach erfolgter Zerlegung in Trauben- und Fruchtzucker finden wir Linksdrehung, weil der Fruchtzucker stärker nach links als der Traubenzucker nach rechts dreht. Dieser Umkehr des Drehungsvermögens bei der Spaltung verdankt das entstehende Gemisch Fructose und Glucose den Namen Invertzucker. Durch die Unfähigkeit zu reduzieren unterscheidet sich der Rohrzucker scharf von den beiden anderen biologisch wichtigen Disacchariden Maltose und Milchzucker.

Zur Herbeiführung der Hydrolyse kochen wir eine 5 prozentige Rohrzuckerlösung mit verdünnter Salzsäure. Wir überzeugen uns vor dem Beginn des Kochens durch Untersuchung einer Probe, daß beim Kochen mit Fehlingscher Lösung oder mit Natronlauge und Kupfersulfat keine Reduktion eintritt. Wir kochen sodann etwa 1 Minute energisch und prüfen wieder eine Probe auf ihr Reduktionsvermögen. Meist tritt schon deutliche Abscheidung von Kupferoxydul auf. Setzt man das Kochen fort, dann erhält man mehr reduzierende Substanz, bis aller Rohrzucker zerlegt ist. Bei der Ausführung der Reduktionsprobe muß

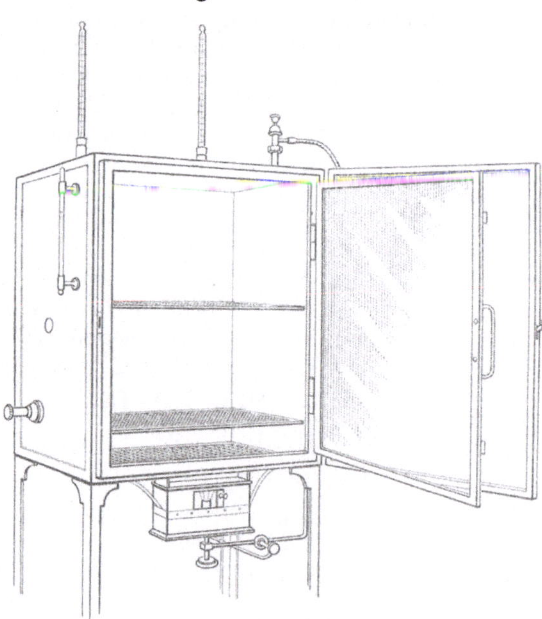

Fig. 69. Brutschrank.

man genügende Mengen von Lauge zugeben. Ein Teil davon wird zur Bindung der Säure, die man zur Hydrolyse verwendet hat, verbraucht. Die Reaktion muß deutlich alkalisch sein. Erst dann füge man die Kupfersulfatlösung hinzu und koche nun in der gewohnten Weise.

Übergießt man Rohrzucker mit Magensaft und läßt das Gemisch etwa 2 Stunden im Brutschrank (Fig. 69) stehen, dann kann man auch deutliche Reduktion feststellen. Die Spaltung des Rohrzuckers ist jedoch nicht etwa durch ein Ferment, das im Magensaft enthalten ist, herbeigeführt worden, sondern durch die Salzsäure des Magensaftes. Übergießt man Rohrzucker mit Darmsaft, dann tritt nach kurzer Zeit positive Reduktionsprobe auf. In diesem Fall ist die Spaltung durch das Ferment Invertin bewirkt worden.

Den Verlauf der Hydrolyse des Rohrzuckers durch Säuren oder durch Invertin kann man sehr schön feststellen, indem man im Polarisationsrohr die Drehung verfolgt. Die anfängliche Rechtsdrehung geht in Linksdrehung über. Man bringe zu einer 5 prozentigen Rohrzuckerlösung Darmsaft oder 10 prozentige Salzsäure, fülle das Gemisch in ein Polarisationsrohr (Fig. 70) und stelle das Drehungsvermögen des Gemisches mit Hilfe eines feine Ablesungen gestattenden Polarisationsapparates (Fig. 71) fest. Man beobachte alle 5 Minuten das Fortschreiten der Hydrolyse. In den Zwischenzeiten wird das Rohr bei einer bestimmten Temperatur, z. B. 37° gehalten. Um Temperaturschwankungen während des Ablesens der Drehung auszuschließen, wählen wir ein Rohr, das einen Wassermantel besitzt (vgl. Fig. 70). Der Kautschukschlauch a verhindert das

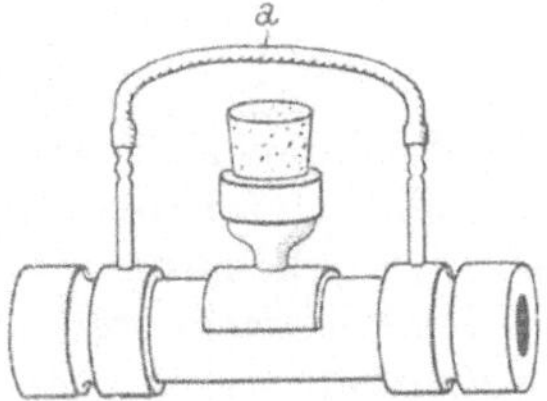

Fig. 70.
Polarisationsrohr mit Mantel.

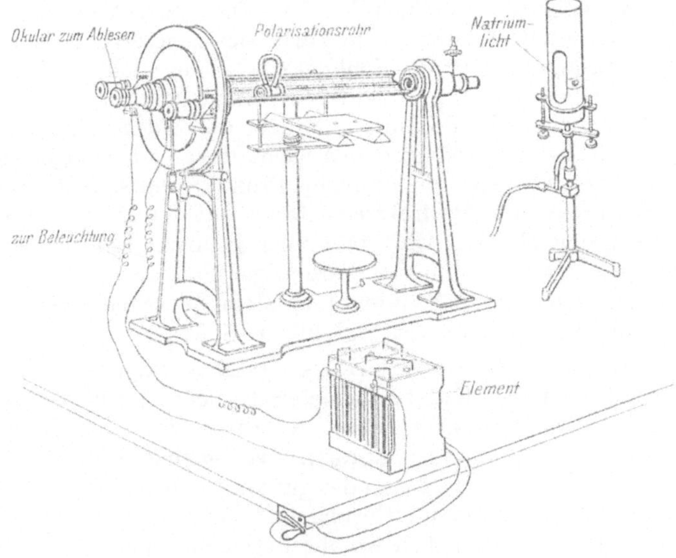

Fig. 71. Polarisationsapparat.

Ausfließen des Wassers. Die Mengenverhältnisse der Flüssigkeiten richten sich nach dem Inhalt des Polarisationsrohres. Man kann bei jeder Konzentration — zu verdünnt darf man allerdings nicht arbeiten — die Hydrolyse verfolgen und auch den Einfluß der Substratmenge und des hydrolysierenden Agenses feststellen.

Den **Milchzucker** können wir sehr leicht von der **Maltose** und dem Rohrzucker unterscheiden, indem wir ihn mit konzentrierter Salpetersäure oxydieren. Wir erhalten dann aus dem Milchzucker, d. h. aus der einen Komponente, der Galaktose, Schleimsäure (vgl. S. 70). Milchzucker gärt außerdem mit Hefe schwer. Maltose liefert bei der Spaltung nur Traubenzucker.

c) Nachweis von Stärke.

$$(C_6H_{10}O_5)_n \cdot H_2O \; .$$

Wir können die Stärke schon in vielen Fällen an ihrem Aussehen erkennen. Unter dem Mikroskop beobachten wir die eigenartig geschichteten Stärkekörner. Gibt man zu gewöhnlicher Stärke etwas Wasser in einer Porzellanschale und erwärmt dann gelinde auf einem Wasserbad, dann beobachtet man bald ein Quellen der Stärke, sogenannte Kleisterbildung. Fügt man zu Stärke eine Lösung von Jod in Jodkalium, dann tritt eine schöne Blaufärbung auf. Mit Hilfe dieser Reaktion können wir beim Abbau der Stärke feststellen, wann diese vollständig zerlegt ist. Beim Auftreten der nächsten Abbaustufen, der Dextrine, beobachten wir ebenfalls Färbung mit Jod. Es sind alle Farbennuancen von blaurot, weinrot, tief rotbraun usw. vertreten, bis schließlich der Abbau über die Dextrine bis zur Maltose und weiter bis zu Traubenzucker durchgeführt ist. Die Jodreaktion bleibt dann aus, d. h. wir erhalten einfach die Farbe der zugesetzten Jodlösung.

Reine Stärke reduziert die Fehlingsche Lösung nicht. Wird dagegen Stärke mit verdünnter Säure, z. B. Salzsäure, gekocht, dann erhalten wir bald reduzierende Produkte. Schon die entstehenden Dextrine zeigen Reduktion. Wir können uns leicht davon überzeugen, daß mit der Dauer des Kochens immer mehr Produkte entstehen, welche reduzierend wirken. Die Hydrolyse schreitet mit der Dauer des Kochens fort. Das große Molekül wird in immer kleinere Teile zerlegt. Man koche eine Stärkelösung mit 10 prozentiger Salzsäure 1 Minute, 2 Minuten, 3 Minuten und 5 Minuten und stelle jedesmal die Reduktion von Fehlingscher Lösung fest (vgl. hierzu S. 64).

Spaltung der Stärke mit Hilfe der Diastase des Speichels. Wir sammeln einige Kubikzentimeter Speichel. Selbstverständlich darf während des Sammelns keine Nahrung, vor allen Dingen kein Kohlehydrat, aufgenommen werden. Es genügen 5 ccm Speichel. Zur Kontrolle geben wir zu 1 ccm des gut vermischten Speichels Natronlauge und darauf Kupfersulfatlösung und kochen. Es darf keine Reduktion eintreten. Nun geben wir die übriggebliebenen 4 ccm Speichel zu 1 Gramm Stärke und bringen das Gemisch in einen Brutschrank.

Nach 2 Stunden prüfen wir, ob reduzierende Substanzen vorhanden sind. War der Speichel gut wirksam, dann erhalten wir ohne weiteres Abscheidung von Kupferoxydul. Oft muß man längere Zeit warten, bis deutliche Reduktion nachweisbar ist.

Den gleichen Versuch führen wir mit Kartoffelscheiben aus. Eine rohe Kartoffel wird in Scheiben geschnitten. Auf die eine Scheibe bringen wir mit Hilfe eines Glasstabes etwas Jodlösung. Wir beobachten, daß überall da, wo Stärke vorhanden ist, Blaufärbung eintritt. Eine andere Scheibe übergießen wir in einem Erlenmeyerkölbchen mit Speichelflüssigkeit. Wir bringen es dann in einen Brutschrank. Nach 12 Stunden erhalten wir beim Auftupfen der Jodlösung keine Blaufärbung mehr. Die überstehende Flüssigkeit zeigt deutliche Reduktion. Die Stärke ist zu reduzierenden Bestandteilen abgebaut worden.

Die Stärke verschwindet viel rascher und die Reduktionsprobe tritt viel früher auf, wenn wir nicht rohe Kartoffeln nehmen, sondern die Kartoffelscheibe vorher kochen. Es wird dann das Stärkekorn für die Diastase viel leichter angreifbar. Es ist durch das Kochen gequollen. Wird eine Kartoffelscheibe mit verdünnter Salzsäure gekocht, dann können wir ebenfalls das Verschwinden der Stärke mit Hilfe der Jodreaktion beweisen und zeigen, daß im Hydrolysat reduzierende Stoffe vorhanden sind.

d) Nachweis von Cellulose.

$$(C_6H_{10}O_5)_n \cdot H_2O \, .$$

Cellulose ist durch ihre Unlöslichkeit in allen gebräuchlichen Lösungsmitteln ausgezeichnet. Nur im sogenannten Schweitzerschen Reagens — ammoniakalische Loesung von Kupferoxyd — löst sie sich. Kochen wir Cellulose, z. B. Filtrierpapier mit Säuren, z. B. konz. Salzsäure, dann beobachten wir auch Lösung. Es ist jedoch nicht die Cellulose in Lösung gegangen, sondern die beim Kochen mit Säuren entstehenden Abbauprodukte haben sich gelöst. Entnehmen wir etwas von der Lösung, und verdünnen wir sie mit Wasser, dann erhalten wir auf Zusatz von genügend Natronlauge und Kupfersulfatlösung beim Kochen Reduktion. Setzen wir das Kochen mit Säure lange genug fort, dann entsteht aus der Cellulose schließlich Traubenzucker.

In einem Erlenmeyerkölbchen kochen wir etwas konz. Schwefelsäure. Nun tauchen wir einen Streifen Filtrierpapier in die heiße Lösung. Es tritt sofort Abscheidung einer schwarzen Substanz auf. Sie besteht aus Kohlenstoff.

e) Nachweis von Glykogen.

$$(C_6H_{10}O_5)_n \cdot H_2O \, .$$

Glykogen färbt sich mit Jodjodkaliumlösung braun. Es reduziert die Fehlingsche Lösung nicht. Die Speicheldiastase zerlegt Glykogen zu reduzierenden Körpern. Ebenso können wir das Polysaccharid, genau so, wie es bei der Stärke beschrieben worden ist, durch Kochen mit Säuren schließlich vollständig zu Traubenzucker aufspalten. Hierauf beruht eine quantitative Bestimmungsmethode des Glykogens. Es wird dann nach den unten angegebenen quantitativen Methoden die entstandene Traubenzuckermenge festgestellt.

Darstellung von Glykogen aus der Leber.

Als Ausgangsmaterial wählen wir die Leber eines gut genährten Kaninchens. Zur Sicherheit füttern wir es etwa 6 Stunden vor der Tötung mit Traubenzucker oder Rohrzucker. Wir führen ihm diese Substanzen mit Hilfe einer Schlundsonde ein. Durch diese Maßnahme bewirken wir, daß die Leber sicher glykogenhaltig ist. Die Leber wird sofort nach erfolgter Tötung aus der Bauchhöhle herausgenommen und zunächst mit dem Hackmesser in kleine Stücke zerschnitten. Zur weiteren Zerkleinerung wird die Masse durch die Fleischhackmachine hindurchgetrieben. Jetzt gibt man die Masse in einen Rundkolben und fügt etwa die zehnfache Menge des Gewichtes des Leberbreies an Wasser hinzu, säuert mit ganz wenig Essigsäure an und kocht nun auf. Hierbei tritt Ausflockung von Eiweißkörpern ein. Es wird durch Koliertuch oder Glaswolle filtriert. Das Filtrat zeigt starke Opalescenz. Der Filterrückstand wird gut abgepreßt, zwei- bis dreimal in einer Reibschale mit Wasser gut durchgepreßt, wieder abfiltriert und nun das gesamte Filtrat auf etwa 100 ccm eingedampft. Nun säuert man mit Salzsäure an und gibt sogenannte Brückesche Lösung hinzu. Diese bereitet man sich, indem man zu einer 5—10 prozentigen Jodkaliumlösung unter fortwährendem Umrühren so lange Quecksilberjodid hinzufügt, bis ein Teil des letzteren ungelöst bleibt. Nun läßt man erkalten und filtriert (vgl. S. 43). Mit der Brückeschen Lösung bewirkt man Ausfällung noch vorhandener Eiweißstoffe. Man gibt so lange abwechselnd einige Tropfen Salzsäure und Brückesche Lösung hinzu, bis kein Niederschlag mehr entsteht. Jetzt wird filtriert, mit wenig Wasser nachgewaschen und dann unter gutem Umrühren mit dem doppelten Volumen an 90 prozentigem Alkohol gefällt. Man läßt den Niederschlag sich absetzen, dekantiert den größten Teil der Flüssigkeit ab und filtriert den Rest. Der Filterrückstand wird zunächst mit einem Gemisch von 2 Volumen Alkohol und 1 Volumen Wasser gewaschen. Dann gießt man absoluten Alkohol auf und endlich Äther. Das Glykogen stellt ein weißes Pulver dar. In Wasser löst es sich zu einer opalescierenden Flüssigkeit.

2. Quantitativer Nachweis von Kohlehydraten.

1. Quantitative Bestimmung des Traubenzuckers mit Hilfe der Fehlingschen Lösung.

Bereitung der Fehlingschen Lösung: Es werden 34,639 Gramm reines krystallisiertes Kupfersulfat in Wasser aufgelöst. Die Lösung wird dann auf 500 ccm verdünnt. Jetzt löst man 173 Gramm krystallisiertes, völlig reines, weinsaures Kalinatron (Seignettesalz) in wenig Wasser, fügt 100 ccm Natronlauge hinzu, in der 50 Gramm Ätznatron gelöst sind und verdünnt nun gleichfalls auf 500 ccm. Beide Lösungen werden getrennt aufbewahrt, am besten in braunen Flaschen. Zur Ausführung der Bestimmung verwendet man jedesmal gleiche Volumina von beiden Lösungen. Sie lassen sich einige Zeit aufbewahren. Man überzeuge sich jedesmal vor dem Gebrauch, ob die Lösung noch brauchbar ist. Wenn eine im Reagensglas gekochte Probe nach etwa einstündigem Stehen einen Niederschlag von Kupferoxydul abscheidet, dann muß die Lösung verworfen werden. 20 ccm der Fehlingschen Lösung entsprechen 0,1 Gramm Traubenzucker.

Als Beispiel wählen wir zuckerhaltigen Harn. Wir überzeugen uns zunächst durch eine qualitative Probe, wieviel Traubenzucker der Harn ungefähr enthält. Ist der Harn reich an Glucose, dann muß er vor der Bestimmung verdünnt werden. Zu diesem Zwecke nehmen wir beispielsweise 10 ccm des Urins mit Hilfe einer Pipette auf und lassen diese in einen Maßkolben von 100 ccm einfließen. Dann füllen wir diesen mit destilliertem Wasser bis zur Marke auf, vermischen die Flüssigkeit durch Umschütteln und geben sie in eine Bürette. Ist jedoch der Zuckergehalt ein geringer, dann kann man den Urin unverdünnt anwenden. In diesem Falle wird er direkt in die Bürette eingefüllt. Diese ist gewöhnlich in 50 ccm eingeteilt. Auf ein Drahtnetz oder eine Asbestplatte, die sich auf einem Dreifuß befindet, gibt man nun eine kleine Porzellanschale (vgl. Fig. 72). In diese fügt man aus einer Pipette 20 ccm der Fehlingschen Lösung, d. h. 10 ccm der Kupfersulfatlösung und 10 ccm der Seignettesalzlösung. Die Lösung verdünnt man mit 80 ccm Wasser. Nunmehr erwärmt man die Fehlingsche Lösung ganz allmählich zum Kochen und läßt nun aus der Bürette 1 ccm des Harnes hinzufließen. Man läßt ein paar Sekunden kochen und stellt nun fest, ob die Flüssigkeit noch blau gefärbt ist. Es setzt sich das ausgeschiedene Kupferoxydul rasch zu Boden. Man kann dann beim Betrachten der Flüssigkeit gegen

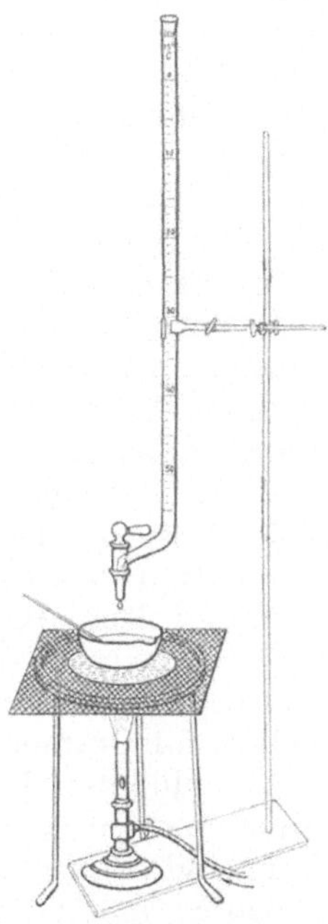

Fig. 72.
Zuckerbestimmung mit
Fehlingscher Lösung.

die weiße Schalenwand leicht erkennen, ob noch Blaufärbung vorhanden ist. Ist dies der Fall, dann läßt man wiederum einen Kubikzentimeter Harn hinzufließen, kocht wieder kurze Zeit, wartet ab und fährt so fort, bis schließlich die Blaufärbung verschwunden ist. Man darf bei der Ausführung dieser Operationen nicht langsam vorgehen, weil sonst das gebildete Kupferoxydul sehr leicht durch den Sauerstoff der Luft wieder in Kupferoxyd übergeführt wird. Man würde so viel zu hohe Werte für den Traubenzucker erhalten. Ist die über dem abgeschiedenen Kupferoxydul befindliche Flüssigkeit nicht farblos, sondern gelb gefärbt, dann ist dies ein Zeichen dafür, daß zuviel Harn (Zucker) zugesetzt worden ist. Die Seignettesalzlösung hat den überschüssigen Traubenzucker, der nicht mehr durch vorhandenes Kupferoxyd oxydiert werden kann, verändert. In den meisten Fällen wird beim Zusetzen des Harnes das entstandene Kupferoxydul sich rasch absetzen. Ist dies nicht der Fall, dann ist die Beobachtung, ob noch Blaufärbung vorhanden ist, sehr erschwert. Es empfiehlt sich in allen Fällen, um Zeitverlusten vorzubeugen, kleine Reagensgläser mit kleinen Trichtern und dazu passenden Filtern vorrätig zu halten. Setzt sich das Kupferoxydul nicht rasch ab, dann wird eine kleine Probe durch das Filterchen abfiltriert. Man kann dann im Filtrat, wenn man das Reagensglas gegen eine weiße Fläche hält, leicht erkennen, ob noch Blaufärbung vorhanden ist. Ist dies der Fall, dann wird die Flüssigkeit rasch zurückgegossen (Filter und Reagensglas auswaschen und Waschwasser auch zufügen!) und mit dem Zusatz des Harns fortgefahren. Zeigt das Filtrat Gelbfärbung, dann ist, wie oben bereits betont, zu viel Harn hinzugesetzt worden. Es muß die Bestimmung wiederholt werden. Kennt man einmal die Grenze, bei der die Reduktion eine vollständige ist, dann kann man bei Wiederholung der Probe rasch vorgehen, und nun den Endpunkt sehr scharf bestimmen. Es empfiehlt sich in allen Fällen, die Probe mehrfach auszuführen. Sehr vorteilhaft ist es, bei Wiederholung der Bestimmung verschiedene Mengen der Fehlingschen Lösung anzuwenden. Man kann z. B. von 10 ccm Fehlingscher Lösung ausgehen oder auch einmal 30 ccm derselben anwenden. Die Berechnung des Zuckergehaltes ist eine ganz einfache. Wir haben oben schon angegeben, daß 20 ccm der Fehlingschen Lösung 0,1 Gramm Traubenzucker entsprechen. Nehmen wir an, wir hätten 25 ccm des Urins zugesetzt, um 20 ccm der Fehlingschen Lösung vollständig zu reduzieren. Der angewandte Urin soll von 10 ccm auf 100 ccm verdünnt worden sein. Die gesamte Urinmenge soll 200 ccm betragen. Die gebrauchten 25 ccm verdünnten Urins enthalten 0,1 Gramm Traubenzucker. Folglich kommen auf die 100 ccm des verdünnten Urins 0,4 Gramm Traubenzucker, d. h. 10 ccm des unverdünnten Urins enthalten 0,4 Gramm Traubenzucker. In 200 ccm Urin sind folglich enthalten $20 \times 0,4$ Gramm Traubenzucker $= 8$ Gramm Glucose.

Die eben beschriebene Art der Ausführung der Zuckertitration mit Hilfe der Fehlingschen Lösung gibt keine ganz exakten Resultate, weil das Reduktionsvermögen des Traubenzuckers bei verschiedener Konzentration der Zuckerlösung und bei verschiedenen Verdünnungsgraden der Fehlingschen Lösung ein verschiedenes ist. Doch genügt die angegebene Bestimmungsweise in den meisten Fällen. Exaktere Werte gibt die folgende Art der Ausführung der Zuckerbestimmung mit Hilfe der Fehlingschen Lösung. 50 ccm der Fehlingschen Lösung werden zum Kochen erhitzt. Man gibt aus einer Bürette von dem unverdünnten Harn in Portionen so lange hinzu, bis die Flüssigkeit nach dem Kochen nicht mehr blau erscheint. Man stellt durch diese Vorprobe den ungefähren Zuckergehalt des Harnes fest. Jetzt verdünnt man den Harn so lange mit Wasser, bis er 1 Prozent Zucker enthält.

Man erhitzt nun wiederum 50 ccm der Fehlingschen Lösung, ohne dieselbe mit Wasser zu verdünnen, und gibt nun dieselbe Menge des zuckerhaltigen Urins hinzu, die man beim Vorversuch gebraucht hat, um Reduktion herbeizuführen, kocht 2 Minuten lang und beobachtet, welche Farbe die Flüssigkeit hat. Ist die Farbe noch blau, dann führt man den Versuch noch einmal aus und gibt 1 ccm der Zuckerlösung mehr hinzu. Zeigt dagegen die gelbe Farbe an, daß bereits zuviel der Harnlösung hinzugefügt worden ist, dann gibt man bei der Wiederholung des Versuches 1 ccm des Urins weniger hinzu. Durch weitere Versuche sucht man den Endpunkt der Reaktion zu treffen. Es ist dies dann der Fall, wenn in zwei Versuchen beim Zusatz von 0,1 ccm mehr oder weniger die eine Probe noch bläulich, die andere bereits gelblich gefunden wird. Es muß dann der Endpunkt zwischen diesen beiden Werten liegen. Wir kennen dann ganz genau die Quantität der Urinmenge, welche notwendig ist, um 50 ccm der Fehlingschen Lösung vollständig zu reduzieren. Die betreffende Menge Urin enthält dann 0,2375 Gramm Traubenzucker. Es läßt sich mit Hilfe dieses Wertes der Zuckergehalt der gesamten Urinmenge leicht berechnen.

2. Quantitative Bestimmung des Traubenzuckers nach Bertrand.

Das Prinzip, auf dem diese Methode beruht, ist das gleiche, wie bei der Zuckerbestimmung mit Fehlingscher Lösung. Es wird jedoch das bei der Reduktion des Kupferoxydsalzes gebildete Kupferoxydul genau bestimmt. Es wird in einer Lösung von Ferrisulfat in Schwefelsäure gelöst und das neben Kupfersulfat in Lösung gegangene Ferrosulfat mit einer genau eingestellten ca. $^1/_{10}$ n-Kaliumpermanganatlösung titriert. Die Einstellung der Permanganatlösung wird mit reinem Ammoniumoxalat vorgenommen.

Zur Ausführung der Methode sind die folgenden Lösungen erforderlich: 40 Gramm reines krystallisiertes Kupfersulfat werden zu 1 Liter Wasser gelöst. Ferner löst man 200 Gramm Seignettesalz und 150 Gramm Ätznatron in Wasser und füllt auf 1000 ccm auf. Endlich bereitet man die Lösung von Ferrisulfat in Schwefelsäure. 50 Gramm Ferrisulfat werden in 200 ccm reiner konz. Schwefelsäure gelöst und dann auf 1 Liter verdünnt. Die Lösung muß ganz frei von Ferrosulfat und reduzierenden Stoffen sein. Man prüft mit der Permanganatlösung. Es darf keine Entfärbung eintreten. Die Kaliumpermanganatlösung muß im Liter 5 Gramm Kaliumpermanganat enthalten. Sie wird nun gegen Ammoniumoxalat eingestellt. Es werden genau 0,25 Gramm reines Ammoniumoxalat in 50 ccm Wasser gelöst. Dann fügt man 2 ccm reine konz. Schwefelsäure zu, erwärmt auf 70° und läßt zu der heißen Lösung aus einer Bürette unter Umschütteln die, wie oben angegeben, hergestellte Kaliumpermanganatlösung zufließen, bis eine schwache, bleibende Rotfärbung eintritt. Man verbraucht gewöhnlich etwa 22 ccm der Permanganatlösung.

Wir nehmen zur Zuckerbestimmung zuckerhaltigen Harn. Er darf nicht mehr als 0,5 Prozent reduzierenden Zucker enthalten. Ist die

Konzentration eine größere, dann muß der Harn verdünnt werden. Man stellt am besten durch einen Vorversuch mit Fehlingscher Lösung den ungefähren Zuckergehalt fest.

Nun gibt man 20 ccm Harn in ein Erlenmeyerkölbchen von 150 ccm Inhalt, fügt je 20 ccm der Kupfersulfatlösung und der Seignettesalzlösung hinzu und erhitzt zum Sieden. Sobald die ersten Blasen aufsteigen, merke man sich genau die Zeit und halte die Lösung genau 3 Minuten in gelindem Kochen. Zur Kontrolle der Zeit verwendet man mit Vorteil eine auf 3 Minuten eingestellte Sanduhr (vgl. Fig. 73). Nun läßt man das abgeschiedene Kupferoxydul absitzen. Die überstehende Flüssigkeit muß blau gefärbt sein. Man filtriert durch einen mit Asbest belegten Goochtiegel (vgl. S. 28). Der Asbest muß gut gereinigt sein. Man sucht den größten Teil des Niederschlages im Erlenmeyerkolben zurückzuhalten und wäscht ihn durch Umschwenken in heißem Wasser, läßt wieder absitzen und gießt das heiße Waschwasser durch den Goochtiegel. Hierdurch wäscht man auch den Teil des Kupferoxyduls, der schon auf dem Asbest sich befindet. Nun wird ohne Erwärmung der im Erlenmeyerkölbchen sich befindende Kupferoxydulniederschlag in 20—25 ccm der Ferrisulfatlösung gelöst und die Lösung durch das Asbestfilter gegossen. Man spült mit kaltem Wasser nach und bestimmt nun unverzüglich mit Hilfe der Permanganatlösung, deren Titer man genau kennt, das in Lösung befindliche Ferrosulfat. Die Endreaktion ist erreicht, wenn die grüne Farbe der Lösung in rosa übergegangen ist.

Bei der Berechnung des Zuckergehaltes stellt man zunächst die Anzahl Milligramme Kupfer fest, die den verbrauchten Kubikzenti-

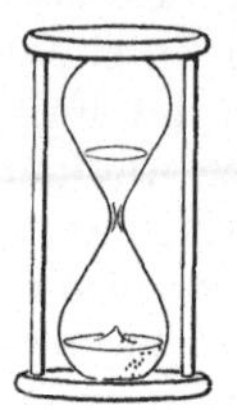

Fig. 73.
Sanduhr.

Tabelle.

Cu in mg	d-Glucose in mg	Cu in mg	d-Glucose in mg	Cu in mg	d-Glucose in mg	Cu in mg	d-Glucose in mg	Cu in mg	d-Glucose in mg
20,4	10	57,2	29	91,8	48	124,7	67	154,0	85
22,4	11	59,1	30	93,6	49	126,4	68	155,6	86
24,3	12	60,9	31	95,4	50	128,1	69	157,2	87
26,3	13	62,8	32	97,1	51	129,8	70	158,8	88
28,3	14	64,6	33	98,9	52	131,4	71	160,4	89
30,2	15	66,5	34	100,6	53	133,1	72	162,0	90
32,2	16	68,3	35	102,3	54	134,7	73	163,6	91
34,2	17	70,1	36	104,1	55	136,3	74	165,2	92
36,2	18	72,0	37	105,8	56	137,9	75	166,7	93
38,1	19	73,8	38	107,6	57	139,6	76	168,3	94
40,1	20	75,7	39	109,3	58	141,2	77	169,9	95
42,0	21	77,5	40	111,1	59	142,8	78	171,5	96
43,9	22	79,3	41	112,8	60	144,5	79	173,1	97
45,8	23	81,1	42	114,5	61	146,1	80	174,6	98
47,7	24	82,9	43	116,2	62	147,7	81	176,2	99
49,6	25	84,7	44	117,9	63	149,3	82	177,8	100
51,5	26	86,4	45	119,6	64	150,9	83		
53,4	27	88,2	46	121,3	65	152,5	84		
55,3	28	90,0	47	123,0	66				

metern der Permanganatlösung entsprechen. Aus der auf S. 68 mitgeteilten Tabelle ergibt sich dann die entsprechende Menge Traubenzucker, ausgedrückt in Milligrammen. Die ganze Bestimmung dauert, falls man über die fertigen Lösungen verfügt, höchstens 20 Minuten.

Oxydation von Kohlehydraten.

Darstellung von Gluconsäure aus Traubenzucker[1].

$$
\begin{array}{ll}
\mathrm{C}\!\!\nearrow^{\mathrm{O}}_{\searrow\mathrm{H}} + \mathrm{O} & \mathrm{COOH} \\
\mathrm{H\cdot C\cdot OH} & \mathrm{H\cdot C\cdot OH} \\
\mathrm{HO\cdot C\cdot H} \;=\; & \mathrm{HO\cdot C\cdot H} \\
\mathrm{H\cdot C\cdot OH} & \mathrm{H\cdot C\cdot OH} \\
\mathrm{H\cdot C\cdot OH} & \mathrm{H\cdot C\cdot OH} \\
\mathrm{CH_2OH} & \mathrm{CH_2OH}
\end{array}
$$

Die Gluconsäure entsteht aus dem Traubenzucker durch Oxydation der Aldehydgruppe zum Carboxyl. 50 Gramm amerikanischer (krystallisierter) Traubenzucker werden in einer Stöpselflasche von 750 ccm Inhalt in 300 ccm Wasser gelöst und dann 100 Gramm Brom zugefügt. Das Gemisch wird häufig energisch umgeschüttelt. Man läßt es 4 bis 5 Tage bei Zimmertemperatur stehen. Sonnenlicht beschleunigt die Reaktion. Im Laufe dieser Zeit ist das Brom ganz verschwunden und die Lösung ist jetzt heller gefärbt. Nunmehr gießt man sie in eine Porzellanschale und erhitzt auf dem Baboblech unter beständigem Umrühren unter dem Abzuge, bis alles Brom verschwunden ist. Es darf hierbei keine Überhitzung der Schalenränder eintreten, weil sonst der Inhalt der Schale an diesen Stellen sich schwärzt. Jetzt wird die Lösung in einer Porzellanschale mit Wasser auf 500 ccm verdünnt und zur Entfernung des Bromwasserstoffes mit aufgeschlemmtem Bleiweiß fast vollständig neutralisiert. Dann wird abgenutscht und mit wenig kaltem Wasser nachgewaschen.

Das in Lösung gegangene Blei wird mit Schwefelwasserstoff gefällt, vom Bleisulfid abfiltriert und aus dem Filtrat der Schwefelwasserstoff durch Durchleiten von Luft entfernt (vgl. S. 106, Fig. 87). Dann wird das Filtrat durch halbstündiges Kochen mit Calciumcarbonat neutralisiert. Nun filtriert man und engt das Filtrat auf dem Wasserbad auf ca. 120 ccm ein. Nach dem Erkalten impft man mit einer Spur von gluconsaurem Kalk. Nach wenigen Stunden tritt Krystallisation ein. Nach 24 Stunden wird abgesaugt, der Filterrückstand mit eiskaltem Wasser gewaschen und dann in möglichst wenig heißem Wasser gelöst. Nun gibt man zur Entfärbung eine Messerspitze voll Tierkohle hinzu, kocht auf und filtriert heiß ab. Bald krystallisiert der gluconsaure Kalk in knolligen Aggregaten aus.

---

[1] Die Vorschriften zur Darstellung der Kohlehydratsäuren und des Alkohols Sorbit sind den Angaben Emil Fischers entnommen.

Man wartet wieder 24 Stunden ab, filtriert dann auf der Nutsche, wäscht mit wenig eiskaltem Wasser und trocknet in einer Porzellanschale auf dem Wasserbade, wobei man öfters umrührt. Die Ausbeute beträgt etwa 30 Gramm.

Darstellung von Zuckersäure aus Traubenzucker.

$$
\begin{array}{ccc}
\mathrm{C}\!\!{\overset{\displaystyle O}{\underset{\displaystyle H}{\diagup\!\!\diagdown}}} + O & & COOH \\
| & & | \\
H\cdot C\cdot OH & & H\cdot C\cdot OH \\
| & & | \\
HO\cdot C\cdot H & \rightarrow & HO\cdot C\cdot H \\
| & & | \\
H\cdot C\cdot OH & & H\cdot C\cdot OH \\
| & & | \\
H\cdot C\cdot OH & & H\cdot C\cdot OH \\
| & & | \\
CH_2OH + O_2 & & COOH + H_2O
\end{array}
$$

Im Traubenzuckermolekül werden die Aldehydgruppe und die primäre Alkoholgruppe oxydiert. Man geht von wasserfreiem Traubenzucker aus. 50 Gramm davon werden mit 350 Gramm Salpetersäure vom spezifischen Gewicht 1,15 in einer Porzellanschale auf dem Wasserbade erhitzt. Sobald etwa ein Drittel des ursprünglichen Volumens verdampft ist, wird das weitere Eindampfen unter fortwährendem Umrühren fortgesetzt. Man arbeitet selbstverständlich unter dem Abzug. Schließlich verbleibt ein Sirup. Diesen löst man in wenig Wasser und verdampft nochmals. Sobald die Masse sich braun zu färben beginnt, hört man sofort mit dem Erhitzen auf. Jetzt löst man in etwa 150 ccm Wasser und neutralisiert mit einer konzentrierten Lösung von Kaliumcarbonat. Man verfahre hierbei vorsichtig und setze die Lösung in kleinen Portionen zu. Nun dampft man nach Zugabe von 25 ccm 50 prozentiger Essigsäure auf ca. 80 ccm ein. Der Rückstand erstarrt beim Stehen im Eisschrank. Die Krystallisation läßt sich durch öfteres Reiben beschleunigen. Die Krystallmasse besteht aus saurem zuckersaurem Kali. Sie wird nach 24 Stunden abgenutscht, der Rückstand mit wenig eiskaltem Wasser gewaschen und dann aus wenig heißem Wasser unter Anwendung von Tierkohle umkrystallisiert. Die reine Substanz ist farblos. Ihre wässerige Lösung muß nach Zusatz von Chlorcalcium und Ammoniak klar bleiben. Tritt Fällung ein, dann ist dies ein Beweis für die Anwesenheit von Oxalsäure. Die Oxydation war eine zu weitgehende. Die Ausbeute beträgt ca. 15 Gramm.

Darstellung von Schleimsäure aus Milchzucker.

Es werden 100 Gramm Milchzucker in einer Porzellanschale mit 1200 Gramm Salpetersäure vom spezifischen Gewicht 1,15 übergossen. Dann dampft man auf dem Wasserbade unter beständigem Umrühren auf etwa 200 ccm ein. Es erfolgt dabei Abscheidung der Schleimsäure. Nun läßt man erkalten, verdünnt mit Wasser und nutscht ab. Den

$$
\begin{array}{ccc}
\mathrm{C}\!\!\diagup^{O}_{H} + O & & \mathrm{COOH} \\
\mathrm{H\cdot C\cdot OH} & & \mathrm{H\cdot C\cdot OH} \\
\mathrm{HO\cdot C\cdot H} & \rightarrow & \mathrm{HO\cdot C\cdot H} \\
\mathrm{HO\cdot C\cdot H} & & \mathrm{HO\cdot C\cdot H} \\
\mathrm{H\cdot C\cdot OH} & & \mathrm{H\cdot C\cdot OH} \\
\mathrm{CH_2OH} + O & & \mathrm{COOH} + H_2O \\
\text{d-Galaktose} & &
\end{array}
$$

Rückstand preßt man scharf ab und wäscht mit eiskaltem Wasser nach. Die Ausbeute an Rohprodukt beträgt ca. 36 Gramm — lufttrocken gewogen. Bei der nun folgenden Behandlung hat man vor allen Dingen darauf zu achten, daß nur das neutrale Natriumsalz in Wasser leicht löslich ist, und daß auch seine Löslichkeit durch einen Überschuß an Alkali beeinträchtigt wird. Um einen Überschuß an Alkali sicher zu vermeiden, bestimmt man am besten zunächst das Gewicht des lufttrockenen Rohproduktes. Dann trocknet man 1 Gramm davon bei 100° und stellt auf diese Weise das Trockengewicht der Gesamtausbeute fest. Erfahrungsgemäß braucht man etwa 335 ccm n-Natronlauge zur Lösung der Schleimsäure. Es tritt beim Schütteln schon in der Kälte Lösung ein. Ist diese gefärbt, dann gibt man etwas Tierkohle zu, schüttelt in der Kälte oder erwärmt etwas und filtriert. Durch Zusatz der der zugefügten Natronlauge entsprechenden Menge Salzsäure wird die Schleimsäure ausgefällt. Um nicht eine zu große Verdünnung zu erhalten, wählt man fünffach n-Salzsäure. Beim Zusetzen der Salzsäure kühle man mit Eiswasser ab, jedenfalls fälle man nicht aus der warmen Flüssigkeit. Es tritt sonst leicht Lactonbildung ein. Die Schleimsäure fällt meist sofort in Krystallform aus. Nach etwa 2 Stunden ist die Krystallisation beendet. Man saugt ab und wäscht den Rückstand mit eiskaltem Wasser, bis sich das Filtrat frei von Chlor erweist. Die Substanz wird bei 100° getrocknet. Die Ausbeute beträgt 32 Gramm.

Reduktion von Kohlehydraten.

Darstellung von Sorbit aus Traubenzucker.

$$
\begin{array}{ccc}
\mathrm{C}\!\!\diagup^{O}_{H} + H_2 & & \mathrm{CH_2OH} \\
\mathrm{H\cdot C\cdot OH} & & \mathrm{H\cdot C\cdot OH} \\
\mathrm{OH\cdot C\cdot H} & \rightarrow & \mathrm{HO\cdot C\cdot H} \\
\mathrm{H\cdot C\cdot OH} & & \mathrm{H\cdot C\cdot OH} \\
\mathrm{H\cdot C\cdot OH} & & \mathrm{H\cdot C\cdot OH} \\
\mathrm{CH_2OH} & & \mathrm{CH_2OH}
\end{array}
$$

Der Alkohol Sorbit wird aus dem Traubenzucker durch Reduktion der Aldehydgruppe erhalten. Es werden 30 Gramm reiner Traubenzucker in einer Stöpselflasche von 1 Liter Inhalt mit 300 ccm Wasser übergossen und zu der Lösung 100 Gramm $2^{1}/_{2}$ prozentiges Natriumamalgam zugegeben. Man schüttelt nun energisch bei gewöhnlicher Temperatur. Man beobachtet hierbei das Auftreten von Gasblasen. Es entwickelt sich Wasserstoff. Das grobkörnige Natriumamalgam wird allmählich zu einer leicht beweglichen Masse. Es hat sich Quecksilber gebildet. Das Natriumamalgam ist verbraucht. Man setzt jetzt wieder neues Nalriumamalgam hinzu, nachdem man vorher mit Schwefelsäure neutralisiert hat. Es wird wieder energisch geschüttelt und das verbrauchte Natriumamalgam nach vorheriger Neutralisation der Lösung wieder ersetzt usw. Man gibt jedesmal 100 Gramm Natriumamalgam hinzu. Im ganzen braucht man etwa 700 Gramm davon. Das Neutralisieren nimmt man alle 10 Minuten oder noch öfter vor. Am besten gibt man in die Lösung einen Indicator oder Lackmuspapier und verfolgt die Reaktion der Flüssigkeit. Das Neutralisieren wird durch einen Indicator sehr erleichtert. Er stört bei der Isolierung des Sorbits nicht.

Die Ausbeute an Sorbit hängt wesentlich von der Beschaffenheit des Natriumamalgams ab. Ferner muß die Reaktion der Flüssigkeit peinlich genau verfolgt werden. Das Natriumamalgam muß grobkörnig sein. Ist es pulvrig, dann wird es zu rasch verbraucht. Man bereitet sich das Natriumamalgam am besten selbst, indem man mit Filtrierpapier abgetrocknetes Natrium unter Quecksilber bringt.

Man benutzt dazu einen Mörser, den man unter einen Abzug stellt. Dann zieht man die Scheibe des Abzugs herunter bis auf einen Spalt, der das Durchführen des Armes gestattet (vgl. Fig. 74 *b*). Man benutzt nun ein Pistill *a*, das an der Unterseite der Reibfläche eine dreieckige Vertiefung trägt. In diese hinein gibt man das Natriumstückchen und führt nun das Pistill rasch zum Mörser, in den man vorher Quecksilber hineingegeben hat, und taucht es

Fig. 74. Bereitung von Natriumamalgam.

unter das Quecksilber[1]). Die Amalgamierung erfolgt auf diese Weise, ohne jede heftige Reaktion. Vorsicht ist auf alle Fälle geboten. Man schütze die Augen mit einer Schutzbrille (Fig. 38, S. 15). Die Hände versehe man mit Lederhandschuhen.

Das Schütteln nimmt man entweder mit der Hand vor. Von Zeit zu Zeit wird der Stopfen der Flasche gelüftet, um den entstehenden

---

[1]) Man kann ferner als weiteren Schutz das Quecksilber noch mit einer Paraffinschicht bedecken.

Wasserstoff entweichen zu lassen, oder man schüttelt auf einer sogenannten Schüttelmaschine (Fig. 75, c = Schüttelwagen). In diesem Falle
muß man auch dafür Sorge tragen, daß das entstehende Gas entweichen
kann. Am besten nimmt man eine Flasche (a), die unten einen Tubus
besitzt und befestigt in diesem mit Hilfe eines Stopfens ein Steigrohr (b),
vgl. Fig. 75.

Man fährt mit dem Schütteln, dem Neutralisieren und der erneuten
Zugabe von Natriumamalgam so lange fort, bis 5 Tropfen der Lösung
nur noch einen Tropfen Fehlingscher Lösung reduzieren. Während der
ganzen Operation soll die Temperatur nicht über 20° steigen. Gewöhnlich
braucht man bis zur Be-
endigung der Reaktion
etwa 12 Stunden. Muß
man die Operation für
längere Zeit unter-
brechen, dann empfiehlt
es sich, vom Quecksilber
abzugießen und die Lö-
sung genau zu neutrali-
sieren. Das Quecksilber
schließt oft noch unver-
brauchtes Natriumamal-
gam ein. Läßt man nun
z. B. das Gemisch über
Nacht   stehen,   dann
wird die Reaktion stark
alkalisch. Manche Miß-
erfolge sind auf diese
Weise zu erklären.

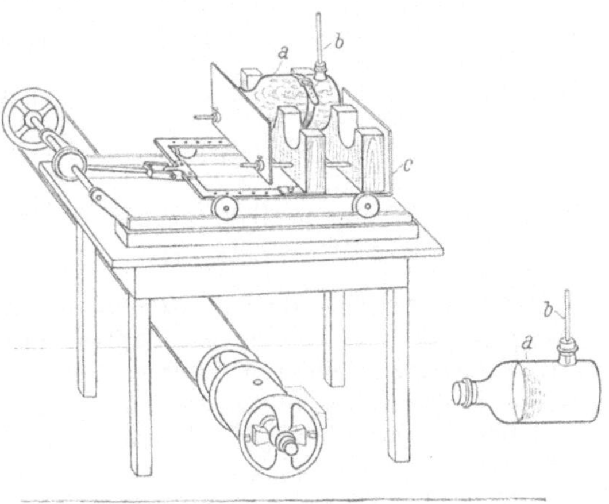

Fig. 75. Schüttelmaschine.

Ist die Reduktion bis zu dem genannten Punkt geführt, dann wird
vom Quecksilber abgegossen, die Lösung genau neutralisiert und auf
dem Wasserbad bis auf 120 ccm eingedampft. Diese werden in einen
Liter heißen, absoluten Alkohol gegossen. Es wird filtriert und das
Filtrat bis zum Sirup verdampft. Der Rückstand wird in 80 ccm 50 -
prozentiger Schwefelsäure gelöst, dann mit 30 ccm reinem Benzaldehyd
versetzt und nunmehr tüchtig durchgeschüttelt. Man läßt nunmehr
das Gemisch unter häufigem Schütteln oder unter Anwendung eines
Rührers 24 Stunden stehen. Es erfolgt hierbei Abscheidung des Diben-
zalsorbits in Form eines Teiges. Dieser wird mit Wasser verdünnt,
abgenutscht, dann mit kaltem Wasser und zur Entfernung des Benz-
aldehyds mit Äther und schließlich nochmals mit Wasser gewaschen.
Der Dibenzalsorbit wird nunmehr ca. 40 Minuten mit der fünffachen Menge 5 prozentiger Schwefelsäure am Rückflußkühler gekocht.
Nach dem Erkalten wird der Benzaldehyd durch mehrmaliges Ausäthern
entfernt. Aus der klaren Lösung fällt man hierauf die Schwefelsäure
mit überschüssigem reinen Barythydrat und entfernt dann den überschüssigen Baryt mit Kohlensäure. Jetzt wird filtriert. Das Filtrat ver-

dampft man auf dem Wasserbade bis zum Sirup. Diesen rührt man mit
90 prozentigem Alkohol an und impft mit einem Kryställchen von
Sorbit. Bald erstarrt die ganze Masse krystallinisch. Nach etwa 2 Stunden wird die Krystallmasse abgenutscht und scharf abgepreßt. Um das
Rohprodukt zu reinigen, wird es in wenig heißem, 90 prozentigem Alkohol gelöst. Beim Abkühlen scheidet sich der Sorbit in zu Warzen
vereinigten Krystallen ab. Oft beobachtet man auch zu Büscheln ver-
einigte Nadeln.

Darstellung von Dulcit aus d-Galaktose[1]).

$$
\begin{array}{ccc}
C\!\!\begin{array}{c}\nearrow O \\ \searrow H\end{array} + H_2 & & CH_2OH \\
| & & | \\
HCOH & & HCOH \\
| & & | \\
HOCH & & HOCH \\
| & \rightarrow & | \\
HOCH & & HOCH \\
| & & | \\
HCOH & & HCOH \\
| & & | \\
CH_2OH & & CH_2OH
\end{array}
$$

25 Gramm d-Galaktose werden in einem Rundkolben in 1000 ccm
Wasser gelöst. Die Lösung wird mittels eines Rührers dauernd in leb-
hafter Bewegung gehalten. Ferner leitet man zur Neutralisation beständig Kohlensäure durch sie hindurch. Nun gibt man in kleinen
Portionen Calciumdrehspäne hinzu. Man braucht im ganzen 90 bis
100 Gramm Calcium. Die ganze Operation ist in 8 Stunden beendet. Man
prüfe das Reduktionsvermögen der Flüssigkeit mit Fehlingscher Lösung.
Zur Vermeidung von Erwärmung stellt man den Rundkolben in Wasser.

Nun wird vom abgeschiedenen Calciumcarbonat abfiltriert und das
Filtrat bis zum Sirup eingedampft. Dieser wird wiederholt mit heißem
Alkohol extrahiert und die vereinigten Extrakte eingedunstet. Der
Dulcit krystallisiert bald aus.

Oxydation eines Alkohols zu Zucker[2]).

Darstellung von i-Galaktose aus Dulcit.

$$
\begin{array}{ccc}
CH_2OH + O & & C\!\!\begin{array}{c}\nearrow O \\ \searrow H\end{array} + H_2O \\
| & & | \\
HCOH & & HCOH \\
| & & | \\
HOCH & & HOCH \\
| & \rightarrow & | \\
HOCH & & HOCH \\
| & & | \\
HCOH & & HCOH \\
| & & | \\
CH_2OH & & CH_2OH
\end{array}
$$

---

[1]) Nach Neuberg-Marx.
[2]) Nach Neuberg-Wohlgemuth.

15 Gramm Dulcit werden in möglichst wenig heißem Wasser gelöst
und zu der heißen Lösung 90 ccm 3,1 prozentiges reines Wasserstoffsuperoxyd zugesetzt. Das käufliche Präparat wird vor dem Gebrauch
mit Magnesiumcarbonat geschüttelt und dadurch annähernd neutralisiert. Nun gibt man zu der Flüssigkeit 1 Gramm Bariumcarbonat
und läßt unter heftigem Rühren langsam eine konzentrierte Lösung
von 12,5 Gramm Ferrosulfat aus einem Tropftrichter zufließen. Zunächst kühlt man durch Einstellen in Wasser; dann läßt man die Reaktion bei Zimmertemperatur vor sich gehen, und schließlich stellt
man das Reaktionsgemisch noch einige Stunden in den Brutschrank
bis das Wasserstoffsuperoxyd verbraucht ist.

Nun fügt man zu der meist sauren Flüssigkeit noch 2 Gramm Bariumcarbonat hinzu und engt auf dem Wasserbade bis zum dünnen Sirup
ein. Diesen vermischt man mit 100—150 ccm heißem, 95 prozentigem
Alkohol und erwärmt noch kurze Zeit. Es wird filtriert und der
Filterrückstand mit heißem Alkohol gewaschen. Die vereinigten
alkoholischen Extrakte enthalten neben unverändertem Dulcit die
i-Galaktose. Der erstere fällt beim Abkühlen der Lösung in Nadeln
aus. Sie werden abfiltriert. Das Filtrat engt man ein und wartet ab,
ob noch mehr Dulcit auskrystallisiert. Schließlich engt man bis zum
Sirup ein und zieht diesen mit 100 ccm 95 prozentigem Alkohol aus.
Das Extrakt wird mit Tierkohle geschüttelt, filtriert und mit 5 ccm
Äther versetzt. Es wird von den ausgefallenen Flocken abfiltriert und
das Filtrat weiter eingeengt. Man läßt den sirupösen Rückstand in
einer Schale im Eisschrank stehen und wartet die Krystallisation ab.
Die Krystalle werden auf Ton gepreßt und so von Mutterlauge befreit.
Die Ausbeute an i-Galaktose beträgt 1—1,5 Gramm. Sie läßt sich noch
bedeutend erhöhen, wenn man die Mutterlauge in Alkohol aufnimmt,
in einem aliquoten Teil den Gehalt an Galaktose annähernd mit
Fehlingscher Lösung feststellt und dann die berechnete Menge Phenylhydrazin zusetzt. Sehr bald fällt das Hydrazon der i-Galaktose aus. Es wird abgesaugt und aus heißem Wasser unter Anwendung
von Tierkohle umkrystallisiert. Es schmilzt gegen 158—160°.

Fette, Cholesterin.

Darstellung von Fett aus Fettgewebe.

$$CH_2O \cdot OC \cdot C_{17}H_{35}$$
$$CHO \cdot OC \cdot C_{17}H_{33}$$
$$CH_2O \cdot OC \cdot C_{15}H_{31}$$

(Gemischtes Glycerid, aus 1 Mol. Glycerin, je 1 Mol. Stearin-, Öl- und
Palmitinsäure zusammengesetzt.)

50 Gramm ungeräucherter Schweinespeck werden mit dem Messer
in feine Stückchen zerschnitten und diese dann in einer Reibschale

möglichst stark zerquetscht. Die so vorbereitete Masse bringt man in einen Rundkolben von 500 ccm Inhalt, gießt 200 ccm absoluten Alkohol auf und erhitzt auf dem Wasserbade. Hierbei geht das Fett in Lösung. Es wird filtriert, der Rückstand mit Alkohol und dann mit Äther nachgewaschen. Wird die alkoholische Lösung, nach erfolgtem Abdestillieren des Äthers auf dem Wasserbade, vorsichtig eingedampft, dann verbleibt ein gelbliches Öl, das Fett. Dieses erstarrt beim Abkühlen.

Man führe mit dem Fett einige Löslichkeitsbestimmungen durch, indem man kleine Stücke des erhaltenen Produktes in ein Reagensglas gibt und dann mit Äther, Alkohol, Chloroform, Schwefelkohlenstoff, Tetrachlorkohlenstoff Lösungsversuche ausführt. Wird etwas von dem Fett mit gepulvertem, saurem schwefelsaurem Kalium in ein Reagensglas gegeben und das Gemisch erhitzt, dann tritt ein stechender Geruch

$$\begin{array}{ccc} \text{CH}_2\text{OH} & & \text{CH}_2 \\ | & & \| \\ \text{CHOH} - 2\,\text{H}_2\text{O} = & \text{CH} \\ | & & | \\ \text{CH}_2\text{OH} & & \text{C}\overset{\displaystyle /\!/\text{O}}{\underset{\displaystyle \backslash \text{H}}{}} \\ \text{Glycerin} & & \\ & & \text{Akrolein} \end{array}$$

nach Akrolein auf. Beim Erhitzen ist zunächst Spaltung des Fettes in Fettsäure und Glycerin eingetreten. Das Glycerin ist unter Wasserentziehung in Akrolein übergegangen. Hält man über das Reagensglas ein Stückchen Filtrierpapier, das man mit ammoniak-alkalischer Silberlösung getränkt hat, dann tritt sofort Reduktion ein. Es färbt sich der Filtrierpapierstreifen augenblicklich schwarz.

Spaltung des Fettes in seine Bestandteile.

Wir gehen von 50 Gramm Schweinefett aus und zerlegen dieses durch Kochen der alkoholischen Lösung mit Lauge (Kali- oder Natronlauge). Es werden 20 Gramm Kalihydrat in einer Porzellanschale gepulvert und dann unter Umschütteln allmählich zu 100 Gramm absolutem in einem Rundkolben von 500 ccm Inhalt befindlichen Alkohol zugegeben. Starkes Erhitzen vermeidet man durch Einstellen des Kolbens in kaltes Wasser. Während diesen Operationen hat man das Schweinefett unter Zugabe von etwas Alkohol durch Erwärmen auf dem Wasserbad in einer Schale zum Schmelzen gebracht und gießt nun die geschmolzene Masse in den die alkoholische Kalilauge enthaltenden Kolben hinein. Noch anhaftende Teilchen Fett werden durch Erwärmen mit Alkohol auf dem Wasserbade in Lösung gebracht und dann die alkoholische Lösung ebenfalls in den Kolben hineingegeben. Im ganzen verwendet man etwa 50 ccm absoluten Alkohol. Die ganze Masse wird nun energisch durchgeschüttelt und auf das Wasserbad gesetzt. Man kocht nunmehr etwa 1 Stunde. In kurzer Zeit ist die Hydrolyse vollständig. Man erkennt die Beendigung der Reaktion daran, daß eine in Wasser gegossene Probe vollständig klar bleibt. Es tritt keine Abscheidung von Fett mehr ein.

Wir haben nunmehr in der Lösung den Alkohol, Glycerin, ferner überschüssiges Kalihydrat und Äthylalkohol und endlich die Fettsäuren in Form ihrer Alkalisalze, sogenannte Seifen. Um diese Mischung zu trennen, wird der Inhalt des Kolbens unter Umrühren ganz allmählich in verdünnte, auf etwa 80° erwärmte Schwefelsäure eingetragen. Die Schwefelsäure bereiten wir, indem wir 12 Gramm konz. Schwefelsäure in 250 ccm Wasser eingießen. Die Fettsäuren scheiden sich als ölige Schicht ab. Beim Abkühlen erstarrt die Schicht. Sie wird mit einem Glasstab durchgestoßen und die Flüssigkeit durch ein nasses Filter gegossen. Das Filtrat enthält den andern Bestandteil der Fette, den Alkohol: Glycerin.

Die Fettsäuren sind noch keineswegs rein. Sie schließen noch anorganische Bestandteile ein. Zur Reinigung wird die feste Masse im Mörser zerstoßen und das Gemisch auf ein Filter gebracht. Zunächst wird gründlich mit destilliertem Wasser gewaschen, und zwar so lange, bis das abfiltrierte Waschwasser mit Barytwasser keine Reaktion auf Schwefelsäure mehr gibt. Vom anhaftenden Wasser trennt man die Fettsäuren, indem man das Gemisch durch Erwärmen auf dem Wasserbad wieder zum Schmelzen bringt, dann erkalten läßt und nunmehr die Masse auf Filtrierpapier legt. Die so erhaltenen Fettsäuren stellen ein Gemisch dar. Sie bestehen aus Ölsäure, Palmitin- und Stearinsäure. Die beiden letzteren sind fest. Die erstere ist bei gewöhnlicher Temperatur flüssig.

Die isolierten Fettsäuren bilden mit Alkalien lösliche Salze, sogenannte Seifen. Bringen wir von dem Gemisch etwas in ein Reagensglas, und geben wir dazu einen kleinen Überschuß von Natronlauge, dann tritt Lösung ein. Gibt man Salzsäure hinzu, dann scheiden sich die Fettsäuren wieder ab. Eine Fällung erhält man auf Zugabe von Chlorcalciumlösung. Es bilden sich unlösliche Kalkseifen. Auf Zusatz von Bleiacetat erhält man eine zähe klebrige Masse. Es haben sich Bleiseifen gebildet. Die festen Fettsäuren lassen sich von der Ölsäure trennen, indem man das Fettsäuregemisch auf dem Wasserbad zum Schmelzen bringt, und dann 70 prozentigen Alkohol hinzufügt und noch eine Zeitlang weiter erhitzt. Jetzt wird heiß filtriert und dann abkühlen gelassen. Beim Abkühlen tritt Krystallisation ein. Die Ölsäure bleibt in Lösung. Es wird abfiltriert und der Rückstand mit 70 prozentigem Alkohol gewaschen.

Aus dem Filtrat der Fettsäuren läßt sich das Glycerin gewinnen. Es wird zunächst die vorhandene Schwefelsäure mit Natronlauge neutralisiert und dann auf wenige Kubikzentimeter eingedampft. Der Rückstand wird mit 50 ccm absolutem Alkohol vermischt. Dann wird filtriert und auf dem Wasserbade wieder stark eingeengt. Es wird wieder mit absolutem Alkohol extrahiert und zu der Mischung nun etwa 15 ccm Äther hinzugesetzt. Jetzt schüttelt man im Scheidetrichter gut durch und läßt 24 Stunden stehen. Dann wird filtriert und die ätherisch-alkoholische Lösung auf dem Wasserbade vorsichtig abgedampft. Es hinterbleibt das Glycerin als Sirup. Er schmeckt intensiv süß. Man führe mit einer Probe die oben beim Fett beschriebene Akroleinreaktion aus.

An Stelle von Schweinefett kann man mit Vorteil auch Olivenöl anwenden. Die Ausführung der Methode ist im übrigen die gleiche.

Spaltung von Fett durch Lipase. Einem frisch getöteten Tiere wird die Pankreasdrüse entnommen, fein zerschnitten und in einer Reibschale tüchtig durchgequetscht. Nun fügt man 5 Gramm Butter zu Wasser von 40°, ferner einige Tropfen Rosolsäurelösung und vorsichtig so viel $^1/_{10}$ n-Natronlauge, daß die Mischung deutlich rot gefärbt ist. Jetzt setzt man 2 Gramm des zerquetschten Pankreasgewebes hinzu und stellt die Mischung in den Brutschrank. Nach einiger Zeit beobachtet man, daß die Farbe des Gemisches in Gelb umschlägt. Das neutrale Fett ist in Alkohol und Fettsäuren zerlegt worden.

Emulgierung von Fett durch Alkalicarbonat.

Wir geben zu vollständig neutralem Olivenöl 0,25 prozentige Sodalösung und schütteln nun im Reagensglas energisch durch. Es tritt zunächst eine Trübung der Sodalösung auf. Die vorher vorhandene Ölschicht ist zum größten Teil verschwunden. Wir beobachten, daß nach kurzer Zeit die kleinen Tröpfchen sich zu größeren sammeln. Diese steigen an die Oberfläche der Flüssigkeit auf. Die Sodalösung ist bald vollständig klar. Die Ölschicht hat sich wieder abgeschieden. Nimmt man Öl, das ranzig ist, oder bereitet man sich solches durch Zusatz von freier Fettsäure zu Neutralfett, dann erhalten wir ebenfalls beim energischen Schütteln Zerstäubung in feinste Tröpfchen. Die Emulsion bleibt jedoch jetzt bestehen.

Darstellung von Cholesterin aus Gallensteinen.

Man wählt zur Darstellung des Cholesterins Gallensteine, welche möglichst viel von dieser Verbindung enthalten. In den meisten Fällen kann man dies erkennen, indem man die Steine auseinander bricht. Man findet sehr oft Steine, die in ihrem Innern Krystalle von ganz reinem Cholesterin enthalten. Diese cholesterinreichen Steine werden in einer Reibschale zu einem feinen Pulver zerrieben. Dann extrahiert man das Pulver mit einer Mischung von Äther und Alkohol zu gleichen Teilen und filtriert durch einen Heißwassertrichter. Zur Reinigung kocht man das nach dem Verdunsten des Äthers abgeschiedene und sodann abgenutschte Cholesterin mit alkoholischer Kalilauge. Durch diese Operation bewirkt man Verseifung vorhandenen Fettes.

Nun verdampft man zur Trockene und extrahiert den Rückstand mit Äther. Beim Eindunsten des Äthers krystallisiert das Cholesterin in tafelförmigen Krystallen aus. Zur weiteren Reinigung wird es aus dem Alkohol-Äthergemisch umkrystallisiert.

Cholesterin ist in Wasser vollständig unlöslich. Es schmilzt gegen 147°. Löst man etwas Cholesterin in Chloroform, und unterschichtet man mit konz. Schwefelsäure, so färbt sich die Chloroformlösung rasch blutrot (Salkowskis Probe). Gießt man die Lösung in eine Schale aus, dann geht die Farbe in Blaugrün und endlich in Gelb über. Die Schwefelsäure selbst zeigt eine deutlich grüne Fluorescenz. Hat man Cholesterin in einer Flüssigkeit nachzuweisen, dann kann man die Probe dadurch verschärfen, daß man diese mit Chloroform durchschüttelt und dann die Chloroformschicht mit Schwefelsäure unterschichtet. Fügt man zu einer Lösung von Cholesterin ein wenig Chloroform, 2—3 Tropfen Essigsäureanhydrid und dann vorsichtig tropfenweise konzentrierte Schwefelsäure, dann tritt zunächst eine rosarote und bald darauf eine blaue Färbung ein. Schließlich färbt sich die Lösung grün (Liebermannsche Probe).

Ein gutes Ausgangsmaterial zur Darstellung von Cholesterin ist auch die Gehirnsubstanz. Es wird Gehirn zunächst durch Zerreiben in der Reibschale vollkommen zerquetscht und dann mit etwas Sand und etwa 3 Teilen Gips zerrieben. Man erhält eine Masse, die nach einigen Stunden ganz fest wird und sich leicht pulverisieren läßt. Nun extrahiert man bei Zimmertemperatur mit Aceton. Das Extrahieren wiederholt man verschiedene Male. Die vereinigten Acetonauszüge werden dann eingedampft bis Krystallisation eintritt. Das so erhaltene Cholesterin ist meistens schon ganz rein. Ist dies nicht der Fall, dann krystallisiert man aus Alkohol und Äther unter Zusatz von etwas Tierkohle um.

<h3 style="text-align:center">Synthese von Glyceriden[1]).</h3>

1. α-Monostearin.

$$CH_2O \cdot OC \cdot C_{17}H_{35}$$
$$|$$
$$CH\ OH$$
$$|$$
$$CH_2OH$$

Äquivalente Mengen von α-Monochlorhydrin und fein gepulvertem Natriumstearat werden innig vermischt und im Ölbade in einem mit einem Chlorcalciumrohr abgeschlossenen Rundkolben unter häufigem Umschütteln 4 Stunden auf 110° erhitzt. Zur Gewinnung des Natriumstearates wird eine alkoholische Lösung von Stearinsäure mit der berechneten Menge Natriumalkoholat versetzt und dann $^1/_2$ Stunde auf dem Wasserbad erhitzt. Die ausgeschiedene Seife wird energisch ausgepreßt und so von der Hauptmenge des Alkohols befreit. Schließlich werden die Seifen auf Tonplatten gestrichen und im Vakuumexsiccator getrocknet.

Während der Reaktion zwischen dem Chlorhydrin und dem Natriumstearat kommt es bald zur Verflüssigung unter Abscheidung von Kochsalz. Nach Beendigung der Reaktion läßt man abkühlen, dann wird das α-Monostearin in Äther aufgenommen, der Äther abgehoben und abdestilliert und der Rückstand aus Methylalkohol unter Anwendung von Tierkohle umkrystallisiert. Es bilden sich beim Abkühlen des Filtrates große atlasglänzende Tafeln vom Schmelzpunkt 73°.

---

[1]) Nach F. Guth.

2. α,α'-Distearin.

$$CH_2O \cdot OC \cdot C_{17}H_{35}$$
$$|$$
$$CHOH$$
$$|$$
$$CH_2O \cdot OC \cdot C_{17}H_{35}$$

Zwei Moleküle Natriumstearat werden mit einem Molekül α,α'-Dichlorhydrin im Einschmelzrohr 8 Stunden im Schießofen auf 150° erhitzt. Die weitere Verarbeitung ist die gleiche, wie beim vorhergehenden Präparate. Das α,α'-Distearin wird aus Ligroin umkrystallisiert. Rhombische Blättchen vom Schmelzpunkt 74,5°.

3. Tristearin.

$$CH_2O \cdot OC \cdot C_{17}H_{35}$$
$$|$$
$$CH\ O \cdot OC \cdot C_{17}H_{35}$$
$$|$$
$$CH_2O \cdot OC \cdot C_{17}H_{35}.$$

Ein Molekül Trichlorhydrin wird mit drei Molekülen Natriumstearat zur Reaktion gebracht, indem man im Einschlußrohr 10 Stunden auf 180° erhitzt. Aus Äther erhält man prismatische Säulen vom Schmelzpunkt 71,5°.

In genau der gleichen Weise lassen sich die entsprechenden Palmitin- und Ölsäureglyceride darstellen.

Darstellung von Stearylcholesterin.

$$C_{27}H_{43} \cdot O \cdot OCC_{17}H_{35}.$$

5 Gramm Cholesterin werden mit 3,9 Gramm Stearylchlorid in 25 ccm Choroform zunächst bei gewöhnlicher Temperatur geschüttelt. Dann erhitzt man das Gemisch auf dem Wasserbade, bis die Salzsäureentwicklung aufhört. Jetzt setzt man nach dem Abkühlen Methylalkohol zu. Es krystallisiert die Cholesterinfettsäureverbindung in Form feiner Blättchen aus. Das Rohprodukt wird aus heißem Alkohol umkrystallisiert. Die reine Verbindung schmilzt zwischen 85 und 90°.

Eiweißstoffe, Proteine.
Darstellung von Eiweißstoffen.

Darstellung von Albumin und Globulin aus Pferdeblutserum.

Man läßt geschlagenes Pferdeblut, nachdem man das Fibrin entfernt hat, 12 Stunden im Eisschrank stehen. Die roten Blutkörperchen setzen sich dabei rasch zu Boden. Man kann dann leicht das klare Serum abheben. 100 ccm dieses Serums versetzt man mit dem gleichen Volumen einer vollständig gesättigten Lösung von Ammonsulfat. Es entsteht dabei eine Fällung. Von dieser wird abfiltriert. Den Rückstand wäscht man mit einer halbgesättigten Ammonsulfatlösung nach. Ausgefallen ist das Serumglobulin. Im Filtrat befindet sich das Serumalbumin. Das letztere kann man leicht durch Hitzekoagulation zur Abscheidung bringen. Die erhaltenen Eiweißkörper sind nicht rein. Sie enthalten Ammonsulfat. Von diesem lassen sie sich durch Dialyse trennen.

Darstellung von Oxyhämoglobinkrystallen aus Pferdeblut.

Pferdeblut wird durch Schlagen mit einem rauhen Stabe defibriniert. Man läßt den größten Teil des Serums durch Stehenlassen des Blutes bei 0° sich abtrennen. Das Serum wird mit Hilfe eines Hebers möglichst quantitativ abgehoben und dann der Blutkörperchenbrei zentrifugiert. Das abgetrennte Serum wird abgegossen und der Blutkörperchenbrei in isotonischer Kochsalzlösung (ca. 0,9 prozentiger Kochsalzlösung) aufgerührt und diese Operation nach jedesmaligem Zentrifugieren und Abgießen der Flüssigkeit wiederholt, bis schließlich alles Serum entfernt ist. Bei einer Zentrifuge, die 3000 Umdrehungen in der Minute macht, wird im allgemeinen ein dreimaliges Waschen mit der isotonischen Kochsalzlösung ausreichend sein. Jetzt bringt man den Blutkörperchenbrei mit Hilfe eines Spatels aus den Zentrifugiergläsern in ein Becherglas. Man stellt das Volumen der Blutkörperchenmasse fest und gibt nun zwei Volumina destilliertes Wasser hinzu, nachdem man den Blutkörperchenbrei in eine Porzellanschale übergeführt hat. Jetzt wird auf dem Wasserbade allmählich erwärmt. Es wird beständig umgerührt und mit Hilfe eines Thermometers die Temperatur verfolgt. Sobald dieselbe 37 bis allerhöchstens 40° beträgt, wird das Erwärmen unterbrochen. Das Blut ist nunmehr lackfarben geworden. Man fügt etwas Äther hinzu und schüttelt die Blutlösung am besten im Scheidetrichter damit gründlich durch. Dann wird die Blutlösung abgelassen, filtriert und in einem Stutzen in Eis gestellt. Gleichzeitig kühlt man absoluten Alkohol auf 0° ab. Von diesem fügt man, nachdem die Blutlösung auf 0° abgekühlt ist, ein Viertel des Volumens der Blutlösung hinzu, und zwar tropfenweise unter energischem Umrühren. Es darf hierbei nicht zur Ausfällung von Eiweiß kommen. Man erkennt diesen Punkt sofort daran, daß an der Stelle des Eintropfens des Alkohols eine weiße resp. fleischfarbene Fällung entsteht. Rührt man sofort energisch, dann verschwindet diese. Gibt man aber auf einmal zuviel Alkohol hinzu, ohne genügend zu rühren, dann bildet sich eine bleibende Fällung. Diese stört dann das Auskrystallisieren des Oxyhämoglobins außerordentlich. Auf alle Fälle muß man, wenn eine solche nicht wieder verschwindende Fällung eingetreten ist, sofort filtrieren. Hat man die gesamte Alkoholmenge hinzugegeben, dann kühlt man die Blutlösung nunmehr am besten auf —10 bis —20° ab. Man erreicht diese Temperatur, indem man Eis und Kochsalz mischt. Schon nach kurzer Zeit, jedenfalls nach wenigen Stunden, beobachtet man das Auftreten von Krystallen von Oxyhämoglobin. Von der Oberfläche der Flüssigkeit aus betrachtet, läßt sich zunächst ein eigenartiger schillernder Glanz feststellen. An den Wänden des Gefäßes sieht man eine hellrote Krystallisation. Nach 12 Stunden werden die Krystalle bei 0° durch ein auf einen Holzrahmen (*a*) ausgespanntes Koliertuch (*b*) abfiltriert (Fig. 76). Das Filtrat wird in einer Porzellanschale (*c*) aufgefangen. Noch vorteilhafter ist es, die Krystalle abzusaugen und

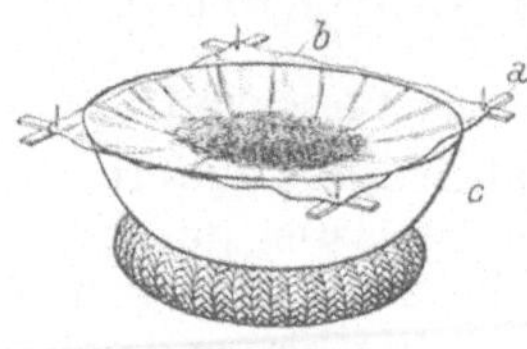

Fig. 76.
Filtration durch Koliertuch
auf Filtrierrahmen.

dabei die Saugflasche mit der Nutsche in einem Emailletopf vollständig in Eis eingepackt zu halten. Die Oxyhämoglobinkrystalle werden zum Umkrystallisieren wieder in 2 Volumina Wasser bei 37° gelöst, dann wieder auf 0° abgekühlt und ein Viertel des Volumens auf 0° abgekühlten Alkohols allmählich unter Umrühren hinzugegeben. Die Krystallisation kann mehrmals wiederholt werden. Schließlich werden die Krystalle im Vakuumexsiccator über Schwefelsäure getrocknet. Will man die Krystalle längere Zeit in lösbarer Form aufbewahren, dann hebt man sie am besten in einer gut verschließbaren Flasche unter 25 prozentigem Alkohol im Eisschrank auf. Die Oxyhämoglobinkrystalle bilden lange, vierseitige Prismen (vgl. Fig. 77 und 78).

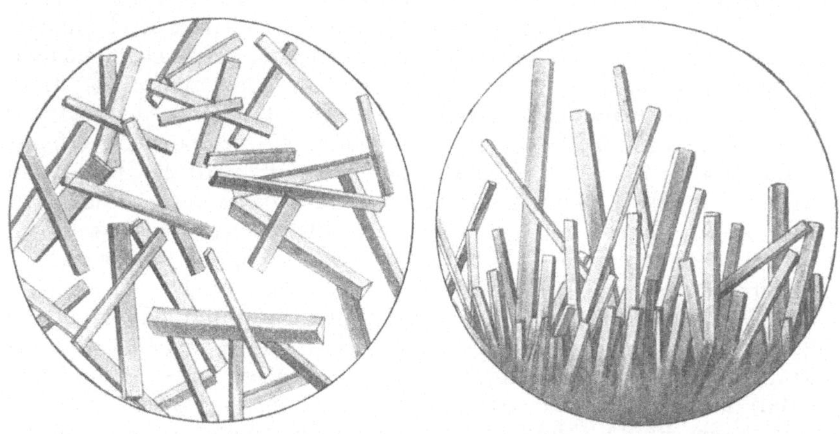

Fig. 77.   Fig. 78.
Oxyhämoglobinkrystalle aus Pferdeblut.

Die Oxyhämoglobinkrystalle werden, in Wasser gelöst, zur Hämoglobinbestimmung und zur Feststellung des Absorptionsspektrums, sowie zur Umwandlung in CO-Hämoglobin usw. benutzt. Vgl. Zweiter Teil, Abschnitt Blut.

Bildung von salzsaurem Hämatin aus Oxyhämoglobin. Man zerreibt etwas von den Hämoglobinkrystallen in einer kleinen Reibschale mit einer Spur Kochsalz. Dann kocht man in einem trockenen Reagensglas mit etwas Eisessig. Die erhaltene Lösung wird auf ein Uhrglas gegossen und dann auf einem kochenden Wasserbade eingetrocknet. Der Rückstand enthält tiefschwarze, glitzernde Kryställchen von salzsaurem Hämatin, auch Hämin genannt.

Die gleiche Probe kann man auch mit Blut ausführen. Man bringt eine Spur ausgetrockneten Blutes am besten direkt auf einen Objektträger, zerdrückt das Blut mit Hilfe eines Messers auf ihm und reibt etwas Kochsalz hinzu, bedeckt dann mit einem Deckglas und läßt unter dieses etwas Eisessig fließen. Dann erhitzt man über einer kleinen Flamme, bis gerade Aufkochen eintritt. Nach dem Erkalten untersucht man das Präparat mikroskopisch (Häminprobe, Teichmannsche Krystalle).

Darstellung von krystallisiertem Edestin aus Hanfsamen[1]).

Hanfsamen, etwa 500 Gramm, werden in einer Mühle gemahlen oder in einem Mörser zerquetscht. Die zerkleinerte Masse wird dann mit Petroläther im Soxhletapparat (vgl. Fig. 95, S. 123) extrahiert bis alles Fett entfernt ist. Dann wird die verbleibende Masse in dünner Schicht auf Filtrierpapier ausgebreitet und gewartet bis der Petroläther verdunstet ist.

100 Gramm des so erhaltenen Mehles werden mit 3 prozentiger, 60° warmer Kochsalzlösung extrahiert. Es wird auf einem Heißwassertrichter rasch durch Koliertuch filtriert. Den Filterrückstand gibt man nochmals in das Extraktionsgefäß zurück und übergießt wieder mit der warmen Kochsalzlösung und rührt gründlich durch. Am besten stellt man den Topf, in dem man die Extraktion vornimmt, in einen zweiten, der mit Wasser von 60° gefüllt ist. Aus dem Filtrat scheiden sich beim Abkühlen bald Krystalle von Edestin ab. Sie werden abfiltriert, mit verdünnter Salzlösung und dann mit 50 prozentigem Alkohol gewaschen.

Das von Säuren und Basen ganz freie Edestin löst sich nicht in Wasser, wohl aber in neutralen Salzlösungen. Fügt man etwas vom Edestin in einem Reagensglas zu einer 10 prozentigen Kochsalzlösung, dann tritt beim Erhitzen auf 87° eine leichte Trübung auf. Bei 94° bilden sich Flocken. Wird nun filtriert, dann erhält man bei weiterem Erhitzen keine Koagulation, obwohl die Lösung noch Eiweiß enthält. Man prüfe mit Hilfe der Biuretprobe (vgl. S. 85). Gibt man eine ganz geringe Säuremenge hinzu, dann tritt wieder Fällung auf.

Man überzeuge sich, daß Edestin die verschiedenen Farbenreaktionen der Proteine gibt. Vgl. Seite 85—87.

Darstellung von Casein aus Kuhmilch (nach Hammarsten).

Abgerahmte Milch wird mit dem vierfachen Volumen Wasser verdünnt. Dann setzt man so viel verdünnte Essigsäure hinzu, daß die Lösung etwa 0,75—1 Prozent davon enthält. Das sich zusammen mit dem Fett und Aschenbestandteilen abscheidende Casein wird durch Leinwand abfiltriert. Diese spannt man auf einem Kolierrahmen aus (vgl. Fig. 76). Nun bringt man den Filterrückstand in eine Reibschale, gibt Wasser dazu und zerreibt die Fällung innig damit. Von Zeit zu

---

[1]) An Stelle von Hanfsamen können auch andere Samenarten, z. B. Baumwoll-, Kürbis-, Sonnenblumensamen, verwendet werden.

Zeit wird dieses durch Dekantieren entfernt und erneuert. Das Casein wird dann in wenig verdünntem Alkali, in Ammoniak oder $^1/_{10}$ n-Natronlauge, gelöst und filtriert, nachdem man vorher den Hauptteil des Fettes abgeschöpft hat. Ein weiterer Teil des Fettes bleibt auf dem Filter zurück. Es wird nun die Fällung des Caseins mit Essigsäure wiederholt, und dieser Prozeß etwa dreimal durchgeführt. Zuletzt wird die Fällung so lange mit Wasser gewaschen, bis alle Essigsäure entfernt ist. Dann zerreibt man den Niederschlag in kleinen Portionen mit 97 prozentigem Alkohol zu einer Emulsion. Von dem sich absetzenden Casein entfernt man den Alkohol rasch und setzt das Waschen mit Alkohol in gleicher Weise fort. Zuletzt sammelt man das Casein auf einem Filter, wäscht mit Äther und zerreibt dann den Niederschlag in Reibschalen mit diesem. Dann wird das fein zerriebene Casein in die Hülse eines Soxhletapparates gegeben und nun mit Äther gründlich extrahiert. Das nunmehr fettfreie Casein wird im Vakuumexsiccator getrocknet.

Man löse 0,3 Gramm von diesem Casein in 10 ccm gesättigtem Kalkwasser und füge 3,1 ccm $^1/_{10}$ n-Phosphorsäure zu. Jetzt gibt man Magensaft oder Labferment hinzu und beobachtet die Gerinnung.

Man prüfe auch am Casein die verschiedenen Eiweißreaktionen.

Nachweis von Eiweiß.

. Das Eiweiß kommt in der Natur in verschiedenen Zuständen vor. Wir kennen scheinbar gelöste Eiweißkörper, ferner zähflüssige, halb feste und vollkommen feste Eiweißkörper. In den meisten Fällen handelt es sich um den Nachweis von Eiweiß in Körperflüssigkeiten. In diesen Fällen wird man es meistens mit Proteinen zu tun haben, die eine scheinbare (kolloidale) Lösung bilden.

1. Nachweis der Eiweißkörper durch Änderung ihres Zustandes: Um die Eigenschaften der Proteine kennen zu lernen, nehmen wir am besten Blutserum. Dieses enthält mehrere Eiweißkörper nebeneinander. Die Hauptmasse der Proteine wird durch Globuline und Albumine gebildet. Wenn wir etwas Blutserum mit Wasser verdünnen, dann beobachten wir das Auftreten einer Trübung. Dieselbe Beobachtung machen wir, wenn wir Blutserum in einen Dialysierschlauch einfüllen und dann gegen destilliertes Wasser dialysieren. Verfolgen wir die Ursache der Trübung etwas genauer, dann können wir leicht feststellen, daß ein Eiweißkörper ausgefallen (ausgeflockt) ist, und zwar handelt es sich um das Serumglobulin. Es sind ihm die Lösungsbedingungen entzogen worden. Schütteln wir etwas von dem Serum längere Zeit im Reagensglas, dann können wir ebenfalls das Auftreten einer Ausflockung feststellen. Es sind die Globuline denaturiert worden. Wir verdünnen nunmehr 1 Teil des Serums mit 5 Teilen Wasser und kochen auf. Bald beobachten wir, daß die Lösung ein opakes Aussehen annimmt. Eiweiß ist geronnen (Koagulationsprobe). Die Fällung wird vervollständigt, wenn wir vorher der Flüssigkeit etwas sehr stark verdünnte Essigsäure zufügen.

Man muß mit dem Zusatz der Säure außerordentlich vorsichtig sein, denn wenn ein Überschuß davon vorhanden ist, dann erhält man leicht Acidproteine, die dann der Koagulation beim Erhitzen entgehen. Man verwende eine sehr stark verdünnte Essigsäurelösung und gebe davon mit einem Glasstab einen Tropfen hinzu. Ein zuwenig an hinzugesetzter Essigsäure läßt sich leicht durch weiteren Zusatz gutmachen. Verfolgen wir die Koagulationsprobe mit Hilfe eines Thermometers, den wir in die Flüssigkeit im Reagensglas eintauchen, dann können wir feststellen, daß die Gerinnung nicht mit einem Male eintritt. Vielmehr sehen wir, daß bei verschiedenen Temperaturen neue Massen von Eiweiß gerinnen.

Die Koagulation ist eines der gebräuchlichsten Mittel, um rasch Eiweiß nachzuweisen. Hat man Lösungen vor sich, die nur sehr wenig Eiweiß enthalten, dann erleichtert man sich den Nachweis des Eiweißes, indem man neben Essigsäure noch etwas einer 10 prozentigen Ferrocyankaliumlösung hinzufügt. Es entsteht ein flockiger Niederschlag. Geben wir zu dem unverdünnten Serum eine konzentrierte, wässerige Lösung von Ammoniumsulfat oder von Chlornatrium, Natriumsulfat oder Magnesiumsulfat, dann erhalten wir bei genügendem Zusatz eine Fällung. Filtrieren wir diese ab und fügen wir zu dem Filtrat weitere Mengen der genannten konzentrierten Salzlösungen, dann tritt wiederum Fällung ein. Wir können so die Eiweißkörper durch fraktionierte Fällung trennen.

2. Nachweis von Eiweiß mit Hilfe von Farbenreaktionen. Fügen wir zu der verdünnten Serumlösung Alkali, z. B. Natronlauge, und dann tropfenweise sehr stark verdünnte Kupfersulfatlösung hinzu, dann erhalten wir eine violettrote Färbung: Biuretprobe. Die gleiche Farbenreaktion erhalten wir auch mit etwas modifizierter Farbe, wenn wir an Stelle der Eiweißstoffe Peptone oder manche säureamidartig verkettete Aminosäuren, sogenannte Polypeptide, verwenden. Man darf also niemals aus dem positiven Ausfall der Biuretreaktion auf die Anwesenheit von Eiweiß schließen. Nur dann, wenn auch die Koagulationsprobe ein positives Resultat gibt, wird man die Anwesenheit von Eiweiß mit größerer Bestimmtheit vermuten dürfen, denn nur ganz wenige Eiweißkörper sind in der Hitze löslich, so z. B. die Gelatine.

Die nun folgenden Farbenreaktionen sind typisch für ganz bestimmte Bausteine der Eiweißkörper. Wir können sie ebensogut mit diesen selbst erhalten, wie mit den Proteinen, in denen sie enthalten sind. Gibt ein Produkt, das man auf Eiweiß untersuchen will, eine bestimmte Farbenreaktion nicht, dann darf man selbstverständlich nicht den Schluß ziehen, daß nun Eiweiß ausgeschlossen sei. Es kann ja derjenige Baustein, der die betreffende Reaktion gibt, fehlen.

Fügt man zu der Serumlösung konzentrierte farblose Salpetersäure hinzu, dann tritt schon in der Kälte sofort nach dem Zusatz Gelbfärbung ein. Erhitzt man, dann wird zunächst die Gelbfärbung intensiver, schließlich geht sie in Orange über. Diese Reaktion, Xanthoproteinreaktion genannt, ist charakteristisch für die aromatischen

Bausteine der Eiweißkörper, für Phenylalanin, Tyrosin und auch für Tryptophan.

Fügt man zu der Serumlösung Millons Reagens, das man sich durch Auflösen von 1 Teil Quecksilber in 2 Teilen konzentrierter Salpetersäure, die etwas salpetrige Säure enthält, und 2 Volumina Wasser bereitet (vgl. S. 43), dann entsteht zunächst ein weißer, flockiger Niederschlag. Dieser wird beim Kochen des Gemisches rot. Auch die Flüssigkeit nimmt eine rote Farbe an. Der positive Ausfall der Millonschen Reaktion weist auf das Vorhandensein von Tyrosin hin. Es ist dies der einzige Baustein, der mit Millons Reagens diese Färbung gibt. Die genannte Xanthoproteinreaktion und die Reaktion mit Millons Reagens geben auch feste Eiweißkörper. Wenn wir etwas von den betreffenden Reagenzien auf unsere Haut oder unsere Nägel geben, dann können wir nach kurzer Zeit das Auftreten einer Gelb- resp. Rotfärbung beobachten.

Eine weitere Probe des Serums versetzen wir mit einem Überschuß an Natronlauge und geben basisches Bleiacetat hinzu. Beim Kochen beobachten wir, daß nach einiger Zeit eine graue Färbung auftritt. Nach und nach entsteht eine schwarzbraune Fällung. Es hat sich Bleisulfid abgeschieden. Diese Reaktion, Schwefelbleiprobe genannt, ist typisch für den Schwefelgehalt der Eiweißkörper und speziell charakteristisch für den Baustein Cystin.

Versetzt man die Serumlösung mit Glyoxylsäure (vgl. S. 43) und unterschichtet man dann die Lösung vorsichtig mit konzentrierter Schwefelsäure, dann erhält man an der Berührungsstelle der beiden Flüssigkeiten einen schön violetten Ring. Man kann ihn durch vorsichtiges Schütteln der Lösung verbreitern und schließlich bewirken, daß das ganze Gemisch die violette Farbe annimmt. Der Zusatz der Schwefelsäure muß sehr vorsichtig erfolgen. Man hält hierbei das Reagensglas schräg und läßt an der Wand die schwere Schwefelsäure herunterfließen. Der positive Ausfall dieser Reaktion ist charakteristisch für den Baustein Tryptophan. Hier sei erwähnt, daß das freie Tryptophan mit Bromwasser eine schön rosarote Färbung gibt. Das gebundene Tryptophan reagiert mit Bromwasser nicht. Man kann so mit Hilfe dieser Reaktion gebundenes und freies Tryptophan sehr scharf unterscheiden.

Eine weitere Reaktion, die offenbar mit dem Tryptophangehalt des Eiweißes zusammenhängt, ist diejenige mit p-Dimethylaminobenzaldehyd:

$$
\begin{array}{c}
C \cdot N(CH_3)_2 \\
\diagup \diagdown \\
HC \quad CH \\
| \quad \| \\
HC \quad CH \\
\diagdown \diagup \\
C \cdot CHO
\end{array}
$$

Man bringt zu dem verdünnten Serum 5 Tropfen einer 5 prozentigen, schwach schwefelsauren Lösung von p-Dimethylaminobenzaldehyd und läßt dann unter häufigem Umschütteln konzentrierte Schwefelsäure bis zum Auftreten einer rotvioletten oder dunkelvioletten Färbung zufließen. Hat man nur wenig Eiweiß in Lösung, dann nimmt man diese Probe am besten in folgender Weise vor. Man bereitet sich eine Lösung von p-Dimethylaminobenzaldehyd in konzentrierter Schwefelsäure im Verhältnis 1 : 100 und unterschichtet dann die betreffende eiweißhaltige Lösung. Man erhält an der Grenze der beiden Flüssigkeitsschichten einen deutlich violettroten Farbenring.

Eiweißkörper, welche Histidin und Tyrosin enthalten, geben die sogenannte Diazoreaktion. Man gibt zu der Serumlösung einen Überschuß von Sodalösung und dann 3—5 ccm einer ganz frisch bereiteten sodaalkalischen Lösung von einigen Zentigramm Diazobenzolsulfosäure (vgl. S. 50). Nach kurzer Zeit tritt eine dunkelkirschrote Färbung auf.

Die genannten Reaktionen kann man mit den verschiedensten Eiweißkörpern durchführen. Sehr vorteilhaft ist auch das Eiereiweiß, das zu den Proben mit Wasser etwas verdünnt wird.

Eine große Bedeutung hat der Nachweis von Eiweiß im Harn. Steht eiweißhaltiger Urin zur Verfügung, dann benutzen wir diesen, oder aber wir bereiten solchen künstlich durch Zusatz von Serum oder Eiereiweiß zu Urin. Wir prüfen zunächst die Reaktion des Harnes. Ist der Harn nicht klar, dann wird vor der Ausführung der Probe filtriert. Der klare Harn wird, wenn er sauer reagiert, direkt zum Sieden erhitzt. Entsteht hierbei ein Niederschlag, dann müssen wir ausschließen, daß Phosphate ausgefallen sind. Wir geben zu der Probe 1—2 Tropfen verdünnte Essigsäure und kochen wieder auf. Bleibt hierbei die Trübung bestehen, dann handelt es sich um Eiweiß, tritt dagegen Lösung ein, dann waren Phosphate ausgefallen. Wenn der Harn alkalisch reagiert, dann ist er vor dem Aufkochen mit verdünnter Essigsäure schwach anzusäuern.

Eine weitere, zum Nachweis von Eiweiß im Harn oft verwendete Probe ist die folgende: Man gießt in ein Reagensglas etwa 5 ccm des filtrierten, vollständig klaren Harnes. In ein zweites Reagensglas gibt man ferner 5 ccm konz. Salpetersäure. Diese überschichtet man nun vorsichtig mit dem Harn. Man muß dabei jede Vermischung der Proben vermeiden. Dies wird am besten erreicht, wenn man das Reagensglas, in dem der Harn sich befindet, möglichst wagerecht hält und dann den Harn langsam in das gleichfalls in möglichst wagrechter Lage sich befindende Reagensglas mit der Salpetersäure fließen läßt. Man beobachtet dann an der Berührungsstelle der beiden Flüssigkeitsschichten einen weißlichen trüben Ring (Hellersche Probe). Man beachte, daß normale Urine an der Berührungsstelle einen roten oder rotvioletten, durchsichtigen Ring geben. Diese Färbung rührt vom Indigofarbstoff her.

Essigsäure - Ferrocyankalium - Probe: Man gibt zu 10 ccm klaren Urins 10—15 Tropfen verdünnte Essigsäure. Dann fügt man tropfenweise 10prozentige Ferrocyankaliumlösung hinzu. Jeder Überschuß an dieser ist zu vermeiden. Enthält der Harn Eiweiß, so entsteht ein weißer, flockiger Niederschlag oder doch eine Trübung, wenn es sich nur um Spuren von Eiweiß handelt.

Man darf sich niemals mit einer dieser letzteren Proben allein begnügen. Man führe stets alle drei genannten Proben nebeneinander aus. Außerdem filtriere man den entstandenen Niederschlag ab und stelle mit ihm die oben angegebenen (vgl. S. 85—87) Farbenreaktionen an.

Einwirkung von Pepsinsalzsäure oder von Magensaft auf Eiweiß.

Am besten verwenden wir zu diesem Versuche ein hartgesottenes Ei. Übergießen wir ein solches (vgl. Fig. 79) oder ein Stück des koagulierten Eiereiweißes in einem Becherglas mit Magensaft oder Pepsin-

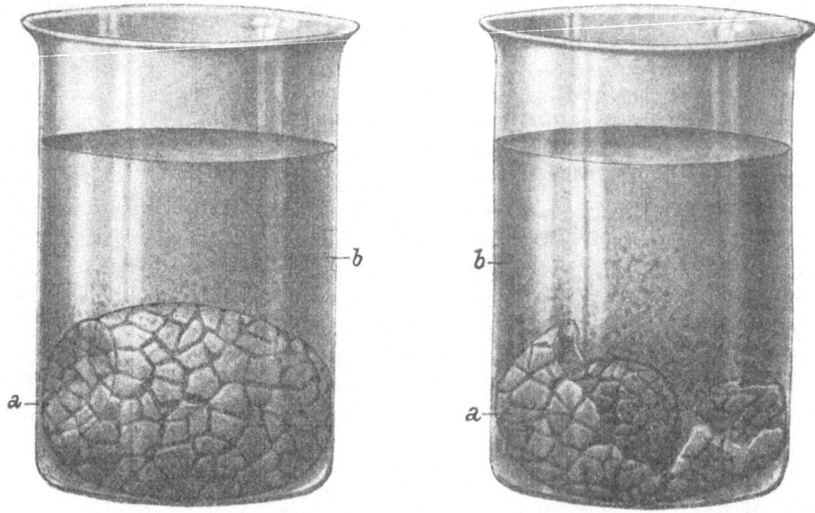

Fig. 79. Verdauung eines Eies durch Magensaft.

salzsäure, dann beobachten wir nach einigem Stehen bei 37° im Brutschrank (vgl. Fig. 69, S. 60), daß Lösung des festen Eiweißes eintritt. Die vorher scharfen Kanten und Ecken des koagulierten Eiweißes runden sich allmählich ab. Gleichzeitig wird die vorher klare Lösung der Pepsinsalzsäure resp. des Magensaftes opalescierend. Setzt man den Versuch einige Stunden fort, dann verschwindet das Eiereiweiß schließlich vollständig. Es ist das Eiweiß in Peptone übergeführt worden. Bringen wir ein Gramm des koagulierten Eiereiweißes in einen Dialysierschlauch, und dialysieren wir gegen destilliertes Wasser, dann können wir auch nach Tagen und selbst nach Wochen in der Außenflüssigkeit keine Spur von biuretgebenden Substanzen nachweisen. Wenn wir dagegen bei einem zweiten Versuche in den Dialysierschlauch Pepsinsalzsäure resp. Magensaft geben, dann können wir nach kurzer Zeit in der Außenflüssigkeit durch Zusatz von Alkali und Kupfersulfatlösung rotviolette Färbung beobachten. Der kolloidale Eiweißkörper ist in

krystalloide Peptone übergegangen, die durch die Wand des Dialysier-
schlauches hindurch diffundieren. Nehmen wir an Stelle des Eiereiweißes Elastin oder Bindegewebe, dann können wir gleichfalls feststellen, daß diese genuin festen Eiweißkörper von Pepsinsalzsäure
leicht angegriffen werden. Es tritt ebenfalls deutliche Biuretreaktion
in der Verdauungsflüssigkeit auf. Hierbei muß allerdings berücksichtigt werden, daß die Pepsinsalzsäure und der Magensaft meist an und
für sich schon Biuretreaktion geben. Man kann in diesem Fall nur
eine Verstärkung der Reaktion feststellen. Es läßt sich die Menge der
biuretgebenden Körper ungefähr bestimmen, indem man nach Zugabe
einer bestimmten Menge Natronlauge zu der Verdauungsflüssigkeit aus einer Bürette verdünnte Kupfersulfatlösung zufließen läßt und beobachtet, wann
deren blaue Farbe die Biuretfarbe verdeckt.

Nimmt man das Elastinstückchen aus der Pepsinsalzsäure heraus und wäscht man es sorgfältig mit
Wasser ab, dann erhält man, wenn man neues Wasser
zusetzt, nach einigem Stehen bei 37⁰ in diesem
Biuretreaktion. Es ist dies ein Beweis dafür, daß das
Elastin in sich wirksames Ferment aufgenommen
hat, das weiter Eiweiß zu Pepton abbaut.

Die Salzsäure läßt sich im Magensaft direkt nachweisen, indem wir Silbernitratlösung hinzusetzen.
Es fällt Chlorsilber aus. Selbstverständlich könnte
diese Reaktion auch durch vorhandene Chloride,
z. B. Kochsalz, bedingt sein. Man überzeuge sich
mit Hilfe eines Lackmuspapieres, daß der Magensaft sauer reagiert. Man verwende zur Prüfung ferner
Kongopapier.

Fügen wir etwas von dem Magensaft zu Milch
hinzu, dann beobachten wir, daß nach kurzer Zeit
Gerinnung eintritt (Fig. 80). Die Milch scheidet
sich in zwei Teile, einmal in das sogenannte Milch-
serum und das paracaseinsaure Calcium, das
sich allmählich als Gerinnsel, andere Stoffe mit sich
reißend, am Boden des Gefäßes sammelt. Dieser Ge-
rinnungsprozeß wird durch ein besonderes Ferment,
Labferment genannt, herbeigeführt. Bewahrt
man das Gemisch längere Zeit bei 37° auf, dann

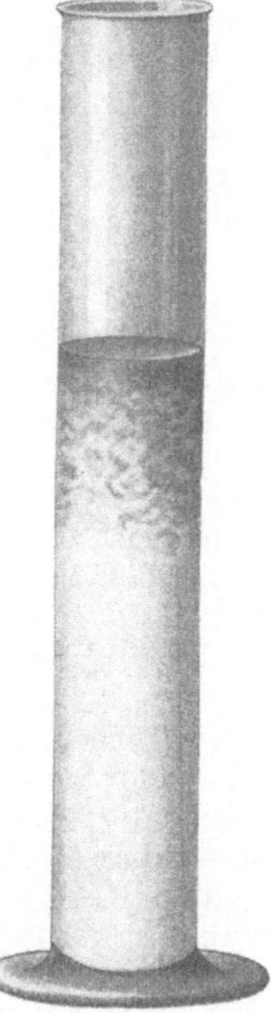

Fig. 80.
Gerinnung von Milch
durch Labferment.

geht das Gerinnsel unter Bildung von Peptonen in Lösung. Das Pepsin
greift auch hier ein und baut ab.

Abbau von Proteinen und Peptonen durch Trypsin.

Fügt man zu koaguliertem Eiereiweiß Pankreassaft oder eine
Lösung eines käuflichen Pankreatinpräparates, dann tritt nach
einiger Zeit ebenfalls Lösung ein. Auch hier entstehen zunächst Peptone. Doch kann man fast gleichzeitig auch das Auftreten von freien

Aminosäuren nachweisen. Wählen wir an Stelle des Eiereiweißes käufliches Casein. Wir übergießen 10 Gramm davon in einer Stöpselflasche mit 100 ccm Wasser und geben dazu 1 Gramm käufliches Pankreatin resp. Trypsin und soviel einer Sodalösung oder Ammoniak, daß die Lösung gerade alkalisch reagiert. Um das Eintreten von Fäulnis zu verhindern, gießen wir etwas Toluol auf die Flüssigkeit. Nun stellen wir das Gemisch in den Brutschrank. Schon nach etwa 4—6 Stunden beobachten wir, daß an der Wand des Gefäßes weiße Punkte erscheinen. Nach weiteren 12 Stunden ist die Abscheidung der erwähnten Massen eine viel umfangreichere. Unter dem Mikroskop erweisen sich die Punkte als Krystalle. Sie geben mit Millons Reagens Rotfärbung. Es handelt sich um Tyrosin. Man kann so durch einfache Beobachtung feststellen, daß neben Peptonen sehr rasch Aminosäuren auftreten. Man prüfe ferner das Verdauungsgemisch vor Beginn des Versuches mit Hilfe von Bromwasser auf Tryptophan. Die Reaktion wird im allgemeinen negativ ausfallen. Nachdem die Verdauung einige Zeit gedauert hat, erhält man mit Bromwasser positive Bromwasserreaktion. Es ist dies ein Zeichen dafür, daß nunmehr Tryptophan abgespalten worden ist. Die freie Aminosäure geht in Lösung.

Es läßt sich leicht zeigen, daß eiweißspaltende und peptonspaltende Fermente sich auch in den Körperzellen finden. Entnimmt man einem eben getöteten Tier unter Anwendung aller aseptischen und antiseptischen Vorsichtsmaßregeln ein Stück eines Organes, z. B. der Leber, und bringt man dieses in ein sorgfältig sterilisiertes Gefäß, dann beobachtet man, daß nach einiger Zeit das Gewebe zerfällt. Um zu verhindern, daß das Organ eintrocknet, wird sterilisiertes Wasser hinzugegeben. Es würde nun leicht Fäulnis auftreten. Um dies zu verhindern, wird das Wasser mit Chloroform gesättigt. Zur Sicherheit kann man die Flüssigkeit auch noch mit Toluol überschichten. Es tritt trotz Fehlens jeglicher Mikroorganismen bald Einschmelzen des Gewebes ein. Man kann auch hier zeigen, daß relativ bald Tyrosin auftritt, ein Zeichen dafür, daß die Eiweißkörper gespalten worden sind. Man nennt diesen Prozeß Autolyse.

Den Nachweis von peptolytischen Fermenten in den Gewebezellen kann man zu einem ganz besonders überzeugenden gestalten, wenn man folgenden Versuch anstellt. Man entnimmt dem eben getöteten Tier z. B. eine Niere und schneidet diese durch. Man eröffnet durch den Schnitt zahlreiche Zellen. Von diesem Gewebe bringt man ein Stückchen in ein Erlenmeyerkölbchen und übergießt es mit einer 25 prozentigen sterilisierten Seidenpeptonlösung. Das Seidenpepton bereitet man sich aus Seidenabfällen, indem man 100 Gramm Seidenfibroin mit 500 ccm 70 prozentiger Schwefelsäure vier Tage bei Zimmertemperatur stehen läßt. Dann wird die Schwefelsäure mit Baryt quantitativ entfernt, und darauf das sowohl schwefelsäure- wie barytfreie Filtrat unter vermindertem Druck zur Trockene verdampft. Zum erwähnten Versuche kann das so dargestellte Pepton direkt verwendet werden. Das Seidenpepton ist in Wasser spielend löslich. Es enthält viel l-Tyrosin. Wird das Pepton gespalten und dabei Tyrosin in Freiheit gesetzt, dann scheidet sich die schwerlösliche Aminosäure sofort aus. Man beobachtet dann, daß auf dem betreffenden Gewebsstück sich nach ganz kurzer Zeit Tyrosinkrystalle abscheiden.

Darstellung von Aminosäuren und Polypeptiden.

1. Aminosäuren.

A. Gewinnung von Aminosäuren durch Abbau von Eiweißstoffen.

Darstellung von Glykokoll und d-Alanin aus Seidenabfällen[1]).

$$CH_2(NH_2) \cdot COOH \qquad \text{und} \qquad CH_3 \cdot CH(NH_2) \cdot COOH.$$

Glykokoll = Aminoessigsäure   Alanin = α-Aminopropionsäure

100 Gramm Seidenabfälle werden in einem 500 ccm fassenden Rundkolben mit 300 ccm rauchender Salzsäure vom spez. Gewicht 1,19 übergossen. Nunmehr bringt man den Rundkolben auf ein Wasserbad und erwärmt so lange unter dem Abzug, bis Lösung eingetreten ist. Die Lösung ist braun gefärbt. Jetzt kocht man unter Anwendung eines Rückflußkühlers auf dem Baboblech. Nach sechsstündigem Kochen ist die Hydrolyse vollständig.

Gewinnung von Glykokoll = Aminoessigsäure.

Das Glykokoll, auch Glycin genannt, läßt sich annähernd quantitativ als Esterchlorhydrat abscheiden. Um es in diese Verbindung überzuführen, wird die salzsaure Lösung der Aminosäuren unter vermindertem Druck eingedampft. Man bedient sich hierzu des in Fig. 81 dargestellten Apparates. Die Hydrolysenflüssigkeit wird aus dem Rundkolben in einen Destillierkolben a übergeführt. Diesen bringt man in ein Wasserbad c und verbindet ihn mit einem zweiten Destillierkolben d, der als Vorlage dient. Dieser letztere wird mit der Wasserstrahlpumpe f in Verbindung gesetzt, mit deren Hilfe die beiden Kolben evakuiert werden. Die Vorlage wird durch Auffließenlassen von Wasser gekühlt (e). Um zu vermeiden, daß Siedeverzug eintritt, wird der Kolben, in dem die Hydrolysenflüssigkeit sich befindet, oben durch einen Stopfen abgeschlossen, durch den eine Capillare b hindurchgeführt ist. Durch diese kann man vermittels eines aufgesetzten, dickwandigen Schlauches g, der mit einer Klemmschraube versehen ist, die Luftzufuhr in äußerst feiner Weise regulieren und so jedes Stoßen vollständig vermeiden. Die Temperatur des Wasserbades braucht 35 bis 40° nicht zu überschreiten. Das Eindampfen geht sehr rasch vor sich. Ist die Flüssigkeit so weit eingedampft, daß sie zähe Blasen wirft, dann wird die Destillation unterbrochen.

---

[1]) Seidenabfälle sind je nach ihrer Qualität zu 50 Pf. bis 1 Mk. pro Kilogramm durch die Firma Schmid Frères in Basel zu erhalten.

In der Vorlage befindet sich salzsäurehaltiges Wasser. Dieses wird weggegossen. Den Destillationsrückstand übergießt man jetzt mit 500 ccm absolutem Alkohol und leitet sorgfältig getrocknete, gasförmige Salzsäure in den Alkohol ein. Die Entwicklung der gasförmigen Salzsäure erfolgt, indem man konzentrierte Schwefelsäure in Salzsäure eintropfen läßt. Zur Trocknung wird das Salzsäuregas durch zwei mit konzentrierter Salzsäure beschickte Waschflaschen geleitet. Das Einleiten der gasförmigen Salzsäure wird so lange fortgesetzt, bis aus der alkoholischen Lösung gasförmige Salzsäure entweicht. Während des Einleitens hat sich der Alkohol braun gefärbt. Unter Bildung von Esterchlorhydraten sind die Aminosäuren nach und nach in Lösung gegangen. Der Kolbeninhalt erwärmt sich während des Einleitens der Salzsäure. Schließlich beginnt der Alkohol zu sieden. Es ist nicht ratsam, das Einleiten der gasförmigen Salzsäure über Gebühr auszudehnen, da der absolute Alkohol begierig Wasser an sich zieht. Dieses ist der Bildung der Ester hinderlich. Wasser entsteht, wie die folgende Formel zeigt, schon bei der Veresterung.

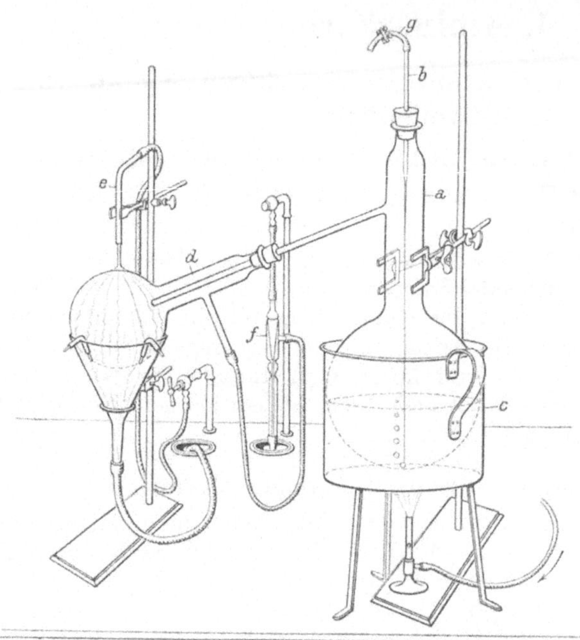

Fig. 81.
Destillation unter vermindertem Druck.

$$CH_2(NH_2) \cdot COOH + C_2H_5 \cdot OH + HCl = CH_2(NH_2) \cdot CO \cdot O \cdot C_2H_5 + H_2O.$$
$$HCl$$

Das Glykokollesterchlorhydrat ist nur in absolutem Alkohol schwer löslich. In verdünntem Alkohol fällt es nur unvollständig aus. Man wird somit, sobald gasförmige Dämpfe von Salzsäure entweichen, das Einleiten unterbrechen und dafür sorgen, daß der Kolben nach erfolgter Abkühlung vollständig luftdicht abgeschlossen wird. Am besten engt man jetzt die Flüssigkeit sofort unter vermindertem Druck ein, und zwar bringt man das ganze Volumen auf etwa $^2/_3$ des ursprünglichen. Nunmehr kühlt man den Kolbeninhalt durch Einstellen in Eiswasser auf 0° ab, bringt einige Kryställchen von Glykokollesterchlorhydrat in die Flüssigkeit, verschließt den Kolben wiederum luftdicht und stellt ihn in den Eisschrank. Bereits nach kurzer Zeit beobachtet man die Krystallisation von Glykokollesterchlorhydrat. Nach etwa 12 Stunden ist das Ganze vollständig erstarrt. Der Krystallbrei wird nunmehr auf eine Nutsche gebracht und mit Hilfe der Wasserstrahlpumpe abgesaugt. Die Krystalle sind zunächst noch hellbraun gefärbt. Durch Waschen mit auf 0° abgekühltem absolutem Alkohol läßt sich der größte Teil des Farbstoffes entziehen, und es hinterbleiben Krystalle, welche schon ziemlich farblos sind. Den Waschalkohol gibt man zu der Mutterlauge des Glykokollesterchlorhydrats hinzu. Diese enthält noch weitere Mengen dieser Verbindung.

Um auch diese noch zu gewinnen, werden die gesamten Filtrate unter vermindertem Druck vollständig zur Trockene verdampft. Das Wesentliche ist hierbei, daß das vorhandene Wasser möglichst entfernt wird. Den Destillationsrückstand übergießt man mit 300 ccm absolutem Alkohol und leitet wiederum trockene gasförmige Salzsäure ein, bis Sättigung eingetreten ist. Dann verdampft man unter vermindertem Druck bis etwa auf die Hälfte des ursprünglichen Volumens, kühlt auf 0° ab, impft mit einem Kryställchen von Glykokollesterchlorhydrat und läßt nunmehr, nachdem der Kolben sorgfältig verschlossen worden ist, bei 0° stehen. Man erhält so eine weitere Menge von Glykokollesterchlorhydrat, die nach etwa 12 Stunden ebenfalls abgenutscht, scharf abgepreßt und mit auf 0° abgekühltem Alkohol gewaschen wird. Die Krystallfraktionen werden nunmehr vereinigt und im Vakuumexsiccator über Kalk und Schwefelsäure (vgl. Fig. 25) getrocknet. Man kann das Trocknen des Rohproduktes auch durch Aufpressen auf einen Tonteller vornehmen. Das so erhaltene Glykokollesterchlorhydrat ist noch nicht vollständig rein. Um es zu reinigen, löst man das Rohprodukt in möglichst wenig heißem absolutem Alkohol auf, kocht die heiße Lösung mit 2—3 Löffel voll Tierkohle und filtriert nun, nachdem man sich durch Filtration einer Probe überzeugt hat, daß das Filtrat vollständig farblos ist. Würde man das Filtrieren durch einen gewöhnlichen Filter oder durch eine Nutsche vornehmen, dann würde man Gefahr laufen, daß die Substanz auf dem Filter krystallinisch erstarrt. Man vermeidet dies, indem man einen sogenannten Heißwassertrichter verwendet (vgl. Fig. 15). Das Filtrat zeigt bald während des Abkühlens Krystallisation. Die Krystalle werden abgenutscht, mit kaltem absolutem Alkohol gewaschen und dann im Vakuumexsiccator über Kalk und Schwefelsäure vollständig getrocknet. Die Ausbeute an Glykokollesterchlorhydrat beträgt je nach der Reinheit des Ausgangsmateriales 40—50 Gramm. Es schmilzt bei 144° (korr.).

Darstellung von d-Alanin = α-Aminopropionsäure.

Überführung von d-Alaninesterchlorhydrat in d-Alaninester und Verseifung des letzteren zu d-Alanin:

$$CH_3 \cdot \overset{\cdot}{\underset{HCl}{CH(NH_2)}}COOC_2H_5 + NH_3 = CH_3 \cdot CH(NH_2) \cdot COOC_2H_5 + NH_4Cl.$$

$$CH_3 \cdot CH(NH_2)COOC_2H_5 + H_2O = CH_3 \cdot CH(NH_2) \cdot COOH + C_2H_5OH.$$

Die Mutterlauge von Glykokollesterchlorhydrat wird unter vermindertem Druck vollständig zur Trockene verdampft, der Rückstand in wenig absolutem Alkohol, ca. 50 ccm, aufgenommen, in einen Erlenmeyerkolben c (Fig. 82) übergeführt und mit etwa 200 ccm Äther überschichtet. Man leitet nunmehr aus einer Bombe a (nach Pribram) Ammoniakgas, das durch Durchleiten durch einen Kalkturm b getrocknet wird, in die Flüssigkeit ein und turbiniert das Gemisch. Hierbei werden die Esterchlorhydrate der Aminosäuren in die freien Ester übergeführt. Diese gehen in den Äther über. Das Einleiten des Ammoniaks wird so lange fortgesetzt, bis deutlicher Geruch nach diesem auftritt. Während der ganzen Operation wird der Erlenmeyerkolben in einem Emailletopf mit Eiswasser gekühlt. Bald tritt nach dem Einleiten des Ammoniaks ein Niederschlag auf. Er besteht aus Chlorammon. Die ätherische Lösung wird nunmehr abgegossen, eventuell im Scheidetrichter abgetrennt, dann der

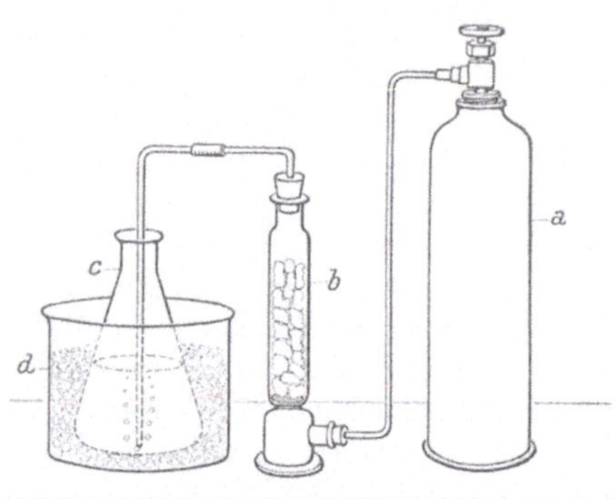

Fig. 82.
Infreiheitsetzung von Aminosäureestern mittels Ammoniak.

Äther unter vermindertem Druck bei gewöhnlicher Temperatur oder auf dem Wasserbade unter Anwendung eines guten Kühlers (Fig. 83) abdestilliert. Im ersteren Fall muß die Vorlage gut mit Wasser gekühlt werden, weil sonst der verdampfende, nicht kondensierte Äther das Zustandekommen eines guten Vakuums hindert. Infolgedessen würde die Destillation des Äthers zu viel Zeit in Anspruch nehmen.

Jetzt beginnt man mit der Destillation der Ester (Fig. 84). Die Vorlage wird gewechselt, das Vakuum wieder hergestellt und nun unter Erwärmung des Wasserbades bis 100⁰ destilliert. Die Vorlage wird mit einer Kältemischung gekühlt. Das Destillat enthält Alaninester. Er siedet bei ca. 10 mm Druck bei 55°. Um aus dem Ester die freie Aminosäure zu erhalten, wird die gesamte Menge des Esters aus dem Destillationskolben in einen Rundkolben übergeführt. Den ersteren spült man mit destilliertem Wasser aus und gibt dieses zu dem Ester. Nachdem man noch so viel Wasser zugefügt hat, daß das gesamte Volumen ca. das Zehnfache des ursprünglichen ausmacht, gibt man einen Siedestab in die Lösung, setzt einen Kühler auf und erhitzt nun so lange auf dem Baboblech, bis die alkalische Reaktion verschwunden ist. Man gibt zweckmäßig ein Stückchen Lackmuspapier in die Lösung. Es erleichtert dies die Kontrolle der Beendigung der Verseifung. Ist die Flüssigkeit etwas gefärbt, dann fügt man etwa einen Löffel voll Tierkohle zu, kocht auf, filtriert und dampft nun die Flüssigkeit auf dem Wasserbad in einer Porzellanschale so lange ein, bis Krystallabscheidung erfolgt. Nunmehr läßt man abkühlen, wobei die Menge der Krystalle sich noch wesentlich vermehrt, nutscht ab, preßt sorgfältig aus und wäscht mit wenig eiskaltem Wasser. Die Mutterlauge wird weiter eingeengt, bis wieder Krystalle erscheinen. Man nutscht wieder ab. Die ganze Operation wiederholt man noch zwei- bis dreimal. Durch diese fraktionierte Krystallisation erreicht man eine Trennung

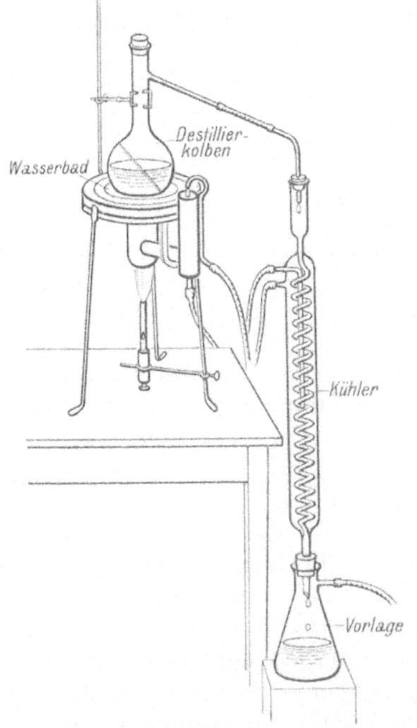

Fig. 83. Destillation von Äther.

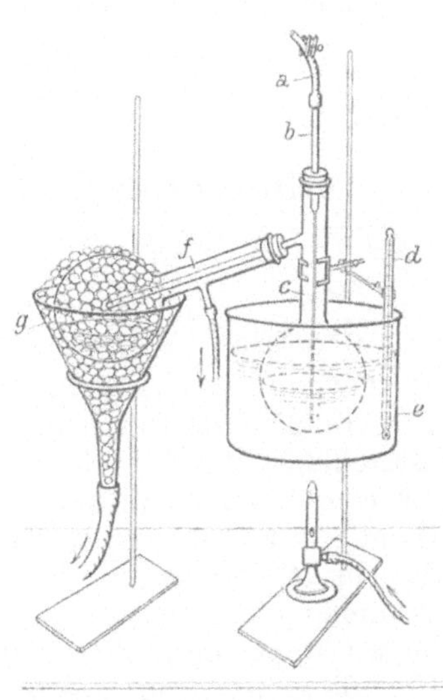

Fig. 84.
Destillation von Aminosäureestern.

a = Dickwandiger Gummischlauch mit Klemme, b = Capillare, c = Destillierkolben, d = Thermometer, e = Wasserbad, f = Vorlage, g = Eis-Salzmischung.

der optisch reineren Krystallabscheidungen von den mehr razemisierten. Meist sind die beiden ersten Krystallfraktionen optisch ganz rein, während die weiteren Fraktionen meist optisch nicht mehr ganz einheitlich sind. Die Reinheit des d-Alanins kann einmal durch die Bestimmung des Stickstoff-, Kohlen- und Wasserstoffgehaltes festgestellt werden, vor allem aber durch die Feststellung des spezifischen Drehungsvermögens. Reines d-Alanin dreht in der berechneten Menge n-Salzsäure gelöst 10,5 nach rechts.

Beispiel: 0,4454 Gramm Substanz in der berechneten Menge Salzsäure gelöst. Gesamtgewicht der Lösung 5,4555 Gramm. Spezifisches Gewicht 1,101. Abgelesener Drehungswinkel 1,30 im 1-dm-Rohr bei

Natriumlicht. Daraus berechnet sich die spezifische Drehung nach der Formel

$$\frac{1{,}80 \cdot 0{,}4454 \cdot 100}{1{,}101 \cdot 5{,}4555 \cdot 1} \cdot 0{,}709\,44 = 9{,}47\,°.$$

Die Zahl 0,709 44 ist nach der Gleichung: Molekulargewicht des Alanins (89) : Molekulargewicht des salzsauren Alanins (125,45) $= x : 1$ berechnet.

d-Alanin zersetzt sich beim raschen Erhitzen gegen 297°. Die Ausbeute beträgt 12—15 Gramm.

Kocht man eine wässerige Lösung von Alanin mit einem Überschuß an gefälltem Kupferoxyd (vgl. S. 97), dann färbt sich die Lösung intensiv blau. Engt man nach erfolgter Filtration ein, dann krystallisiert das Kupfersalz des Alanins

$$\left.\begin{array}{l} CH_3 \cdot CH(NH_2) \cdot COO \\ CH_3 \cdot CH(NH_2) \cdot COO \end{array}\right\rangle Cu$$

aus.

Darstellung von Glykokoll aus Glykokollesterchlorhydrat[1]).

$$CH_2(NH_2) \cdot COOC_2H_5 + Na(OH) = CH_2(NH_2) \cdot COOC_2H_5 + H_2O + NaCl.$$
$$\overset{\cdot}{HCl}$$

$$CH_2(NH_2) \cdot COOC_2H_5 + H_2O = CH_2(NH_2) \cdot COOH + C_2H_5OH.$$

25 Gramm Glykokollesterchlorhydrat werden in einem Rundkolben von 250 ccm Inhalt mit 15 ccm Wasser übergossen. Das Glykokollesterchlorhydrat geht hierbei nur teilweise in Lösung. Nun fügt man 100 ccm Äther hinzu und stellt den Rundkolben in eine, in einem geräumigen Emailletopf befindliche Kältemischung. Durch Zugabe von 20 ccm 33 prozentiger Natronlauge setzt man die Ester in Freiheit. Während des Zusatzes der Lauge wird kräftig geschüttelt. Am besten fügt man diese allmählich zu und schüttelt dazwischen. Um die noch in der wässerigen Lösung sich befindenden Ester — der größte Teil davon ist schon in den Äther übergegangen — zu erhalten, gibt man körniges Kaliumcarbonat in kleinen Portionen hinzu und schüttelt energisch. Man setzt das Zuschütten so lange fort, bis die wässerige Schicht zu einem gleichmäßigen körnigen Brei wird. Der Äther wird nun abgegossen, filtriert und in einer Stöpselflasche über Natrium- oder Magnesiumsulfat getrocknet. Das Trocknungsmittel muß frisch geglüht sein. Man nimmt ca. 25 Gramm des Trocknungsmittels und glüht es in einer Porzellanschale aus. Dann gibt man die noch warme Schale samt Inhalt in einen Exsiccator und läßt erkalten. Der beim Abgießen des Äthers verbleibende Rückstand wird sofort wieder mit Äther überschichtet und die ganze Masse gut durchgeschüttelt. Die Ätherschicht wird zu der bereits abgehobenen hinzufiltriert und der ganze Prozeß noch einige Male wiederholt. Nach etwa

---

[1]) Glykokollester kann aus dem Esterchlorhydrat auch mit Ammoniak unter den gleichen Bedingungen, wie sie beim Alanin angegeben worden sind, in Freiheit gesetzt werden. Die Ausbeute ist eine sehr gute.

6 Stunden sind die vereinigten Ätherauszüge getrocknet. Nunmehr filtriert man vom Trocknungsmittel ab und gibt die ätherische Lösung des Glykokollesters in einen Destillationskolben. Diesen verbindet man mit einem zweiten Destillationskolben, der als Vorlage dient. Der Äther wird nun bei gewöhnlicher Temperatur unter vermindertem Druck abdestilliert. Ist der Äther fast vollständig verdampft, dann beginnt man unter Auswechslung der Vorlage mit der Destillation des Glykokollesters. Die Vorlage wird mit einer Kältemischung gekühlt. Der Glykokollester geht bei 11 mm Druck bei 44⁰ über. Das Erwärmen der zu destillierenden Flüssigkeit wird durch ein Wasserbad bewirkt.

Das Destillat wird mit der zehnfachen Menge Wasser versetzt, in einen Rundkolben übergeführt und nach Zugabe eines Siedestäbchens und Aufsetzen eines Kühlers so lange auf dem Baboblech gekocht, bis die alkalische Reaktion der Flüssigkeit verschwunden ist. Durch fraktioniertes Eindampfen der wässerigen Lösung auf dem Wasserbade erhält man Krystallfraktionen von reinem Glykokoll. Die Ausbeute beträgt etwa 10 Gramm. Glykokoll zersetzt sich gegen 240⁰.

Glykokoll schmeckt süß und gibt beim Kochen mit Kupferoxyd in wässeriger Lösung ein schön blau gefärbtes Kupfersalz. 1 Gramm Glykokoll wird in 5 ccm Wasser gelöst. Zur Lösung fügt man einen Überschuß an frisch gefälltem Kupferoxyd. Dieses bereitet man sich, indem man eine wässerige Lösung von Kupfersulfat mit überschüssiger Natronlauge kocht. Hierbei fällt braunschwarzes Kupferoxyd aus. Man wartet ab, bis sich der Niederschlag abgesetzt hat und gießt nunmehr die Flüssigkeit ab. Nun gibt man destilliertes Wasser hinzu, rührt um und läßt wieder absitzen. Das Wasser wird erneuert und der ganze Prozeß so lange wiederholt, bis die Waschflüssigkeit nicht mehr alkalisch reagiert. Jetzt bewahrt man das Kupferoxyd unter Wasser auf. Will man das Kupferoxyd benützen, dann schüttelt man das Gemisch durch. Beim Kochen der wässerigen Lösung des Glycins mit dem Kupferoxyd tritt bald Blaufärbung auf. Hat man etwa 10 Minuten gekocht, dann filtriert man vom überschüssigen Kupferoxyd ab und engt die blaue Lösung auf dem Wasserbade ein, bis sich Glykokollkupfer

$$\left.\begin{array}{l} CH_2(NH_2) \cdot COO \\ CH_2(NH_2) \cdot COO \end{array}\right\rangle Cu$$

krystallinisch abscheidet.

Gewinnung von Glykokollpikrat: 1 Gramm Glycin wird in 1 ccm Wasser in der Hitze gelöst. Zu der Lösung fügt man die einfache Gewichtsmenge reiner Pikrinsäure in alkoholischer Lösung. Beim Abkühlen fällt sofort Glykokollpikrat aus. Es schmilzt gegen 190⁰.

Darstellung von β-Naphtalinsulfoglycin (nach Emil Fischer und Peter Bergell).

$$\begin{array}{c} CH_2 \cdot COOH \\ | \\ NH_2 \end{array} + Cl \cdot SO_2 \cdot C_{10}H_7 = \begin{array}{c} CH_2 \cdot COOH \\ | \\ NH \cdot SO_2 \cdot C_{10}H_7 \end{array} + HCl.$$

Man löst 2 Gramm Glykokoll in der auf 1 Mol. berechneten Menge Normalnatronlauge und gibt dazu die ätherische Lösung von 2 Mol. β-Naphtalinsulfochlorid (vgl. S. 51). Das Gemisch wird bei gewöhnlicher Temperatur auf der Schüttelmaschine (vgl. Fig. 75, S. 73) in einer Stöpselflasche geschüttelt. Nach etwa 1 Stunde fügt man die gleiche Menge n-Alkali hinzu. Dieser Prozeß wird in einstündigen Abständen noch zweimal wiederholt. Nach Verlauf von 4 Stunden wird im Scheidetrichter die ätherische Schicht von der wässerigen getrennt. Jetzt wird die stark alkalisch reagierende Flüssigkeit mit Salzsäure übersättigt. Es fällt zunächst ein Öl aus, das jedoch sehr bald erstarrt. Naphtalinsulfoglycin krystallisiert zumeist in zu Büscheln vereinigten Nadeln. Sie sintern beim Erhitzen gegen 151° und schmelzen bei 156°.

Darstellung von l-Cystin = β-Dithio-α-diaminodipropionsäure aus Keratin.

$$\begin{array}{cc} \mathrm{CH_2S - S \cdot CH_2} \\ | \qquad\qquad | \\ \mathrm{CH \cdot NH_2 \quad CH \cdot NH_2} \\ | \qquad\qquad | \\ \mathrm{COOH \qquad COOH} \end{array}$$

Man geht am besten von irgend einer Keratinart aus, die keinen dunkeln Farbstoff enthält. Gut geeignet sind Hornspäne, Schweineborsten, Federn. Sehr gute Ausbeuten liefern Menschenhaare und Pferdehaare, doch stört das vorhandene dunkle Pigment etwas.

Beispiel: 100 Gramm Federn werden in einem 500 ccm fassenden Rundkolben mit 300 ccm rauchender Salzsäure vom spez. Gewicht 1,19 übergossen, auf dem Wasserbad zur Lösung gebracht und nun auf dem Baboblech unter Anwendung eines Rückflußkühlers sechs Stunden gekocht. Am besten setzt man gleich 20 Gramm Tierkohle zu. Nach beendigtem Kochen läßt man die Lösung sich abkühlen, verdünnt mit der gleichen Menge Wasser und filtriert. Zu dem Filtrat setzt man unter Kühlung mit Eiswasser so viel Natronlauge hinzu, bis die Reaktion nur noch ganz schwach sauer ist. Nach einigem Stehen im Eisschrank erfolgt Krystallisation von Cystin. Die Abscheidung läßt sich beschleunigen, indem man Eisessig zufügt. Das so erhaltene Cystin ist schon recht rein. Die Ausbeute beträgt etwa 6 Gramm. Sie läßt sich erhöhen, indem man die Mutterlauge einengt und dann längere Zeit bei 0° stehen läßt. Hält man die gegebenen Bedingungen ein, dann erhält man Cystin, das mit Millons Reagens keine Färbung gibt. Zeigt dagegen die positive Millonsche Reaktion die Anwesenheit von Tyrosin an, dann wird das Rohcystin in 10prozentigem Ammoniak gelöst. Zu der Lösung gibt man vorsichtig Eisessig. Es fällt reines Cystin aus. War die Lösung des Cystins in Ammoniak gefärbt, dann schüttelt man die Lösung mit etwas Tierkohle in der Kälte. Das Kochen der ammoniakalischen Lösung des Cystins empfiehlt sich nicht, weil es dabei sehr leicht verändert wird. Eine Probe des Cystins in Wasser gelöst und mit Natronlauge und basischem essigsaurem Blei gekocht, zeigt bald Braunschwarzfärbung. Es hat sich Schwefelblei unter Zersetzung des Cystins gebildet. Das Cystin krystallisiert zumeist in regelmäßig sechsseitigen Platten.

Darstellung von d-Glutaminsäure = Aminoglutarsäure aus Kleber.

$$\begin{array}{c} COOH \\ | \\ CH \cdot NH_2 \\ | \\ CH_2 \\ | \\ CH_2 \\ | \\ COOH \end{array}$$

100 Gramm Kleber[1]) werden in einem Rundkolben von 500 ccm Inhalt mit 300 ccm rauchender Salzsäure vom spez. Gewicht 1,19 übergossen. Man erwärmt zunächst auf dem Wasserbade, bis Lösung eingetreten ist. Dann kocht man am Rückflußkühler auf dem Baboblech unter dem Abzug. Nach 6 Stunden ist die Hydrolyse beendet. Es empfiehlt sich, gleich beim Beginn des Erwärmens 20 Gramm Tierkohle zuzusetzen. Der Kleber ist mehr oder weniger reich an Kohlenhydraten. Das erklärt die Bildung relativ großer Mengen von Huminsubstanzen. Es wird nach erfolgtem Verdünnen mit dem gleichen Volumen Wasser filtriert. Das Filtrat ist meist nur noch hellbraun gefärbt, ja oft ganz farblos. Es wird unter vermindertem Druck stark eingeengt. Hat man ein Volumen von etwa 100 ccm erreicht, dann gießt man die Lösung in einen Erlenmeyerkolben von ca. 200 ccm Inhalt und leitet gasförmige Salzsäure bis zur Sättigung ein. Nach dem Abkühlen impft man mit einem Kryställchen von Glutaminsäurechlorhydrat und stellt die Lösung in den Eisschrank. Nach kurzer Zeit beginnt die Abscheidung von Glutaminsäurechlorhydrat. Es empfiehlt sich mit dem Absaugen der Krystalle mindestens 24 Stunden zu warten. Häufig fällt nämlich das Glutaminsäurechlorhydrat sehr feinkrystallinisch aus. Es ist dann sehr schwer die Krystallmasse abzusaugen und von der Mutterlauge frei zu bekommen. Wartet man jedoch einige Zeit, dann erhält man größere Krystalle, die sich sehr leicht absaugen und mit eiskalter, rauchender Salzsäure waschen lassen. Als Filter wählt man Koliertuch, das man der Nutsche anpaßt. Durch Einengen der Mutterlauge lassen sich weitere Krystallfraktionen gewinnen. Die Ausbeute an rohem Glutaminsäurechlorhydrat beträgt 40 Gramm. Das Rohprodukt wird in Wasser gelöst, die Lösung durch Kochen mit Tierkohle vollständig entfärbt und das Filtrat mit gasförmiger Salzsäure gesättigt und dann bei 0° stehen gelassen. Das Glutaminsäurechlorhydrat krystallisiert nun in großen Krystallen aus. Es wird wiederum auf einem Koliertuch abgesaugt, der Rückstand mit eiskalter konz. Salzsäure gewaschen und die Krystalle dann im Vakuumexsiccator über Kalk und Schwefelsäure getrocknet. Zur

---

[1]) Zu beziehen bei den Pasewalker Stärkefabriken.

Feststellung der Reinheit des erhaltenen salzsauren Salzes bestimme man den Chlorgehalt und ferner das Drehungsvermögen ($[\alpha]_{20^0}^{D} = +25{,}0^\circ$) Reines d-Glutaminsäurechlorhydrat schmilzt beim raschen Erhitzen gegen 210°, bei 205° beobachtet man Sintern.

Zur Gewinnung der freien Glutaminsäure wird das Hydrochlorat in wenig Wasser gelöst, die auf die Salzsäure berechnete Menge n-Natronlauge zugefügt und die Lösung eingeengt. Es gelingt leicht durch fraktionierte Krystallisation die reine Glutaminsäure vom gebildeten Kochsalz abzutrennen. Rascher gelangt man zum Ziel, wenn man in die wässerige Lösung des Glutaminsäurechlorhydrates gasförmiges Ammoniak bis zur schwach alkalischen Reaktion einleitet, dann aufkocht und einengt. Es krystallisiert bald reine Glutaminsäure aus. Aus der Mutterlauge der ersten Krystallfraktionen gewinnt man die letzten Reste, indem man mit Alkohol fällt. Das gebildete Chlorammon bleibt in Lösung. Die Ausbeute an reiner Glutaminsäure beträgt 18 bis 20 Gramm.

Überführung der Glutaminsäure in Pyrrolidoncarbonsäure. 5 Gramm Glutaminsäure werden in einem kleinen Reagensglas 3 Stunden im Ölbad auf 190° erhitzt. Es verbleibt eine hellbraun gefärbte Masse, die sich leicht aus der zweifachen Menge Methylalkohol unter Anwendung von Tierkohle umkrystallisieren läßt. Die Krystalle schmelzen nach vorheriger Erweichung bei 182—183°.

Darstellung von d-Arginin $= \alpha$-Amino-δ-guanidinovaleriansäure.

$$C\!=\!NH \begin{cases} \diagup NH_2 \\ \\ \diagdown NH \cdot CH_2 \cdot CH_2 \cdot CH_2 \cdot CH(NH_2) \cdot COOH. \end{cases}$$

300 Gramm Edestin werden mit 300 ccm rauchender Salzsäure vom spez. Gewicht 1,19 in einem Rundkolben von 500 ccm Inhalt übergossen. Nachdem durch Erwärmen auf dem Wasserbad Lösung herbeigeführt worden ist, erhitzt man 6 Stunden am Rückflußkühler auf dem Baboblech. Das Hydrolysat wird dann mit der dreifachen Menge Wasser verdünnt und mit einem Überschuß an Phosphorwolframsäure gefällt. Der Niederschlag wird abgenutscht, mit 5 prozentiger Schwefelsäure in einer Reibschale verrührt und dann auf der Nutsche gewaschen, bis das Filtrat keine Reaktion auf Salzsäure mehr zeigt. Nun wird der Niederschlag in eine Reibschale übergeführt, mit der doppelten Gewichtsmenge seines Gewichtes an Baryt versetzt und nun gründlich mit dem Pistill zerrieben. Durch das dem Baryt entstammende Krystallwasser wird die Masse dünnbreiig. Jetzt wird abgenutscht, mit Wasser nachgewaschen und im Filtrat der überschüssige Baryt quantitativ mit Schwefelsäure entfernt. Das Filtrat vom Bariumsulfat wird unter vermindertem Druck bei 40° des Wasserbades eingeengt. Nun werden Arginin und Histidin getrennt, indem man die Lösung mit Kohlensäure sättigt und mit einer gesättigten Lösung von Quecksilberchlorid fällt. Aus dem Filtrate der Quecksilberfällung

— der Niederschlag enthält das Histidin — wird das Quecksilber mit Schwefelwasserstoff und dann das Chlor mit Silbernitrat entfernt und das Filtrat vom Chlorsilber nun mit überschüssigem Silbernitrat versetzt und das Arginin durch kaltes, möglichst gesättigtes Barytwasser gefällt. — Das gesättigte Barytwasser bereitet man sich in folgender Weise. Man löst Baryt in heißem Wasser auf. Man erhält keine klare Lösung, weil sich schon während des Kochens kohlensaurer Baryt bildet, auch enthält das käufliche Baryt meist schon solchen. Die heißgesättigte Lösung wird in einen enghalsigen Stehkolben hineinfiltriert, der Kolben gleich verschlossen oder ein Natronkalkrohr aufgesetzt und abkühlen gelassen. Es krystallisiert reines Baryt aus. Die überstehende Flüssigkeit ist mit Baryt gesättigt und kann direkt benutzt werden. Hält man das Gefäß stets sorgfältig verschlossen, dann bleibt die Lösung klar. — Der sorgfältig gewaschene Niederschlag wird in schwefelsäurehaltigem Wasser suspendiert und mit Schwefelwasserstoff zerlegt und das Filtrat des Silbersulfids durch Durchleiten von Luft vom Schwefelwasserstoff befreit, die Schwefelsäure mit Baryt quantitativ gefällt, und schließlich das Filtrat vom Bariumsulfat mit Salpetersäure neutralisiert und eingedunstet. Es krystallisiert neutrales Argininnitrat aus.

Darstellung von l-Tyrosin = p-Oxyphenyl- α-aminopropionsäure aus Seidenabfällen.

$$OH$$
$$C \cdot CH_2 \cdot CH(NH_2) \cdot COOH.$$

100 Gramm Seidenabfälle werden in einem Rundkolben von 1 Liter Inhalt mit 500 ccm 25 prozentiger Schwefelsäure übergossen. Den Rundkolben bringt man auf ein Wasserbad und erwärmt so lange, bis das Seidenfibroin in Lösung gegangen ist oder doch eine weiche faserige Masse bildet. Jetzt stellt man den Rundkolben auf ein Baboblech, setzt einen Kühler auf und erhitzt 16 Stunden. Die Flüssigkeit färbt sich hierbei gelbbraun. Man gießt nunmehr das Hydrolysat in ein dickwandiges Becherglas oder in eine weithalsige Pulverflasche und fügt so viel einer heißgesättigten Barytlösung hinzu, bis die Schwefelsäure vollständig ausgefällt ist. Am besten berechnet man sich die Menge des notwendigen Baryts, wobei man zu berücksichtigen hat, daß der Baryt mit 8 Mol. Wasser krystallisiert. Die quantitative Entfernung der Schwefelsäure kontrolliert man durch Entnahme von Proben. Diese filtriert man durch kleine Filter in kleine Reagensgläser. Das Filtrat darf weder mit Baryt noch mit Schwefelsäure eine Fällung geben. Man kann, falls man keine bestimmte Menge Baryt angewandt hat, den Punkt der ungefähr vollständigen Ausfällung der Schwefelsäure mit Hilfe eines Lackmuspapieres feststellen. Selbstverständlich darf man nicht den Neutralitätspunkt als Endpunkt betrachten, weil ja die bei der Hydrolyse der Seide entstandenen Aminosäuren sauer rea-

gieren. Nähert man sich dem Punkte der vollständigen Entfernung der Schwefelsäure, dann beginnt das Bariumsulfat im allgemeinen sich rascher abzusetzen. Man erspart sich sehr viel Zeit und auch Verdruß, wenn man erst dann, wenn fast alle Schwefelsäure entfernt ist, mit den Proben beginnt, und dann je nach dem Resultat sehr vorsichtig Baryt oder, falls zu viel Baryt vorhanden ist, Schwefelsäure zufügt, wobei man jedesmal gründlich umrührt. Zu den Probeentnahmen verwendet man am besten ein Glasrohr. Pipetten sind zu vermeiden, weil das Glas von Baryt angegriffen wird. In den meisten Fällen setzt sich der Niederschlag so rasch ab, daß man durch Abheben direkt, d. h. ohne Filtration, eine klare Flüssigkeit erhält. Gibt schließlich eine Probe des gut durchgerührten Gemisches weder mit Baryt noch mit Schwefelsäure eine Fällung, dann beginnt man mit der Filtration des Bariumsulfatniederschlages[1]). Hierzu bedient man sich eines großen Trichters, in den man zwei Faltenfilter gibt. Das zunächst abfließende Filtrat ist meist etwas trüb. Man setzt deshalb den Trichter nicht gleich auf dasjenige Gefäß, in dem man das gesamte Filtrat auffangen wünscht, sondern zunächst auf ein kleineres Gefäß (kleiner Erlenmeyerkolben). Man wartet ab, bis das Filtrat vollständig klar abfließt. Jetzt gibt man den Trichter auf das Hauptgefäß. Am besten benützt man mehrere Trichter. An Stelle eines Trichters kann man auch eine Nutsche verwenden. Der Filter wird zweckmäßigerweise mit Tierkohle gedichtet. Man schüttelt in einem Erlenmeyerkolben ca. 2 Löffel voll Tierkohle mit destilliertem Wasser und saugt dann ab. Das Filtrat gießt man weg und gibt nun die Bariumsulfat enthaltende Flüssigkeit auf die Nutsche. Man kann auch den Bariumsulfatniederschlag durch Dekantieren entfernen, doch kommt man mit Filtrieren rascher zum Ziel.

Der Bariumsulfatniederschlag schließt stets größere Mengen des sehr schwer löslichen Tyrosins ein. Um diese zu gewinnen, wird der Filterrückstand in einem Emailletopf mit Wasser übergossen und unter beständigem Umrühren gekocht. Das heiße Gemisch wird mit Hilfe eines Schöpfers auf ein Filter gebracht (vgl. Fig. 85). Das Auskochen wird in der gleichen Weise so lange wiederholt, bis das Filtrat frei vom Tyrosin ist. Dies stellt man fest, indem man zu einer Probe des Filtrats Millons Reagens gibt. Es darf beim Erwärmen keine Rotfärbung mehr eintreten (vgl. S. 86). Jetzt werden sämtliche Filtrate vereinigt und auf dem Wasserbade so lange eingedampft, bis Krystalle erscheinen. Nunmehr kühlt man ab und gewinnt die Krystalle durch Absaugen. Die Mutterlauge wird weiter eingeengt, bis von neuem eine Krystallhaut sich bildet. Dieser Prozeß des Filtrierens und Einengens wird so lange wiederholt, bis das Filtrat der letzten Krystallisation mit Millons Reagens keine Rotfärbung mehr zeigt. Die Ausbeute an Rohtyrosin beträgt 8—9 Gramm je nach der Beschaffenheit des Ausgangsmateriales.

---

[1]) Verfügt man über eine Zentrifuge, deren Gefäße einen genügend großen Inhalt haben, dann wird der Bariumsulfatniederschlag abgeschleudert.

Zur Reinigung wird das Rohprodukt in heißem Wasser gelöst. Man braucht hierzu etwa 4 Liter Wasser. Unter Zugabe von 25 Gramm Tierkohle kocht man so lange, bis eine abfiltrierte Probe vollständig klar und farblos aussieht. Jetzt filtriert man durch einen Heißwassertrichter ab. Man kann sich auch so behelfen, daß man einen gewöhnlichen Trichter mit kurzem Ansatzrohr mit dem Faltenfilter, wie Fig. 15, S. 5 zeigt, auf ein Wasserbad stülpt. Der heiße Trichter wird dann auf einen großen Erlenmeyerkolben aufgesetzt und rasch filtriert. Auch hier empfiehlt es sich, das erste Filtrat für sich aufzufangen und festzustellen, ob das Filter auch ganz dicht ist. Aus dem Filtrat beginnt das Tyrosin sich bald in feinen Krystallen abzuscheiden. Durch Einengen der Mutterlauge erhält man weitere Krystallmassen. Das Filtrat darf schließlich mit Millons Reagens keine Rotfärbung mehr zeigen. Die Ausbeute an reinem Tyrosin beträgt 7—8 Gramm. Große Verluste können dadurch eintreten, daß die Tierkohle Tyrosin adsorbiert. Es lohnt sich auf alle Fälle, die Tierkohle energisch auszukochen. Die Ausbeute wird oft auch dadurch erheblich beeinträchtigt, daß die Schwefelsäure oder der Baryt nicht vollständig entfernt worden sind. Es ist in jedem Falle sehr empfehlenswert, beim Einengen des Filtrates des Bariumsulfatniederschlages von Zeit zu Zeit Proben mit Schwefelsäure und Baryt zu prüfen.

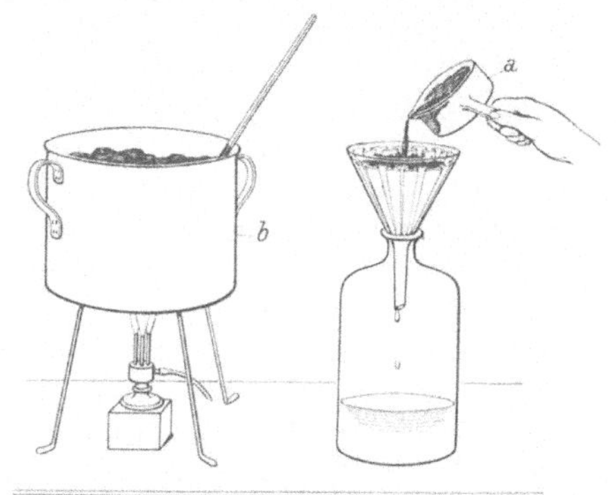

Fig. 85.

Das Tyrosin zersetzt sich beim raschen Erhitzen gegen 310°. Es gibt die Xanthoprotein- und die Millonsche Probe.

Viel rascher kommt man zum Ziel, wenn man die Hydrolyse der Seidenabfälle mit rauchender Salzsäure vornimmt (vgl. S. 91), dann das Hydrolysat zur Trockene verdampft, den Rückstand in Wasser löst und nochmals eindampft. Man entfernt so den größten Teil der freien Salzsäure. Nun löst man wieder in wenig Wasser, leitet Ammoniakgas bis zur schwach alkalischen Reaktion ein, kocht auf und engt ein, bis Krystallisation erfolgt. Man kann auch direkt bis zur Trockene verdampfen, um alles Ammoniak zu vertreiben und dann den Rückstand unter Anwendung von Tierkohle aus heißem Wasser umkrystallisieren.

Darstellung von l-Histidin = α-Amino- β-imidazolpropionsäure aus roten Blutkörperchen.

Am besten verwendet man defibriniertes Pferdeblut. Aus diesem lassen sich die Blutkörperchen durch einfaches Sedimentieren leicht gewinnen. Das Serum wird abgegossen und der Blutkörperchenbrei

$$CH - NH$$
$$\| \quad \diagdown CH$$
$$C - N$$
$$CH_2$$
$$CH \cdot NH_2$$
$$COOH$$

mit der dreifachen Menge rauchender Salzsäure vom spez. Gewicht
1,19 übergossen.   Es empfiehlt sich, in die Lösung noch gasförmige
Salzsäure bis zur Sättigung einzuleiten.   Nunmehr kocht man in der
üblichen Weise auf dem Baboblech unter Verwendung eines Rückflußkühlers.   Nach 6 Stunden ist die Hydrolyse vollendet.   Die Hydrolysenflüssigkeit wird dann unter vermindertem Druck vollständig zur Trockene
verdampft, der Rückstand dreimal in Wasser aufgenommen und stets
wieder zur Trockene abgedampft.   Jetzt wird der möglichst von Salzsäure befreite Rückstand wieder in Wasser gelöst, die Lösung mit Sodalösung neutralisiert und nun filtriert.   Das Filtrat wird mit Soda deutlich alkalisch gemacht.   Nun wird mit einer gesättigten alkoholischen
Lösung von Sublimat gefällt.   Die Reaktion der Flüssigkeit wird während der Fällung alkalisch gehalten.   Der Niederschlag wird dann in
wenig Salzsäure gelöst und nochmals unter Zugabe von Soda, viel
Wasser und wenig Sublimat gefällt.   Nach Zersetzung des in Wasser
suspendierten Niederschlages mit Schwefelwasserstoff und dessen Verjagung aus dem Filtrat des Quecksilbersulfids durch Durchsaugen
von Luft krystallisiert beim Einengen Histidinmonochlorhydrat aus.
Aus den letzten Mutterlaugen erhält man Histidindichlorhydrat.   Ausbeute 8 Gramm.   Das freie Histidin erhält man durch Zusatz der auf
die Salzsäure berechneten Menge n-Natronlauge und Einengen des
Gemisches.   Oder man leitet in die Lösung des Hydrochlorates Ammoniak
ein und krystallisiert den Rückstand der verdampften Lösung aus
Wasser um.   Sehr gute Resultate erhält man auch, wenn man die berechnete Menge einer n-Lithiumhydroxydlösung zum salzsauren Salz zusetzt, zur Trockene verdampft und mit Alkohol auskocht.   Es bleibt
reines Histidin zurück.

Freies Histidin mit Bromwasser gekocht, gibt nach einiger Zeit
plötzlich dunkle Violettfärbung.   Die wässerige Lösung des freien Histidins
reagiert stark alkalisch.

Darstellung von l-Tryptophan = α-Amino-β-indolpropionsäure aus Casein.

$$C \cdot CH_2 \cdot CH(NH_2) \cdot COOH \,.$$
$$CH$$
$$NH$$

100 Gramm käufliches Casein werden in einer Pulverflasche mit
1000 ccm Wasser übergossen, dann setzt man etwas Ammoniak und
10 Gramm Pankreatin hinzu und überschichtet die Flüssigkeit mit

Toluol. Das Gemisch wird gut durchgeschüttelt und in den Brutschrank gebracht. Eine Probe der frisch bereiteten Lösung gibt mit Bromwasser keine Reaktion auf Tryptophan, wohl aber die Glyoxylsäureprobe. (Man gibt zu einer Probe Glyoxylsäure und unterschichtet dann vorsichtig mit konz. Schwefelsäure. Es tritt ein violetter Ring an der Berührungsstelle der Schichten auf.) Schon nach wenigen Stunden wird die Bromwasserreaktion positiv, ein Zeichen dafür, daß Tryptophan abgespalten worden ist. Nach etwa 8 Tagen hat die Bromreaktion das Maximum erreicht. Es läßt sich dies empirisch feststellen, indem man bei der Anstellung der Probe das Bromwasser vorsichtig zutropft und beobachtet, wann die Rosafärbung verschwindet. In der ersten Zeit genügt ein Zusatz von wenigen Tropfen des Bromwassers, um die Rosafärbung zu vernichten, später sind größere Mengen davon notwendig. Selbstverständlich muß man stets gleich große Mengen der Verdauungsflüssigkeit zur Probe benützen.

Jetzt kocht man die Lösung auf und filtriert nach dem Erkalten. Auf dem Filter verbleiben unverdaute Reste und ferner Tyrosin. Zu dem Filtrat gibt man so viel Schwefelsäure hinzu, bis es 5 Prozent davon enthält. Dann fällt man mit einer 10 prozentigen Lösung von Mercurisulfat in 5 prozentiger Schwefelsäure, solange noch eine Fällung eintritt. Es entsteht ein voluminöser Niederschlag. Er wird abgenutscht, mit 5 prozentiger Schwefelsäure gewaschen und dann in Wasser suspendiert. Jetzt leitet man unter Erwärmen und Turbinieren Schwefelwasserstoff ein (Fig. 86). Vom Quecksilbersulfid wird abfiltriert und dabei

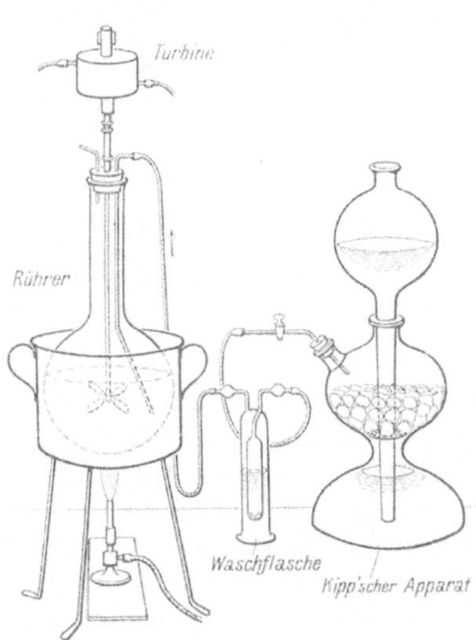

Fig. 86.

festgestellt, ob auch die Zerlegung der Fällung eine vollständige ist — es darf nur Quecksilbersulfid und nichts mehr von der gelbgefärbten Fällung vorhanden sein. Aus dem Filtrat wird der Schwefelwasserstoff durch Durchleiten von Luft vertrieben (Fig. 87, a = Glasrohr). Jetzt gibt man vorsichtig von der gleichen Quecksilbersulfatlösung hinzu, die schon früher verwendet wurde. Es entsteht zunächst ein flockiger Niederschlag. Dieser wird nach einer halben Stunde abgesaugt. Es gelingt so, das zuerst ausfallende Cystin und Verharzungsprodukte zu entfernen. Das Filtrat vom genannten Niederschlag wird weiter mit Quecksilbersulfatlösung gefällt und der Niederschlag abgesaugt. Der Filterrückstand wird mit 5 prozentiger Schwefelsäure so lange gewaschen, als das Filtrat mit Millons Reagens Rotfärbung zeigt. Nun wird der Niederschlag wiederum in der gleichen Weise, wie früher mit

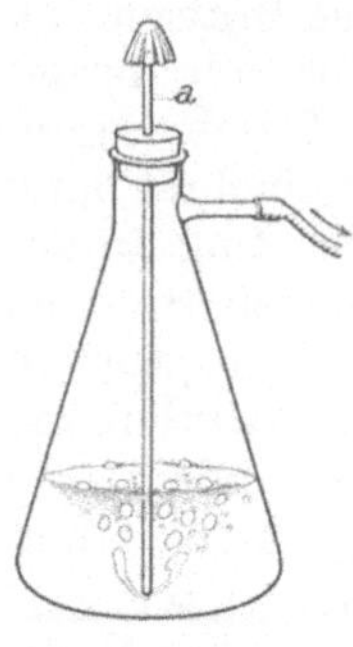

Fig. 87.
Entfernung von
Schwefelwasserstoff
durch Durchsaugen
von Luft.

Schwefelwasserstoff zerlegt, nach erfolgter Durchlüftung filtriert und im Filtrat die Schwefelsäure mit Baryt quantitativ entfernt. Vom Bariumsulfat wird abfiltriert. Das Filtrat wird jetzt unter vermindertem Druck bei 40° des Wasserbades eingeengt. Von Zeit zu Zeit fügt man etwas absoluten Alkohol zu. Bald beginnt die Abscheidung von Tryptophan. Durch Umkrystallisieren aus 50 prozentigem Alkohol unter Anwendung von Tierkohle wird es ganz rein erhalten. Die Ausbeute beträgt etwa 1 Gramm. l-Tryptophan zersetzt sich beim raschen Erhitzen gegen 289°. Es gibt sowohl mit Bromwasser als mit Glyoxylsäure plus konz. Schwefelsäure positive Reaktion. Ferner erhält man mit Millons Reagens eine rotbraune Färbung und mit konz. Salpetersäure Gelbfärbung.

Darstellung von Glucosaminchlorhydrat aus Hummerschalen.

$$
\begin{array}{l}
C\!-\!H \quad \diagup\!\diagup O \\
\mid \\
CH\cdot NH_2 \\
\mid \\
(CHOH)_3 \\
\mid \\
CH_2OH \; .
\end{array}
$$

Panzer und Scheren vom Hummer werden mechanisch von anhaftenden Fleischresten befreit. Nun gibt man 5 prozentige Salzsäure hinzu und läßt 24 Stunden bei Zimmertemperatur stehen. Das Material läßt sich nun leicht zerkleinern und gleichzeitig von noch vorhandenen Fleischbestandteilen befreien. 100 Gramm des so behandelten Materiales werden in einem Rundkolben unter dem Abzug mit rauchender Salzsäure vom spez. Gewichte 1,19 übergossen und dann auf dem Babobleche zum gelinden Sieden erwärmt. Das Chitin geht dabei vollständig in Lösung. Die Flüssigkeit färbt sich dunkel. Nunmehr verdampft man in einer Porzellanschale so lange auf dem Wasserbade, bis eine reichliche Abscheidung von Krystallen auftritt. Man läßt erkalten und filtriert auf der Nutsche auf einem aus Filtriertuch geschnittenen Filter. Den Filterrückstand wäscht man mit wenig auf 0° abgekühlter konz. Salzsäure. Aus der Mutterlauge lassen sich noch weitere Mengen von Glucosaminchlorhydrat durch Eindampfen gewinnen. Das gesamte Rohprodukt wird durch Lösen in Wasser und Kochen mit Tierkohle gereinigt. Durch Einengen des Filtrates erhält man nun das reine Chlorhydrat. Die Ausbeute an reinem Glucosaminchlorhydrat beträgt 50 bis 60 Gramm.

B. Synthese von Aminosäuren.

Darstellung von dl-α-Aminobuttersäure.

$$CH_3 \cdot CH_2 \cdot CH(NH_2) \cdot COOH .$$

Käufliche Gärungsbuttersäure wird zunächst durch fraktionierte Destillation gereinigt. 25 Gramm der zwischen 155° und 160° übergehenden Fraktion werden durch Zusatz von 3,5 Gramm roten Phosphors und allmähliches Zutropfenlassen von 88 Gramm trockenen Broms in α-Brombuttersäure übergeführt. Die ganze Operation dauert etwa 45 Minuten. Zum Eintropfenlassen des Broms benützt man einen Tropftrichter. Die Operation wird am besten in einem Rundkolben vorgenommen. Zum Schluß wird auf dem Wasserbade kurze Zeit erwärmt. Die Lösung ist braun gefärbt. Sie wird nun in 100 ccm heißes Wasser unter fortwährendem Rühren mit Hilfe eines Rührers eingegossen. Nach völligem Erkalten wird das abgeschiedene Öl mit Äther ausgeschüttelt. Der Äther wird im Scheidetrichter abgetrennt und mit Chlorcalcium getrocknet. Nun destilliert man den Äther ab und beginnt die fraktionierte Destillation des Rückstandes unter vermindertem Druck. Man erhält bei 25 mm Druck zuerst einen zwischen 70 und 115° übergehenden Vorlauf. Er besteht zum größten Teil aus unveränderter Buttersäure. Die Brombuttersäure destilliert zwischen 127 und 128° über. Es bleibt in dem Destillationskolben ein kleiner Rückstand, der offenbar aus höher bromierten Produkten besteht. Die Ausbeute an reiner Brombuttersäure beträgt etwa 80 Prozent. Zur Überführung der α-Brombuttersäure in die α-Aminobuttersäure wird erstere in 25 prozentiges, wässeriges Ammoniak eingetragen und das Gemisch 3 Tage bei 37° aufbewahrt. Nun wird in einer Schale auf dem Wasserbade eingedampft, bis Krystallisation eintritt. Sie wird durch Zusatz von Alkohol vervollständigt. Nach etwa zweistündigem Stehen wird die Krystallmasse abgenutscht, der Filterrückstand mit eiskaltem Wasser gewaschen und scharf abgepreßt. Aus der Mutterlauge lassen sich noch weitere Mengen von Aminobuttersäure gewinnen, indem man sie mit Salzsäure neutralisiert und dann zur Trockene verdampft. Übergießt man den Rückstand mit absolutem Alkohol, dann geht die salzsaure Aminobuttersäure in Lösung, während der größte Teil des Bromammons zurückbleibt. Die alkoholische Lösung wird eingedunstet, der Rückstand in Wasser aufgenommen und zur Entfernung des Chlors mit überschüssigem gelbem Bleioxyd so lange gekocht, bis eine Probe des erkalteten, filtrierten Gemisches mit Silbernitrat keine Reaktion mehr auf Chlor gibt. Jetzt filtriert man die ganze Masse und fällt aus dem Filtrat das gelöste Blei mir Schwefelwasserstoff. Vom Bleisulfid wird abfiltriert und die Lösung nunmehr eingedampft. Rascher gelangt man zum Ziel, wenn man in die wässerige Lösung der salzsauren Aminobuttersäure Ammoniak bis zur schwach alkalischen Reaktion einleitet, dann zur Trockene verdampft, den Rückstand in wenig Wasser aufnimmt und mit Alkohol fällt. Die rohe Aminobuttersäure wird gereinigt, indem man sie in der vierfachen Menge Wasser löst und dann mit Alkohol fällt. Die Aminobuttersäure krystallisiert in schönen glänzenden Blättchen. Beim Erhitzen findet kein Schmelzen statt, die Aminosäure verflüchtigt sich vielmehr beim Erhitzen über 300°. Kocht man α-Aminobuttersäure mit überschüssigem Kupferoxyd, dann erhält man ein ziemlich schwer lösliches, blau gefärbtes Kupfersalz.

Darstellung von dl-Leucin = α-Aminoisobutylessigsäure aus Isoamylalkohol (nach Strecker-Fischer).

$$\left.\begin{array}{l} CH_3 \\ CH_3 \end{array}\right\rangle CH \cdot CH_2 \cdot CH_2OH \cdot + O - H_2O =$$

Isoamylalkohol

$$\left.\begin{array}{l} CH_3 \\ CH_3 \end{array}\right\rangle CH \cdot CH_2 \cdot C\hspace{-0.3em}\diagdown\hspace{-0.6em}\diagup{}^{O}_{H} + HCN + NH_3 - H_2O =$$

Isovaleraldehyd

$$\left.\begin{array}{l} CH_3 \\ CH_3 \end{array}\right\rangle CH \cdot CH_2 \cdot CH(NH_2) \cdot CN + 2\,H_2O - NH_3$$

Isovaleroaminonitril

$$\left.\begin{array}{l} CH_3 \\ CH_3 \end{array}\right\rangle CH \cdot CH_2 \cdot CH(NH_2) \cdot COOH .$$

α-**Aminoisobutylessigsäure** (Leucin).

Der Isoamylalkohol wird zunächst zu Isovaleraldehyd oxydiert. Wir gehen von 100 Gramm Isoamylalkohol aus und bringen ihn in einen 500 ccm fassenden Destillationskolben c (Fig. 88). Diesen stellen wir in ein Wasserbad und verschließen ihn nach oben mit einem zweifach durchbohrten Korkstopfen. Die beiden Öffnungen versehen wir mit

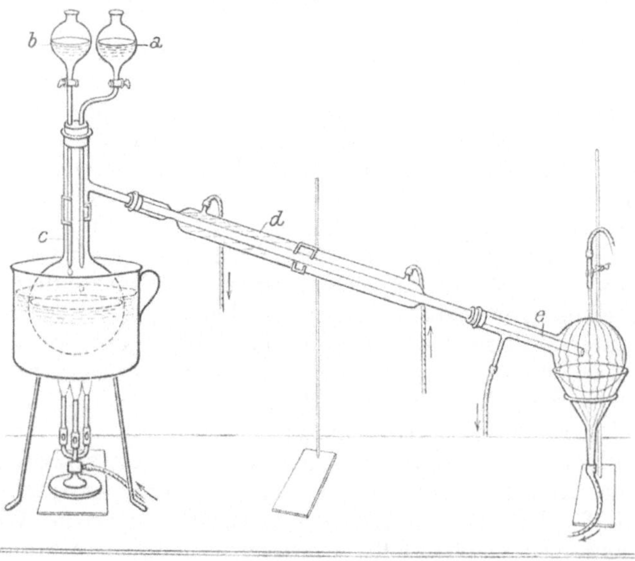

Fig. 88.

den Tropftrichtern *a* und *b*. Aus dem einen lassen wir 110 Gramm
Natriumbichromat gelöst in 225 g Wasser und 90 g konz. Schwefelsäure,
aus dem andern den Amylalkohol tropfenweise zufließen. Der Kühler *d*
ist mit einer mit Wasser oder Eis gekühlten Vorlage *e* verbunden. Während
des allmählichen Zufließens aus den beiden Tropftrichtern erwärmen wir
das Wasserbad. Das Destillat führen wir in einen Scheidetrichter über
und trennen es vom überdestillierten Wasser. Der so gewonnene Isovaleraldehyd ist noch nicht rein. Wir trennen ihn von Verunreinigungen,
indem wir ihn mit Hilfe eines sogenannten Hempelaufsatzes (vgl. Fig. 89)
fraktioniert destillieren. Die Destillation wird am besten zweimal vorgenommen. Die Aus-
beute beträgt 36
Gramm. Der Iso-
valeraldehyd geht
zwischen 92 und 96°
über.

Nun lassen wir
auf 25 Gramm des
Aldehyds Ammo-
niak einwirken. Wir
lösen den Aldehyd
in 50 ccm absolu-
tem Äther und
bringen die Lösung
in einen Erlen-
meyerkolben und
sättigen sie unter
Kühlung mit Eis
mit gasförmigem
Ammoniak, das wir
durch Durchleiten
durch einen Kalk-
turm trocknen. Wir

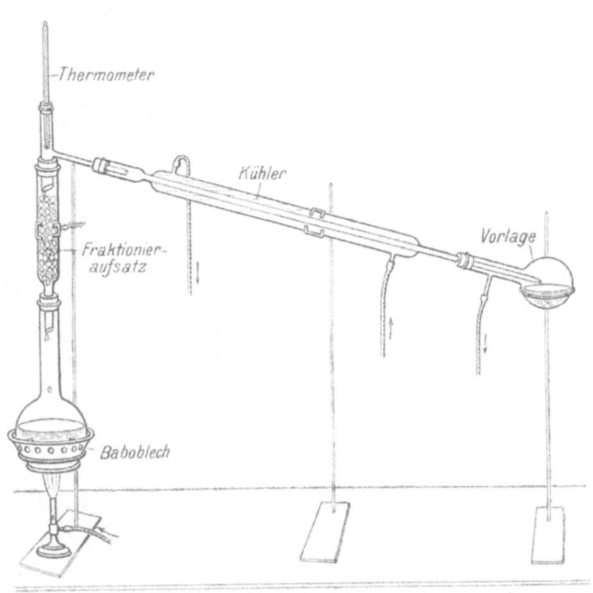

Fig. 89.

benützen hierzu entweder eine Ammoniakbombe, oder aber wir treiben
aus konzentriertem wässerigem Ammoniak dieses durch Kochen über.
Beginnen aus der Lösung Ammoniakdämpfe zu entweichen (Riechprobe),
dann wird das Einleiten abgebrochen und das entstandene Wasser im
Scheidetrichter abgetrennt. Die ätherische Lösung wird nun mit Kaliumcarbonat getrocknet und der Äther unter vermindertem Druck bei
gewöhnlicher Temperatur abdestilliert.

Der verbleibende Rückstand von Valeraldehydammoniak erstarrt
häufig beim Stehen im Eisschrank. Die Krystallisation braucht jedoch
nicht abgewartet zu werden. Der Rückstand wird vielmehr direkt in
100 ccm destillierten Wassers suspendiert und unter Eiskühlung und
Umschütteln allmählich 20 ccm 40prozentige Blausäure eingetragen.
Beim Zusatz der Blausäure ist große Vorsicht geboten. Man arbeite
stets unter einem gut ziehenden Abzug. Man läßt das Reaktionsprodukt

24 Stunden unter häufigem Umschütteln stehen. Es ist allmählich der größte Teil in Lösung gegangen. Die Lösung ist etwas bräunlich gefärbt. Man fügt nun zu dem Gemisch 180 ccm konzentrierte Salzsäure vom spez. Gewicht 1,19 und 90 ccm Wasser und kocht etwa 1 Stunde bis zur völligen Lösung auf dem Baboblech. Dann gibt man nochmals 90 ccm Wasser hinzu und kocht etwa 4 Stunden weiter. Hierbei entweichen Salzsäuredämpfe. Schließlich dampft man auf einem Wasserbade vollständig zur Trockene ein. Man muß hierbei wiederholt umrühren. Es verbleibt ein bräunlicher Rückstand. Dieser wird in Wasser aufgenommen und in die Lösung so lange Ammoniakgas eingeleitet, bis die Reaktion neutral ist. Das ausfallende Leucin wird abgesaugt, scharf abgepreßt und mit kaltem Wasser so lange gewaschen, bis das Filtrat keine Chlorreaktion mehr gibt. Die Mutterlauge wird auf dem Wasserbade eingeengt, bis Krystallisation eintritt. Die Krystalle werden abgesaugt und mit dem zuerst erhaltenen Rohprodukt vereinigt. Das Rohleucin wird hierauf in etwa 500 ccm[1]) kochendem Wasser gelöst, etwas Tierkohle hinzugesetzt, aufgekocht und dann filtriert. Die Ausbeute beträgt 14—15 Gramm. Das dl-Leucin zersetzt sich beim raschen Erhitzen gegen 297°. Beim Kochen mit überschüssigem Kupferoxyd erhält man ein blaßblaues, in Wasser sehr schwer lösliches Kupfersalz.

Darstellung von dl-Phenylalanin = α-Amino-β-phenylpropionsäure (nach Emil Fischer).

$$C \cdot CH_2 \cdot CH(NH_2) \cdot COOH \,.$$

Darstellung von Calciummalonat.

Es werden 200 Gramm zerriebene Chloressigsäure, $CH_2Cl \cdot COOH$, mit 300 Gramm zerstoßenem Eis versetzt und in 250 Gramm Natronlauge von $33^1/_3$ Prozent gelöst. Man prüft nun die Reaktion der Flüssigkeit. Ist sie noch sauer, dann wird mit Natronlauge genau neutralisiert und nun eine Lösung von 138 Gramm Cyankalium in 260 ccm Wasser zugesetzt. Diese Lösung soll 40° warm sein. Das Gemisch erwärmt sich dann von selbst bis auf 50—60°. Nach Ablauf einer Stunde wird langsam auf 100° erwärmt und diese Temperatur eine Stunde gehalten. Jetzt läßt man auf 20° erkalten, fügt wieder 250 Gramm der $33^1/_3$ prozentigen Natronlauge hinzu und kocht auf dem Baboblech, und zwar so lange, bis kein Ammoniak mehr entweicht. Wenn eine Probe der Flüssigkeit mit mehr Natronlauge versetzt beim Kochen kein Ammoniak mehr entwickelt, dann ist die Umwandlung der Cyanessigsäure in Malonsäure

$$\begin{array}{c} COOH \\ | \\ CH_2 \\ | \\ COOH \end{array}$$

---

[1]) Gibt man zum Wasser etwas Ammoniak, dann braucht man viel weniger Flüssigkeit zum Lösen des Leucins. Das Ammoniak kann man dann durch Kochen wieder entfernen.

vollendet. Bis dieser Punkt erreicht ist, vergehen ca. 5 Stunden. Man fügt nun eine warme, etwa 25 prozentige Lösung von Chlorcalcium hinzu, und zwar so lange, als noch eine Fällung entsteht. Man braucht etwa 250 Gramm des käuflichen, trockenen Chlorcalciums. Das ausgefallene Calciummalonat bildet zunächst einen dicken amorphen Brei. Er wandelt sich im Laufe von 24 Stunden in eine krystallinische Masse um. Diese wird auf der Nutsche abgesaugt, mit Hilfe des Stopfens einer Stöpselflasche scharf abgepreßt (vgl. S. 4, Fig. 12) und mit wenig kaltem Wasser gewaschen und nochmals gut abgepreßt, eventuell unter Anwendung einer Presse. Man bringt im letzterem Falle den Filterrückstand auf ein Stück Koliertuch, wickelt die Substanz gut ein und schiebt dann das gebildete Paket unter die Presse. Nun bringt man das Produkt zum Trocknen in eine Porzellanschale und erwärmt auf dem Wasserbade. Von Zeit zu Zeit rührt man um. Es gelingt nicht, das Calciummalonat auf diese Weise vollständig trocken zu erhalten. Die letzten Spuren von Krystallwasser entweichen erst beim Erwärmen auf 100° bei gleichzeitiger Anwendung von vermindertem Druck. Für die weitere Verarbeitung des Calciumsalzes ist vollständige Trocknung nicht nötig. Die Ausbeute beträgt etwa 90 Prozent der Theorie.

Überführung der Malonsäure in den Malonsäurediäthylester.

$$\begin{array}{c} COOC_2H_5 \\ | \\ CH_2 \\ | \\ COOC_2H_5 \end{array}$$

Zur Veresterung verwendet man Alkohol und trockene gasförmige Salzsäure. Man gehe von 200 Gramm Calciumsalz aus. In einen Rundkolben von 1 Liter Inhalt werden 20 Gramm des Calciumsalzes und 500 Gramm absoluter Alkohol gegeben und trockene gasförmige Salzsäure eingeleitet. Man wartet ab, bis die zugesetzte Substanz sich gelöst hat. Während des Einleitens der Salzsäure hat sich der Alkohol erwärmt. Nun gibt man wieder 20 Gramm des Calciumsalzes zu. Nach etwa 50 Minuten ist das ganze Calciummalonat eingetragen. Es beginnen Salzsäuredämpfe zu entweichen. Die Lösung ist mit Salzsäure gesättigt. Nun unterbricht man das Einleiten und läßt die Lösung 24 Stunden stehen, dann neutralisiert man durch Eintragen von gepulvertem Calciumcarbonat (Kreide). Jetzt wird der Alkohol unter vermindertem Druck abdestilliert. Im Rückstand befindet sich der Ester. Er wird in Äther aufgenommen, die ätherische Lösung mit Chlorcalcium getrocknet, dann der Äther abdestilliert (vgl. S. 95, Fig. 83). Der Rückstand wird der fraktionierten Destillation unterworfen. Der Vorlauf wird weggeschüttet und das bei 197—198° übergehende Destillat aufgefangen. Die Ausbeute an reinem Ester beträgt 75 Prozent der Theorie.

Überführung des Malonsäurediäthylesters in Benzylmalonester.

$$CH \cdot CH_2 \cdot C_6H_5 \text{, mit } COOC_2H_5 \text{ oben und } COOC_2H_5 \text{ unten.}$$

Es werden 14,4 Gramm Natrium (1 Mol.) in 300 ccm absolutem Alkohol gelöst, dann 100 Gramm Malonsäurediäthylester (1 Mol.) und 86 Gramm reines Benzylchlorid (1 Mol.) hinzugefügt. Unter Abscheidung von Chlornatrium tritt starke Erwärmung der Lösung ein. Nach etwa 10 Minuten wird der Alkohol ohne vorherige Filtration abgedampft. Die Flüssigkeit reagiert zum Schluß schwach alkalisch. Der Rückstand wird mit Wasser übergossen, um das Kochsalz zu lösen. Das abgeschiedene Öl wird dann in Äther aufgenommen und die ätherische Lösung getrocknet. Man verwendet hierzu Kaliumcarbonat, frisch geglühtes Natriumsulfat oder Magnesiumsulfat. Der Äther wird nach erfolgter Filtration verdampft und der Rückstand unter vermindertem Druck destilliert. Bei 11 mm Druck geht der Benzylmalonester bei 166—169° über. Das Destillat wird bis 175° aufgefangen. Die Ausbeute beträgt 100 Gramm. Die Destillation wird wiederholt. Man erhält dann ca. 90 Gramm eines bei 11 mm Druck bei 166—168° übergehenden Produktes. Bei 15 mm Druck geht der Ester bei 173° über, bei 20 mm Druck bei 183° und bei 25 mm bei 188°.

Überführung des Benzylmalonesters in Benzylmalonsäure.

$$CH \cdot CH_2 \cdot C_6H_5 \text{, mit } COOH \text{ oben und } COOH \text{ unten.}$$

Es werden 90 Gramm Benzylmalonester in einem Rundkolben von ca. 500 ccm Inhalt unter kräftigem Schütteln mit 105 ccm konzentrierter Kalilauge vom spez. Gewicht 1,32 (2,2 Mol.) emulgiert. Nun wird auf dem Wasserbade erwärmt, wobei vollständige Lösung eintritt. Durch einstündiges Erhitzen auf dem Wasserbade wird die Verseifung zu Ende geführt. Gleichzeitig wird der entstandene Alkohol größtenteils verdampft. Es fällt gewöhnlich eine geringe Menge Öl aus, das durch Ausäthern entfernt wird. Nun fügt man zu der wässerigen Lösung etwas mehr als die dem angewandten Alkali äquivalente Menge verdünnter Salzsäure hinzu. Die in Freiheit gesetzte Benzylmalonsäure wird aus der wässerigen Lösung durch Ausschütteln mit Äther extrahiert. Man verwendet zunächst 500 ccm Äther und dann noch 3—5 mal je 50 ccm. Die ätherische Lösung wird mit geglühtem Natriumsulfat resp. Magnesiumsulfat getrocknet, dann filtriert und der Äther vollständig verdampft. Die letzten Spuren des Äthers bringt man im Vakuumexsiccator zur Verdunstung. Der Rückstand erstarrt dabei vollständig. Die Ausbeute an Rohprodukt beträgt 65 Gramm. Das Rohprodukt wird durch Umlösen aus 300 ccm heißem Benzol gereinigt. Das reine Produkt schmilzt bei 115°. An reiner Benzylmalonsäure erhält man ca. 60 Gramm.

Überführung der Benzylmalonsäure in Phenylalanin.

Man löst 50 Gramm Benzylmalonsäure in 250 Gramm sorgfältig getrocknetem Äther und fügt zu der Lösung allmählich bei Tageslicht 50 Gramm Brom. Diese Operation wird im Abzug vorgenommen. Das Brom verschwindet zunächst rasch. Es entwickelt sich Bromwasserstoff. Schließlich bleibt unverändertes Brom zurück. Durch dieses ist die Flüssigkeit rotbraun gefärbt. Nach einer halben Stunde wird die ätherische Lösung mit wenig Wasser unter allmählichem Zusatz von schwefliger Säure bis zum Verschwinden der roten Farbe des Broms geschüttelt. Nun wird im Scheidetrichter getrennt, nochmals mit wenig Wasser gewaschen und nun der Äther unter vermindertem Druck abgedampft und dann nach ca. 2 Stunden auf 60—70° erwärmt. Es verbleibt ein fester Rückstand, der aus 250 ccm heißem Benzol umkrystallisiert wird. Die Ausbeute an Benzylbrommalonsäure

$$\begin{array}{l} COOH \\ | \\ C(Br) \cdot CH_2 \cdot C_6H_5 \\ | \\ COOH \end{array}$$

beträgt 95 Prozent der Theorie. Zur Bestimmung des Schmelzpunktes wird eine Probe der Substanz im Vakuumtrockenapparat (Fig. 26) bei 80° getrocknet. Als Heizflüssigkeit wählt man Äthylalkohol. Das trockene Produkt schmilzt bei 135°.

Die Hauptmenge der Benzylbrommalonsäure wird jetzt in einem Reagensglas oder einem Erlenmeyerkölbchen im Ölbad auf 125—130° erhitzt. Es tritt lebhafte Gasentwicklung ein (Abspaltung von Kohlensäure und von etwas Bromwasserstoff). Nach 45 Minuten ist die Reaktion beendet. Es verbleibt ein gelbes Öl. Es besteht aus Phenyl-α-brompropionsäure

$$\begin{array}{l} CH(Br) \cdot CH_2 \cdot C_6H_5 \cdot \\ | \\ COOH \end{array}$$

Es zeigt keine Neigung zur Krystallisation. Man kann es reinigen, indem man es mit Wasser wäscht, in Äther aufnimmt, diesen in der üblichen Weise mit Natriumsulfat oder Magnesiumsulfat trocknet, filtriert und den Äther aus dem Filtrat unter vermindertem Druck, am besten im Vakuumexsiccator, abdunstet. Der Rückstand wird jetzt amidiert. Man übergießt zu diesem Zwecke das Öl mit etwa der fünffachen Menge 25 prozentigen Ammoniaks und läßt das Gemisch in einer gut verschlossenen Stöpselflasche 4 Tage bei 37° stehen. Dann wird die ammoniakalische Lösung unter vermindertem Druck eingedampft. Der Rückstand besteht aus Phenylalanin:

$$CH(NH_2) \cdot CH_2 \cdot C_6H_5$$
$$|$$
$$COOH$$

und aus Bromammon. Das letztere entfernt man durch Auskochen des Rückstandes mit absolutem Alkohol. Man kann das Extrahieren mit Alkohol mit Vorteil auch im „Soxhlet" (Fig. 95) vornehmen. Zur weiteren Reinigung wird das Phenylalanin in heißem Wasser gelöst, die Lösung mit etwas Tierkohle gekocht, filtriert und bei 0° stehen gelassen. Das Phenylalanin krystallisiert bald in prächtigen Blättchen aus. Die Ausbeute beträgt 60 Prozent der Theorie, berechnet auf die verwendete Benzylbrommalonsäure. Das Phenylalanin gibt die Xanthoproteinreaktion. Es zersetzt sich beim raschen Erhitzen gegen 283°.

Spaltung racemischer Aminosäuren.

Darstellung von l-Alanin aus dl-Alanin[1]) mittels Hefe (nach Felix Ehrlich).

15 Gramm dl-Alanin werden in einem Rundkolben von 5 Liter Inhalt in 3750 ccm Wasser gelöst. Hierzu gibt man 250 Gramm Hefe, Rasse XII[2]), und 450 Gramm Rohrzucker (ungeblaute Raffinade). Die Flasche verschließt man mit einem Korkstopfen, durch den man ein gebogenes Glasrohr führt. Dieses taucht in ein mit Wasser gefülltes Reagensglas, das durch einen, mit einer Kerbe versehenen Stopfen abgeschlossen ist (vgl. Fig. 90 und 91). Dieser Verschluß dient zur Feststellung, ob Gasentwicklung stattfindet. Man läßt das Gemisch bei etwa 25° stehen. Bald zeigt das Auftreten von Gasblasen im Gärverschluß an, daß der Gärungsprozeß lebhaft im Gange ist. Er ist nach etwa 48 Stunden beendigt. Man prüfe nunmehr, ob der zugesetzte Zucker von

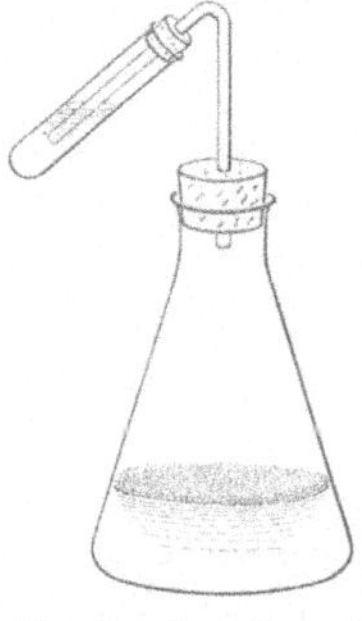

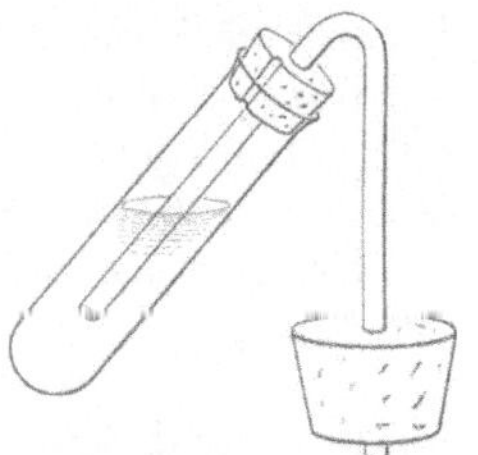

Fig. 90. Vergärung von dl-Alanin.

Fig. 91. Gärverschluß.

der Hefe vollständig verbraucht worden ist. Zu diesem Zwecke entnimmt man von dem Gemisch eine Probe, setzt etwas Salzsäure hinzu, kocht, um etwa noch vorhandenen Rohrzucker zu spalten und stellt dann die Fehlingsche Probe an. Zeigt die Probe, daß der Zucker verbraucht worden ist, dann setzt man etwa 50 ccm einer kolloidalen Eisenhydroxydlösung hinzu, um die kolloidalen Bestandteile auszufällen. Man filtriert nunmehr und dampft das Filtrat auf einem

---

[1]) Käufliches dl-Alanin Kahlbaum, oder man stellt es sich aus d-Alanin dar, indem man dieses mit etwa der doppelten Gewichtsmenge reinen, unkrystallisierten Barytes und 4 Volumina Wasser in einem Porzellanbecher im Autoklaven 5 Stunden unter Druck auf 140° erwärmt. Dann wird der Baryt quantitativ mit Schwefelsäure entfernt, vom Bariumsulfat abfiltriert und eingedampft. Man überzeuge sich schon vor der Verarbeitung der gesamten Masse durch die optische Untersuchung einer Probe, ob die Racemisierung beendigt ist.

[2]) Zu beziehen vom Institut für Gärungsgewerbe, Berlin N, Seestraße.

Wasserbade auf etwa 150 ccm ein. Jetzt kocht man nach Zusatz von Tierkohle auf und filtriert nochmals. Das Filtrat wird dann auf dem Wasserbade weiter eingeengt, bis Krystallisation eintritt. Man läßt abkühlen, nutscht die Krystalle ab, wäscht den Rückstand mit wenig eiskaltem Wasser und trocknet die Krystallmasse im Vakuumexsiccator. Weitere Mengen von l-Alanin lassen sich gewinnen, wenn man das Eindampfen der Mutterlauge weiter fortsetzt. Schließlich verbleibt ein gelbbraun gefärbter Sirup, der nur sehr schwer zur Krystallisation zu bringen ist. Man kann durch Zusatz von Alkohol Erstarren bewirken und durch scharfes Abpressen auf der Nutsche einen großen Teil der Mutterlauge entfernen. Krystallisiert man den Filterrückstand nochmals aus Wasser unter Anwendung von Tierkohle um, dann erhält man noch eine größere Menge von Krystallen von l-Alanin. Die Ausbeute an l-Alanin beträgt etwa 6 Gramm. Man überzeuge sich, ob reines l-Alanin vorliegt, indem man das Drehungsvermögen der Substanz in der berechneten Menge Salzsäure feststellt. $[\alpha]_{20^0}^{D} = -10,5°$. Erhält man ein Drehungsvermögen, das geringer ist, dann kann man durch fraktionierte Krystallisation der gesamten Ausbeute versuchen, besser drehendes l-Alanin zu erhalten. War die Vergärung eine gute, dann erhält man mit Leichtigkeit wenigstens 3—4 Gramm optisch reines l-Alanin.

Gewinnung von d-Histidin aus dem Harn von Kaninchen nach Verfütterung von dl-Histidin.[1])

15 Gramm l-Histidin werden mit 30 Gramm reinem Barythydrat und 50 ccm Wasser 5 Stunden in einem Porzellanbecher im Autoklaven auf 140° erhitzt. Nun wird von dem beim Abkühlen des Gemisches auskrystallisierenden Baryt abfiltriert und im Filtrat der Rest des Barytes quantitativ mit Schwefelsäure entfernt (vgl. S. 101). Das Filtrat vom Bariumsulfat wird verdampft, bis Krystallisation eintritt. Die Krystalle bestehen aus reinem dl-Histidin. Durch das Erhitzen mit Barytwasser unter Druck ist Racemisierung des optisch-aktiven Histidins eingetreten. Man prüfe die wässerige Lösung im Polarisationsapparat.

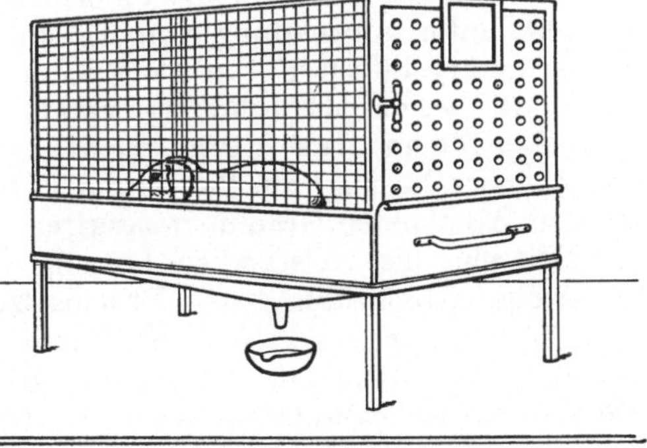

Fig. 92. Käfig für Kaninchen.

5 Gramm dl-Histidin werden in 20 ccm Wasser gelöst und einem Kaninchen mit Hilfe einer Schlundsonde in den Magen eingeführt.

---

[1]) In der gleichen Weise kann man auch andere Aminosäuren, z. B. dl-Leucin (Wohlgemuth) in die in der Natur nicht vorkommende optisch-aktive Komponente überführen.

Das Versuchstier wird dann in einen Käfig gebracht, der ein getrenntes Auffangen von Kot und Harn gestattet (Fig. 92). Wir sammeln den Urin von 2 Tagen und fällen ihn, nachdem wir Sodalösung bis zur deutlich alkalischen Reaktion zugegeben haben, mit einer gesättigten alkoholischen Sublimatlösung. Während der Fällung wird die Reaktion der Flüssigkeit alkalisch gehalten. Im übrigen verfährt man zur Isolierung des Histidins, wie es S. 103 beschrieben worden ist. Das isolierte Produkt zeigt alle Reaktionen des Histidins. Es dreht nach rechts.

Spaltung von dl-Leucin in d- und l-Leucin (nach Emil Fischer).

1. Überführung von dl-Leucin in Formyl-dl-leucin: 25 Gramm dl-Leucin werden mit der $1^1/_2$ fachen Menge wasserfreier, käuflicher Ameisensäure (98,5 Prozent) 3 Stunden auf dem Wasserbade in einem Destillationskolben erhitzt. Dem Kolben wird ein zu einer Capillare ausgezogenes Steigrohr aufgesetzt. Nun wird das Lösungsmittel unter vermindertem Druck möglichst vollständig verdampft. Der Rückstand wird wieder mit der gleichen Menge Ameisensäure 3 Stunden auf 100° erhitzt, dann eingedampft und diese Operation noch einmal wiederholt. Beim Verdampfen erstarrt nun der Rückstand und krystallisiert. Der Krystallbrei bildet meistens eine so feste Masse, daß sie nur durch Absprengen des Kolbens über dem Krystallgemenge gewonnen werden kann. Die Krystallmasse wird dann im Mörser, soweit wie möglich, zerkleinert, dann im Vakuumexsiccator über Kalihydrat von noch anhaftender Ameisensäure befreit und schließlich fein pulverisiert. Dann wird in kleinen Portionen mit der $1^1/_2$ fachen Menge eiskalter n-Salzsäure rasch zerrieben. Dabei geht das noch unveränderte Leucin in Lösung. Jetzt wird scharf abgesaugt, mit wenig kaltem Wasser gewaschen, bis das Filtrat keine Chlorreaktion mehr gibt und das Rohprodukt unter Anwendung von Tierkohle aus der dreifachen Menge Wasser umkrystallisiert. Das reine Formyl-dl-leucin wird beim Erhitzen gegen 112° weich. Es schmilzt bei 114—115°.

2. Spaltung des Formyl-dl-leucins mit Brucin: Man gibt zu einer Lösung von 20 Gramm Formyl-dl-leucin in 1600 ccm absolutem Alkohol 50 Gramm wasserfreies Brucin und erwärmt unter Umschütteln, bis vollständige Lösung eingetreten ist. Beim Abkühlen erfolgt Abscheidung des Brucinsalzes des Formyl-d-leucins. Man läßt unter zeitweisem Schütteln 12 Stunden im Eisschrank stehen, saugt dann die Krystallmasse scharf ab und wäscht mit 200 ccm kaltem, absolutem Alkohol. Die Krystallmasse wiegt ca. 40 Gramm.

Die alkoholische Mutterlauge enthält das Brucinsalz des Formyl-l-leucins. Sie wird unter vermindertem Druck eingedampft und der Rückstand in 180 ccm Wasser gelöst. Die Lösung wird nun auf 0° abgekühlt und mit 70 ccm n-Natronlauge versetzt. Es fällt das Brucin aus. Nach 10 Minuten langem Stehen in Eis wird abgesaugt und mit wenig kaltem Wasser nachgewaschen. Die letzten Reste von Brucin entfernt man durch Ausschütteln mit Chloroform. Nun fügt man zur Bindung des größten Teiles des zugesetzten Alkalis 9 ccm fünffach n-Salzsäure zu, verdampft unter vermindertem Druck auf ca. 40 ccm und übersättigt nun durch Zugabe weiterer 6 ccm der fünffach n-Salzsäure. Dadurch wird die Abscheidung des Formyl-l-leucins, die schon beim Eindampfen begonnen hat, vervollständigt. Man kühlt noch $^1/_4$ Stunde in Eis ab, nutscht ab und wäscht mit eiskaltem Wasser.

Aus dem Brucinsalz des Formyl-d-leucins wird das Brucin in genau der gleichen Weise entfernt.

3. **Hydrolyse der beiden Formylverbindungen.** Die optisch-aktiven Formylverbindungen (Formyl-l-leucin und Formyl-d-leucin) werden für sich 1—$1^1/_2$ Stunden mit der 10 fachen Menge 10 prozentiger Salzsäure am Rückflußkühler gekocht und dann die Flüssigkeit unter vermindertem Druck möglichst stark eingedampft. Man nimmt den Rückstand in Wasser auf und dampft nochmals ein. Jetzt wird der Rückstand wieder in Wasser aufgenommen, die Lösung in einen Maßkolben übergeführt und mit destilliertem Wasser bis zur Marke aufgefüllt. In einem aliquoten Teil bestimmt man den Chlorgehalt nach Volhard (vgl. S. 34) und setzt dann zu der gesamten Flüssigkeit die berechnete Menge einer n-Lithiumhydroxydlösung. Dann verdampft man auf dem Wasserbade auf ein kleines Volumen. Es krystallisiert das optisch-aktive Leucin aus. Den Rest fällt man aus der Mutterlauge mit Alkohol. Man bestimme das Drehungsvermögen des isolierten d- und l-Leucins in Wasser und in Salzsäure und bereite das Kupfersalz (vgl. S. 110).

$$[\alpha]_{20^0}^{d} = \pm 10{,}34° \text{ in Wasser,}$$
$$\pm 15{,}9° \text{ in 20 proz. Salzsäure.}$$

2. Darstellung von Polypeptiden
(nach Emil Fischer).

Darstellung von Glycinanhydrid aus Glykokollesterchlorhydrat.

$$2\,(CH_2(NH_2) \cdot COOC_2H_5) - 2\,C_2H_5OH = HN \begin{matrix} CO \cdot CH_2 \\ \diagup \quad \diagdown \\ \diagdown \quad \diagup \\ CH_2 \cdot CO \end{matrix} NH.$$

56 Gramm Glykokollesterchlorhydrat werden in einem dickwandigen Becherglas c (Fig. 93) mit 28 ccm Wasser übergossen. Das Gemisch wird mit einer in einem Topf d befindlichen Kältemischung gut gekühlt. Nun werden unter kräftigem Turbinieren mit dem durch die Turbine a bewegten Rührer e 32 ccm 11,5 fach normaler Natronlauge aus einem Tropftrichter b im Laufe von einer Stunde zugetropft, wobei die Temperatur der Mischung auf nicht mehr wie —5° steigen darf. Das Glykokollesterchlorhydrat geht allmählich in Lösung, während Kochsalz ausfällt. Nachdem die Lauge vollständig eingetragen worden ist, läßt man die Flüssigkeit bei gewöhnlicher Tempe-

ratur stehen. Schon nach wenigen Stunden beginnt die Abscheidung von Krystallen. Sie ist gewöhnlich nach 24 Stunden beendet. Man kühlt nunmehr sehr stark ab und bringt den Krystallbrei auf eine Nutsche. Das gleichzeitig ausgefallene Kochsalz wird durch Waschen des Filterrückstandes mit eiskaltem Wasser entfernt. Jetzt wird das Glycinanhydrid aus der sechsfachen Menge heißen Wassers unter Anwendung von Tierkohle umkrystallisiert. Die Ausbeute beträgt ca. 10 Gramm.

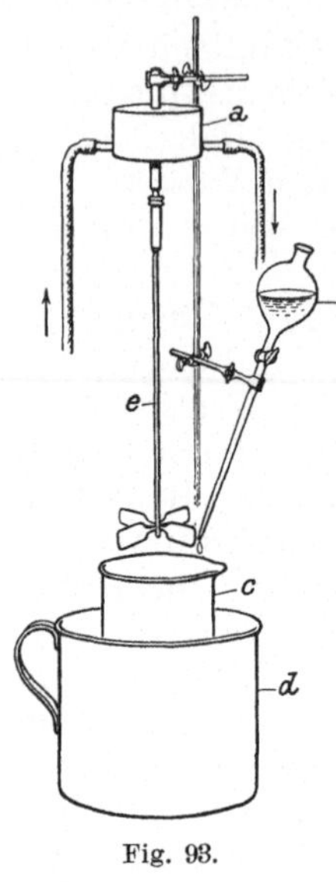
Fig. 93.

Zur Prüfung der Reinheit des Glycinanhydrids wird eine geringe Menge im Reagensglas mit Wasser übergossen und die Substanz durch Kochen in Lösung gebracht. Man fügt etwas Kupferoxyd hinzu, kocht auf und beobachtet, ob die Flüssigkeit sich blau färbt. Ist das Glycinanhydrid rein, dann darf keine Spur von Blaufärbung auftreten. Zu einer weiteren Probe der wässerigen Lösung gießt man etwas Natronlauge und fügt ganz wenig einer sehr verdünnten Lösung von Kupfersulfat hinzu. Es darf hierbei keine Violettrotfärbung eintreten (Biuretreaktion).

Darstellung von Glycyl-glycin aus Glycinanhydrid.

$$HN\begin{matrix} \overset{\displaystyle OH}{CO \cdot CH_2} \\ CH_2 \cdot CO \end{matrix}NH = NH_2 \cdot CH_2 \cdot CO \cdot NH \cdot CH_2 \cdot COOH.$$

5 Gramm Glycinanhydrid werden fein gepulvert und dann bei gewöhnlicher Temperatur mit 50 ccm Normalnatronlauge in einer Stöpselflasche geschüttelt. Das Glycinanhydrid geht bald in Lösung. Nach etwa 15 Minuten ist die Umwandlung in das Dipeptid Glycyl-glycin vollzogen. Man neutralisiert mit 50 ccm Normalsalzsäure, dampft unter vermindertem Druck auf wenige Kubikzentimeter ein und läßt das Glycyl-glycin auskrystallisieren. An Stelle der Normalsalzsäure verwendet man mit großem Vorteil n-Jodwasserstoffsäure. Man verdampft nach erfolgtem Zusatz auch in diesem Falle unter vermindertem Druck, jedoch völlig zur Trockene. Den verbleibenden Rückstand kocht man mit absolutem Alkohol aus. Das entstandene Jodnatrium geht dabei in Lösung und es bleibt ganz reines Dipeptid zurück. Dieses gibt in wässeriger Lösung beim Kochen mit überschüssigem Kupferoxyd ein schön blau gefärbtes Kupfersalz. Das Glycyl-glycin zersetzt sich zwischen 215° und 220°. Beim Übergießen einer Probe mit einem Tropfen konz. Salzsäure in der Kälte erhält man das schwer lösliche salzsaure Salz. Beim Erwärmen erfolgt Spaltung des Dipeptids in seine Komponenten.

Darstellung von dl-Alanyl-glycyl-glycin.

$$CH_3 \cdot CH(NH_2) \cdot CO \cdot NH \cdot CH_2 \cdot CO \cdot NH \cdot CH_2 \cdot COOH .$$

a) Gewinnung von dl - α - Brompropionyl - glycyl - glycin.

$$CH_3 \cdot CH(Br) \cdot CO \boxed{Cl + H} HN \cdot CH_2 \cdot CO \cdot NH \cdot CH_2 \cdot COOH .$$

In einer Stöpselflasche werden 10 Gramm Glycinanhydrid in 44,5 ccm zweifach n-Natronlauge bei gewöhnlicher Temperatur gelöst. Nach 15 Minuten langem Stehen stellt man die Lösung von Glycyl-glycin — das Glycinanhydrid ist durch das Alkali aufgespalten worden — in eine Eissalzmischung und gibt nun abwechselnd in 10 Portionen 16 Gramm dl-Brompropionylchlorid und 46 ccm zweifach n-Natronlauge hinzu. Die ganze Operation dauert etwa 1 Stunde. Hat man eine Portion des Säurechlorids zugegeben, dann schüttelt man energisch. Dann fügt man das Alkali hinzu und schüttelt wieder. Neues Säurechlorid gibt man erst wieder hinzu, nachdem der Geruch nach diesem verschwunden ist. Das Schütteln kann man außerhalb der Kältemischung vornehmen. Nach Beendigung des Zusatzes gibt man 20 ccm fünffach n-Salzsäure hinzu. Nach einigem Stehen fällt das Brompropionyl-glycyl-glycin zum größten Teil krystallinisch aus. Hat man an Stelle der mehrfach normalen Lauge und Säure die entsprechenden Normallösungen verwendet, dann muß man, um Krystallisation zu erhalten, stark einengen. Am besten destilliert man unter vermindertem Druck ab. Die Krystalle werden abgenutscht, scharf abgepreßt und im Vakuumexsiccator getrocknet. Durch weiteres Einengen der Mutterlauge läßt sich die Ausbeute wesentlich vermehren. Am besten engt man schließlich vollständig zur Trockene ein und extrahiert den Rückstand mit Essigäther. Beim Einengen des Essigätherauszuges tritt bald Krystallisation ein. Die Ausbeute an Rohprodukt beträgt 16 Gramm. Durch einmaliges Umkrystallisieren aus der $2^1/_2$-fachen Menge heißen Wassers erhält man das Produkt in reinem Zustand. Es schmilzt bei 165°.

b) Überführung des dl - α - Brompropionyl - glycyl - glycins in dl - Alanyl - glycyl - glycin.

$$CH_3 \cdot CH(Br) \cdot CO \cdot NH \cdot CH_2 \cdot CO \cdot NH \cdot CH_2 \cdot COOH + 2\,NH_3$$
$$= CH_3 \cdot CH(NH_2) \cdot CO \cdot NH \cdot CH_2 \cdot CO \cdot NH \cdot CH_2 \cdot COOH + NH_4Br .$$

10 Gramm des Bromkörpers werden mit der fünffachen Menge wässerigen, 25 prozentigen Ammoniaks übergossen und 3 Tage bei 37° in einer gut verschlossenen Stöpselflasche aufbewahrt. Die Flüssigkeit wird hierauf unter vermindertem Druck zur Trockene verdampft, der Rückstand mit absolutem Alkohol übergossen und nochmals eingedampft. Nunmehr wird der Rückstand in 15 ccm warmem Wasser aufgenommen und so viel Alkohol zugefügt, bis eine Trübung bestehen bleibt. Bald fällt das Tripeptid krystallinisch aus. Es wird abgesaugt und durch nochmaliges Lösen in heißem Wasser unter Zufügen von Alkohol umkrystallisiert. Die Ausbeute an reinem Produkt beträgt

7 Gramm. Die Krystalle werden im Vakuumtrockenapparat bei 105° getrocknet. Das Produkt schmilzt dann bei 240° unter Zersetzung.

Darstellung von dl-Leucyl-glycin.

$$\begin{matrix} CH_3 \\ CH_3 \end{matrix}\!\!\!\Big> CH \cdot CH_2 \cdot CH(NH_2) \cdot CO \cdot NH \cdot CH_2 \cdot COOH.$$

a) Darstellung von dl-α-Bromisocapronyl-glycin.

$$\begin{matrix} CH_3 \\ CH_3 \end{matrix}\!\!\!\Big> CH \cdot CH_2 \cdot CH(Br) \cdot COBr + H_2N \cdot CH_2 \cdot COOH$$

$$= \begin{matrix} CH_3 \\ CH_3 \end{matrix}\!\!\!\Big> CH \cdot CH_2 \cdot CH(Br)CO \cdot NH \cdot CH_2 \cdot COOH + HBr.$$

10 Gramm Glykokoll werden in 133 ccm n-Natronlauge gelöst und zu der Lösung, die sich in einer gut verschließbaren Stöpselflasche befindet, unter kräftigem Schütteln abwechselnd 133 ccm n-Natronlauge und 34 Gramm Bromisocapronylbromid portionsweise zugesetzt (vgl.

Fig. 94.

Fig. 94). Man benützt mit Vorteil zum Hinzufügen äquivalenter Mengen des Bromids und der Lauge Büretten. Es wird stets erst dann mit der Zugabe fortgefahren, wenn der Geruch nach dem Säurebromid verschwunden ist. Der ganze Prozeß ist in etwa 45 Minuten beendet. Die Flüssigkeit wird jetzt mit 30 ccm fünffach n-Salzsäure versetzt. Meist erfolgt nach kurzer Zeit Krystallisation des Bromisocapronyl-glycins. Fällt ein Öl aus, das wenig Neigung zum Erstarren zeigt, dann äthert man das Kuppelungsprodukt aus, engt das ätherische Extrakt ein und fällt dann mit Petroläther. Das ausfallende Öl erstarrt bald krystallinisch. Auch dann, wenn, was fast immer der Fall ist, direkt nach dem Zusatz der Salzsäure Krystallisation eintritt, verlohnt es sich, die Mutterlauge auszuäthern. Man gewinnt so eine bessere Ausbeute. Das Rohprodukt wird aus heißem Chloroform oder Toluol umkrystallisiert. Man kann auch aus heißem Wasser sehr schöne Krystalle erhalten. Das Bromisocapronyl-glycin zersetzt sich gegen 135°.

b) Überführung des dl-α-Bromisocapronyl-glycins
in dl-Leucyl-glycin:

$$\begin{matrix} CH_3 \\ CH_3 \end{matrix}\!\!\!\Big> CH \cdot CH_2 \cdot CH(Br) \cdot CO \cdot NH \cdot CH_2 \cdot COOH + 2NH_3$$

$$= \begin{matrix} CH_3 \\ CH_3 \end{matrix}\!\!\!\Big> CH \cdot CH_2 \cdot CH(NH_2)CO \cdot NH \cdot CH_2 \cdot COOH + NH_4Br.$$

Der Bromkörper wird mit der fünffachen Menge 25 prozentigen Ammoniaks übergossen. Es tritt bald Lösung ein. Sie wird nun 3 Tage bei

37° aufbewahrt. Bei Zimmertemperatur ist die Amidierung erst nach 4 bis 5 Tagen beendet. Jetzt wird unter vermindertem Druck vollständig zur Trockene verdampft, der Rückstand zur Entfernung des entstandenen Bromammons mit absolutem Alkohol ausgekocht und das halogenfreie Leucyl-glycin aus der 15fachen Menge Wasser umkrystallisiert. Beim Abkühlen krystallisiert ein großer Teil des Dipeptids in makroskopischen Krystallen aus. Durch Einengen der Mutterlauge und Zufügen von Alkohol erhält man weitere Mengen reiner Substanz. Die Ausbeute beträgt 90 Prozent. dl-Leucyl-glycin zersetzt sich beim raschen Erhitzen gegen 235°. Das reine Dipeptid darf in Wasser gelöst nach Zugabe von verdünnter Salpetersäure und Silbernitrat keine Trübung oder gar Fällung zeigen (Probe auf Halogen). Mit überschüssigem Kupferoxyd gekocht, erhält man aus der wässerigen Lösung des Dipeptids ein schwer lösliches blau gefärbtes Kupfersalz.

Nucleinsäuren.

Darstellung von Guanylsäure aus Pankreasdrüse
(nach Levene und Jacobs).

$$\begin{array}{c}
\text{OH} \diagdown \\
\text{O} = \text{P} - \text{O} - \text{CH}_2 \cdot \overset{\overset{\text{H}}{|}}{\text{C}} - \overset{\overset{\text{H}}{|}}{\underset{\underset{\text{OH}}{|}}{\text{C}}} - \overset{\overset{\text{H}}{|}}{\underset{\underset{\text{OH}}{|}}{\text{C}}} - \text{CH} - \text{N} - \overset{}{\underset{\underset{\text{OC}}{|}}{\text{C}}} \quad \overset{\overset{\text{N}-\text{C}-\text{N}}{}}{\text{CH}} \overset{}{\underset{\underset{\text{NH}}{}}{\text{C}}} \cdot \text{NH}_2 . \\
\text{OH} \diagup
\end{array}$$

Pankreasdrüsen werden mit der Fleischhackmaschine zerkleinert. Der Brei wird mit Wasser aufgekocht und in die Mischung Kaliumacetat bis zu einem Gehalt von 5% eingetragen. Zu der noch warmen Lösung fügt man soviel konz. Kalilauge, bis sie davon 5% enthält. Jetzt läßt man 12 Stunden stehen. Das Eiweiß wird aus dem Gemisch mit Pikrinsäure und Essigsäure entfernt. Im eiweißfreien Filtrat findet sich die Guanylsäure neben Thymonucleinsäure. Zur Trennung beider gibt man zu der Lösung eine 25proz. Bleizuckerlösung, so lange sich noch ein Niederschlag bildet. Die Fällung enthält das Bleisalz der Thymonucleinsäure. Es wird abfiltriert und zum Filtrat Ammoniak zugefügt. Es fällt das Bleisalz der Guanylsäure. Dieses wird in einem Rundkolben in heißem Wasser gelöst, dann der Kolben in ein kochendes Wassserbad gestellt und unter Turbinieren Schwefelwasserstoff eingeleitet (vgl. hierzu S. 105, Fig. 86). Die vom Bleisulfid abfiltrierte Flüssigkeit wird bei 60° C unter vermindertem Druck bis zum dicken Sirup eingedampft. Bei längerem Stehen im Eisschrank scheidet sich die Guanylsäure als Gallerte ab. Sie wird in heißem Wasser aufgenommen und mit Alkohol gefällt.

Gewinnung von Guanosin aus Guanylsäure (nach Levene).

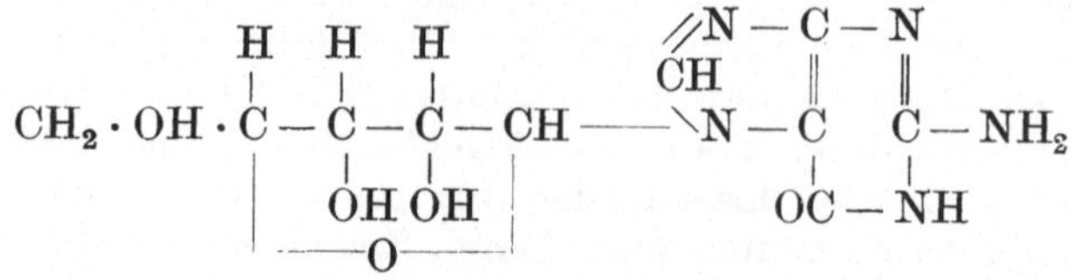

$$CH_2 \cdot OH \cdot \underset{\overset{|}{\underset{\overset{|}{\overline{\hspace{2cm}}}}{O}}}{C} - \underset{\overset{|}{OH}}{C} - \underset{\overset{|}{OH}}{C} - CH \underline{\hspace{1.5cm}} \begin{matrix} /\!/N - C - N \\ CH \quad \| \quad \| \\ \backslash N - C \quad C - NH_2 \\ \quad | \quad | \\ \quad OC - NH \end{matrix}$$

Reine Guanylsäure wird in einem kleinen Überschuß an Kaliumhydrat gelöst und die Lösung mit Essigsäure neutralisiert. Nun wird 4 Stunden im eingeschlossenen Rohre auf 135° erhitzt. Das Guanosin scheidet sich beim Abkühlen der Lösung als Gallerte aus. Es wird aus 60 proz. Alkohol umkrystallisiert. Das Guanosin bildet im reinen Zustande lange, feine Nadeln. Es zersetzt sich gegen 237°. In $^1/_{10}$-n-Natronlauge gelöst, zeigt es

$$[\alpha]_D^{20^0} = -60,52° .$$

Untersuchung von Speichel, Milch, Galle und Harn auf die wichtigsten Bestandteile.

1. Speichel.

Nachweis von Rhodanammonium = CNSH im Speichel.

Zu etwas Speichel gibt man einen Tropfen Salzsäure und dann vorsichtig einige Tropfen sehr verdünnter Eisenchloridlösung hinzu und schüttelt durch. Es tritt Rotfärbung ein infolge Bildung von Eisenrhodanid.

Über Untersuchung auf Diastase des Speichels vgl. S. 62. — Vgl. auch die Wirkungen des Magen- und Pankreassaftes S. 88 u. 89.

2. Milch.

Quantitative Bestimmung von Casein, Fett, Albumin und Milchzucker in der Milch.

Es werden 20 ccm nicht entrahmter Kuhmilch in einem Meßzylinder mit 400 ccm Wasser gut vermischt. Nun gibt man sehr vorsichtig tropfenweise verdünnte Essigsäure hinzu, bis das Casein sich in groben Flocken abzuscheiden beginnt. Jeder Überschuß an Essigsäure ist zu vermeiden. Am besten entnimmt man von der verdünnten Milch eine abgemessene Menge und gibt aus einer Bürette tropfenweise verdünnte Essigsäure hinzu. Man bestimmt so genau die Menge der Essigsäure, die notwendig ist, um die angewandte Menge Milch zu fällen. Dann berechnet man die zur Ausfällung des Caseins für die gesamte Milch notwendige Essigsäuremenge und gibt diese ebenfalls vorsichtig in kleinen Portionen unter beständigem starkem Umrühren hinzu. Schließlich leitet man noch eine halbe Stunde lang Kohlensäure durch

die gefällte Milch hindurch. Das ausfallende Casein reißt das gesamte
Fett mit sich nieder. Nunmehr filtriert man durch ein stickstofffreies
Filterchen. Den Filterrückstand wäscht man mit Wasser aus und ver-
arbeitet Filterrückstand und Filtrat getrennt weiter.

Der Filterrückstand enthält neben Casein, wie schon erwähnt,
Fett. Er wird zunächst zur Entfernung des Wassers mit starkem Alkohol übergossen und das Filtrat in einem Becherglase aufgefangen.
Es wird so lange auf den Filter zurückgegossen, bis es vollständig klar abläuft. Dann verdampft man es bei etwa 60°
zur Trockene und nimmt den Rückstand in
Äther auf. Die ätherische Lösung bringt man
in einen kleinen Rundkolben c, den man,
nachdem man noch mehr Äther hinzugegeben
hat, mit dem Soxhletschen Extraktionsappa-
rat (Fig. 95) verbindet. Den Filter mit dem
Niederschlag gibt man in eine Extraktionshülse, läßt diese in das Extraktionsgefäß b
des Soxhletschen Apparates gleiten und beginnt nun mit der Extraktion, indem man
den Rundkolben mit dem Äther auf einem
Wasserbad erwärmt. Man muß hierbei für
gute Kühlung sorgen, damit nicht durch Verdunsten des Äthers ein Brand entsteht. Der
Äther destilliert nun in das Extraktionsgefäß b hinauf, wird im Kühler a kondensiert,
fällt auf das Filter zurück und extrahiert
Fett. Hat der Äther ein bestimmtes Niveau
erreicht, dann fließt er durch den außen am
Extraktionsgefäß angebrachten Heber ab.
Die Destillation des Äthers kann von neuem
beginnen. Man kann so mit kleinen Mengen
des Extraktionsmittels große Substanzmengen
in Lösung bringen. Der gelöste Körper bleibt
im Kolben und das Extraktionsmittel, in
unserem Falle der Äther, ist von neuem

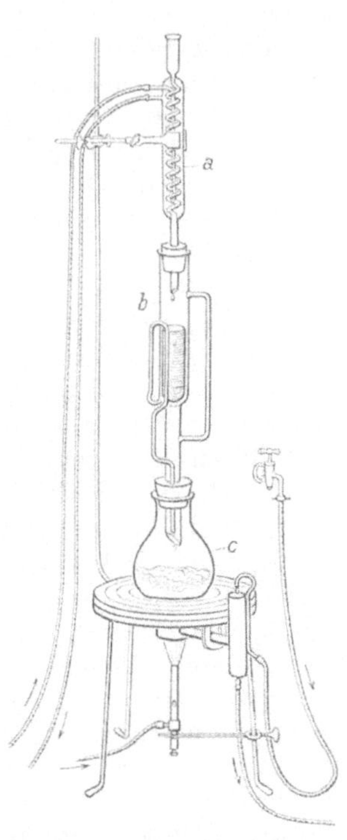

Fig. 95.
Extraktion im Soxhletapparat.

imstande, sich mit der zu extrahierenden Substanz zu sättigen.

Die Extraktion wird so lange fortgesetzt, bis eine Probe des ätherischen Auszuges beim Verdunsten keinen Rückstand mehr hinterläßt.
Jetzt wird die ätherische Lösung in ein gewogenes Bechergläschen übergeführt und bei etwa 30° eingedunstet. Dann wird im Vakuumexsiccator getrocknet und gewogen. Von dem erhaltenen Gewicht zieht
man dasjenige des Becherglases ab. Man erhält dann das Gewicht des
Fettes oder, exakter ausgedrückt, derjenigen Substanzen, die in Äther
löslich sind (Cholesterin, Phosphatide, Fett).

Im Filter, das wir der Extraktionshülse entnehmen, findet sich das
Casein. Wir können seine Menge entweder durch Feststellung des
Stickstoffgehaltes des Filterrückstandes nach Kjeldahl bestimmen, oder

aber wir verwenden zur Filtration der Casein-Fett-Fällung ein gewogenes Filter und wägen nach Entfernung der ätherlöslichen Bestandteile das bei 120° bis zur Gewichtskonstanz getrocknete Filter plus Casein wieder. Im ersteren Falle multipliziert man die gefundene Menge Stickstoff mit 6,37. Der erhaltene Wert liefert die Caseinmenge. Im letzteren Fall wiegt man zunächst ein Wägegläschen plus einem Filter, nachdem man vorher beide bei 120° bis zur Gewichtskonstanz getrocknet hat. Jetzt filtriert man das ausgefallene Casein plus Fett ab, extrahiert, wie vorher beschrieben, mit Äther, bringt dann das fettfreie Filter in das gleiche Wägegläschen zurück, trocknet wieder bei 120° und wiegt. Diese Art der Bestimmung ist insofern nicht ganz exakt, als das Casein Asche enthält. Man muß, um ganz genaue Werte zu erhalten, das Casein im Platintiegel veraschen und die zurückbleibende Asche in Abzug bringen. Doch begeht man dadurch wieder einen kleinen Fehler, indem man den zu dem Casein hinzugehörigen Phosphor mit der Asche abzieht.

Verarbeitung des Filtrates des Caseinniederschlages. Im Filtrat haben wir noch Eiweißkörper, unter anderem Albumin, Globulin und ferner Milchzucker neben Aschebestandteilen. Das Filtrat wird zunächst in einer Porzellanschale einige Minuten zum Kochen erhitzt. Man beobachtet bald das Auftreten einer Haut. Sie besteht aus den genannten Eiweißstoffen. Der Niederschlag wird auf einem stickstofffreien Filter gesammelt, der Rückstand mehrmals mit kaltem Wasser gründlich gewaschen und dann Filter plus Niederschlag nach Kjeldahl behandelt. Den gefundenen Stickstoffwert multipliziert man mit 6,37. Oder aber man geht auch hier von einem gewogenen Filter aus und wiegt, nachdem Albumin und Globulin abfiltriert sind, wiederum nach erfolgter Trocknung bei 120°.

Das Filtrat vom Eiweißniederschlag wird nach dem Erkalten gut gemischt und genau gemessen. Man füllt dann die Flüssigkeit in eine Bürette und stellt den Gehalt an Milchzucker durch Titration nach Fehling fest. (Vgl. S. 64.) Man verwendet 20 ccm der Fehlingschen Lösung. Diesen entsprechen 0,134 Gramm Milchzucker.

3. Galle.

Nachweis von Cholesterin, Gallenfarbstoffen und Gallensäuren in der Galle.

Man benutzt zum Nachweis der genannten Substanzen am besten Rindergalle. Diese wird je nach ihrer Konzentration mit Wasser verdünnt. Einen Teil schüttelt man mit Chloroform durch und unterschichtet dann die Chloroformlösung mit konzentrierter Schwefelsäure. Man erhält eine purpurrote Färbung des Chloroformauszuges. (Nachweis von Cholesterin nach Salkowski.)

Eine andere Probe wird vorsichtig mit konzentrierter Salpetersäure, die etwas salpetrige Säure enthält, unterschichtet. An der Berührungsstelle der beiden Schichten beobachtet man einen farbigen Ring. Der Salpetersäure benachbart findet sich ein gelbroter, darüber ein roter, weiter oben ein violetter und darüber ein blauer, ganz oben ein grüner Ring. Diese Farbenskala wird durch verschiedene Oxydationsstufen des Bilirubins hervorgebracht. (Nachweis der Gallenfarbstoffe nach Gmelin.)

Man setze etwas von der Galle zu Harn und überzeuge sich, daß man mit der gleichen Reaktion leicht den Gallenfarbstoff nachweisen kann.

Zum Nachweis von Gallensäuren gebe man in einem Reagenzglas zu etwa 1 ccm Galle eine Messerspitze voll Rohrzucker. Dann füge man tropfenweise unter Umschütteln konzentrierte Schwefelsäure hinzu. Das Gemisch darf sich dabei nicht auf über 70° erwärmen. Man erhält eine zuerst kirschrote, dann prachtvoll purpurrote Färbung. Pettenkofersche Reaktion auf Gallensäuren (Furfurolreaktion).

Darstellung von Gallensäuren aus Rindergalle (nach Pregl).

Man benutzt hierzu den Inhalt von zwei Gallenblasen vom Rind. Eine solche enthält gewöhnlich 250—300 Gramm Galle. 500 Gramm Galle bringt man in einen Rundkolben aus Jenaer Glas von einem Liter Inhalt und fügt dazu 8 Gramm Natriumhydroxyd. Man kocht jetzt 48 Stunden über freier Flamme unter Anwendung eines Rückflußkühlers. Dann wird abgekühlt und abgenutscht. Als Filter benutzt man langfasrigen Asbest, den man vorher auf der Nutsche festgesaugt hat. Das Filtrat wird nunmehr in eine Porzellanschale ausgegossen, die Saugflasche mit Wasser ausgespült und dann portionsweise unter Umrühren 10—12 ccm Eisessig zugesetzt. Die Lösung muß hierbei noch schwach alkalisch bleiben und vollständig klar sein. Man dampft dann die klare Lösung auf dem Wasserbade bis auf 100 ccm ein. Der Rückstand wird hiernach in eine 500 ccm fassende Pulverflasche übergeführt und der Rest mit etwas Wasser nachgespült. Jetzt gibt man 100 ccm Äther hinzu und schüttelt in der gut verschlossenen Flasche tüchtig durch. Den auf der Nutsche sich befindenden Rückstand wäscht man mit heißem Alkohol aus, dampft die alkoholische Lösung ein und nimmt den Rückstand in Wasser auf. Die Lösung wird mit der aus der Flasche abgegossenen ätherischen Lösung zusammengebracht, gut durchgeschüttelt, dann der Äther abgehoben, mit Natriumsulfat getrocknet, nun filtriert und abdestilliert. Der verbleibende Rückstand wird aus Alkohol umkrystallisiert. Er besteht, wie man sich leicht durch Ausführung der Salkowskischen Probe überzeugen kann, aus Cholesterin. (Vgl. S. 78 u. 124.)

Den in Äther unlöslichen Anteil der dunkelbraunen, dicklichen Flüssigkeit versetzt man portionsweise unter jedesmaligem Umschütteln mit 8 ccm Eisessig. Die starke Schaumbildung mäßigt man durch Zusatz von etwas Äther. Zuletzt werden noch 50 ccm Äther zugesetzt. Nach nochmaligem heftigem Umschütteln und einigem Stehen wird der Äther abgegossen, dann wiederholt mit Wasser ausgeschüttelt, wobei ihm die aufgenommene Essigsäure entzogen wird. Der Äther wird abgehoben, mit Natriumsulfat getrocknet und abdestilliert. Im Rückstand finden wir die in der Galle vorhandenen Fettsäuren nebst etwas Gallensäure. Man kann eine Trennung der Bestandteile herbeiführen, indem man das Gemisch mit Petroläther auszieht. Die Fettsäuren gehen in Lösung, die Gallensäuren bleiben zurück.

Das nun auf die erwähnte Weise von Cholesterin und von Fettsäuren befreite Gemisch zeigt nach einigem Stehen Krystallisation. Nach 48 Stunden ist die gesamte Masse in einen dicken Krystallbrei verwandelt. Es wird nun auf einer Nutsche abgesaugt und der Rückstand mit kleinen Mengen eiskalten Wassers ausgewaschen. Das Wasser benutzt man auch, um die Flasche, in der sich das Gemisch befunden hat, auszuspülen. Die zunächst braun gefärbte Krystallmasse wird während des Waschens blendend weiß. Die Krystalle werden dann auf eine Tonplatte gestrichen und schließlich im Vakuumexsiccator getrocknet. Die Ausbeute an Krystallen beträgt etwa 10 Gramm. Sie werden mit 40 ccm Alkohol übergossen und so lange konzentrierte Natronlauge tropfenweise unter Umschütteln zugesetzt, bis die suspendierte Gallensäuremasse vollständig gelöst ist. Die Reaktion ist jetzt deutlich alkalisch. Es wird eine halbe Stunde am Rückflußkühler gekocht. Hierbei scheidet sich das in Alkohol schwer lösliche Natriumsalz der Cholsäure in Form feiner Nadeln ab. Die Krystalle werden abgenutscht. Um Verstopfung der Poren der Nutsche zu vermeiden, wird diese zunächst mit dem Filter auf ein Wasserbad gestellt. Man bezweckt hiermit Erwärmung der Nutsche. Dann gießt man wiederholt siedendheißen Alkohol durch die Nutsche hindurch, um sie möglichst von Wasser zu befreien. Jetzt wird rasch die heiße Lösung aufgegossen. Die Krystalle werden mit siedendheißem Alkohol gewaschen. Dann setzt man die Nutsche auf ein kleines Erlenmeyerkölbchen und löst die auf der Nutsche befindlichen Krystalle in siedendem Wasser. Die Lösung tropft in das Kölbchen hinein.

Das in der Saugflasche befindliche alkoholische, alkalische Filtrat wird im Destillationskolben unter vermindertem Druck vollständig bis zur Trockene verdampft. Den Rückstand übergießt man mit 10 ccm absolutem Alkohol und kocht 2 Stunden lang am Rückflußkühler. Auf diese Weise wird der letzte Rest der Cholsäure in Form ihres Natriumsalzes abgeschieden. Man filtriert die heiße Flüssigkeit genau in derselben Weise, wie es eben beschrieben worden ist, auf einer warmen Nutsche ab, wäscht die Krystalle mit heißem Alkohol und setzt dann die Nutsche auf das gleiche Erlenmeyerkölbchen, in dem man vorher schon die wässerige Lösung der auskrystallisierten Masse gesammelt hat. Man löst die Krystalle wiederum in heißem Wasser und bringt das Filtrat zu dem vorhergehenden. Zu dem Natriumsalz der Cholsäure gibt man nun vorsichtig unter Umschütteln solange 50 prozentige Essigsäure hinzu, als eine Fällung eintritt. Die freie Cholsäure wird dann abgenutscht und im Vakuumexsiccator getrocknet. Sie enthält ein Molekül Krystallwasser. Meist ist sie noch nicht ganz rein. Zur Reinigung wird die Cholsäure nochmals in das Natriumsalz übergeführt und dann wieder mit Eisessig daraus abgeschieden. Die getrocknete Fällung erwärmt man mit wenig Alkohol auf dem Wasserbade. Dabei entstehen rhombische Tetraëder. Die mit einem Molekül Alkohol krystallisierte Cholsäure schmilzt bei 197°. Die Ausbeute beträgt etwa 7 Gramm.

Nun wird das alkoholische Filtrat weiter verarbeitet. Es hat eine gallertige Konsistenz. Zunächst trocknet man es unter vermindertem Druck vollständig ein und löst den Rückstand in 50 ccm Wasser. Der Lösung fügt man unter Umschütteln so lange 50 prozentige Essigsäure hinzu, als noch eine Fällung auftritt. Ein größerer Überschuß an Essigsäure ist zu vermeiden, weil sonst die Ausbeute beeinträchtigt wird. Die ausgefallenen Krystalle werden abgenutscht, im Vakuumexsiccator getrocknet und dann aus wenig heißem Alkohol umkrystallisiert. Bald beginnen beim Abkühlen der alkoholischen Lösung Nadeln auszufallen. Es handelt sich um Choleinsäure. Sie zersetzt sich gegen 187°. Hat man die Cholsäure nicht vollständig entfernt, dann erhält man neben den Nadeln rhombische Tetraëder. Es ist von großer Wichtigkeit, die Cholsäure vorher vollständig zu entfernen, denn ihre spätere Abtrennung von der Choleinsäure ist ziemlich umständlich.

Die alkoholische Mutterlauge der Choleinsäure wird zur Trockene verdampft, und der Rückstand in wenig Eisessig aufgenommen. Nach längerem Stehen treten prismatische Krystalle von Desoxycholsäure auf. Sie enthalten ein Molekül Eisessig. Nach zweimaligem Umkrystallisieren schmelzen die Krystalle bei 145°. Man erhält im ganzen etwa 3 Gramm Choleinsäure und 2 Gramm Desoxycholsäure. Erstere findet sich noch in ganz erheblichen Mengen in dem Filtrat der Desoxycholsäure.

4. Harn.

Bestimmung des Stickstoffgehaltes nach Kjeldahl.

Die stickstoffhaltige organische Verbindung[1] wird mit konzentrierter Schwefelsäure in Gegenwart eines Katalysators erhitzt. Der Stickstoff wird hierbei restlos in Ammoniak übergeführt. Wir haben dann in der Lösung schwefelsaures Ammonium. Dieses zerlegen wir durch Zusatz von Natronlauge und treiben das freigewordene Ammoniak in eine Vorlage über. In diese geben wir eine abgemessene Menge $^1/_{10}$ n-Schwefelsäure und titrieren dann den unverbrauchten Rest der vorgelegten Säure mit $^1/_{10}$ n-Natronlauge zurück. Zur Ausführung der Bestimmung brauchen wir 1. stickstofffreie, konzentrierte Schwefelsäure, sogenannte Kjeldahlschwefelsäure, 2. reines, krystallisiertes Kupfersulfat, 3. reines Kaliumsulfat, und endlich konzentrierte salpetersäurefreie Natronlauge, sogenannte Kjeldahlnatronlauge. Man prüfe alle Reagenzien auf Stickstoff! Zum Auffangen des Ammoniaks be-

---

[1] Nicht alle stickstoffhaltigen Verbindungen geben unter den erwähnten Bedingungen ihren Stickstoff in Form von Ammoniak ab, so z. B. Nitrokörper nicht. Alle biologisch in Betracht kommenden Verbindungen lassen sich jedoch nach Kjeldahl auf Stickstoff analysieren.

nützen wir $^1/_{10}$ n-Schwefelsäure und zum Zurücktitrieren $^1/_{10}$ n-Natronlauge. Als Indicator wählen wir Rosolsäurelösung (6,5 Gramm reine Rosolsäure werden in 50 ccm verdünntem Alkohol gelöst und 50 ccm Wasser hinzugefügt. Sehr zu empfehlen ist auch alizarinsulfosaures Natrium.

Bestimmung des Stickstoffgehaltes im Urin.

Zur Bestimmung des Stickstoffgehaltes im Urin benützen wir je nach seiner Konzentration 5—10 ccm. Diese müssen genau abgemessen werden. Am besten benützt man dazu eine Pipette. Wir geben den Harn aus der Pipette direkt in einen sogenannten Kjeldahlkolben hinein. (Vgl. Fig. 96.) Dann fügen wir 10 ccm konzentrierte Schwefelsäure hinzu. Das Abmessen erfolgt in einem 10-ccm-Meßzylinder.

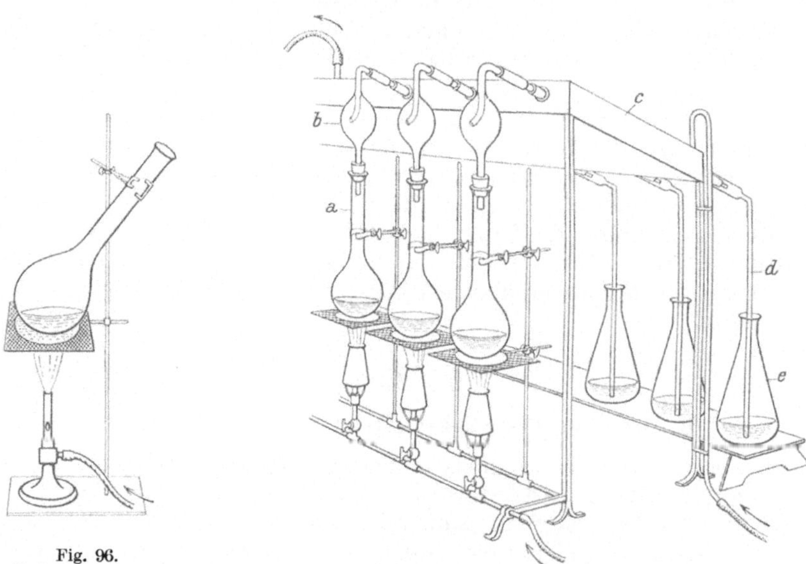

Fig. 96.
Verbrennung nach Kjeldahl.

Fig. 97. Destillation des Ammoniaks (Kjeldahl).

Beim Zusammenfließen der Schwefelsäure mit dem Urin tritt sofort Braunfärbung auf. Jetzt geben wir ein erbsengroßes Stück Kupfersulfat hinzu und ferner 5 Gramm Kaliumsulfat. Nun erhitzt man den Kolbeninhalt so lange, bis die Farbe vollständig grünlich geworden ist und die Flüssigkeit ganz klar wird. Man prüfe sorgfältig, ob an den Wänden des Kolbens noch Spuren von Kohle vorhanden sind. Ist dies der Fall, dann werden diese durch Umschwenken des Kolbeninhaltes heruntergespült. Bei lebhaftem Kochen ist der ganze Prozeß in 30—45 Minuten beendet. Man läßt nunmehr erkalten. Unterdessen hat man in einen enghalsigen Erlenmeyerkolben 50 ccm $^1/_{10}$ n-Schwefelsäure und 1—2 Tropfen des Indicators gebracht. Der Erlenmeyerkolben dient als Vorlage zum Auffangen des überdestillierenden Ammoniaks. In die Schwefelsäure wird das umgebogene Ende des Kühlers, wie Fig. 97 zeigt, eingetaucht.

Nunmehr verdünnt man den Kolbeninhalt mit destilliertem Wasser oder löst ihn, falls er erstarrt ist, in Wasser und fügt im ganzen 60 ccm Kjeldahlnatronlauge in zwei Portionen hinzu. Man muß hierbei sehr vorsichtig vorgehen, weil sonst sehr leicht Verluste an Ammoniak und damit an Stickstoff entstehen. Man gibt zunächst nur einen Teil der Natronlauge hinzu, und zwar nur so viel, daß die Reaktion der Flüssigkeit noch sauer bleibt. Dann läßt man abkühlen, fügt einen Löffel voll Talk hinzu, um beim Destillieren das Stoßen zu vermeiden. Jetzt begibt man sich mit dem Kolben zum Destillationsapparat, gießt den Rest der Natronlauge rasch — am besten unter Unterschichten — hinzu und verbindet den Kolben sofort mit dem Kühler. Nun beginnt die Destillation, indem man den Kolben durch einen Brenner direkt zum Kochen erhitzt. Nach etwa 30 Minuten ist das Ammoniak vollständig übergetrieben. Eine bestimmte Zeit kann nicht vorgeschrieben werden. Man muß in jedem Falle genau feststellen, ob wirklich alles Ammoniak überdestilliert ist. Zu diesem Zwecke prüft man mit Hilfe eines roten Lackmuspapieres. Wird dieses durch das Destillat noch blau gefärbt, dann muß die Destillation fortgesetzt werden. Das zur Prüfung benutzte Lackmuspapier wird mit destilliertem Wasser in die Vorlage hinein abgespült, um alle Verluste zu vermeiden. Gibt das Destillat keine Blaufärbung mehr, dann wird das Einleitungsrohr aus der vorgelegten $^1/_{10}$ n-Schwefelsäure herausgezogen, am besten, indem man den Erlenmeyer tiefer stellt. Man läßt nun die Destillation noch etwa 5 Minuten weiter gehen. Das destillierende Wasser spült das ganze Rohr aus. Dann spritzt man mit einer Spritzflasche das Einleitungsrohr von außen gründlich ab. Nunmehr beginnt die Titration. Man fügt aus einer Bürette vorsichtig $^1/_{10}$ n-Natronlauge hinzu, bis der Indicator anzeigt, daß die noch vorhandene Säure gebunden ist.

Die Berechnung des Stickstoffgehaltes ist eine sehr einfache. Man zieht die verbrauchten Kubikzentimeter der $^1/_{10}$ n-Natronlauge von den vorgelegten Kubikzentimetern $^1/_{10}$ n-Schwefelsäure ab und multipliziert die erhaltene Zahl mit 1,401. Man erhält dann die Menge Stickstoff, welche in der angewandten Menge Harn enthalten ist, in Milligrammen.

Beispiel: Die Gesamtmenge des Harns betrage 500 ccm. Verwendet wurden zur Stickstoffbestimmung 5 ccm. Vorgelegt haben wir 50 ccm $^1/_{10}$ n-Schwefelsäure. Zurücktitriert wurde mit 15 ccm $^1/_{10}$ n-Natronlauge. Folglich sind von dem überdestillierten Ammoniak 35 ccm $^1/_{10}$ n-Schwefelsäure gebunden worden. $35 \times 1{,}401 = 49{,}035$ Milligramm Stickstoff. Somit sind in den 500 ccm Urin 4,9035 Gramm Stickstoff enthalten.

Bei der Stickstoffbestimmung im Kot verfahren wir genau gleich. Der gesamte Kot wird zunächst, nachdem wir etwas n-Schwefelsäure zugegeben haben, bei 120° bis zur Gewichtskonstanz getrocknet. Dann wird der Kot in einer Reibschale gepulvert und dabei gut gemischt. Das Pulver wird gewogen und nun ein aliquoter Teil davon, z. B. 1 Gramm, im Kjeldahlkolben mit konz. Schwefelsäure übergossen. Die weitere Durchführung der Bestimmung des Stickstoffgehaltes ist genau dieselbe, wie sie eben beim Harn beschrieben worden ist.

Man kann mit Hilfe der gleichen Methode den Stickstoffgehalt in stickstoffhaltigen Substanzen, wie Harnstoff usw., feststellen. Wir gehen dabei von abgewogenen Substanzmengen aus.

Bestimmung des Ammoniaks im Harn (nach Krüger-Reich-Schittenhelm).

25 ccm filtrierten Harnes werden in einen Rundkolben b (Fig. 98) gegeben. Man setzt 10 Gramm Kochsalz hinzu und ferner trockenes Natriumcarbonat, bis deutlich alkalische Reaktion vorhanden ist. Es genügt in den meisten Fällen 1 Gramm Natriumcarbonat. Der Kolben wird durch einen Gummistopfen verschlossen, der zwei Durchbohrungen besitzt. Durch die eine Öffnung führt man einen Tropftrichter a, durch die andere ein Rohr, das mit einem etwa 4 cm weiten, U-förmig gebogenen Rohr c in Verbindung steht. Dieses befindet sich in einem Topf mit Eiswasser-mischung. In dieses U-förmige, so-genannte Peligotrohr, gibt man 10 bis 30 ccm $^1/_{10}$ n-Schwefelsäure, einige

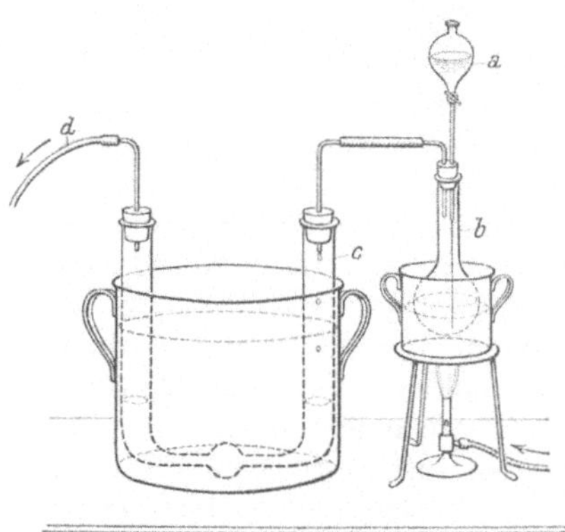

Fig. 98.   Ammoniakbestimmung.

Tropfen Rosolsäure und so viel Wasser, daß der wagerechte Schenkel des Rohres damit gerade gefüllt ist. Der zweite vertikale Schenkel der Peligotröhre steht mit der Wasserstrahlluftpumpe in Verbindung (d). Nun beginnt man zu evakuieren. Sobald das Vakuum das Maximum erreicht hat, gibt man durch den Tropftrichter etwa 20 ccm absoluten Alkohol in den Rundkolben hinein und beginnt nun mit dem Erwärmen des Wasserbades. Man steige mit der Temperatur nicht über 45°. Etwa alle 10 Minuten gibt man von neuem aus dem Tropftrichter 15—20 ccm Alkohol hinzu. Wenn das Wasser zu rasch verdunstet, dann ergänzt man es vom Tropftrichter aus. Zum Schluß gibt man zur Verjagung der in der Überleitungsröhre sich befindlichen Wassertrop-fen noch 10 ccm Alkohol hinzu. Die ganze Bestimmung ist vom Beginn des lebhaften Siedens an gerechnet in 15—20 Minuten beendet. Es wird nun das Evakuieren unterbrochen und der Inhalt des Peligotrohres in einen enghalsigen Erlenmeyerkolben übergeführt und die Röhre mit destilliertem Wasser ausgespült. Dann titriert man mit $^1/_{10}$ n-Natron-lauge und stellt fest, wieviel von der vorgelegten $^1/_{10}$ n-Schwefelsäure von Ammoniak gebunden worden ist. Die Berechnung des Stickstoff-gehaltes ist genau dieselbe, wie sie S. 129 angegeben worden ist.

Bestimmung der Schwefelsäure im Harn.

Im Harn findet sich der Schwefel in verschiedener Form. Einmal haben wir oxydierten Schwefel, in der Hauptsache in Form von Schwefelsäure. Diese ist zum Teil als solche (SO_4-Ion) vorhanden, zum Teil findet sie sich in Form der Ätherschwefelsäuren. Daneben haben wir aber auch unoxydierten, sogenannten neutralen Schwefel. Nach der folgenden Methode können wir diese Formen nebeneinander bestimmen.

Zunächst bestimmt man den gesamten Schwefelgehalt des Harnes. 25 ccm Harn werden in einer Platinschale auf dem Wasserbade auf ein kleines Volumen eingedampft. Dann gibt man 20 Gramm eines sogenannten Salpetergemisches hinzu. Dieses besteht aus drei Gewichtsteilen Kalisalpeter und einem Gewichtsteil Natriumcarbonat. Nun wird vorsichtig auf freiem Feuer erhitzt, bis das Ganze zusammenschmilzt und die Schmelze vollständig weiß ist. Diese wird in Wasser gelöst, die Lösung in einen Kolben gegossen und die Schale sorgfältig mit Wasser ausgespült. Zu der Lösung gibt man (nach Salkowski) durch einen Trichter ganz allmählich 100 ccm Salzsäure. Nun wird der Kolben auf ein Dampfbad gestellt, und bei aufgesetztem Trichter so lange erhitzt, bis die Gasentwicklung ganz aufgehört hat. Man gießt dann die Flüssigkeit in eine Porzellanschale, verdampft bis zur Trockene und übergießt den Rückstand wieder mit 100 ccm Salzsäure unter Umrühren und dampft noch einmal ab. Diese Operation muß noch zweimal wiederholt werden. Dann wird der Rückstand in Wasser aufgenommen, filtriert und die in einem Erlenmeyer befindliche Flüssigkeit auf einem Drahtnetz bis zum Beginn des Siedens erhitzt. Man gibt jetzt vorsichtig 10 ccm heißer Chlorbariumlösung hinzu, läßt 24 Stunden stehen und filtriert durch ein aschefreies Filter ab. Der Filter wird samt dem Niederschlag in einen Platintiegel gegeben und darin im Trockenschrank getrocknet. Man erhitzt den Platintiegel zunächst bei aufgelegtem Deckel ganz allmählich und schließlich nach Abnahme des Deckels 5 Minuten lang sehr intensiv. Der Inhalt des Tiegels muß völlig weiß erscheinen. Ist dies nicht der Fall, dann muß das Erhitzen weiter fortgesetzt werden. Man läßt erkalten und wiegt. Das gefundene Gewicht abgezogen von dem des Platintiegels gibt die Menge an Bariumsulfat. Die gefundene Menge mit 0,420176 multipliziert ergibt die Quantität der Schwefelsäure, und mit 0,137380 multipliziert die Menge Schwefel (vgl. S. 44).

Nunmehr bestimmt man die freie und die gebundene Schwefelsäure des Harnes nebeneinander. Zieht man die auf diese beiden entfallende Menge Schwefel von der gefundenen Menge an Gesamtschwefel ab, dann erhält man die Menge des Neutralschwefels. Es werden 100 ccm Harn mit etwa der gleichen Menge Wasser verdünnt. Nach Zugabe von 3 ccm Essigsäure wird Bariumchlorid im Überschuß zugesetzt und auf dem Wasserbade $^1/_2$—$^3/_4$ Stunden erwärmt. Nun läßt man abkühlen und filtriert den Niederschlag auf einem aschefreien Filter ab, wäscht mit Wasser nach, bringt den Filter mitsamt dem Niederschlag in einen Platintiegel und verascht, wie oben angegeben, und bestimmt das Gewicht des Bariumsulfates. Der so bestimmte Schwefel entspricht der freien Schwefelsäure resp. dem Sulfatschwefel.

Zu dem Filtrat gibt man 6 ccm konz. Salzsäure und kocht etwa 15 Minuten lang. Es entsteht von neuem ein Niederschlag von Bariumsulfat. Durch die Salzsäure sind die gepaarten Schwefelsäuren, die sogenannten Ätherschwefelsäuren, gespalten worden. Die freie Schwefelsäure reagiert dann mit dem gleich von Anfang vorhandenen Überschuß an Barium. Auch hier wird wieder durch ein aschefreies Filter filtriert, getrocknet und im Platintiegel verascht. Man prüfe in beiden Fällen im Filtrat vom Bariumsulfat, ob bei weiterem Zusatz von Bariumchlorid noch Fällung eintritt!

Nachweis von Phenol im Harn.
$$C_6H_5 \cdot OH.$$

Zu 200 ccm Harn gibt man zur Spaltung des gepaarten Phenols 50 ccm konz. Salzsäure und destilliert dann unter Anwendung eines schräg gestellten Kühlers so lange, bis eine Probe des Destillates nach Zusatz von Bromwasser keine Trübung mehr zeigt. Dies ist meist der Fall, wenn etwa 50—80 ccm der Flüssigkeit abdestilliert sind. Das Destillat wird nun mit Natriumcarbonat bis zur alkalischen Reaktion versetzt und wiederum destilliert. Nachdem etwa 50 ccm übergegangen sind, führt man Proben auf Phenol und Kresol aus. Gibt man zu einer Probe des Destillates Millons Reagens, dann erhält man Rotfärbung, oder aber auch einen roten Niederschlag, wenn größere Mengen von Phenol oder Kresol vorhanden sind. Fügt man zu einer Probe Bromwasser im Überschuß, dann fällt ein gelber bis bräunlich gefärbter krystallinischer Niederschlag aus. Er besteht zum allergrößten Teil aus Tribromphenol. Setzt man verdünnte Eisenchloridlösung hinzu, dann tritt Violett- bis Blaufärbung ein.

Nachweis von Indoxylschwefelsäure im Harn durch Überführung in Indigobau (sogenannte Jaffesche Indicanprobe).

Indoxylschwefelsäure. → Indigoblau.

Indoxylschwefelsäure findet sich fast stets im Harn. Beim Menschen ist die Menge jedoch eine sehr wechselnde und oft eine sehr geringe. Man benützt am besten zur Darstellung von Indigoblau aus Harn den Urin eines Pflanzenfressers, z. B. vom Pferde. Man gibt zu dem Harne etwa das gleiche Volumen konzentrierter Salzsäure und bewirkt dadurch eine Spaltung der Indoxylschwefelsäure. Nun wird oxydiert. Man benutzt hierzu entweder Chlorkalklösung oder eine solche von Eisenchlorid. Sehr gute Resultate gibt die Anwendung von

Chlorkalklösung. Man verwendet eine verdünnte Lösung davon und fügt diese tropfenweise unter fortwährendem Umschütteln hinzu. Dann gibt man wenig Chloroform zu und schüttelt durch. Das Chloroform färbt sich blau, indem es das gebildete Indigoblau aufnimmt. Am besten stellt man mehrere Proben an. Eine bestimmte Menge des anzuwendenden Chlorkalks kann man nicht angeben, da die im Harn enthaltene Menge Indoxylschwefelsäure nicht bekannt ist.

Eine zweite Art des Nachweises, die auch zu guten Resultaten führt, ist die folgende: Es wird der Harn mit Bleizuckerlösung oder Bleiessig ausgefällt, dann filtriert und zu dem Filtrat das gleiche Volumen eisenchloridhaltige, rauchende Salzsäure hinzugesetzt — auf 1000 Teile 2—4 Teile Eisenchlorid. Nun wird 1—2 Minuten lang stark durchgeschüttelt und dann der Farbstoff ebenfalls in Chloroform aufgenommen.

Darstellung von Hippursäure aus Pferdeharn.

$$C_6H_5CO \cdot NH \cdot CH_2 \cdot COOH.$$

Es werden 500 ccm Pferdeharn mit so viel Kalkmilch versetzt, daß die Reaktion stark alkalisch wird. Jetzt wird erwärmt, filtriert und das Filtrat bis zur Sirupkonsistenz eingedampft. Den Rückstand fällt man mit Alkohol, rührt gut durch, filtriert dann und verdunstet den Alkoholauszug. Der verbleibende Rückstand wird nach völligem Erkalten mit Salzsäure stark angesäuert. Hierbei scheidet sich die Hippursäure krystallinisch ab. Nach einigem Stehen werden die Krystalle abgenutscht, scharf abgepreßt und dann in Wasser unter Zusatz von etwas Ammoniak gelöst. Die gelbgefärbte Lösung wird unter Zufügen von etwas Tierkohle aufgekocht, dann filtriert und das Filtrat eingedampft. Zum Rückstand gibt man wiederum Salzsäure, nutscht die Krystallmasse wieder ab, wäscht sie mit wenig eiskaltem Wasser und preßt scharf ab. Die Krystalle werden dann im Vakuumexsiccator getrocknet. Es ist zweckmäßig, eine Probe der feuchten Masse unter dem Mikroskop zu untersuchen. Beobachtet man unregelmäßig gezackte Blättchen, dann deutet dies auf die Anwesenheit von Benzoesäure hin. In diesem Falle werden die getrockneten Krystalle mit Petroläther ausgezogen. Dieser löst die Benzoesäure und läßt die Hippursäure ungelöst.

Die Hippursäure schmilzt bei 187°. Beim Kochen mit starkem Alkali wird sie unter Wasseraufnahme in Glykokoll und Benzoesäure gespalten

$$C_6H_5CO \cdot NH \cdot CH_2 \cdot COOH$$
$$+ OHH$$
$$\underbrace{C_6H_5 \cdot COOH}_{\text{Benzoesäure}} + \underbrace{NH_2 \cdot CH_2 \cdot COOH}_{\text{Glykokoll}}$$

Nach erfolgtem Neutralisieren mit Säure kann man die eingedampfte Masse mit Petroläther extrahieren und so die Benzoesäure nachweisen. Das Glykokoll trennt man am besten ab, indem man es in den salzsauren Ester überführt (vgl. S. 92).

Isolierung von Kreatinin aus Harn.

$$C = NH \underset{\diagdown N(CH_3) \cdot CH_2 \cdot CO}{\overset{\diagup NH}{}}.$$

500 ccm Menschenharn werden mit einem Gemisch von 1 Volumen gesättigter Bariumnitratlösung und 2 Volumina gesättigter Barytlösung versetzt, bis keine Fällung mehr entsteht. Man filtriert ab und dampft das Filtrat auf dem Wasserbade bis zum Sirup ein. Dann gibt man etwa ebensoviel absoluten Alkohol zu, rührt gut durch und filtriert von den ausgeschiedenen Salzen ab. Das Filtrat versetzt man mit 20 Tropfen einer konzentrierten alkoholischen Chlorzinklösung. Nach 1—2 tägigem Stehen erscheinen an der Wand des Gefäßes prachtvolle Krystalldrusen von Kreatininchlorzink, $(C_4H_7N_3O)_2 \cdot ZnCl_2$. Die Krystalle werden abgenutscht und mit absolutem Alkohol ausgewaschen.

Durch Kochen der heißen, wässerigen Lösung des Chlorzinksalzes mit kohlensaurem Bleioxyd zersetzt man es. Man filtriert heiß ab, kocht das Filtrat mit etwas Tierkohle auf, filtriert wieder und dampft nun zur Trockene ein. Den Rückstand zieht man mit kaltem absolutem Alkohol aus und verdunstet diesen. Das Kreatinin bildet farblose Prismen. Einige Krystalle von dem Kreatinin werden zu einem feinen Pulver zerrieben und dann im Reagensglas in Wasser gelöst. Setzt man einige Tropfen Nitroprussidnatriumlösung hinzu und etwas Natronlauge, so erhält man eine tiefrote Färbung, welche aber sehr rasch abbläßt und schließlich strohgelb wird (Weylsche Reaktion).

Gewinnung von Harnstoff aus Harn.

$$C = O \underset{\diagdown NH_2}{\overset{\diagup NH_2}{}}.$$

500 ccm Menschenharn werden in einer Porzellanschale auf dem Babobleche auf etwa 200 ccm eingedampft. Das weitere Eindampfen besorgt man auf dem Wasserbade, bis ein Sirup übrig bleibt. Dieser wird mit 150 ccm Alkohol gefällt. Man läßt unter Umrühren eine halbe Stunde stehen und filtriert dann von dem Rückstand ab. Das Filtrat wird hierauf auf dem Wasserbade möglichst vollständig verdampft. Nach dem Erkalten fügt man das doppelte Volumen auf 0° abgekühlte konzentrierte Salpetersäure hinzu und rührt dabei um. Bald scheidet sich der Harnstoff als salpetersaures Salz ab. Man läßt 2 Stunden stehen und filtriert dann am besten auf Glaswolle ab. Den Rückstand wäscht man mit wenig kalter Salpetersäure und gibt dann die Krystalle auf eine Tonplatte.

Will man aus dem salpetersauren Harnstoff den Harnstoff selbst gewinnen, dann übergießt man ersteren in einer Porzellanschale mit Wasser und gibt dann vorsichtig Bariumcarbonat hinzu, rührt gut um, erwärmt und fährt mit dem Zusatz des Bariumcarbonates so lange fort, bis die Flüssigkeit nicht mehr sauer reagiert. Dann wird filtriert und mit wenig Wasser nachgewaschen. Ist das Filtrat gelb gefärbt, dann entfärbt man durch Aufkochen mit etwas Tierkohle. Nach erfolgter Filtration wird der Harnstoff vom entstandenen Bariumnitrat getrennt, indem man zunächst zur Trockene verdampft und den Rückstand mit Alkohol auszieht. In diesen geht nur der Harnstoff hinein. Die alkoholische Lösung wird abfiltriert und bis auf ein kleines Volumen eingedampft. Es tritt bald Krystallisation von Harnstoff auf. Um diesen zu reinigen, wird er noch einmal in wenig absolutem Alkohol aufgenommen und die Lösung unter Zusatz von wenig Tierkohle gekocht. Das Filtrat wird dann wieder eingedunstet.

Erhitzt man etwas von dem Harnstoff in einem trockenen Reagensglas, dann beobachtet man das Entweichen von Ammoniak. Man halte während des Erhitzens ein feuchtes, rotes Lackmuspapier über die Öffnung des Reagensglases. Es wird blau gefärbt. Während des Erhitzens ist der Harnstoff geschmolzen. Die Schmelze wird nach einiger Zeit wieder fest. Es hat sich Cyanursäure gebildet. Wird weiter erhitzt, dann erhält man sogenanntes Biuret:

$$\begin{array}{l} CO{<}^{NH_2}_{NH\,H} \\ NH_2 \\ CO{<}^{}_{NH_2} \end{array} = \begin{array}{l} CO{<}^{NH_2}_{NH} \\ CO{<}^{}_{NH_2} \end{array} + NH_3 \,.$$

Löst man den dann verbleibenden Rückstand nach erfolgter Abkühlung in Wasser und gibt etwas Natronlauge hinzu, so erhält man beim Zusatz einer sehr verdünnten Kupfersulfatlösung eine intensiv rotviolette Färbung (Biuret-Reaktion). Gibt man einige Harnstoffkrystalle auf ein Uhrglas, löst sie in einigen Tropfen Wasser, dann erhält man auf Zusatz von konzentrierter Oxalsäurelösung bald Abscheidung von oxalsaurem Harnstoff:

$$CO{<}^{NH_2}_{NH_2} \cdot C_2H_2O_4 + H_2O \,.$$

Verwendet man an Stelle der Oxalsäure Salpetersäure, dann erhält man Krystalle von salpetersaurem Harnstoff, $CON_2H_4 \cdot HNO_3$.

Darstellung von Harnsäure aus Harn.

$$\begin{array}{ccc} NH & - & CO \\ | & & | \\ OC & & C - NH \\ | & & \| \quad\ {>}CO \\ NH & - & C - NH \end{array}$$

1000 ccm Menschenharn werden mit 50 ccm rauchender Salzsäure versetzt. Nach 24stündigem Stehen im Eisschranke haben sich Krystalle abgeschieden. Sie werden abfiltriert und mit kaltem Wasser gewaschen. Man erhält nicht in allen Fällen Krystallisation. Oft ist der Harn zu verdünnt. In diesem Falle muß er zuerst eingeengt werden. Die Krystalle sind meistens etwas gefärbt. Durch Waschen mit Alkohol kann man einen großen Teil des Farbstoffs entfernen. Zur Reinigung werden die Harnsäurekrystalle in wenig Natronlauge gelöst und entweder mit Chlorammonium als saures harnsaures Ammoniak gefällt. Aus diesem kann man dann nach erfolgter Filtration die Harnsäure mit Salzsäure abscheiden. Oder aber man kocht die Natronlauge mit Tierkohle auf, filtriert und fällt direkt mit Salzsäure. Die Harnsäure bildet ein krystallinisches, farbloses Pulver.

Man bringe etwas von den Krystallen in eine kleine Porzellanschale, füge ein paar Tropfen Salpetersäure hinzu und erhitze nunmehr auf freier Flamme. Schließlich verdampft man auf dem Wasserbade unter beständigem Blasen bis zur vollständigen Trockene. Es bildet sich zunächst eine gelb gefärbte Masse, die bei völligem Trocknen eine rote Farbe annimmt. Gibt man einen Tropfen Ammoniak hinzu, am besten mit Hilfe eines Glasstabes, dann erhält man eine prachtvoll purpurrote Farbe. Nimmt man an Stelle des Ammoniaks Alkalilauge, dann tritt blauviolette Färbung ein. Jeder Überschuß an Ammoniak resp. Natronlauge ist zu vermeiden, und ebenso darf man beim Abdampfen mit der Salpetersäure nicht zu stark erhitzen. Man nennt diese Probe Murexidprobe.

Darstellung von Harnsäure aus Guano.

50 Gramm des genannten Produktes werden in einer Reibschale fein zerrieben, dann mit 500 ccm Wasser und 100 ccm Natronlauge zum Sieden erhitzt. Es tritt hierbei sehr starkes Schäumen auf. Man erhitzt unter Ersatz des verdampften Wassers so lange, bis der größte Teil in Lösung übergegangen ist. Während der Operation entweichen große Mengen von Ammoniakdämpfen. Jetzt wird filtriert. Das Filtrat gießt man in etwa 300 ccm 20 prozentige Schwefelsäure, die man in einer Porzellanschale zum Sieden erhitzt hat. Man erhitzt nun weiter, bis die Flüssigkeit starkes Stoßen zeigt. Dieses ist durch die Abscheidung eines krystallinischen Bodensatzes bedingt. Man läßt nun erkalten und filtriert die ausgeschiedenen Krystalle ab. Man wäscht diese so lange mit Wasser, bis das Filtrat mit Barytwasser keine Fällung mehr gibt.

Wird etwas Harnsäure mit Wasser übergossen und unter Zusatz von Natronlauge gelöst, so erhalten wir beim Kochen mit Fehlingscher Lösung entweder Abscheidung von weißem, harnsaurem Kupferoxydul oder, wenn man genügende Mengen von Kupferoxyd hinzugefügt hat, rotes Kupferoxydul. Diese Tatsache ist von größter Wichtigkeit. Wir können mit zuckerfreiem Harn, wenn er an Harnsäure reich ist, positive Reduktionsproben erhalten!

Nachweis von Adrenalin (Suprarenin) in der Nebenniere.

Eine Nebenniere vom Kaninchen, Hund, Rind oder einer anderen Tierart wird so zerschnitten, daß jedes Stück Rinde und Mark aufweist. Ein solches Stückchen legen wir in verdünnte Eisenchloridlösung. Wir beobachten, daß die Markschicht sich fast momentan grün färbt. Bald nimmt auch die Lösung die grüne Farbe an.

Den Rest des Nebennierengewebes übergießen wir in einem Reagensglas mit Wasser und schütteln durch. Nun gießen wir etwas von der Flüssigkeit ab und geben dazu ganz verdünnte Eisenchloridlösung. Es tritt Grünfärbung auf. Über den biologischen Nachweis des Adrenalins vgl. S. 180, 194 und Sehorgan (Pupille).

Nachweis von Fermenten in Geweben.

Einem eben getöteten Kaninchen werden die Nieren und die Leber entnommen. Die Leber wird in grobe Stücke zerschnitten, dann durch eine Fleischhackmaschine getrieben, der Brei in einer Reibschale

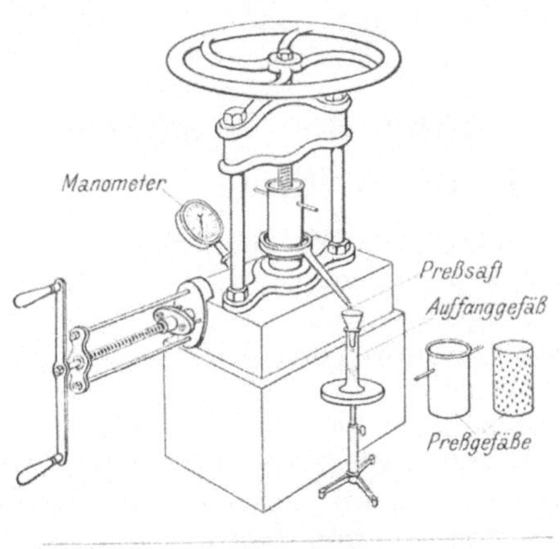

Fig. 99.
Hydraulische Presse.

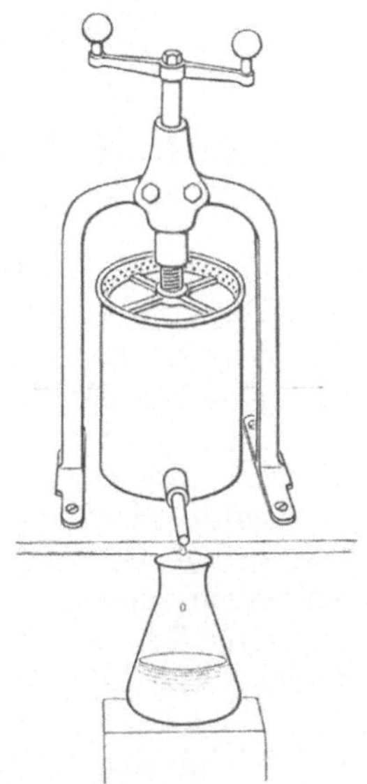

Fig. 100.
Fruchtpresse.

mit etwa der gleichen Menge Sand innig verrieben und nun die doppelte Menge Kieselgur zugefügt. Man mischt mit dem Pistill kräftig durch. Die ganze Masse bildet schließlich eine leicht knetbare, plastische Masse. Man gibt sie, nachdem man sie sorgfältig in Segeltuch eingeschlagen hat, in das Preßgefäß einer hydraulischen Presse (Fig. 99) und preßt bis zu 300 Atmosphären Druck aus. Am besten fängt man den ausfließenden Saft in mehreren Fraktionen auf. Man kann sich in gleicher Weise nach dem beschriebenen, von E. Buchner ausgearbeiteten Verfahren auch aus

Hefezellen Preßsaft bereiten und ferner auch aus Pflanzenteilen, z. B. Samen. Hat man sehr saftreiche Organe, dann kommt man oft auch mit einer gut gearbeiteten Fruchtpresse zum Ziele (vgl. Fig. 100).

Den meist etwas trüben Saft stellt man 12—24 Stunden in den Brutschrank und filtriert ihn dann durch eine sogenannte Filterkerze *b* (Fig. 101). Diese befindet sich in dem Gefäß *a*, in das hinein man den Leberpreßsaft gibt. *a* sitzt auf einer Saugflasche. Das Filtrat fängt man im Reagensglas *c* auf. Von dem filtrierten Saft gibt man 1 ccm in einem Reagensglas zu 10 ccm einer 25 prozentigen wässerigen Lösung von Seidenpepton, überschichtet die Lösung mit Toluol und stellt das gut verschlossene Gefäß in den Brutschrank. Nach wenigen Stunden beobachtet man das Auftreten von Tyrosinkrystallen.

1 ccm des Preßsaftes fügen wir ferner zu der Lösung eines Polypeptids, z. B. zu dl-Leucyl-glycin (vgl. S. 120) oder dl-Alanyl-glycyl-glycin (vgl. S. 119) und füllen das Gemisch in ein Polarisationsrohr und verfolgen die Drehung. Es tritt bald asymmetrische Spaltung ein. Das Gemisch wird optisch aktiv (vgl. die Methode betreffend auch S. 61).

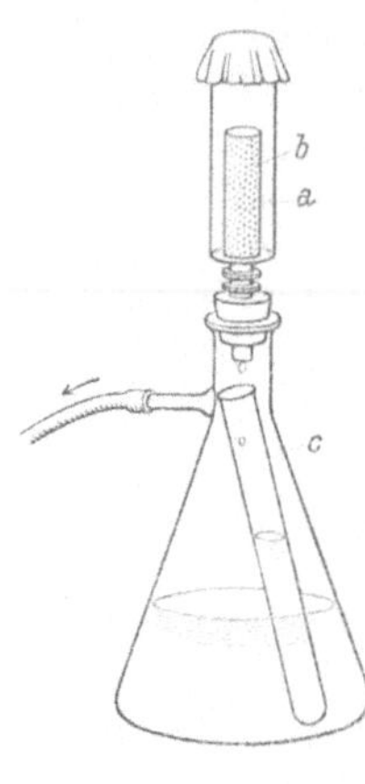

Fig. 101.

Quantitative Bestimmung des Stickstoff-
stoffwechsels beim Tier.

Wir wählen als Versuchstier einen Hund. Wir geben ihm eine Nahrung von bekannter Zusammensetzung und bestimmtem Gewicht. In dieser stellen wir den Stickstoffgehalt nach Kjeldahl (vgl. S. 128) fest (Einnahme), und ebenso bestimmen wir den Stickstoffgehalt im Harn und Kot (Ausgabe). Als stickstoffhaltige Nahrung wählen wir Fleisch. Dieses zerkleinern wir mit einer Fleischhackmaschine. Der Fleischbrei wird dann in einer Porzellanschale unter häufigem Umrühren auf dem Wasserbade getrocknet. Dann geben wir das Fleischpulver in eine gut verchließbare Flasche und bestimmen in einem aliquoten Teil den Stickstoffgehalt. Wir wollen annehmen, daß in einem Gramm Fleisch 0,1 Gramm Stickstoff enthalten seien. Das Versuchstier läßt man vor der Fütterung 24 Stunden hungern. Dann stellen wir zu Beginn des Versuches sein Körpergewicht fest. Wir wollen annehmen, der Hund wiege 3000 Gramm. Wir geben ihm 2 Gramm Stickstoff in Form des Fleisches, brauchen also 20 Gramm Fleischpulver. Dazu fügen wir noch 20 Gramm Stärke, 10 Gramm Traubenzucker, 10 Gramm Rohrzucker und 20 Gramm Fett. Ferner geben wir dem Versuchstier 150 ccm Wasser. Der Hund wird in einen Stoffwechselkäfig gesetzt (vgl. Fig. 102). Dieser gestattet ein getrenntes Auffangen des Kotes und des Harnes. Der Kot bleibt auf dem Boden, auf dem das Tier sich befindet, liegen, während der Harn an den nach unten trichterförmig zusammenstoßenden Wänden b des Käfigs abläuft und sich durch ein Rohr in ein untergestelltes Gefäß a ergießt. Nach 24 Stunden wird der in dieser Zeit gelassene Harn in einem Meßzylinder genau abgemessen. Dann setzen wir das Auffangegefäß sofort wieder unter die Abflußmündung des Käfigs, sammeln den etwa vorhandenen Kot quantitativ in eine Schale, fügen 5—10 ccm n-Schwefelsäure hinzu und trocknen den Schaleninhalt im Trockenschrank bei 120° bis zur Gewichtskonstanz.

Den Käfig spülen wir nun sorgfältig mit warmem Wasser aus, um etwa an den Wänden des Käfigs haftenden, eingetrockneten Harn in Lösung zu bringen. Das Spülwasser geben wir zum unverdünnten Urin, mischen gut, messen das gesamte Volumen ab und bestimmen nun in 5—10 ccm des verdünnten Harns den Stickstoffgehalt nach Kjeldahl. Den Kot pulvern wir, nachdem wir sein Gewicht festgestellt haben, in einer Reibschale und

Fig. 102.

bestimmen in einem Gramm ebenfalls den Stickstoffgehalt nach Kjeldahl. Sowohl beim Urin, als beim Kot berechnen wir dann den Stickstoffgehalt auf die gesamte Menge, addieren die beiden Werte und stellen fest, ob mehr oder weniger oder gleich viel Stickstoff ausgeschieden worden ist, wie eingenommen wurde. (Berechnung der Stickstoffbilanz.) Wir stellen ferner wieder das Körpergewicht fest.

Zweiter Teil

Physiologische Untersuchungen mit Hilfe physikalischer Methoden.

1. Versuche mit Gasen, gelösten Stoffen und Kolloiden.

Versuche über gemeinsame Eigenschaften von Gasen und gelösten Stoffen.

Beobachtungen über Diffusion.

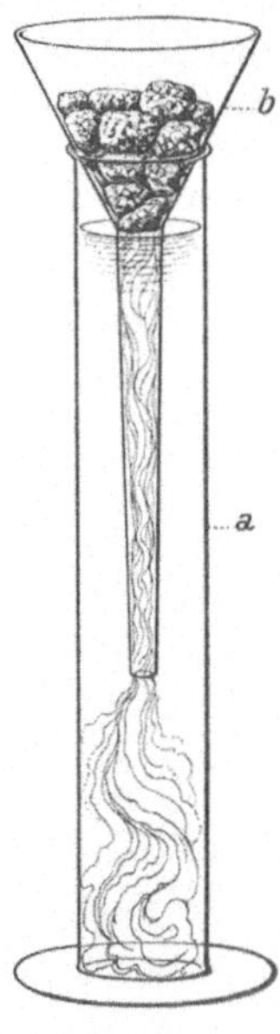

Fig. 103.
Diffusion gelöster Stoffe.

Versuch 1. Wir bringen in eine Stöpselflasche etwas Brom, schließen die Flasche rasch und beobachten nun, wie die Bromdämpfe sich allmählich in dem ganzen ihnen zur Verfügung stehenden Raum gleichmäßig verteilen. Die einzelnen Bromteilchen wandern vom Ort des höheren Druckes zum Ort des niedrigeren, bis im ganzen Raume der gleiche Druck vorhanden ist. „Das Gefälle wird ausgeglichen, bis sich überall das gleiche Niveau findet.‘‘

Versuch 2. Wir füllen ein Gefäß (a) mit destilliertem Wasser. Nun setzen wir einen Trichter (b), in dem sich große Kupfersulfatkrystalle befinden, auf den Zylinder, und zwar so, daß das Wasser die Krystalle benetzen kann. Wir beobachten, daß aus dem Trichterhals Schlieren einer blauen Lösung nach unten ziehen (Fig. 103). Das Kupfersulfat geht in Lösung, dabei diffundieren Cu- und SO_4-Teilchen (Ionen) in die Flüssigkeit. Nach einiger Zeit sehen wir, daß die gesamte Flüssigkeit eine gleichmäßig blaue Farbe hat. Würden wir nunmehr der Flüssigkeit an verschiedenen Stellen bestimmte Mengen entnehmen, dann könnten wir leicht feststellen, daß überall gleiche Cu- und SO_4-Ionenmengen vorhanden sind. Auch hier sind die einzelnen Teilchen vom Ort der höheren Konzentration nach dem Ort der niedrigeren gewandert.

Beobachtungen über die Geschwindigkeit der Diffusion.

Versuch 1. Wir setzen auf eine mit konzentrierter Kupfersulfatlösung gefüllte Flasche b ein kalibriertes Rohr a, in dem sich destilliertes Wasser befindet. Wir können leicht feststellen, wie rasch die Kupferteilchen in dem im aufgesetzten Rohr vorhandenen Wasser sich ausbreiten, oder wir füllen die Flasche b mit Wasser, werfen einige Kupfersulfatkrystalle hinein und setzen dann das Rohr a auf (Fig. 104).

Versuch 2. Beispiel für die verschieden rasche Diffusion von Leuchtgas resp. Wasserstoff und von Luft durch eine Tonzellenwand. (Vgl. Fig. 105.) Durch den Schlauch a leiten wir in das Gefäß b Leuchtgas. Den Überschuß lassen wir nach einem Abzug entweichen (c). In den vom Leuchtgas erfüllten Raum ragt eine Ton-

Fig. 104.
Bestimmung der
Diffusions-
geschwindigkeit
gelöster Stoffe.

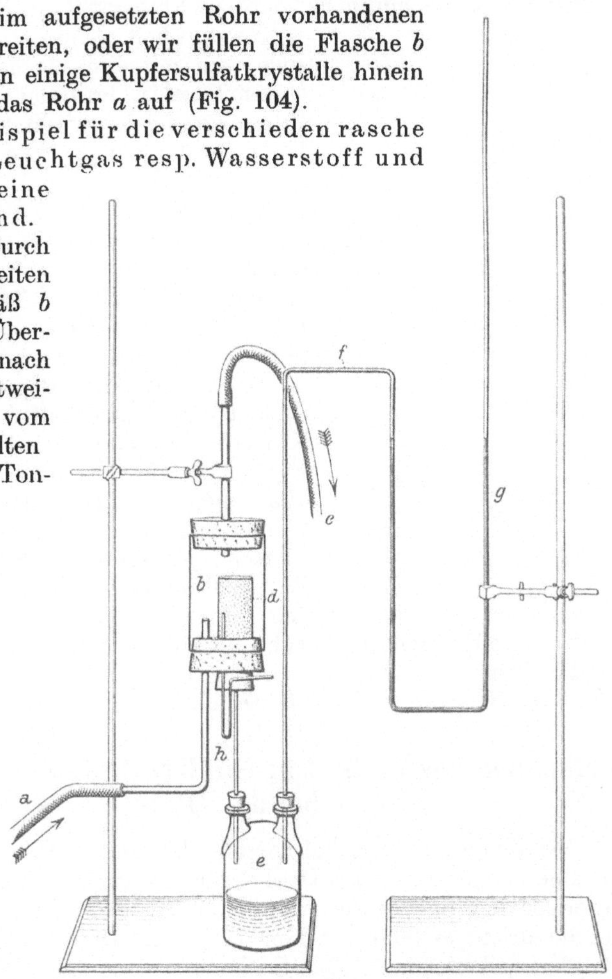

Fig. 105. Diffusion von Gasen.

zelle d hinein, deren Innenraum durch ein Glasrohr mit der Flasche e verbunden ist. Diese steht durch ein zweites Rohr f mit einem Flüssigkeitsmanometer g in Verbindung. Den Innendruck in der Flasche b kontrollieren wir durch den Manometer h. Nachdem wir Gas oder noch besser Wasserstoff in den Raum *b* hineingelassen haben, beobachten wir, daß die Flüssigkeit im Manometer *g* stark zu steigen beginnt. Es ist dies ein Zeichen dafür, daß die Wasserstoffteilchen rascher in die Tonzelle hineindiffundieren, als die in ihr enthaltenen Luftteilchen herausgelangen können. Wird jetzt durch den Gasschlauch *a* Luft nach *b* geblasen, dann erfolgt der umgekehrte Prozeß. Die Gasteilchen diffundieren rascher in den Raum *b* hinein als die Luftteilchen in die Tonzelle. Wir sehen nunmehr, daß die Flüssigkeit im Rohr *g* stark sinkt.

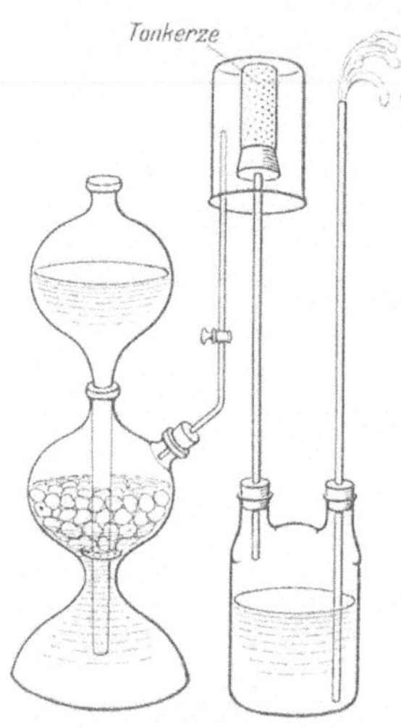

Fig. 106. Diffusion von Gasen.

Versuch 3. Wir verschließen eine Tonzelle, die mit Luft gefüllt ist, mit einem Gummistopfen luftdicht ab. Durch den Gummistopfen hindurch führt ein Glasrohr. Dieses steht mit einer Woulffschen Waschflasche in Verbindung. Das Rohr endigt unmittelbar nach dem Durchtritt durch den Stopfen. Die Woulffsche Waschflasche ist mit Wasser gefüllt. Durch die zweite Öffnung der Flasche führt ein Glasrohr, das in die Flüssigkeit eintaucht, nach außen. Nun füllen wir ein Becherglas mit Wasserstoff (entweder aus einer Bombe, oder wir entwickeln den Wasserstoff, indem wir in einem Kippschen Apparat Salzsäure auf Zink oder Eisenspäne einwirken lassen) und stülpen es über die Tonzelle, oder wir leiten den Wasserstoff direkt unter ein über die Tonzelle gestülptes Gefäß (vgl. Fig. 106). Wir beobachten, daß das Wasser in hohem Bogen aus dem nach außen führenden Glasrohr herausgeschleudert wird. Diese Erscheinung beruht darauf, daß der Wasserstoff viel rascher in die Tonzelle hineindiffundiert, als die Luft heraus kann. Es muß somit im Innern der Tonzelle Druck entstehen.

Verschiedenes Verhalten von Krystalloiden und Kolloiden bei der Dialyse.

Wir füllen drei weithalsige Flaschen mit destilliertem Wasser. In die eine hängen wir einen Dialysierschlauch, gefüllt mit einer Eiereiweißlösung, und in die zweite einen solchen mit Kupfersulfatlösung. In die dritte endlich tauchen wir einen Dialysierschlauch mit einer Traubenzuckerlösung. Der Schlauch ist bei allen drei Versuchen an beiden Enden dicht abgebunden (Fig. 107). Nach einiger Zeit prüfen wir die Außenflüssigkeit darauf hin, ob aus dem Schlauch Substanzen durchgetreten sind. Beim zweiten Versuche läßt sich durch einfache Beobachtung leicht feststellen, daß Kupferteilchen nach außen diffundiert sind: Blaufärbung der Außenflüssigkeit. Man verfolge auch hier die weitere Diffusion in der Flüssigkeit. Die durchgetretenen SO_4-Ionen weisen wir in der Außenflüssigkeit nach, indem wir Barytwasser zugeben. Es fällt Bariumsulfat aus. Prüfen wir bei Versuch 3 die Außenflüssigkeit mit Fehlingscher Lösung (vgl. S. 64), dann erhalten wir deutliche Reduktion, ein Zeichen dafür, daß Zuckermoleküle in die Außenflüssigkeit hinausdiffundiert sind. Dagegen erhalten wir bei Versuch 1 keine Biuretreaktion (vgl. S. 85). Das Eiweiß ist ein Kolloid. Es diffundiert nicht durch tierische Membranen hindurch. Haben wir in die Dialysierschläuche genau abgemessene Flüssigkeitsmengen gegeben, dann können wir am Schlusse der Versuche leicht feststellen, daß eine Verdünnung ihres Inhaltes stattgefunden hat. Ferner können wir bei Versuch 1 das gesamte zugesetzte Eiereiweiß wieder gewinnen, während bei Versuch 2 und 3 im Dialysierschlauch die Menge der zugesetzten Substanzen genau um den dialysierten Anteil abgenommen hat.

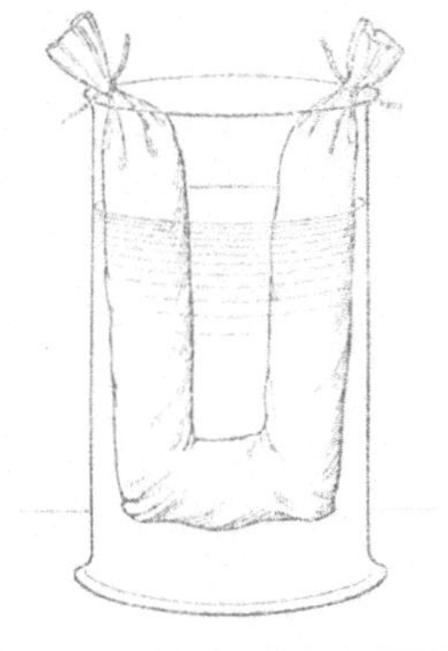

Fig. 107. Dialyse.

Versuche über zunehmende Dissoziation mit der Verdünnung der Lösung.

Versuch 1. Wir gehen von wasserfreiem Kupferchlorid aus. Dieses ist gelb gefärbt (Farbe des Moleküls). Seine konzentrierte wässerige Lösung ist gelbgrün. Verdünnen wir die Lösung des Kupferchlorids mit Wasser, so färbt sie sich bald blau. Als Durchgangsfarbe beobachten wir Grün. Blau ist die Farbe der Kupferionen.

Versuch 2. Wir lösen 6 Gramm krystallisiertes Kobaltchlorid in 10 ccm Alkohol. Die Lösung sieht blauviolett aus. Fügt man destilliertes Wasser hinzu, dann schlägt die Farbe auf einmal von Blauviolett in Rosa um.

Versuch 3. Es werden 7,3 Gramm Kobaltnitrat in 10 ccm Alkohol gelöst. Die Lösung ist purpurrot. Fügen wir nunmehr Wasser hinzu, dann kommt die Farbe des Kobaltions zum Vorschein. Die Lösung färbt sich rosa. Im Alkohol hatten wir die Farbe des Moleküls, einerseits des Kobaltchlorids und andererseits des Kobaltnitrates. Beim Verdünnen mit Wasser kommt die Farbe des Kobaltions zum Vorschein. Hinweise auf die Indicatoren. Definition der Säuren (H-Ionen), der Basen (OH-Ionen) und der Salze (vgl. S. 37). Erklärung der verschiedenartigen Auffassung der Reaktion einer Flüssigkeit: einerseits Bestimmung aller Wasserstoff- resp. Hydroxylionen (vgl. S. 37), andererseits Feststellung der freien Wasserstoff- resp. Hydroxylionen. Im ersteren Falle bringen wir alle vorhandenen, auch die gebundenen, Wasserstoff- resp. Hydroxylionen durch Zusatz von OH- resp. H-Ionen schließlich zur Dissoziation. Im anderen Falle bestimmen wir nur die im Moment der Untersuchung freien Wasserstoff- resp. Hydroxylionen.

Versuche über den osmotischen Druck.

a) Versuch mit permeabler Membran.

Unter Hinweis auf die Bedeutung des Partialdruckes der Gase und gelösten Stoffe und auf die wichtigsten Gasgesetze wird hervorgehoben, daß letztere auch für gelöste Stoffe Gültigkeit haben. Die scheinbaren Ausnahmen bei Säuren, Basen und Salzen sind in der durch die Dissoziation der gelösten Moleküle in Ionen bedingten Vermehrung der einzelnen Teilchen in der Lösung bedingt.

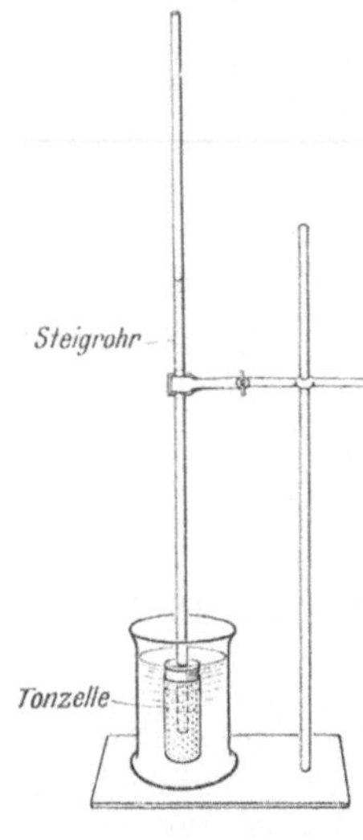

Fig. 108.
Messung des osmotischen Druckes.

Zur Messung des Druckes gelöster Bestandteile stellen wir den folgenden Versuch an. Wir schließen eine Tonzelle, nachdem wir sie vollständig mit einer konzentrierten Kupfersulfatlösung gefüllt haben, nach oben luftdicht durch einen Gummistopfen ab. Dieser ist durchbohrt. Durch die Öffnung des Stopfens ist ein dünnes Glasrohr luftdicht durchgeführt (Fig. 108). Nun tauchen wir die Tonzelle in destilliertes Wasser ein. Wir sehen, daß nach kurzer Zeit ein Austausch beginnt. Wasser diffundiert in die Tonzelle hinein, und umgekehrt treten Cu- und SO_4-Teilchen in das destillierte Wasser über. Die Flüssigkeit beginnt sich blau zu färben. Gleichzeitig stellen wir fest, daß in dem aufgesetzten Glasrohr, dem „Manometer“, die Flüssigkeit zu steigen beginnt. Das Wasser dringt rascher in die Tonzelle hinein, als die Cu- und SO_4-Teilchen sie verlassen. Nach einiger Zeit sinkt die Flüssigkeit im Manometerrohr wieder. Die entstandene Druckdifferenz gleicht sich wieder aus.

b) Versuche mit für gelöste Stoffe semipermeablen Membranen.

Versuch 1. In einen kleinen Erlenmeyerkolben gibt man eine 10 prozentige Lösung von Kupfersulfat und bringt nun am besten mit Hilfe eines Glasstabes einen Tropfen einer 10 prozentigen Ferrocyankaliumlösung in die Kupfersulfatlösung hinein. Man beobachtet sofort an der Stelle, an der der Tropfen eingefallen ist, die Bildung einer braunen Fällung. Beim genaueren Zusehen erscheint der braune Körper als ein kleines Säckchen. Wir verfolgen, wie das Säckchen sich immer mehr vergrößert. Gleichzeitig sehen wir in seiner Umgebung Schlieren auftreten (Fig. 109). Es hat sich eine Ferrocyankupfermembran gebildet: $2CuSO_4 + K_4Fe(CN)6 = Cu_2Fe(CN)6 + 2K_2SO_4$. Diese ist durchlässig für Wasser, nicht aber für die Cu- und SO_4-Teilchen. Ebensowenig läßt sie die in der Niederschlagsmembran eingeschlossenen Bestandteile der Ferrocyankaliumlösung hinaus. Dadurch, daß Wasser

durch die gebildete Membran hineindiffundiert, wird eine Vergrößerung
des Säckchens bewirkt. Die Membran selbst wird dabei dünner, schließlich platzt sie. An der Außenseite sehen wir die Folgen des Weg-
diffundierens von Wasser: die Kupfersulfat-
lösung wird an diesen Stelle konzentrierter;
daher das Auftreten der Schlieren (Fig. 109).

Versuch 2. Wir tränken eine Tonzelle
mit 10prozentiger Kupfersulfatlösung und
tauchen sie dann in eine 10prozentige Ferrocyankaliumlösung. Wir bewirken dadurch die
Entstehung einer Niederschlagsmembran von
Ferrocyankupfer. Diese überdeckt alle Poren
der Tonzelle. Die so vorbereitete Tonzelle versehen wir, wie beim Versuch a, S. 144, Fig. 108,
mit einem Gummistopfen, durch den ein Glasrohr durchgeführt ist. Die Tonzelle füllen wir
mit einer 10prozentigen Rohrzuckerlösung
und bringen sie dann in destilliertes Wasser.

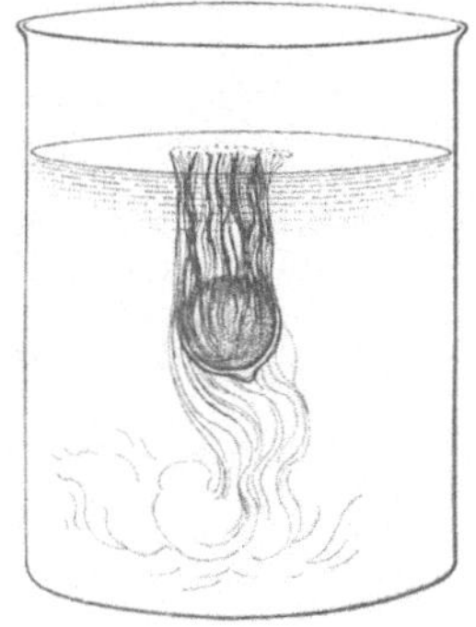

Fig. 109.
Ferrocyankupfermembran.

Wir sehen, daß im Glasrohr die Flüssigkeit rasch ansteigt. Die Zucker-
teilchen können nicht durch die die Tonzelle umspannende Membran
in die Außenflüssigkeit diffundieren, wohl aber gelangen Wasserteilchen
in die Tonzelle hinein.

Versuch 3. Wir geben in ca. 50 ccm fassende Erlenmeyerkölbchen
20 ccm einer Lösung von 1 Teil käuflicher Wasserglaslösung und 4 Teilen
Wasser. Dann bereiten wir uns die folgenden Substanzgemische. 1) 3 Teile
Kupfersulfat, 1 Teil Eisensulfat und 1 Teil Calciumsulfat. Von diesem
Gemisch nehmen wir etwa 5 Gramm und geben 1 Teil Wasser hinzu und
verreiben das Gemenge energisch in einer Reib-
schale. Dann kneten wir aus der Masse linsengroße Stückchen und werfen diese in die verdünnte
Wasserglaslösung hinein. Wir beobachten, daß
nach einiger Zeit die Pillen zu wachsen beginnen.
Es entstehen moosartige Gebilde. 2) Es werden
3 Teile Eisensulfat, 1 Teil Kupfersulfat und 1 Teil
Calciumsulfat innig vermischt. Davon knetet
man etwa 5 Gramm mit 1 Teil Wasser gründlich
durch und nimmt dann von dem Gemisch linsengroße Stücke und wirft sie in die verdünnte
Wasserglaslösung. Es treten braun gefärbte
Verästelungen auf. 3) 10 Teile Magnesiumsulfat,

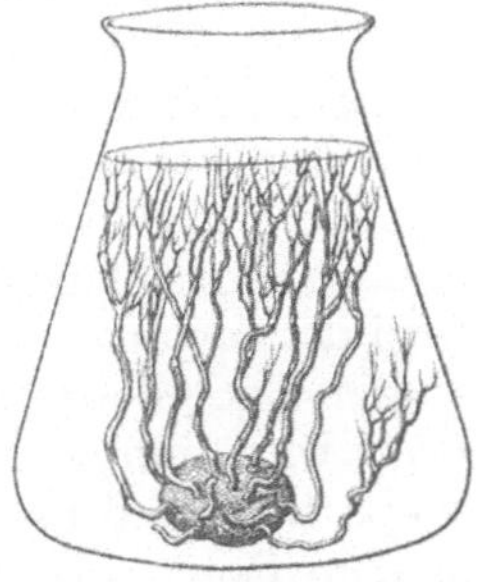

Fig. 110.　Silicatbäumchen.

10 Teile Kupfersulfat, 1 Teil Eisensulfat, 5 Teile Calciumsulfat. 5 Gramm
davon werden mit 0,5 Teilen Wasser in einer Reibschale vermischt. Man
erhält beim Einwerfen kleiner Stücke in die verdünnte Wasserglaslösung
baum- und strauchartig verzweigte Gebilde (Fig. 110). Der Stamm ist
grün, das Geäst weiß. 4) 4 Teile Kupfersulfat, 4 Teile Zinksulfat,
4 Teile Calciumsulfat. 5 Gramm des Gemisches werden mit 0,5 Teilen
Wasser in einer Reibschale energisch verrieben. Beim Eintragen in die

Wasserglaslösung entwickeln sich büschelförmig emporstrebende Gebilde. Diese an das Wachstum einer Pflanze erinnernden, innerhalb weniger Minuten sich vollziehenden Erscheinungen liefern ein eindrucksvolles Bild semipermeabler Silicatmembranen (vgl. Fig. 110).

c) Versuch mit für Gase semipermeabler Membran.

Kautschuk ist für Kohlensäure durchlässig, dagegen nicht für die übrigen Bestandteile der Luft, z. B. nicht für Sauerstoff und nicht für Stickstoff. Füllen wir einen Gummischlauch aus einer Kohlen-

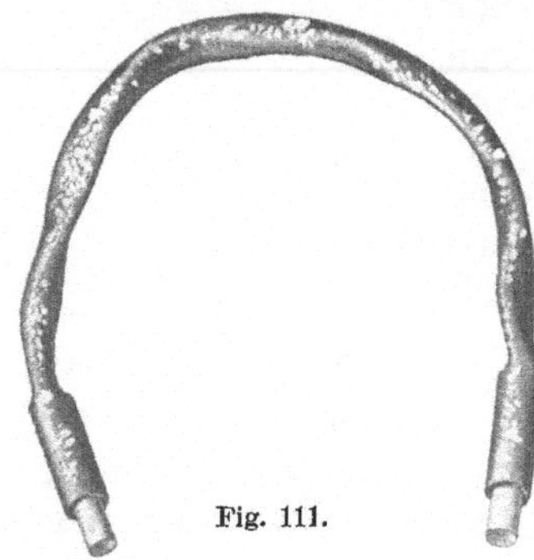

Fig. 111.

säurebombe oder durch Entwicklung von Kohlensäure mit Hilfe eines Kippschen Apparates — durch Aufgießen von Salzsäure auf Marmor — mit Kohlensäure, und verschließen wir dann den Schlauch an beiden Enden dicht, so beobachten wir, daß er nach einiger Zeit vollständig zusammenfällt. Die Kohlensäure ist durch die Kautschukwand hindurchgetreten. Daß dies in der Tat der Fall ist, können wir leicht beweisen, indem wir den mit Kohlensäure gefüllten Schlauch in Barytwasser legen. Wir sehen dann, daß die Außenwand des Schlauches sich mit feinen weißen Pünktchen bedeckt (Fig. 111) und außerdem im Barytwasser sich ein Niederschlag von Bariumcarbonat bildet. Selbstverständlich muß während des Versuches das Barytwasser sorgfältig nach außen abgeschlossen sein.

Bei einem weiteren Versuch lassen wir die Kohlensäure durch ein enges Glasrohr steigen, an dessen einem Ende sich ein Gummischlauch befindet. Sind Glasrohr und Gummischlauch mit Kohlensäure angefüllt, dann wird der Schlauch rasch luftdicht verschlossen und das andere Ende des Glasrohres in Wasser getaucht. Das Rohr wird nun senkrecht aufgestellt (Fig. 112). Man beobachtet, daß nach ganz kurzer Zeit die Flüssigkeit in dem Rohr aufzusteigen beginnt. Die Kohlensäure diffundiert durch den Kautschuk hinaus. An ihre Stelle kann kein anderes Gas treten. Wir würden somit im Glasrohr einen verdünnten Raum erhalten, wenn nicht Wasser aufsteigen würde. Das Wasser wird geradezu hochgesaugt. (Hinweis darauf, daß vielleicht beim Saftsteigen in der Pflanze derartige Prozesse eine Rolle spielen.)

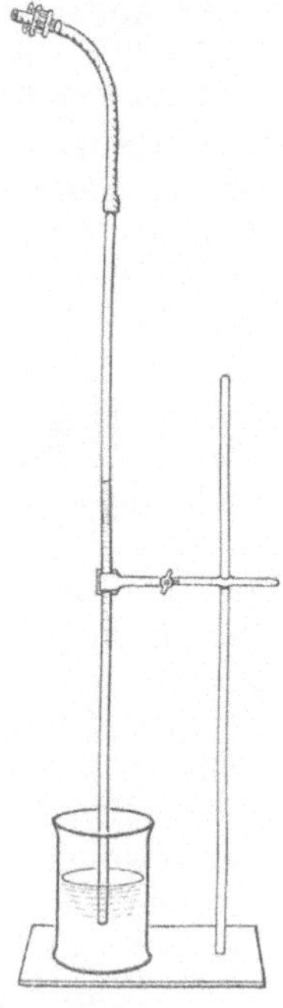

Fig. 112.
Semipermeable Membran für Kohlensäure.

Bestimmung des Molekulargewichtes.

1. Bestimmung des Molekulargewichtes mit Hilfe der Gefrierpunktserniedrigung.

Es werden die Gasgesetze zugrunde gelegt. Ferner wird die Theorie der elektrolytischen Dissoziation am Beispiel einer Kochsalz- und einer Zuckerlösung erörtert. Das Prinzip der Methode ist das folgende: Wir bestimmen zunächst den Gefrierpunkt t_1 des Lösungsmittels, dann den Gefrierpunkt t_2 für die Lösung einer abgewogenen Menge g der zu untersuchenden Substanz im Lösungsmittel l.

Die Differenz zwischen t_1 und t_2 gibt die Gefrierpunktserniedrigung t in Graden. Sie ist der Menge der gelösten Substanz proportional. Das Molekulargewicht M ergibt sich aus der Gleichung:

$$ M = 100 \cdot \frac{g}{l} \cdot \frac{K}{t} . $$

K ist eine Konstante, und zwar die molekulare Erniedrigung oder „molare Depression" für das betreffende Lösungsmittel. Sie ist für die meisten in Betracht kommenden Flüssigkeiten bekannt. Die kryoskopische Konstante für das Wasser beträgt 19°. Man kann K bestimmen, indem man für eine Verbindung mit bekanntem Molekulargewicht die Gefrierpunktserniedrigung feststellt und dann nach der

Formel: $K = \dfrac{M \cdot t \cdot l}{g \cdot 100}$, K berechnet.

Die wässerigen Lösungen der meisten organischen Substanzen geben normale Werte für das Molekulargewicht. Die Salze der Alkalimetalle mit starken Säuren geben hingegen zu große Gefrierpunktserniedrigungen und infolgedessen zu kleine Werte für das Molekulargewicht. Wasser ist daher nur in beschränktem Maße als Lösungsmittel bei Molekulargewichtsbestimmungen verwendbar. Wir wählen als Lösungsmittel zur Ausführung einiger Bestimmungen deshalb Wasser, weil wir es praktisch bei physiologischen Versuchen stets mit wässerigen Lösungen zu tun haben (Harn, Blut usw.).

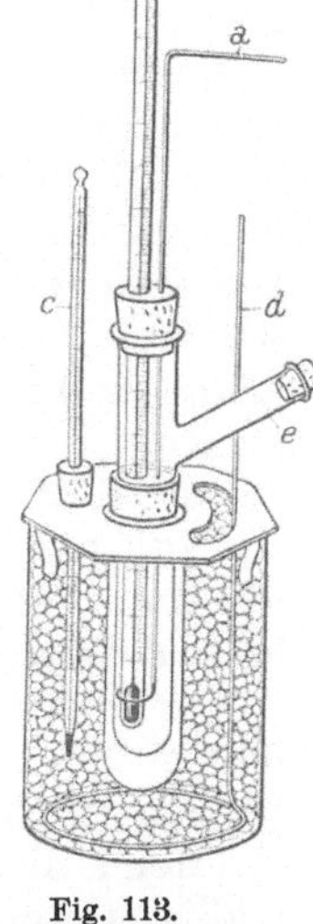

Fig. 113.
Gefrierpunkts-
bestimmungs-
apparat.

Zur Bestimmung der Gefrierpunktserniedrigung verwenden wir den Beckmannschen Gefrierpunktsapparat (vgl. Fig. 113). Er besteht aus einem Gefäß e, das einen seitlichen Ansatz besitzt. Durch diesen wird die zu untersuchende Substanz eingeführt. Dieses Gefäß e steckt in einem zweiten, das Luft enthält, und dieses wiederum taucht in ein drittes größeres Gefäß, das mit Eis resp. einer Kältemischung (— 3 bis —5°) gefüllt wird. In das Gefäß e ragt ein Platinrührer a und ferner ein Thermometer b, das eine Ablesung bis auf 0,01° gestattet,

10*

hinein. Beim sog. Beckmann-Thermometer ist die Capillare des Thermometers am oberen Ende umgebogen und erweitert. Diese Einrichtung ermöglicht den Gebrauch des Beckmann-Thermometers bei verschiedenen Temperaturen. Wenn das Thermometer erwärmt wird, dann steigt der Quecksilberfaden bis zu der Erweiterung hinauf. Man kann beliebige Mengen von Quecksilber auf diese Weise in die erwähnte erweiterte Capillare hineinbringen. Durch einen leichten Schlag wird der Quecksilberfaden dann abgerissen. Das Thermometer wird jedesmal durch Eintauchen in das erstarrende Lösungsmittel, das man verwenden will, eingestellt. Für weniger exakte Bestimmungen genügt auch ein gewöhnliches Gefrierpunktsthermometer.

Ausführung der Bestimmung. Wir wählen als Lösungsmittel Wasser und vergleichen die Gefrierpunktserniedrigung bei gelöstem Kochsalz und gelöstem Rohrzucker. Zunächst wägen wir das Gefäß e ab und füllen dann in dieses soviel ausgekochtes, destilliertes Wasser hinein, daß das Quecksilbergefäß des Thermometers ganz eintaucht, und wägen wieder. Ziehen wir von dem gefundenen Gewicht dasjenige des Gefäßes e ab, dann erhalten wir das Gewicht des angewandten Lösungsmittels. Es genügt bei diesen Wägungen eine Genauigkeit von 0,1 Gramm. Jetzt setzen wir den Rührer und das Thermometer in das Gefäß e ein und geben in das äußere Gefäß eine Mischung von Eis und Kochsalz und halten die Temperatur auf etwa — 3 bis —5°. Die einmal gewählte Außentemperatur muß während der ganzen Bestimmung möglichst konstant gehalten werden. Sie soll nicht um mehr als 0,5° schwanken. Wir verfolgen die Temperatur der Eissalzmischung mit Hilfe des Thermometers c. Von Zeit zu Zeit mischen wir die Kältemischung mittels des Rührers d durch.

Nun bestimmen wir zunächst den Gefrierpunkt des Wassers, indem wir unter fortwährendem langsamen und gleichmäßigen Rühren des in e enthaltenen Wassers mittels des Rührers a das Verhalten des Quecksilberfadens am Beckmann-Thermometer verfolgen. Zunächst fällt er langsam bis einige Zehntel Grad unter den Gefrierpunkt. Dann beginnt er ganz plötzlich zu steigen, erst schnell und dann langsamer. Während des Ansteigens des Quecksilberfadens rühre man gleichmäßig weiter, bis er den höchsten Punkt, auf dem er einige Zeit verweilt, um dann wieder zu fallen, erreicht hat. Es ist dies der Gefrierpunkt t_1. Nun wird das Gefäß e aus dem Luftmantel herausgenommen, und das Eis durch die Wärme der Hand aufgetaut. Sobald alle Eiskrystalle verschwunden sind, wird e wieder in den Luftmantel gebracht. Wir bestimmen wieder den Gefrierpunkt des Wassers in der gleichen Weise und wiederholen die Bestimmung mehrmals, bis wir in engen Grenzen übereinstimmende Werte erhalten. Nun wägen wir in einem Wägegläschen Kochsalz ab, geben dann aus ihm etwas Substanz in die im Gefäß e befindliche Flüssigkeit hinein und wägen zurück. Wir bestimmen dadurch die Menge des in Lösung gebrachten Kochsalzes. Nachdem Lösung eingetreten ist, wird in der gleichen Weise, wie vorher, der Erstarrungspunkt (t_2) festgestellt. $t_1 — t_2$ ergibt die durch den gelösten Körper bewirkte Gefrierpunktserniedrigung t. Auch t_2 wird wiederholt und am besten bei Verwendung verschiedener Mengen Kochsalz bestimmt.

Bei exakten Bestimmungen verlassen wir uns nicht auf den beim Zusatz einer bestimmten Substanzmenge erhaltenen Wert, sondern wir wiegen uns eine Anzahl, z. B. drei Wägegläschen mit Substanz ab und fügen nun aus dem ersten etwas von ihr (s) zur Lösung und bestimmen die Gefrierpunktserniedrigung t_2. Dann geben wir zu der gleichen Lösung aus dem zweiten Wägegläschen Substanz (s_1) hinzu und stellen wieder t_2 fest, und endlich entnehmen wir aus dem dritten Gläschen etwas Substanz (s_2) und geben sie zur Lösung. g ist dann für die zweite Bestimmung $= s + s_1$ und für die dritte Bestimmung $s + s_1 + s_2$. Die Gefrierpunktserniedrigung t erhalten wir in jedem Fall aus $t_1 - t_2$, d. h. wir ziehen die beim Zusatz einer bestimmten Menge Substanz eintretende Temperaturerniedrigung vom Gefrierpunkt des Lösungsmittels ab.

Genau den gleichen Versuch führen wir mit Rohrzucker durch und stellen fest, daß wir beim Kochsalz nur etwa die Hälfte des berechneten Molekulargewichtes finden, während wir beim Rohrzucker, Molekulargewicht 342, ganz normale Werte erhalten. Vgl. das folgende Beispiel:

Menge des Lösungsmittel in Gramm (l)	Gramm Rohrzucker, gelöst in l Gramm Lösungsmittel	$\dfrac{100 \cdot g}{l}$	Gefrierpunktserniedrigung $t_1 - t_2 = t$, Mittel aus 10 einzelnen Bestimmungen	Gefundenes Molekulargewicht	Berechnetes Molekulargewicht
20	0,9135	4,567	0,257	338	
20	0,9135 + 0,8730 = 1,7865	8,932	0,498	341 Mittelwert 339,5	342

2. Bestimmung des Molekulargewichtes durch Feststellung der Erhöhung des Siedepunktes.

Wir haben bei der ebullioskopischen Methode das gleiche Prinzip, wie bei der kryoskopischen Feststellung des Molekulargewichtes. Auch hier gilt die Gleichung

$$M = 100 \cdot \frac{g}{l} \cdot \frac{K}{t}.$$

Es wird zunächst mit Hilfe eines Beckmannschen Siedepunktsbestimmungsapparates der Siedepunkt t_1 des Lösungsmittels festgestellt, dann der Siedepunkt t_2 für die Lösung von g Gramm Substanz in l Gramm Lösungsmittel. K bestimmt man, indem man für die Lösung eine Verbindung mit bekanntem Molekulargewicht die Siedepunktserhöhung ermittelt. Für Wasser ist $K = 5{,}2^0$ (ebullioskopische Konstante).

Ausführung der Bestimmung. Man benutzt zur Feststellung des Siedepunktes den Beckmannschen Siedeapparat (vgl. Fig. 114). Er besteht aus einem Siedegefäß. Dieses besitzt zwei seitliche Ansätze. Der eine dient zum Einführen der Substanz, der andere zur Aufnahme eines inneren Kühlers. Das Siedegefäß ruht auf einem Drahtnetz oder einer Asbestplatte. Zur Verhinderung von Abkühlung ist das Siedegefäß mit einem Glasgefäß, in dem sich Wasser befindet. umgeben. Um beim Sieden der Flüssigkeit im Siedegefäß Siedeverzug zu vermeiden, gibt man in dieses kleine, gut gereinigte Granaten hinein oder einige Platintetraëder. Durch eine dritte

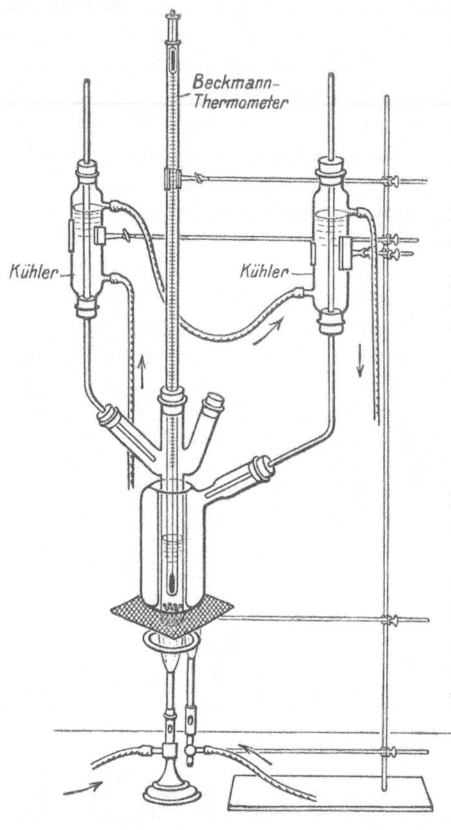

Öffnung des Siedegefäßes ist ein Beckmann - Thermometer eingeführt. Sein Quecksilbergefäß taucht in die zu untersuchende Flüssigkeit. Es wird nun zunächst das Siedegefäß leer gewogen. Dann wiegt man es wieder mit Flüssigkeit und bestimmt auf diese Weise das Gewicht l der angewandten Flüssigkeitsmenge. Man heizt nun vorsichtig mit kleiner Flamme an und verstärkt allmählich die Wärmezufuhr, bis stürmisches Sieden eintritt. Erst wenn jegliches Schwanken des Quecksilberfadens unterbleibt, wird die beobachtete Temperatur notiert. Sie entspricht der Siedetemperatur des reinen Lösungsmittels (t_1). Vor Beginn des Versuchs hat man in einer Anzahl von Wägegläschen die zu untersuchende Substanz, z. B. Kochsalz oder Rohrzucker, abgewogen, und gibt nun aus einem davon etwas von ihr durch das Ansatzrohr des Siedegefäßes in dieses hinein und wiegt nach Beendigung der Bestimmung zurück. Wir bestimmen so das Gewicht g der angewandten Substanz.

Fig. 114. Beckmannscher Siedepunktsbestimmungsapparat.

Den Zusatz der Substanz zum Lösungsmittel vollzieht man, nachdem die Siedetemperatur des Lösungsmittels hergestellt ist, d. h. der Quecksilberfaden in siedender Flüssigkeit „feststeht". Wir warten vier Minuten nach erfolgter Zugabe der Substanzmenge und lesen den Stand des Quecksilberfadens wieder ab. Dann wird wieder etwas von der Substanz aus einem zweiten, ebenfalls mit Substanz gewogenem Wägegläschen zugegeben und wieder nach vier Minuten der Stand des Quecksilberfadens abgelesen. Das Zusetzen der Substanz wird aus weiteren Wägegläschen von bekanntem Gewicht noch einige Male wiederholt und jedesmal die Erhöhung des Siedepunkts genau festgestellt. Die Differenz zwischen t_1 und t_2 liefert uns jedesmal den Wert t, d. h. die Siedepunktserhöhung bei bekannter Menge des Lösungsmittels l und bekannter Substanzmenge g. g ergibt sich bei jeder Bestimmung aus der Summe der zugesetzten einzelnen Substanzmengen. Diese werden durch Zurückwiegen der einzelnen nummerierten Wägegläschen plus der verbliebenen Substanzmenge festgestellt. Man vergleiche auch hier das beim Kochsalz und beim Rohrzucker erhaltene Resultat mit dem berechneten Molekulargewicht.

Bestimmung der elektrischen Leitfähigkeit von Lösungen.

Die elektrische Leitfähigkeit einer Substanz ist der reziproke Wert ihres Leitungswiderstandes. Sie kann somit durch Messung des letzteren bestimmt werden.

Erforderliche Instrumente: Der Aufbau der Apparate (vgl. Fig. 115) ergibt sich ohne weiteres aus der Anordnung der Wheatstone-

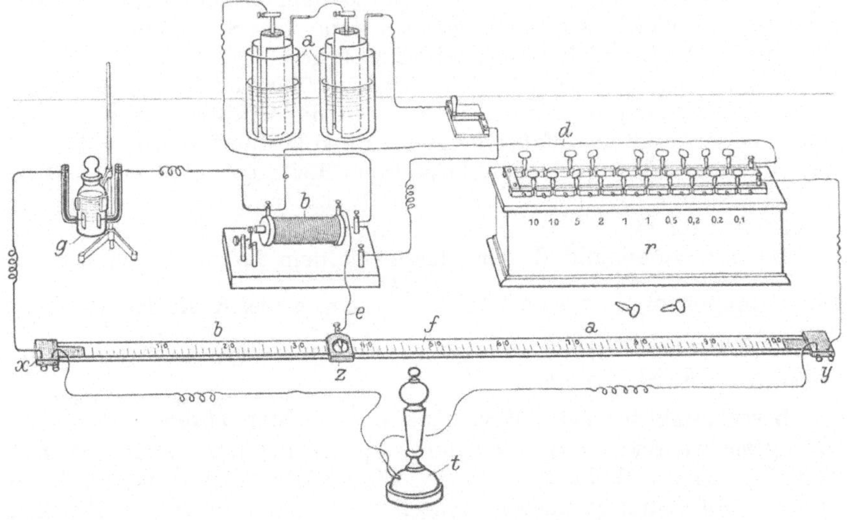

Fig. 115.

schen Brücke. Wir brauchen zunächst zur Erzeugung eines elektrischen Stromes Elemente (a) und zur Bildung von Wechselströmen das Induktorium b. Das Geräusch des Stromunterbrechers vermindern wir durch Aufstellen des Induktoriums auf Kautschukschlauch. Von dem Induktorium aus verzweigt sich die Leitung. Die von ihm erzeugten Wechselströme gehen einerseits durch den Rheostaten r (Draht d) und das Stück yz (a) des auf der Meßbrücke f ausgespannten Platindrahtes und andererseits durch die im Widerstandsgefäß g befindliche Flüssigkeit, deren Widerstand man messen will und das Stück $x\,z$ (b) des Meßdrahtes. Das Widerstandsgefäß g ist mit Platinelektroden g versehen. Zwischen x und y ist das Telephon t eingeschaltet.

Ausführung der Bestimmung. Wir füllen in das Widerstandsgefäß g eine bestimmte Menge einer wässerigen Lösung von Kochsalz und zum Vergleich bei einem zweiten Versuch Rohrzucker (!) von genau bekanntem Gehalt. Das Wasser muß ganz rein sein (sogenanntes Leitfähigkeitswasser). Nun werden die genannten Apparate in der aus der Fig. 115 ersichtlichen Weise untereinander verbunden und das Induktorium in Gang gesetzt. An das eine Ohr bringt man das Telephon, das andere wird mit Watte verstopft, damit keine Nebengeräusche die Beobachtung stören. Jetzt verschiebt man den Schleifkontakt z so lange, bis der Ton des Telephons gleich Null wird. Ein vollständiges Aufhören des Tönens bleibt oft aus, doch kann man leicht zwei einander nahe liegende Stellen ermitteln, von denen aus der Ton deutlich anzusteigen beginnt. Die Mitte zwischen diesen beiden Punkten ist dann die gesuchte Stelle. Es geht dann kein Anteil der Wechselströme durch die Strecke $y\,t\,x$. Den Widerstand des Rheostaten regelt man bei der Bestimmung so, daß er nahezu dem Widerstand im Widerstandsgefäß gleich wird. Es kommt dann der Schleifkontakt ungefähr in die Mitte des Brückendrahtes zu liegen.

Um aus dem gefundenen Wert die Leitfähigkeit der angewandten Lösung berechnen zu können, müssen wir die **Widerstandskapazität** des verwandten Gefäßes kennen. Diese bestimmen wir, indem wir es mit einer Flüssigkeit von bekanntem Leitungsvermögen (z. B. 0,1 n-KCl-Lösung) füllen und dann den Widerstand der Flüssigkeit im Gefäß feststellen.

Da der Widerstand W der Flüssigkeit dem Leitvermögen x umgekehrt proportional ist, so muß $W = \dfrac{K}{x}$ sein, wobei K die von der Form des Gefäßes herrührende Konstante, die sogenannte Widerstandskapazität, ist. K ist dann $= x \cdot W$.

Berechnung der Leitfähigkeit der untersuchten Lösung. Es sei W_1 der gesuchte Widerstand (in Ohm ausgedrückt) der zu untersuchenden Lösung im Widerstandsgefäß. W_2 sei der Widerstand im Rheostaten. Mit a und b seien die Längen der Strecke, in die der Brückendraht eingeteilt werden mußte, um das Tönen des Telephons auf Null resp. auf ein Minimum zu bringen, bezeichnet. Es ist

$$\frac{W_1}{W_2} = \frac{a}{b}; \quad W_1 = W_2 \cdot \frac{a}{b}.$$

Nun haben wir oben festgestellt, daß W, in unserem speziellen Falle W_1, $= \dfrac{K}{x}$ ist, somit ist

$$W_2 \cdot \frac{a}{b} = \frac{K}{x}, \quad x = \frac{K}{W_2} \cdot \frac{b}{a}.$$

Wir drücken somit das Leitvermögen der untersuchten Flüssigkeit aus durch den Rheostatenwiderstand W_2, den wir direkt am Widerstandskasten ablesen, ferner durch die Widerstandskapazität K des angewandten Gefäßes und durch das Verhältnis $\dfrac{b}{a}$, in dem der Meßdraht durch den Schleifkontakt geteilt wird.

Bei allen Bestimmungen muß die Temperatur der Lösung berücksichtigt resp. konstant gehalten werden.

Versuche über Ionenwirkung.

Wir injizieren einem Kaninchen eine $^1/_6$-molekulare Lösung von Kochsalz in die Vena jugularis (vgl. hierzu S. 191). Vor dem Versuch haben wir die Harnblase entleert. Wir prüfen den Harn auf Zucker. Er reduziert nicht beim Kochen mit Fehlingscher Lösung (vgl. S. 55), wohl aber nach erfolgter Injektion von Kochsalz. Nun injizieren wir eine $^3/_8$-molekulare Lösung von Chlorcalcium, nachdem wir vorher den Harn aus der Blase mit Hilfe eines Katheters möglichst vollständig abgelassen haben. Die Glucosurie hört auf.

Vgl. ferner Versuch 10 auf S. 230: Verlust der Erregbarkeit eines Muskels beim Liegen in einer Rohrzuckerlösung und Wiederherstellung der Erregbarkeit beim Eintauchen in physiologische Kochsalzlösung und ferner S. 182 (Einwirkung von K- und Ca-Ionen auf das Herz).

Versuche mit Kolloiden.

1. Überführung des Sol- in den Gelzustand und umgekehrt.

Versuch 1. Wir leiten in eine Lösung von Arsentrioxyd Schwefelwasserstoff ein. Die Lösung färbt sich gelb. Es hat sich kolloidales Arsentrisulfid gebildet. Eine Fällung tritt nicht ein. Nun setzen wir ganz wenig Salzsäure hinzu. Es fällt sofort ein gelber Niederschlag von As_2S_3.

Versuch 2. Wir fügen zu einer durch Dialyse erhaltenen kolloiden Zinnsäurelösung einige Tropfen Ammoniumkarbonatlösung. Es tritt Ausflockung ein. Nun setzen wir etwas Ammoniak zu. Es bildet sich allmählich wieder eine klare Lösung (Peptisation).

Versuch 3. Wir setzen zu klarem Blutserum Wasser. Es tritt eine Trübung auf. Sie ist durch das Ausflocken von Globulinen bedingt. Diese brauchen zu ihrer „Lösung" eine bestimmte Konzentration von Neutralsalzen. Geben wir nun vorsichtig tropfenweise eine ziemlich konzentrierte Kochsalzlösung hinzu, dann beobachten wir, daß die Trübung sich wieder aufhellt. Gleichzeitig können wir bei diesen Versuchen die Diffusion des Kochsalzes (resp. der Na- und Cl-Ionen) verfolgen. Überall, wo dieses hingelangt, verschwindet die Trübung.

2. Versuch über das Verhalten von verschiedenartig geladenen Solen.

Wir bringen in ein Becherglas eine „Lösung" von Berlinerblau, in ein weiteres irgend ein Sol eines Metalles und in ein drittes Kongorot (alles negativ geladene Sole) und tauchen in die Flüssigkeit einen Streifen Filtrierpapier. Wir beobachten, daß die Sole mit dem Wasser im Streifen emporsteigen. (Vgl. die Versuchsanordnung in Fig. 55, S 42.)

Als Beispiel eines positiv geladenen Sols wählen wir Eisenoxydhydrat. Hier findet kein Aufsteigen des Sols statt. Wir beobachten vielmehr, daß es sich dicht über der Lösung im Papier niederschlägt.

3. Zeitreaktionen bei Kolloiden nach Vorländer[1]).

Versuch 1. Man gibt zu gleichen Volumina einer stark verdünnten Ferrocyankaliumlösung (0,04 g kryst. Salz im Liter) in Bechergläsern verdünnte Salzsäure verschiedener Konzentration, und zwar stets gleiche Volumina. Eine Probe bleibt ohne Salzsäurezusatz und wird zum Vergleich mit dem entsprechenden Volumen Wasser verdünnt. Fügt man nun zu allen Proben einige Tropfen einer sehr verdünnten, lichtgelben Ferrichloridlösung, so zeigt es sich, daß die Lösungen sich um so langsamer blau färben, je konzentrierter die Salzsäure ist. Essigsäure beeinflußt die Reaktion viel weniger als Salzsäure oder Schwefelsäure (Wirkung der Wasserstoffionen auf die Bildungsgeschwindigkeit des Berlinerblaus). Man verfolge die Reaktion nach Zusatz des Eisenchlorids mit Hilfe eines Metronoms oder einer Uhr und notiere sich die Zeiten.

Versuch 2. Wir bringen in Bechergläser gleiche Volumina einer verdünnten Lösung von Berlinerblau (sog. lösliches Berlinerblau) und setzen verdünnte Natronlauge verschiedener Konzentration, doch gleiche Volumina hinzu. Die Färbung verschwindet um so rascher, je konzentrierter die Lauge ist. Sodalösung und Ammoniak wirken viel langsamer als Kalilauge oder Natronlauge, und diese wirken wieder langsamer als Barytwasser (Einfluß der Hydroxylionen auf die Zersetzungsgeschwindigkeit des Berlinerblaus).

Versuch 3. Man vermischt eine Lösung von Berlinerblau mit etwas verdünnter Ammoniaklösung oder auch mit sehr verdünnter Natronlauge und verteilt die Lösung in verschiedene Bechergläser. Die im Gang befindliche Reaktion wird bei Zusatz von gepulvertem Chlornatrium stark beschleunigt und durch Chlorammonium stark verzögert. Sie verläuft mit Chlorbarium äußerst rasch (katalytische Wirkung verschiedener Kationen).

Versuch 4. Man stelle die gleichen Versuche, wie bei 2. und 3. mit einer kolloiden Lösung von Arsentrisulfid an, die durch Einleiten von Schwefelwasserstoff in eine kalte, wässerige Lösung von Arsenik erhalten wird. Der Verlauf der Zeitreaktion mit Alkalien ist an der Entfärbung der dunkelgelben Lösung zu beobachten.

---

[1]) Privatmitteilung.

2. Bestimmung der Verbrennungswärme im Calorimeter. Tierische Wärme.

1. Bestimmung der Verbrennungswärme.

Wir benützen zu dem Versuche ein ganz einfach gebautes Verbrennungsgefäß[1]). Es besteht aus einem Messinggefäß, von dessen Boden aus ein Messingrohr e nach außen führt. Es ist in Windungen um das Gefäß gelegt. Dieses ist durch einen Deckel fest verschließbar. Er zeigt zwei Rohraufsätze mit Öffnungen. Durch den einen Ansatz (a) ist ein Gummistopfen eingeführt, durch den ein Rohr zum Einleiten von Sauerstoff geht. Der zweite Ansatz c ist zur Aufnahme des Gefäßes b bestimmt, in dem die zu verbrennende ·Substanz sich befindet. Dieses ist an dem die Öffnung des Ansatzrohres c verschließenden Stöpsel a durch Draht befestigt. In der Öffnung des genannten Gefäßes b steckt ein kleiner Asbestdocht. Das Verbrennungsgefäß wird in einen Calorimeter eingestellt, der mit einem guten Thermometer und einem Rührer versehen ist.

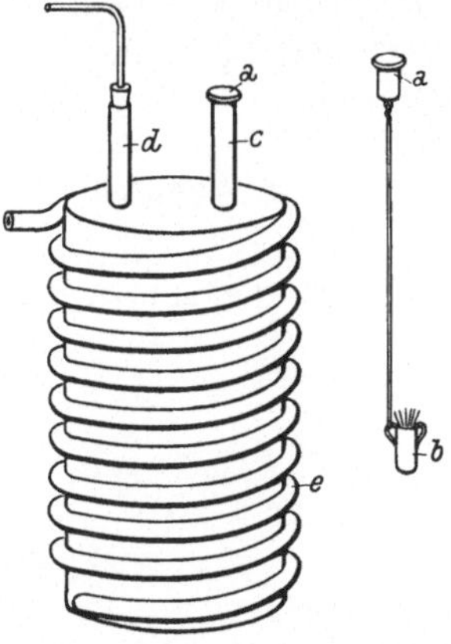

Fig. 116. Verbrennungsgefäß.

Ausführung der Bestimmung. Der Wasserwert W (= die Wärmemenge, die einen Körper um 1^0 erwärmt = Masse des Körpers multipliziert mit seiner spez. Wärme) des Calorimeters, des Verbrennungsgefäßes, des Rührers und des Thermometers sei bekannt. Zunächst wägen wir das Calorimeter mit dem Verbrennungsgefäß und dem Rührer leer. Das Gewicht betrage g Gramm. Das Calorimeter wird nun mit Wasser gefüllt und wieder gewogen (g_1). Das Gewicht der zugegebenen Wassermenge ergibt sich aus $g_1 - g = g_3$. Der Gesamtwasserwert W_2 des gefüllten Apparates ist dann $= W + g_3$. Nun wird der Apparat bis auf das Einbringen des Gefäßes b vollständig zusammengestellt. Die Temperatur t des Calorimeterwassers wird genau abgelesen. Unterdessen hat man bereits das Gefäß b zunächst leer (g) und dann, mit der zu untersuchenden Substanz, z. B. Alkohol, gefüllt, gewogen. Die Gewichtsmenge der Substanz ergibt sich durch Subtraktion des Gewichtes des leeren vom Gewicht des beschickten Gefäßes (g). Jetzt wird der Docht angezündet und das Gefäß b am Stopfen rasch durch c durchgeführt und der Stopfen fest aufgesetzt. Aus einer Bombe läßt man Sauerstoff, den man zur Trocknung durch konzentrierte Schwefelsäure durchleitet, einströmen. Die Verbrennungsgase entweichen durch das schlangenförmige Rohr e. Sie können aufgefangen und analysiert werden. Während des Versuches wird das im Calorimeter befindliche Wasser eifrig gerührt und der Quecksilber-

---

[1]) Nach Wiedemann-Eberth.

faden des Thermometers genau verfolgt. Es wird dann das Maximum der Temperatur t_1 erreicht, wenn aller Alkohol zu Kohlensäure und Wasser verbrannt ist. $t_1 - t$ ergibt dann die eingetretene Temperaturerhöhung.

Die Verbrennungswärme, bezogen auf die Gewichtseinheit ist dann

$$= \frac{\text{Gesamtwasserwert des erwärmten Systems}}{\text{Menge des angewandten Körpers}} \cdot \text{der festgestellten Temperaturerhöhung.}$$

Bei exakten Messungen müssen wir noch verschiedene Faktoren berücksichtigen. So muß z. B. der zugeleitete Sauerstoff die gleiche Temperatur wie das Calorimeterwasser haben usw. Zum Verständnis des Prinzipes genügt die gegebene Ausführungsweise. Hinweis auf die Verbrennung in den Zellen des Organismus. Gesetz der Erhaltung der Energie.

2. Versuch zur Demonstration der tierischen Wärme.

Wir wählen je drei dünnwandige Bechergläser verschiedener Größe (vgl. Fig. 117—119). In das äußerste Gefäß bringen wir Wasser von

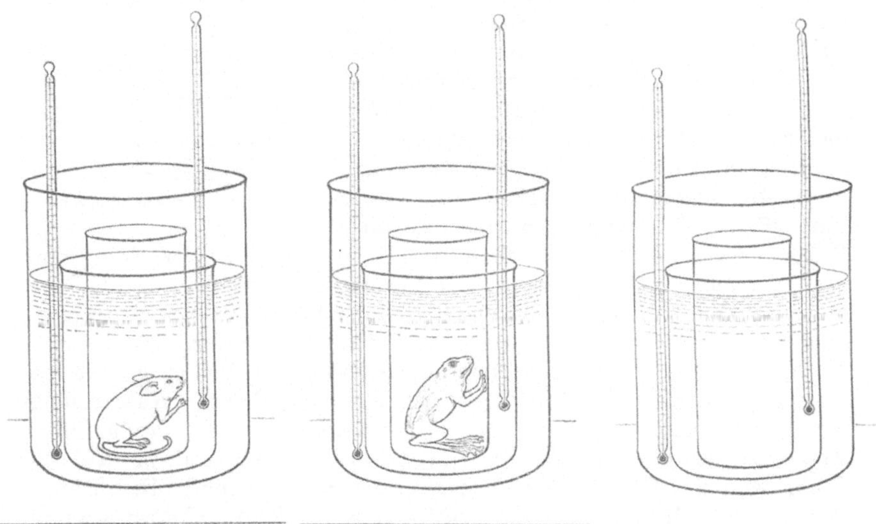

Fig. 117.   Fig. 118.   Fig. 119.

4—10⁰ und kontrollieren die Temperatur mittels eines Thermometers. In dieses Becherglas hinein stellen wir ein zweites, das als Luftmantel für ein drittes dient. In beiden Räumen verfolgen wir gleichfalls die Temperatur. Bei Versuch 3 (Fig. 119) beobachten wir die Temperatur bei leerem innerem Gefäß (Kontrollversuch). Bei Versuch 1 (Fig. 117) befindet sich im inneren Becherglas eine Maus und bei Versuch 2 (Fig. 118) ein Frosch. Wir sehen, daß bei Versuch 1 die Temperatur in allen drei Gefäßen ansteigt. Bei Versuch 2 ist nur eine unerhebliche Temperaturzunahme wahrnehmbar, die sich fast vollständig mit der Zunahme der

Temperatur beim Kontrollversuch deckt (Einfluß der Zimmertemperatur und Wärmestrahlung vom Beobachter aus).

Demonstration eines Calorimeters zur exakten Bestimmung der Energieausgabe beim Tier.

3. Temperaturmessung.

Die Temperatur wird am zweckmäßigsten im Rektum gemessen. Wir verwenden dazu ein Maximalthermometer (Fig. 120) und führen dieses, nachdem wir das das Quecksilbergefäß enthaltende Ende mit Vaselin eingefettet haben, ohne besondere Kraftanstrengung, langsam gleitend in das Rektum ein (vgl. Fig. 121). Wir warten ab, bis der Quecksilberfaden den höch-

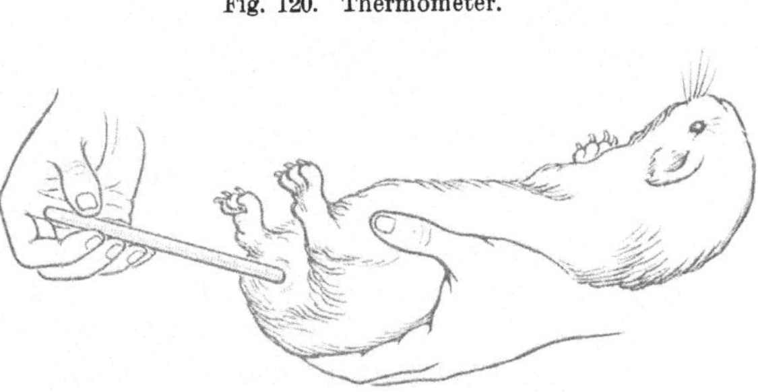

Fig. 120. Thermometer.

Fig. 121. Temperaturmessung.

sten Stand erreicht hat und lesen dann die Temperatur ab. Wir vergleichen die Körpertemperatur bei einer Maus, einer Ratte, einem Meerschweinchen und einem Kaninchen.

3. Funktion der Verdauungsdrüsen.
Sekretion des Speichels.

Die Versuche werden an einem Hunde ausgeführt, bei dem die Mündung des Ausführungsganges der Glandula Parotis oder einer anderen Speicheldrüse mit einem Stückchen Wangenschleimhaut auf die äußere Haut verpflanzt ist. Zunächst stellen wir fest, daß aus der Fistel nur ganz wenig Speichel ausfließt. Wir fangen ihn in einem Reagensglas mit Hilfe der aus Fig. 122 erkennbaren Apparatur auf. Jetzt führen wir 5 Gramm möglichst trockenes Fleischpulver in die Mundhöhle ein. Diese 5 Gramm entsprechen 25 Gramm feuchten Fleisches. Wir kontrollieren mit der Uhr in der Hand das Ausfließen des Speichels. Nach jeder Minute wird das Reagensglas gewechselt. Man benutzt hierzu am besten kalibrierte Reagensgläser.

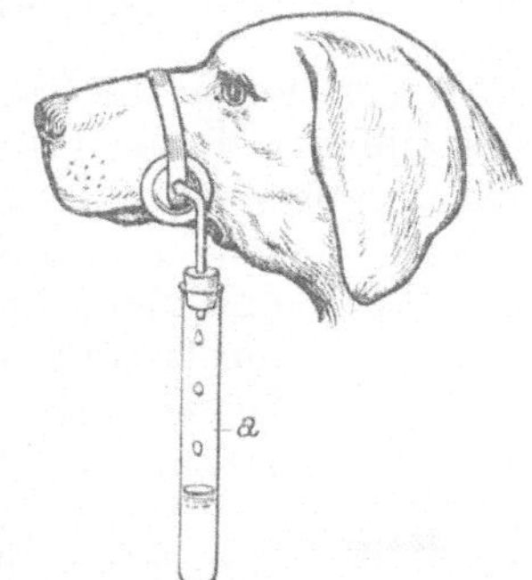

Fig. 122. Speichelsekretion.

Am Schluß der ersten Minute sind z. B. 2 ccm Speichel abgeflossen.

Nach der zweiten Minute beobachten wir 0,8 ccm Speichel, nach der dritten 0,4 ccm. Zusammen 3,2 ccm Speichel.

Nun wiederholen wir, nachdem die Sekretion wieder gering geworden ist, das gleiche Experiment, nur geben wir diesmal zu den 5 Gramm trockenen Fleisches 20 ccm Wasser hinzu. Wir beobachten, daß nach der ersten Minute 0,8 ccm Speichel ausfließen, nach der zweiten Minute 0,1 ccm und nach der dritten Minute nur noch 0,05 ccm, zusammen 0,95 ccm Speichel.

Wir warten wieder ab, bis wenigstens innerhalb 5 Minuten keine größere Speichelmenge ausgeflossen ist und geben nunmehr 20 Gramm des rohen Fleisches. Nach der ersten Minute fließen 0,6 ccm Speichel aus, nach der zweiten Minute 0,1 ccm und nach der dritten Minute findet überhaupt kein Speichelfluß mehr statt. Im ganzen sind 0,7 ccm Speichel ausgeflossen.

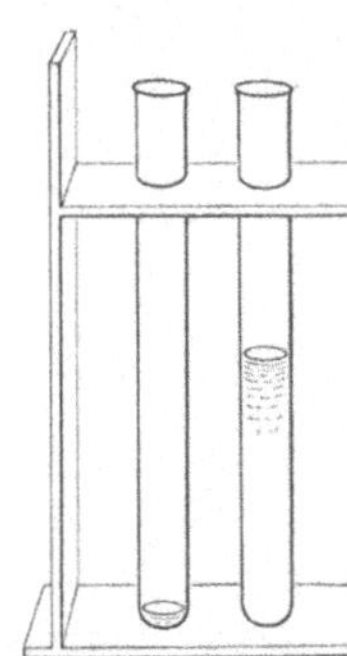

Nach einiger Zeit bringen wir etwas verdünnte Essigsäure auf die Zunge und beobachten, daß nunmehr bald eine starke Sekretion einsetzt, sogenannter Verdünnungsspeichel. Vgl. Fig. 123. Das erste Reagenzglas zeigte die Speichelabsonderung bei Ruhe, Reagenzglas 2 nach Auftupfen von Essigsäure.

Gleichzeitig können wir an dem aufgefangenen Speichel die Eigenschaften studieren. Wir sehen, daß der Speichel Eiweiß (u. a. Mucin) enthält. Ferner können wir durch Eindampfen und Glühen des Rückstandes nachweisen, daß Aschenbestandteile vorhanden sind. Über Diastase- und Rhodanammonnachweis vgl. S. 62 u. 122.

Fig. 123.
Absonderung von
Speichel.

Endlich zeigen wir dem Hund ein Stück Fleisch. Wir beobachten, daß der bloße Anblick dieses Nahrungsmittels Speichelsekretion hervorruft.

Sekretion des Magensaftes.

Wir verfolgen die Sekretion des Magensaftes an einem Hunde, der eine einfache Magenfistel besitzt. Durch eine Öffnung der Bauchdecke und der Magenwand ist eine Kanüle (Fig. 124) durchgeführt. Diese ist nach außen durch einen Korkstopfen verschlossen. Bei der Anstellung der Versuche wird der Verschluß entfernt und ein Trichter unter die Öffnung gebracht, nachdem wir das Versuchstier in einem Gestell (vgl. Fig. 125) festgebunden haben. Den Trichter verbinden wir mit einem Meßzylinder, um die ausfließende Menge Magensaftes messen zu können.

Fig. 124.
Magenkanüle.

Zunächst stellen wir fest, daß im nüchternen Zustande nur ganz wenig Flüssigkeit ausfließt. Wir prüfen die Reaktion des aufgefangenen Saftes. Sie ist neutral oder schwach alkalisch. Das Sekret besteht zum größten Teil aus Schleim. Nun wechseln wir den Meßzylinder und zeigen

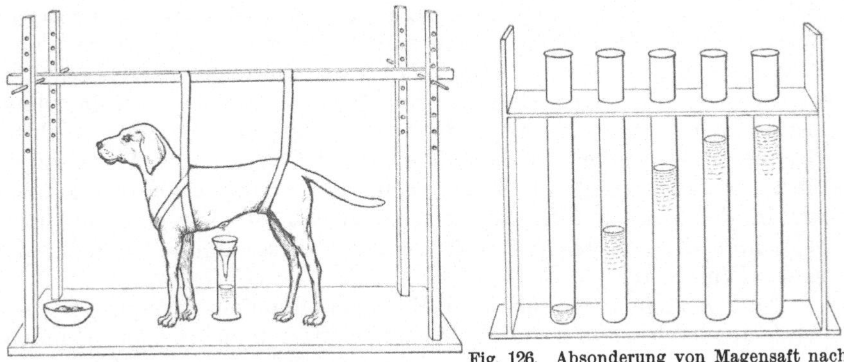

Fig. 125. Hund mit Magenfistel.

Fig. 126. Absonderung von Magensaft nach Fütterung von Fleisch.

dem Hund rohes Fleisch. Wir merken uns die Zeit, in der wir das Fleisch gezeigt haben, und beobachten dann nach etwa 5—6 Minuten, daß die Sekretion auf einmal einsetzt. Wir wechseln alle 10 Minuten das Auffangegefäß. Wir beobachten, daß zunächst die Menge des Magensaftes ein Maximum erreicht und dieses dann längere Zeit beibehalten wird (Fig. 126). Während dieser Zeit zeigen wir dem Hund eine Katze. Der Hund erregt sich dabei außerordentlich. Wir bemerken, daß die Sekretion des Magensaftes plötzlich aufhört. Sie kommt auch in der nächsten Zeit nicht mehr in Fluß. Vgl. Fig. 127 und 128.

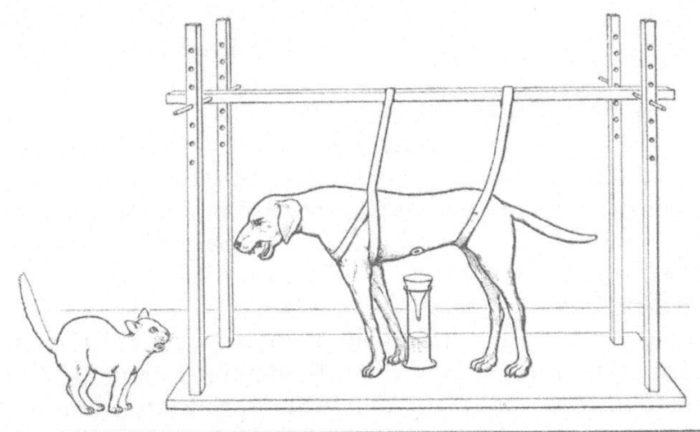

Fig. 127. Aufhören der Absonderung des Magensaftes nach Zornausbruch.

Fig. 127 zeigt das Versiegen der Magensaftabsonderung nach erfolgtem Zornausbruch veranlaßt durch das Erscheinen einer Katze. In Fig. 128 sind die von 10 zu 10 Minuten gesammelten Mengen Magensaft nach Verabreichung von Fleisch dargestellt. Das sechste Reagenzglas zeigt die Menge Magensaft nach erfolgtem Zornausbruch.

Einem anderen Magenfistelhund geben wir Fleisch zu fressen und stellen hierbei ebenfalls fest, daß nunmehr die Magensaftsekretion rasch in Gang kommt. Aus der Fistel heraus nehmen wir nach einiger Zeit einige Stückchen von dem aufgenommenen Fleisch. Wir können feststellen, daß es schon stark verändert ist. Die rote Farbe ist in Braun übergegangen. Das Fleisch sieht zum Teil auch ganz schleimig aus. Wenn wir ein Stückchen davon mit Wasser auskochen, dann erhalten wir in dem wässerigen Extrakte mit Natronlauge und Kupfersulfatlösung Biuretreaktion (vgl. S. 85). Es haben sich Peptone gebildet. Bei dieser Gelegenheit prüfen wir auch die Reaktion des Magensaftes. Sie ist sauer, bedingt durch den Gehalt an Salzsäure. Ferner können wir in den vorher filtrierten Magensaft ein Stückchen eines hartgekochten Eies bringen und feststellen, daß dieses allmählich in Lösung geht. (Vgl. S. 188.)

Endlich stellen wir mit zwei Magenfistelhunden folgendes Experiment an: Wir führen durch die Fistelöffnung bei beiden Hunden, ohne daß sie es sehen können, je ein Stückchen Fleisch ein. Die Fleischstückchen sind an einem Faden befestigt. Wir lassen diesen aus der Fistelöffnung heraushängen und schließen nun die Fistel. Den einen Hund führen wir aus dem Raume fort und zeigen ihm draußen Fleisch, ohne daß wir ihm solches zu fressen geben. Nach zwei Stunden ziehen wir mit Hilfe des Fadens die Fleischstückchen wieder heraus.

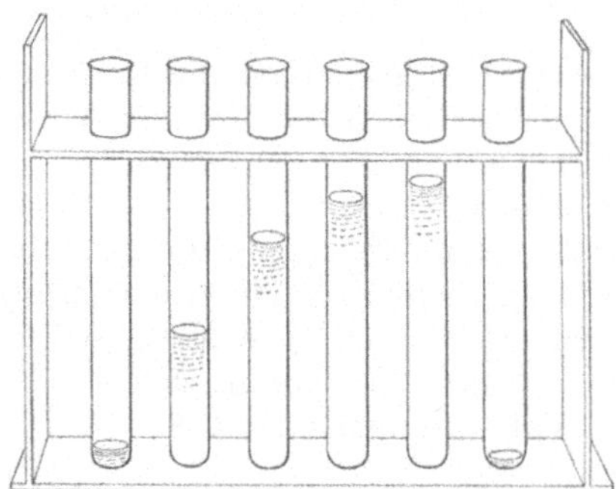

Fig. 128.   Absonderung von Magensaft.

Wir stellen fest, daß das Fleischstückchen bei dem Hund, der kein Fleisch zu sehen bekommen hat, zum großen Teil noch unverändert ist, während es bei dem Tier, dem wir Fleisch gezeigt haben, fast völlig verdaut ist. Der Anblick des Fleisches hat bei diesem eine sehr starke Sekretion des Magensaftes hervorgerufen, während beim anderen Hunde die Sekretion ausgeblieben ist. Dieser Versuch darf selbstverständlich nur an nüchternen Hunden ausgeführt werden.

Geben wir einem Magenfistelhund Fleisch oder Milch zu fressen, dann beobachten wir, daß die ausfließende Flüssigkeit vollständig farblos ist. Sie wird bald mit den Abbauprodukten der betreffenden Proteine vermischt sein. Geben wir Milch, dann können wir gleichzeitig die Gerinnung, hervorgerufen durch das Labferment, feststellen. Wenn wir jedoch dem Versuchstiere eine an Fett sehr reiche Nahrung verabreichen, es z. B. Schweinespeck fressen lassen, dann ist der ausfließende Magensaft grün gefärbt. Unterschichten wir eine Probe dieses Magensaftes mit konzentrierter Salpetersäure, dann erhalten wir eine positive Reaktion auf Gallenfarbstoffe (vgl. S. 125). Die reichliche Zufuhr von Fett hat bewirkt, daß Inhalt aus dem Duodenum in den Magen zurückgetreten ist.

Sekretion des Pankreassaftes.

Wir benutzen einen nach Pawlow operierten Hund. Die Papille des Hauptausführungsganges der Pankreasdrüse ist mit einem rautenförmigen Stück der Duodenalschleimhaut auf die äußere Haut verpflanzt worden. Nach Verheilung wurde die Schleimhaut durch Betupfen mit Argentum nitricum vollständig zerstört. Wir setzen auf die Fistelöffnung einen Trichter und verbinden diesen mit einem Meßzylinder. Zunächst beobachten wir, daß aus der Fistel fast gar kein Saft ausfließt. Nun zeigen wir dem Versuchshunde Fleisch. Nach kurzer Zeit fließt aus der Fistelöffnung ein klarer Saft. Wir können auch hier zeigen, daß die Sekretion sofort aufhört, wenn wir dem Hund Ärger bereiten. Fügen wir zu dem Saft gekochtes Eiereiweiß, dann beobachten wir, daß dieses nicht angegriffen wird. Der sezernierte Pankreassaft ist dann, wenn der letzte Rest der transplantierten Darmschleimhaut zerstört worden ist, vollständig inaktiv, d. h. das Trypsin ist in Form des sogenannten Zymogens vorhanden. Nun setzen wir etwas Darmsaft zu dem inaktiven Pankreassaft hinzu. Die im Darmsaft enthaltene Enterokinase aktiviert das Trypsinzymogen. Nun sehen wir, daß das Eiereiweiß zu Pepton abgebaut wird. Gleichzeitig werden einzelne Aminosäuren frei (Tyrosinabscheidung, Bromreaktion auf freies Tryptophan, vgl. S. 90).

Anhang.

Schluckakt.

Man beobachte beim Schlucken das Verhalten des Kehlkopfes und versuche, bei geöffnetem Mund und ferner „leer" zu schlucken.

Schichtung des Mageninhaltes.

Ein Hund, der 24 Stunden gehungert hat, erhält $2^1/_2$ Stunden vor der Tötung eine Nahrung, die aus Fleisch und Kartoffeln besteht, und die durch Zugabe von Carmin rotgefärbt ist. Nach einer weiteren Stunde geben wir dem Versuchstier ebenfalls Fleisch und Kartoffeln, diesmal ist aber etwas Tierkohle beigemischt worden. Endlich verabreichen wir nach Verlauf einer Stunde Milch und töten darauf das Tier nach 30 Minuten. Der Magen wird nach Eröffnung der Bauchhöhle sofort an der Kardia und am Pylorus abgebunden und seine Verbindung mit dem Oesophagus und dem Duodenum durchschnitten. Er wird dann in einen Topf gelegt und rasch mit feinkörniger Kältemischung umgeben. Bei all diesen Prozeduren darf der Magen nicht gedrückt werden, damit sein Inhalt möglichst unverschoben bleibt. Nach einiger Zeit ist der Mageninhalt vollständig durchgefroren. Es wird dann der Magen quer durchgesägt. Man beobachtet auf dem Querschnitte, daß die zuletzt genossene Nahrung sich in der Mitte des Mageninhaltes befindet. Das Casein der Milch ist geronnen. Wir sehen weiße Flocken. Um diese Schicht herum zieht sich ein schwarzer Ring. Diesem benachbart findet sich eine rote Schicht, die unmittelbar der Magenwand anliegt. Wenn wir das Duodenum eröffnen, dann finden wir, daß es bereits von der rotgefärbten Substanz enthält, während wir noch keine schwarzen Körnchen — herstammend von der Tierkohle — finden. Durch diesen Versuch wird bewiesen, daß die Nahrung sich im Magen schichtet.

Bei dieser Gelegenheit wird auf die starke Füllung des Magens hingewiesen und demonstriert, wie wenig Chymus der Darm enthält.

4. Blut.

Blutgerinnung.

Wir entnehmen einem Kaninchen Blut aus der Carotis (vgl. S. 191 ff.) und lassen es in ein Reagensglas hineinlaufen. Ein zweites Reagens-glas gießen wir vorher mit Paraffin aus. In ein drittes geben wir 0,1 Gramm Ammoniumoxalat auf 10 ccm Blut und in ein viertes eine Spur von Hirudin. Den Rest des Blutes fangen wir in einer Porzellan-schale auf und rühren während des Ausfließens energisch mit einem

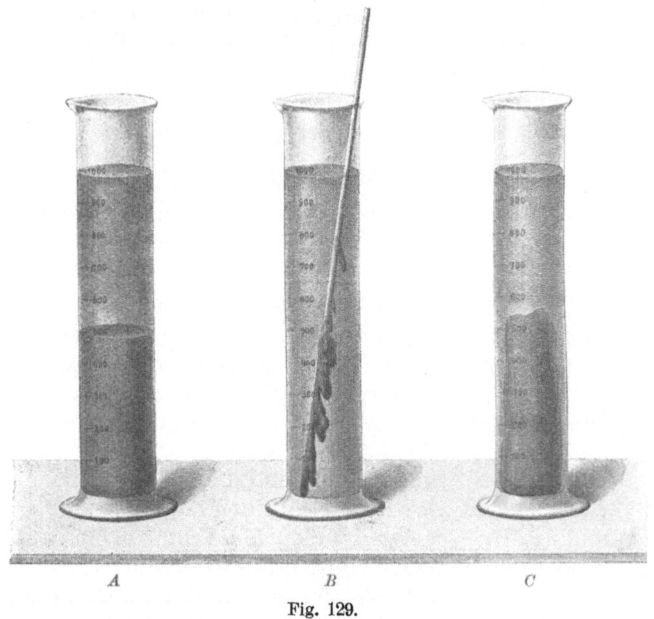

Fig. 129.

rauhen Holzstabe. Im Reagensglas 1 tritt sehr bald Gerinnung ein. Es ist gleichmäßig mit einer gallertartigen Masse ausgefüllt. Nach einigem Stehen beobachten wir, daß eine Flüssigkeit ausgepreßt wird. Der Blutkuchen kontrahiert sich. Die austretende Flüssigkeit ist das Serum. Der Blutkuchen besteht aus Fibrin, das in seinen Maschen die Formelemente des Blutes festhält. Im paraffinierten Reagensglas ist das Blut noch flüssig. Nun werfen wir ein Körnchen Staub hinein und beobachten, daß plötzlich Gerinnung eintritt.

Durch den Zusatz des Ammoniumoxalats haben wir im dritten Reagensglas das für die Gerinnung notwendige Calcium ausgefällt. Das Blut bleibt ungeronnen. Das gleiche ist der Fall bei dem Reagensglas 4. Das aus Blutegeln gewonnene Hirudin verhindert die Gerinnung. In beiden Reagensgläsern beobachten wir, daß nach einiger Zeit die roten Blutkörperchen sich senken. Über ihnen erscheint eine gelbgefärbte, klare Lösung. Es ist dies das Plasma des Blutes. Das geschlagene Blut verhält sich ganz ähnlich, wie das ungeronnene. Wir haben ebenfalls Blutkörperchen, die sich allmählich zu Boden setzen und darüber eine gelbe Flüssigkeit. Doch ist diese nicht identisch mit dem Plasma. Es handelt sich vielmehr um Serum. Das Fibrin haben wir mit dem Stabe entfernt.

Beobachtung der spontanen Blutgerinnung beim Pferdeblut. Hier sehen wir, daß nach eingetretener Gerinnung zunächst das ganze Gefäß gleichmäßig mit einer elastischen, gallertartigen Masse ausgefüllt ist. Im oberen Teil des Gefäßes sieht die geronnene Masse farblos aus. An einigen Stellen beobachten wir undurchsichtige, weiße Flecken. Eine weitere Schicht hat eine blaßrote Farbe und die noch weiter unten liegende ist tiefrot gefärbt. Die Ursache dieser Erscheinung beruht auf der Senkung der roten Blutkörperchen, bevor die Gerinnung einsetzte. Unten haben wir die Hauptmasse der roten Blutkörperchen. Die oberste Schicht ist ganz frei von diesen, daher die Farblosigkeit. An den undurchsichtigen Stellen finden wir eine Anhäufung von Leukocyten. Auch hier beobachten wir das nachfolgende Auspressen des Serums (Fig. 129 *C*). Fig. 129 *B* zeigt uns das am Stabe hängende Fibrin. Der Cylinder ist mit Wasser gefüllt. In *A* ist defibriniertes Blut dargestellt. Die Blutkörperchen haben sich gesetzt. Die darüber befindliche Flüssigkeit ist Serum.

Zählung der roten und weißen Blutkörperchen.

1. Bestimmung der Zahl der roten Blutkörperchen.

Wir zählen die roten Blutkörperchen zunächst zur Einübung in defibriniertem Kaninchenblut[1]). Vor der Entnahme der Proben wird jedesmal gründlich durchgeschüttelt. Die Blutkörperchenzählung wird in einer sogenannten Zählkammer ausgeführt. Diese befindet sich auf einem Objektträger (vgl. Fig. 130 und 131). Auf diesem

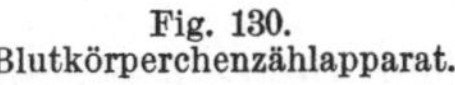
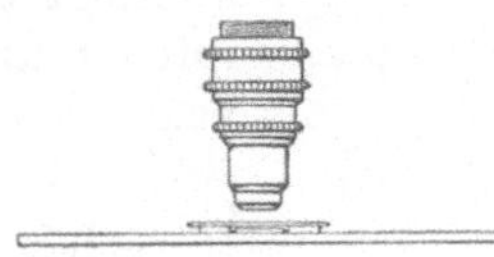

Fig. 130.
Blutkörperchenzählapparat.

Fig. 131.
Blutkörperchenzählung.

---

[1]) Die Zahl der roten Blutkörperchen wird vom Kursleiter vor der Zählung durch die Praktikanten festgestellt, so daß sich dann die Resultate leicht kontrollieren lassen.

ist eine dünne Glasplatte aufgekittet. Von ihr ist in der Mitte durch eine Vertiefung eine kreisförmige Scheibe abgegrenzt. Die Fläche dieser Scheibe liegt um genau 0,1 mm tiefer als der übrige Teil der aufgekitteten Glasplatte. In der Mitte dieser runden Fläche befindet sich das sogenannte Zählnetz (Fig. 133). Es besteht aus einem eingeätzten Netz von horizontalen und vertikalen Linien. Durch diese werden Quadrate abgegrenzt. Jedes derselben hat eine Bodenfläche von 0,04 qmm. Wird über die Zählkammer ein Deckglas genau horizontal so aufgesetzt, daß seine Fläche auf der Glasplatte aufliegt, dann umfaßt, da der Abstand von Deckglas und Zählkammerniveau genau 0,1 mm beträgt, der über jedem einzelnen Quadrate befindliche Raum 0,004 mm³. Würden wir das Blut direkt in die Zählkammer bringen, dann wäre ein Zählen unmöglich, weil die Zahl

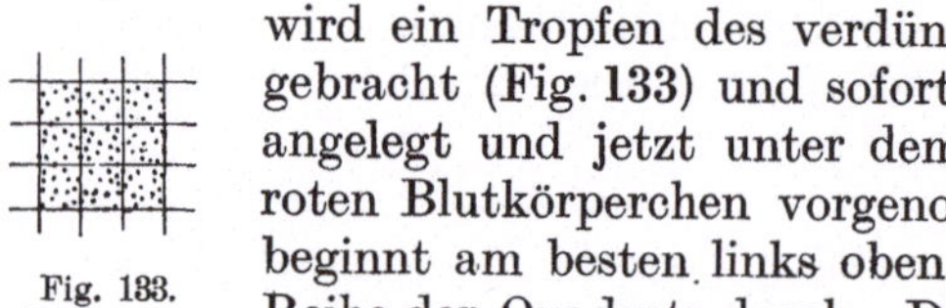

Fig. 132. Mischpipette.

der roten Blutkörperchen eine viel zu große ist. Die einzelnen Zellen würden sich gegenseitig verdecken. Wir müssen das Blut vorher verdünnen. Dazu benutzen wir eine Mischpipette, auch Melangeur genannt (vgl. Fig. 132). Wir saugen das gut gemischte Blut bis zur Marke *1*. Dann wird die Öffnung der Pipette sorgfältig abgewischt und nun eine Verdünnungsflüssigkeit nachgesaugt. Wir benutzen die sogenannte Hayemsche Flüssigkeit: 0,5 Gramm Sublimat, 5,0 Gramm Natriumsulfat, 1,0 Gramm Kochsalz und 200 Gramm destilliertes Wasser, oder wir verwenden 3prozentige Kochsalzlösung. Von der Verdünnungsflüssigkeit nehmen wir soviel auf, daß die Pipette bis zur Marke *101* vollständig gefüllt ist. Bis zur Marke *1* umfaßt die Pipette 1 mm³ Inhalt, bis zur Marke *101* 100 mm³. Es ist also das Blut 1 : 100 verdünnt worden. In der Erweiterung der Pipette befindet sich eine Glasperle. Sie dient zur innigen Mischung des Blutes. Nun wird zunächst nach erfolgter Mischung der Inhalt der Capillare der Pipette durch Blasen vom Schlauch des Melangeurs aus entleert. Sie enthält nur die Verdünnungsflüssigkeit. Nun spült man noch durch weiteres Ausblasen der Blutmischung mit dieser die Capillare aus, und erst jetzt verwendet man die ausfließenden Tropfen zur Zählung. Es wird ein Tropfen des verdünnten Blutes auf das Zählnetz gebracht (Fig. 133) und sofort das Deckglas aufgesetzt, fest angelegt und jetzt unter dem Mikroskop die Zählung der roten Blutkörperchen vorgenommen. (Vgl. Fig. 131). Man beginnt am besten links oben und zählt die erste vertikale Reihe der Quadrate durch. Dann beginnt man wieder oben bei der zweiten Reihe usw., bis alle Quadrate durchgezählt

Fig. 133.
Zählnetz.

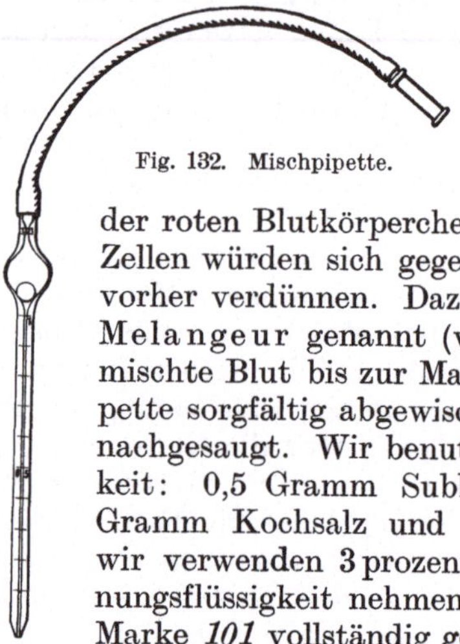

sind. Sehr oft liegen Blutkörperchen auf den Trennungsstrichen der Quadrate. Damit diese nicht doppelt gezählt werden, muß man ein für allemal bei sich ausmachen, ob man derartige, auf den Grenzen der Quadrate liegende Blutkörperchen stets gleich bei dem Quadrat, bei dem man die Zählung vornimmt, mitzählen will, oder aber erst beim folgenden Quadrat. Man wird z. B. beim Beginn der Zählung im ersten Quadrat alle Blutkörperchen, welche sich auf dem rechten vertikalen und dem unteren horizontalen Strich befinden, gleich mitzählen, und dafür dann diese Blutkörperchen beim Zählen des zweiten Quadrates der gleichen Reihe und des ersten der nächsten vertikalen Reihe nicht mehr berücksichtigen.

Die Zahl der roten Blutkörperchen findet man in einfacher Weise, indem man zunächst ausrechnet, wieviel rote Blutkörperchen auf ein einzelnes Quadrat kommen. Die Zählkammer besitzt 400 Quadrate. Es seien alle durchgezählt worden. Dividieren wir die gefundene Summe der gezählten Blutkörperchen durch 400, dann gewinnen wir die Zahl der roten Blutkörperchen in einem Quadrat. Durch Multiplikation dieser Zahl mit 4000 (ein Quadrat der Zählkammer umfaßt $^1/_{4000}$ mm^3, vgl. oben!) erhalten wir die Zahl der roten Blutkörperchen in 1 mm^3 des 100 mal verdünnten Blutes. Wir müssen also die gefundene Zahl noch mit 100 multiplizieren, wenn wir die Zahl der roten Blutkörperchen in 1 mm^3 unverdünnten Blutes feststellen wollen.

Es ist klar, daß durch die Multiplikation mit diesen großen Faktoren kleine Fehler schließlich zu großen Fehlerquellen werden müssen. In der Tat ist es sehr schwierig, einigermaßen exakte Blutkörperchenzählungen durchzuführen. Es ist dazu eine große Übung erforderlich. Entnehmen wir das Blut direkt einem Blutgefäß, indem wir ein solches anstechen, z. B. an der Fingerkuppe, dann wächst die Zahl der Fehlerquellen noch. Zunächst wird das zuerst austretende Blut durch Gewebsflüssigkeit verdünnt sein. Wir werden also den ersten Tropfen abwischen und erst das nachfließende Blut benutzen. Den austretenden Blutstropfen müssen wir sofort in die Pipette aufnehmen, weil sonst durch Verdunstung — Eindickung! — Fehler entstehen. Wir dürfen die betreffende Stelle, der wir das Blut entnehmen wollen, vorher bei der Desinfektion der Haut nicht stark reiben, es könnten sonst Fehlerquellen durch Veränderung der Blutverteilung bewirkt werden. Ist das Blut in der Pipette bis zur Marke aufgenommen, dann ist eine weitere Fehlerquelle möglich beim Abwischen der Öffnung der Pipette. Wir dürfen selbstverständlich dabei nichts aus der Capillare herausnehmen, gleichzeitig aber auch nichts von der Blutflüssigkeit außen anhaften lassen. Bei der Verdünnung werden wohl kaum Fehler begangen, dagegen wiederum bei der Mischung. Es muß die Mischpipette beim Mischen gleichmäßig nach allen Seiten gedreht werden. Wird die Pipette z. B. in schwingende Bewegung versetzt, so können wir auf diese Weise die roten Blutkörperchen aus der Flüssigkeit direkt herauszentrifugieren. Die Hauptfehlerquellen ereignen sich stets bei der Überführung eines Blutstropfens in die Zählkammer. Schon ein Blick auf die Verteilung der roten Blutkörperchen in den verschiedenen Quadraten zeigt, ob das Präparat brauchbar ist oder nicht. Ist die Verteilung eine sehr ungleichmäßige, finden wir Stellen, an denen sich wenige oder überhaupt keine Blutkörperchen befinden, während an anderen Anhäufungen vorhanden sind, dann ist das Präparat zu verwerfen.

Die in engen Grenzen gleichmäßige Verteilung der Blutkörperchen ist
die Grundbedingung für einigermaßen exakte Zählbefunde. Wie schon
erwähnt, muß der Abstand zwischen Deckglas und Zählkammer genau
0,1 mm betragen. Dies ist dann der Fall, wenn das Deckglas genau
auf der Glasplatte aufliegt. Man drückt es gleichmäßig an, bis
Farbenringe erscheinen. Es ist klar, daß mangelhaftes Auflegen des
Deckglases zu ganz groben Täuschungen Anlaß geben muß.

2. Zählung der weißen Blutkörperchen.

Das Blut wird auch hier verdünnt, jedoch nicht so stark, wie bei
der Zählung der roten Blutkörperchen. Man verwendet zur Verdünnung eine 0,5—1,0 prozentige Essigsäurelösung, der man etwas Gen-
tianaviolett oder Methylviolett zusetzt. Die Lösung bereitet man sich
nach Türck, wie folgt: 3,0 Gramm Acid. acet. glaciale, 3,0 Gramm
1 prozentige wässerige Gentianaviolettlösung, 300 Gramm Aq. destill. Die
Verdünnung nimmt man in einem Melangeur vor, und zwar 1 : 10.
Durch die verdünnte Essigsäure werden die roten Blutkörperchen
zerstört. Gleichzeitig treten die Kerne der weißen Blutkörperchen
scharf hervor. Mit dem Zusatz eines Farbstoffes bezwecken wir
Färbung der Kerne. Zur Zählung benutzt man dieselbe Zählkammer, wie für die roten Blutkörperchen. Es müssen alle 400 Quadrate der Thoma-Zeißschen Zählkammer durchgezählt werden. Man
findet gewöhnlich zwischen 50 und 100 Leukocyten. Die Berechnung
der Zahl der weißen Blutkörperchen ist bei einer Verdünnung von 1 : 10

die folgende: $\dfrac{x \cdot 4000 \cdot 10}{400}$ = Anzahl der Leukocyten in 1 mm³ Blut.
x bedeutet die in 400 Quadraten gezählte
Anzahl weißer Blutkörperchen.

Fig. 134.

Versuche über Hämolyse.

Wir gießen defibriniertes Blut auf
einen Porzellanteller. Die Blutschicht
verdeckt die Unterlage (deckfarben!).
Nun geben wir Wasser hinzu. Das Blut
hellt sich auf und wird schließlich durch-
sichtig (lackfarben!). Den gleichen
Versuch stellen wir mit Blut im Reagenzglas an. Das deckfarbene Blut verdeckt
die hinter das Reagenzglas gehaltene
Schrift, während das lackfarben ge-
machte Blut diese sichtbar läßt. Vgl.
Fig. 134.

Defibriniertes Blut wird ferner zentrifugiert. Dabei trennen sich die roten
Blutkörperchen infolge ihrer spezifischen
Schwere vollständig vom Serum. Dieses
gießen wir ab und geben von dem

Blutkörperchenbrei je 1 ccm in verschiedene Zentrifugierröhrchen. Nun fügen wir verdünnte Kochsalzlösung von verschiedener Konzentration hinzu. Wir wählen 0,59, 0,58, 0,57, 0,56, 0,55 usw. prozentige und auch konzentriertere Lösungen von Kochsalz. Von diesen Lösungen geben wir je 2 ccm zu den Blutkörperchen hinzu. Nach etwa 5 Minuten langem Stehen und wiederholt erfolgtem Durchschütteln zentrifugieren wir ab und beobachten nun, ob die Flüssigkeit farblos ist und sich Blutkörperchen abgesetzt haben, oder aber, ob eine rote Lösung eingetreten ist. In diesem Falle sind entweder alle roten Blutkörperchen aufgelöst, oder aber ein Teil der roten Blutkörperchen ist noch erhalten, während aus anderen der Blutfarbstoff ausgetreten ist. Auf diese Weise können wir feststellen, bei welcher Kochsalzkonzentration Hämolyse erfolgt. Den gleichen Versuch können wir auch mit destilliertem Wasser anstellen und genau bestimmen, welche Menge davon notwendig ist, um bei einer bestimmten Menge roter Blutkörperchen Hämolyse herbeizuführen. Man beachte hierbei die relativ große Resistenz der roten Blutkörperchen.

Wir bringen einen Tropfen defibrinierten Blutes auf einen Objektträger, bedecken mit einem Deckglas und betrachten durch das Mikroskop bei starker Vergrößerung die einzelnen roten Blutkörperchen. Nun fügen wir zu 1 ccm des defibrinierten Blutes $^1/_3$ ccm destillierten Wassers, schütteln durch und bereiten ebenfalls ein mikroskopisches Präparat. Die Blutkörperchen erscheinen kugelig aufgequollen. Außerdem haben sie ihren Farbstoff verloren. Zu einer zweiten Probe von 1 ccm Blut geben wir $^1/_3$ ccm einer 10 prozentigen Kochsalzlösung. Die roten Blutkörperchen erscheinen unter dem Mikroskop stark geschrumpft. (Hypo-, iso- und hypertonische Lösungen.)

Hämolyseversuche mit Saponin und Cobragift.

Wir verwenden eine 1 prozentige Lösung von Saponin in 0,9 prozentiger Kochsalzlösung. Setzen wir davon tropfenweise zu defibriniertem Blut, dann beobachten wir, daß nach Zusatz einer gewissen Menge Hämolyse auftritt. Wir verwenden zum Zusatz eine Pipette, die in $^1/_{100}$ ccm eingeteilt ist. Wir befreien nun einen Teil der Blutkörperchen vollständig vom Serum, indem wir das Blut zentrifugieren, das Serum abgießen, dann 0,9 prozentige Kochsalzlösung hinzufügen, die Blutkörperchen in der Lösung umrühren und wieder zentrifugieren. Dieser Prozeß wird etwa sechsmal wiederholt. Nun werden die roten Blutkörperchen in der 0,9 prozentigen Kochsalzlösung suspendiert. Setzen wir nunmehr Saponinlösung hinzu, dann erhalten wir bereits Hämolyse, wenn nur ein Teil der vorher notwendigen Saponinmenge hinzugefügt wird. Wenn wir dagegen mit der Saponinlösung gleichzeitig Serum zugeben, dann brauchen wir mehr von der Saponinlösung. Wir können so das Hemmungsvermögen des Plasmas resp. des Serums bei der Saponinhämolyse ganz genau feststellen.

Steht Cobragift zur Verfügung, dann läßt sich bei gleicher Versuchsanordnung die „aktivierende" Wirkung des Serums zeigen. Ferner kann das Serum durch Lecithin ersetzt werden und schließlich dessen Wirkung durch Zusatz einer methylalkoholischen Lösung von Cholesterin wieder aufgehoben werden. Im ersten Reagensglas (vgl. Fig. 135) befinden sich rote Blutkörperchen plus Serum plus Cobragift (Hämolyse), im zweiten Blutkörperchen plus physiologische Kochsalzlösung plus Cobragift (keine Hämolyse), im dritten Blutkörperchen plus physiologische Kochsalzlösung plus Cobragift plus Lecithin (Hämolyse). Im vierten Reagensglas endlich findet sich die gleiche Mischung, wie im Glas 3, nur ist mit der Lecithinlösung gleichzeitig eine methylalkoholische Lösung von Cholesterin zugegeben worden. Die Hämolyse bleibt aus.

Fig. 135. Hämolyseversuch mit Cobragift.

Da, wo Hämolyse eingetreten ist, können wir die Schrift, die hinter das Reagensglas gehalten wird, lesen. Das nicht hämolysierte Blut ist undurchsichtig.

Bestimmung der Viscosität des Blutes.

Wir verwenden zu den folgenden einfachen, vergleichenden Versuchen etwa 9 cm lange Capillarröhrchen, die am einen Ende etwas erweitert sind. Die Erweiterung besitzt eine Marke. Bis zu dieser saugen wir mit Hilfe eines Gummiröhrchens etwas defibriniertes Blut auf. Nun bringen wir die Capillare in senkrechte Stellung und stellen fest, in welcher Zeit das Blut aus der Capillare herausgetropft ist. Man vergleiche defibriniertes Blut und nicht geronnenes Blut.

Anhang.

Man kann Viscositätsmessungen dazu benutzen, um die Spaltung von Fett in seine Komponenten zu verfolgen (Michaelis-Rona). Es wird bei der Zerlegung des Fettes in Alkohol und Fettsäuren die Oberflächenspannung des Gemisches stark verändert. Die Glycerinester gehören nämlich zu den „oberflächen-aktiven" Stoffen. Sie erniedrigen die Spannung des reinen Lösungsmittels schon in sehr geringer Konzentration, während die aus ihnen hervorgehenden Spaltprodukte kaum einen Einfluß auf die Oberflächenspannung haben. Bestimmen wir z. B. die Tropfenzahl einer gesättigten wässerigen Monobutyrinlösung bei einer bestimmten Temperatur, so finden wir z. B. die Tropfenzahl 200. Nun wird die Lösung mit so viel Natronlauge versetzt, daß sie etwa $^1/_{10}$ normal ist. Man kocht kurz auf, bestimmt die Tropfenzahl wieder und findet, daß sie bereits auf etwa die Hälfte gesunken ist. Läßt man eine Stunde stehen, dann läßt sich ein weiteres Absinken der Tropfenzahl feststellen. Schließlich erhält man die gleiche Tropfenzahl, wie bei Verwendung von reinem Wasser.

Wir benutzen zur Verfolgung der Fettspaltung den in Fig. 136 abgebildeten Apparat. Wir nehmen als Fettsubstanz eine gesättigte,

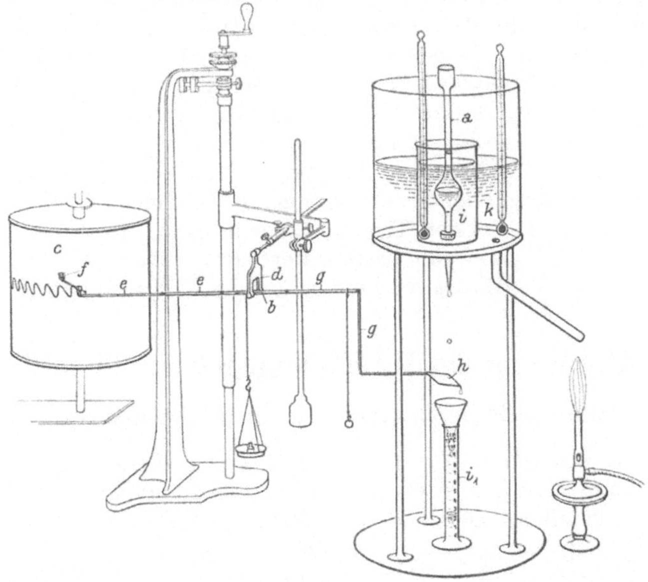

Fig. 136.

wässerige Monobutyrinlösung und geben dazu eine Lipaselösung. Es wird gut gemischt. Dann saugen wir von der Flüssigkeit etwas in das Tropfenbestimmungsröhrchen *a* bis zu der über der Erweiterung befindlichen Marke und lassen dann die Tropfen ausfließen. Wir können die Tropfen zählen und bestimmen, wieviel davon in einer bestimmten Zeit ausfließen, oder wir bestimmen die Zeit, die vergeht, bis das Gefäß von der oberen Marke bis zu einer am Ausflußrohr angebrachten ausgelaufen ist.

Um die Tropfenzählung zu vereinfachen, lassen wir diese auf einen Hebel *b* auffallen. Dieser zeichnet die beim jedesmaligen Auftropfen erfolgenden Ausschläge auf einer rotierenden Trommel *c* auf. Gleichzeitig kann man auch eine Zeitregistrierung anbringen. Wir erhalten beim Fettlipasegemisch eine bestimmte Tropfenzahl. Nun stellen wir das Gemisch in den Brutschrank und beobachten nach einer Stunde wieder, welche Tropfenzahl in einer bestimmten Zeit aus der Capillare ausfließt. Wir können so, indem wir die Beobachtungen in bestimmten Zeitabschnitten wiederholen, genau verfolgen, wie das Fett allmählich in seine Komponenten zerlegt wird.

Den Schreibhebel b zur Registrierung der Tropfenzahl konstruieren wir uns nach den Angaben von Straub selbst, indem wir einen 20 cm langen Strohhalm aufspalten und ihn dann an der Achse eines Schreibhebelwinkels d in der Mitte seiner Länge fixieren. An seinem vorderen Ende wird mit Hilfe von Siegellack ein 10 cm langer dünner Strohhalm e befestigt. An diesem bringen wir an dem vorderen Ende eine Schreibvorrichtung (eine Papierfahne oder einen Tintenschreiber f) an. Durch diese erfolgt die Aufzeichnung der Ausschläge auf die Trommel c. Am hinteren Ende des Strohhalmes kittet man ein doppelt rechtwinklig gebogenes Glasröhrchen g an. Am freien Ende dieses letzteren ist ein Deckglas h angeschmolzen. Es wird mit einem Paraffinüberzug versehen, damit die auffallenden Tropfen sofort abrollen. Sie werden in dem Meßcylinder i_1 aufgefangen.

Bei exakten und speziell bei vergleichenden Versuchen muß die Temperatur während der Untersuchung konstant gehalten werden. Dazu dient das Gefäß i, das den Tropfenzähler umgibt. In dieses Gefäß hinein geben wir Wasser von bestimmter Temperatur. Ein weiteres mit Wasser gefülltes Gefäß k verhindert rasche Wärmeabgabe.

Bestimmung des Hämoglobingehaltes des Blutes.

Colorimetrische Bestimmung des Hämoglobingehaltes.

Es sind eine ganze Anzahl von Methoden ersonnen worden, um den Hämoglobingehalt des Blutes durch Vergleichung mit einer Standardfarbe festzustellen. Die hier angeführten geben einen klaren Einblick in das Prinzip der ganzen Methodik.

Vergleichung der Blutlösung mit einer Oxyhämoglobinlösung von bekanntem Gehalt an Oxyhämoglobin. Es werden Oxyhämoglobinkrystalle, z. B. vom Pferde, in Wasser gelöst. Die Lösung bringen wir in einen Maßkolben und füllen mit destilliertem Wasser bis zur Marke auf. Durch Eindampfen eines aliquoten Teiles in einer kleinen gewogenen Schale und Trocknen bei 120° bis zur Gewichtskonstanz bestimmen wir den Hämoglobingehalt unserer Lösung. Nun bringen wir 10 ccm davon in ein Gefäß mit planparallelen Wänden. In ein zweites gießen wir eine bestimmte Menge, z. B. 10 ccm, der zu untersuchenden Blutlösung, nachdem wir vorher das Volumen der gesamten Blutlösung festgestellt haben. Wir wählen zu unserem Versuche defibriniertes Pferdeblut, das wir durch Zugabe von Wasser lackfarben gemacht haben. Nun vergleichen wir die beiden Lösungen im durchfallenden Licht und stellen fest, welche Lösung uns gesättigter erscheint. Wir wollen annehmen, daß die Oxyhämoglobinlösung gesättigter sei, als die Blutlösung. Nun geben wir aus einer Bürette tropfenweise Wasser in die Oxyhämoglobinlösung hinein. (Fig. 137). Wir rühren jedesmal mit einem kleinen Glasstabe die Mischung gut durch und vergleichen die Oxyhämoglobinlösung immer wieder mit der Blutlösung. Wir fahren mit dem Zusatz des Wassers so lange fort, bis die beiden Lösungen vollkommen gleiche Farbenintensität zeigen. Ist dieser Punkt erreicht, dann fügen wir noch einen Tropfen Wasser hinzu. Jetzt muß ein deutlicher Unterschied zwischen beiden Lösungen zu sehen sein. Geben wir nun zur Blutlösung einen Tropfen Wasser, dann muß wieder gleiche Farbenintensität vorhanden sein.

Beispiel: Wir wollen annehmen, daß wir 50 ccm Pferdeblut mit 50 ccm Wasser verdünnt haben. Von diesem Gemisch nehmen wir 10 ccm und geben sie in das planparallele Gefäß. Wir vergleichen mit 10 ccm einer Oxyhämoglobinlösung, die 5 Prozent Oxyhämoglobin enthält. In den 10 ccm sind dann 0,5 Gramm Oxyhämoglobin enthalten. Es seien 5 ccm Wasser notwendig, um die Farbenintensität beider Lösungen in Übereinstimmung zu bringen. 1 ccm der verdünnten Oxyhämoglobinlösung enthält dann 0,033 Gramm Oxyhämoglobin. In den 10 ccm der angewandten Blutlösung sind somit 0,33 Gramm Oxyhämoglobin vorhanden. Auf die 100 ccm verdünnten Blutes kommen 3,3 Gramm Oxyhämoglobin. Wir erhalten den Hämoglobingehalt des unverdünnten Blutes durch Multiplikation mit 2, da wir das Blut mit dem gleichen Volumen Wasser verdünnt hatten. Es enthält 6,6 Gramm Oxyhämoglobin. An Stelle von Oxyhämoglobin können wir auch Kohlenoxydhämoglobin verwenden. Wir müssen in diesem Falle auch das Hämoglobin des Blutes in die Kohlenoxydverbindung überführen. Wir erreichen dies, indem wir Leuchtgas durch das Blut leiten.

Wir können diese Methode auch dazu benutzen, um die **Blutmenge** eines Tieres festzustellen (Welckersche Methode). Wir entnehmen in diesem Falle einem Tiere, z. B. einem Kaninchen, aus der Carotis einige Kubikzentimeter

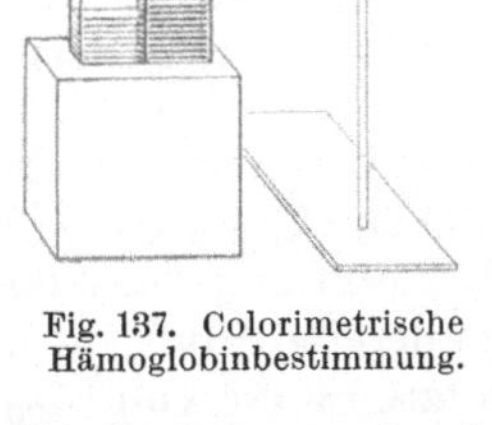

Fig. 137. Colorimetrische Hämoglobinbestimmung.

Blut. Das Blut wird entweder geschlagen, oder die Gerinnung durch Zusatz einer Ammoniumoxalatlösung resp. von Hirudin verhindert. Noch bessere Resultate erhält man, wenn man vor der Blutentnahme dem Tier Hirudin einspritzt, um das gesamte Blut ungerinnbar zu machen. Entweder legen wir die Vena jugularis frei (vgl. S. 191), oder wir führen das Hirudin in Lösung in eine Ohrvene ein (vgl. Fig. 155, S. 195).

Wir stellen zunächst den Hämoglobingehalt in einer genau abgemessenen nicht verdünnten Menge Blutes fest. Jetzt wird das Tier zunächst aus der Carotis entblutet. Den Rest des Blutes spülen wir mit isotonischer Kochsalzlösung aus den Gefäßen heraus. Dann wird das Tier mit Hilfe einer Fleischhackmaschine in einen feinen Brei verwandelt. Diesen extrahieren wir mit destilliertem Wasser oder mit isotonischer Kochsalzlösung. Die Extraktion wird im Eisschrank vorgenommen. Dann wird das Extrakt gut ausgepreßt und filtriert. Dabei bleiben die in der Kälte fest gewordenen Fetteilchen auf dem Filter zurück. Wir erhalten eine klare rote Lösung. Die Extraktion wird so lange wiederholt, bis die abfließende Flüssigkeit sich frei von Hämoglobin erweist. Nun vereinigen wir das aus dem Körper entnommene Blut mit dem gesamten Spülwasser, messen das Volumen ab und bestimmen den Hämoglobingehalt in einem aliquoten Teil. Wir erhalten dann die Menge Hämoglobin, die in der gesamten Flüssigkeit enthalten ist. Da wir durch die erste Bestimmung den Gehalt des unverdünnten Blutes an Hämoglobin kennen, so können wir durch einfache Berechnung feststellen, wieviel Blut der gefundenen Hämoglobinmenge entspricht.

Bestimmung des Hämoglobingehaltes mit Hilfe des Fleischl-Miescherschen Hämometers. Das Prinzip dieser Methode ist genau das gleiche, wie bei der eben besprochenen Methode, nur vergleichen wir in diesem Falle nicht mit einer Oxyhämoglobinlösung, sondern mit einer verschieden

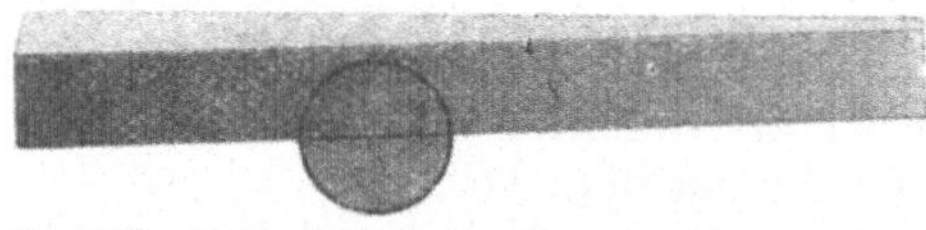

Fig. 138. Rubinglaskeil des Fleischl-Miescherschen Hämometers.

dicken Schicht eines rotgefärbten Keiles. (Fig. 138). Der Keil muß eine Farbe besitzen, die mit derjenigen einer Oxyhämoglobinlösung möglichst gut übereinstimmt. Die Färbung des Keils muß ferner in allen Teilen eine möglichst gleichmäßige sein. Es dürfen keine Schlieren vorhanden sein.

Wir entnehmen einem Tiere Blut. Es wird zunächst mit einer bestimmten Menge destillierten Wassers oder 0,1 prozentiger Sodalösung verdünnt. Die Verdünnung wird in einem sogenannten Melangeur, einer Mischpipette, herbeigeführt. Sie besitzt verschiedene Marken, die eine verschiedene Verdünnung gestatten. Wir saugen das Blut bis zur Marke $^1/_2$, $^2/_3$ oder $^1/_1$ auf und verdünnen dann durch Nachsaugen der Verdünnungsflüssigkeit bis zur Hauptmarke. Wir bewirken im ersteren Falle eine Blutverdünnung von $^1/_{400}$, im zweiten Falle von $^1/_{300}$ und im letzten Falle von $^1/_{200}$. Hat man das Blut bis zu einer bestimmten Marke aufgesaugt, dann wird die Spitze des Melangeurs mit einem trockenen Lappen abgewischt. Bevor man die Verdünnungsflüssigkeit nachsaugt, muß man genau feststellen, ob die Capillare noch bis zur Spitze voll gefüllt ist. Nach der Aufnahme der Verdünnungsflüssigkeit wird durch Schütteln des Melangeurs gut gemischt, dann die in der Capillare befindliche Flüssigkeit durch Ausblasen entfernt und nun mit der gut gemischten Blutlösung die sogenannte Kammer (Fig. 139 *A*) des Hämometers gefüllt. Diese befindet sich auf einem Objekttisch (vgl. Fig. 139). Sie ist in zwei Abteilungen eingeteilt. Die eine Abteilung ist zur Aufnahme der Blutlösung bestimmt. Die andere wird vollständig mit destilliertem Wasser gefüllt. Nach erfolgter Füllung beider

Kammern bedeckt man sie mit einem Deckglas, das eine Rinne besitzt. Diese kommt auf die Trennungswand beider Kammern zu liegen.

Unter der mit Wasser gefüllten Kammer befindet sich der oben erwähnte rotgefärbte Glaskeil (Fig. 139 *C*). Er besteht aus Rubinglas. Der Keil kann mit Hilfe eines Zahnrades hin und her geschoben werden. Es gelangen dann verschieden dicke Teile davon in das Gesichtsfeld. Es wird nun der Keil solange verschoben, bis die Farbenintensität der Blutlösung und die des Keiles vollständig übereinstimmen. Am besten nimmt man die Bestimmung bei künstlicher Beleuchtung vor, und zwar hat sich am besten Petroleum- oder Gaslicht bewährt. Als Reflektor dient eine matte Gipsplatte (Fig. 139 *B*).

Hat man durch wiederholtes Einstellen des Glaskeiles innerhalb enger Grenzen eine bestimmte Stellung desselben gefunden, bei der die Farbenintensität zwischen Keil und Blutlösung gleich erscheint, dann liest man an der Skala *D* ab und kann dann aus einer dem Apparat beigegebenen Tabelle direkt den Prozentgehalt des Blutes an Hämoglobin feststellen. Der Rubinkeil ist nämlich vorher mit Hilfe einer Hämoglobinlösung von ganz bestimmtem Gehalte geeicht worden.

Das erhaltene Resultat läßt sich durch Anwendung von verschieden hohen Kammern kontrollieren. Wir wählen z. B. eine 15 mm hohe Kammer und später eine 12 mm hohe, und vergleichen die erhaltenen Resultate. Auch können wir verschiedene Verdünnungen im Melangeur herstellen und dann die Resultate untereinander ver-

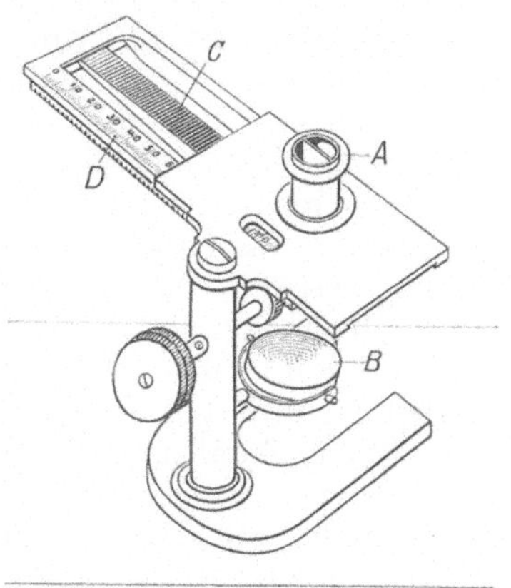

Fig. 139.   Fleischl-Miescherscher Hämometer.

gleichen. Es empfiehlt sich, die erste Bestimmung nicht gleich mit Blut, das direkt aus einem Blutgefäß entnommen wird, durchzuführen, sondern vielmehr von einer bestimmten Blutlösung auszugehen. Diese wird genau abgemessen und dann mit Hilfe einer Pipette in die Kammer übertragen. Wir wissen genau, wieviel Blutlösung zur Vergleichung kommt und können dann leicht den Hämoglobingehalt der gesamten Blutmenge berechnen. Erst bei genügender Übung wird zur Bestimmung des Hämoglobingehaltes einer frisch entnommenen Blutprobe übergegangen.

Die Fehlerquellen bei dieser Methode sind ziemlich zahlreich. Zunächst darf das bei dem Anstechen eines Gefäßes ausfließende Blut nicht direkt benutzt werden, weil es durch Gewebsflüssigkeit verdünnt ist. Man wischt den ersten Tropfen sorgfältig weg, ohne dabei einen Druck auszuüben und verwendet den nächsten Tropfen, der austritt. Das Aufsaugen mit dem Melangeur muß sehr rasch erfolgen, um die Verdunstung einzuschränken. Ferner muß beim Abwischen der Pipette die größte Sorgfalt verwendet werden. Weder dürfen Blutbestandteile haften bleiben, noch darf man beim Abwischen, wie oben schon bemerkt (vgl. S. 165), Blut aus der Capillare herausnehmen. Ist ein solcher Fall eingetreten, dann beginnt man die ganze Bestimmung am besten von neuem. Die Mischung selbst wird gewöhnlich keine Schwierigkeiten machen. Weitere Fehler sind möglich bei der Füllung der Kammer. Sie muß sehr rasch vorgenommen werden, weil auch hier wieder die Verdunstung mit der Zeitdauer eine immer größere wird. Endlich muß die Farbenvergleichung rasch durchgeführt werden, und zwar in der Weise, daß man den Keil einmal vom dickeren Ende nach dem dünneren und dann umgekehrt neben der Blutlösung vorbeiführt. Das Auge ermüdet ziemlich rasch. Eine ganz grobe Fehlerquelle ist in der Einrichtung der Kammer selbst gegeben. Die Kammer ist bei vielen Apparaten nach unten durch einen Glasboden abgeschlossen, der durch eine Schraube angepreßt wird. Wenn nun dieses Anpressen ungenügend ist, oder, wenn der Boden nicht ganz rein war und sich infolgedessen nicht ganz scharf anlegen läßt, dann ist die Möglichkeit gegeben, daß aus der mit Wasser gefüllten Kammer solches in die mit der Blutlösung beschickte übertritt und umgekehrt die letztere in das Wasser hineindiffundiert. Dadurch wird die Blutlösung verdünnt und eine Fehlerquelle eingeführt, die unberechenbar ist. In diesem Fall muß selbstverständlich die Bestimmung von Anfang an wiederholt werden. Es wird die ganze Kammer auseinander genommen. Alle Teile werden peinlich genau gereinigt und getrocknet. Es empfiehlt sich, um solchen Zufällen zu entgehen, stets die Kammer zunächst mit destilliertem Wasser zu füllen, und dann genau zu prüfen, ob Wasser in die andere Kammer übertritt.

Eine unangenehme Störung bei der Bestimmung des Hämoglobingehaltes und auch der Zählung der Blutkörperchen wird durch das Gerinnen des Blutes in der Capillare der Mischpipette herbeigeführt. Sie läßt sich durch rasches Arbeiten leicht umgehen. Ist Gerinnung eingetreten, dann verbinde man den Schlauch der Pipette mit dem die Capillare enthaltenden Rohr und blase kräftig durch. Oft gelingt es auf diesem Wege das Gerinnsel zu entfernen. Versagt diese Methode, dann führe man einen feinen Draht ein. Gelingt es auch auf diesem Wege nicht, das Gerinnsel spurlos zu entfernen, dann lege man die Capillare in Kali- oder Natronlauge, oder man sauge die Lauge, falls es irgendwie möglich ist, in die Capillare ein. Ist Lösung des Gerinnsels eingetreten, dann wäscht man die ganze Pipette gründlich mit destilliertem Wasser aus, saugt dann absoluten Alkohol und schließlich Äther nach, um die Pipette zu trocknen. Die Mischpipette muß zum Gebrauch vollständig rein und trocken sein.

Spektroskopische Untersuchung des Blutes.

Wir benutzen einen sogenannten Spektralapparat. (Fig. 140 u. 141.) Er besteht aus der Röhre a, die an ihrem peripheren Ende einen verstellbaren Spalt b besitzt. Am anderen Ende befindet sich eine

Sammellinse *c*. Sie ist so angebracht, daß der Spalt genau im Brennpunkt dieser Linse steht. Licht, das diesen Spalt erleuchtet, geht genau parallel durch *c*. Es fällt auf das Prisma. Durch dieses werden die Strahlen in die Spektralfarben zerlegt. Der Beobachter *x* sieht mit Hilfe eines Fernrohres *d* das Spektrum 6—8 mal vergrößert. Das Rohr *z* endlich enthält eine Skala *i*, die beleuchtet, ihr Bild auf die Prismafläche *m n* wirft. Von dieser aus gelangt es durch Reflexion

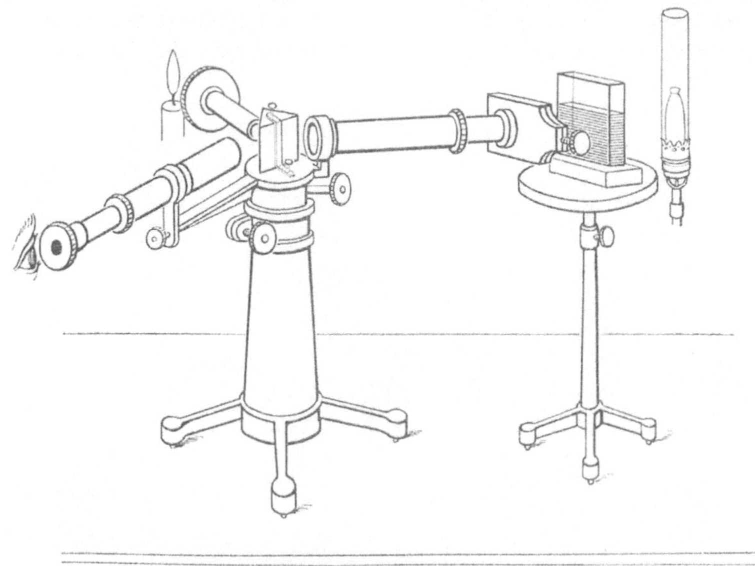

Fig. 140. Spektralapparat.

in das Auge des Beobachters. Durch das Fernrohr kann der Beobachter sowohl das Spektrum, als auch in oder über ihm die Skala beobachten. Bringt man zwischen den Spalt und die Lichtquelle ein gefärbtes Medium, z. B. eine Blutlösung, so läßt dieses nicht alle Strahlen des weißen Lichtes durch. Einige werden vielmehr absorbiert. Es entstehen dadurch dunkle Lücken im Spektrum.

Bringen wir zwischen Spalt und Lichtquelle ein mit Oxyhämoglobinlösung gefülltes Trögchen mit planparallelen Flächen, so beobachten wir zwei Absorptionsstreifen: einen im Gelb und einen im Grün.

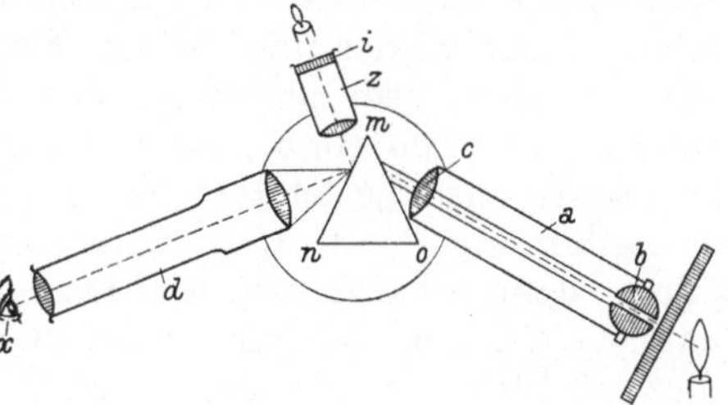

Fig. 141. Einrichtung des Spektralapparates.

(Vgl. Fig. 142 die Absorptionsstreifen). An Stelle des Oxyhämoglobins können wir auch arterielles Blut verwenden. Durch Schütteln mit

Luft erhalten wir es sehr leicht, falls etwa nur hämoglobinhaltiges Blut zur Verfügung stehen sollte.

Geben wir zum Blut Stokesches Reagens (bereitet durch Auflösen von etwas Ferrosulfat in Wasser, Zusatz von Seignettesalz und darauf von Ammoniak bis zur alkalischen Reaktion. Es entsteht eine dunkelgrüne Lösung, die in gut verschlossener Flasche aufzubewahren ist. Am besten wird sie stets frisch bereitet) oder Schwefelammonium, dann erhalten wir reduziertes Hämoglobin. Bringen wir eine Lösung davon zwischen Lichtquelle und Spalt, dann beobachten wir einen breiten, verwaschenen Absorptionstreifen, der die Stelle der

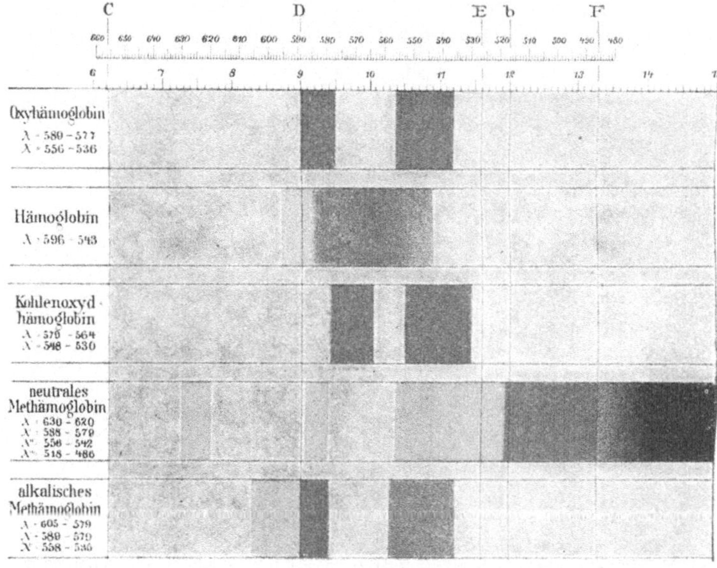

Fig. 142. Spektra des Blutfarbstoffs.

beiden Streifen des Oxyhämoglobins einnimmt. Er erstreckt sich aber etwas weiter nach dem Rot zu. Schütteln wir energisch mit Luft, dann erhalten wir wieder die beiden Streifen des Oxyhämoglobins. Wir können schon rein äußerlich eine Lösung von Oxyhämoglobin von einer solchen von Hämoglobin unterscheiden. Die erstere sieht scharlachfarben aus, die letztere dagegen mehr violettrot.

Leiten wir durch Blut Kohlenoxyd oder einfach Leuchtgas hindurch, dann erhalten wir Kohlenoxydhämoglobin. Es zeigt zwei ähnliche Streifen, wie das arterielle Blut. Versetzt man Kohlenoxydblut mit Stokescher Lösung oder mit Schwefelammonium, dann ändert sich das Spektrum zum Unterschied von arteriellem Blut resp. von Oxyhämoglobin nicht. Kohlenoxydblut ist ferner heller rot. In dünnen Schichten erscheint es bläulich, während arterielles Blut gelblich aussieht. Gibt man zu Kohlenoxydblut Natronlauge vom spez. Gewicht

1,34, so erhält man eine zinnoberrote Färbung. Arterielles Blut gibt damit eine dunkelbraun gefärbte Fällung.

Setzt man zu Blut Kaliumchloratlösung und läßt einige Zeit stehen, dann beobachtet man eine braun-rote Färbung des Blutes. Das Oxyhämoglobin ist in Methämoglobin übergegangen. In diesem ist der Sauerstoff fest gebunden. Vgl. das Spektrum des neutralen und alkalischen Methämoglobins in Fig. 142.

Man benutze auch zur spektroskopischen Untersuchung des Blutes ein einfaches Spektroskop à vision directe.

Entgasung des Blutes.

Wir benutzen zur Übung defibriniertes Blut vom Pferde. Wir treiben die Gase aus dem Blute durch Erwärmen und Evakuieren aus. Zur genauen Bestimmung des Gasgehaltes benutzen wir eine sogenannte Pflügersche Blutgaspumpe (vgl. Fig. 143). Diese besteht aus dem sogenannten Blutrezipienten A. Dieser hat 250—300 ccm Inhalt. Er verengt sich nach oben und unten in Rohre, die sich durch Hähne verschließen lassen. Der Hahn a besitzt zwei Bohrungen; eine vertikale und eine horizontale. Die letztere durchbohrt den Stopfen der Länge nach. Hahn b und c haben eine einfache Bohrung. Der Rezipient wird zunächst mit Hilfe einer Quecksilberluftpumpe luftleer gemacht und gewogen. Wir lassen dann durch den Hahn a von der Öffnung der Längsdurchbohrung aus Blut in den Rezipienten einströmen. (Wollen wir das Blut direkt einem Tier entnehmen, dann wird das Ende des Hahnes a in eine Vene oder Arterie eingebunden, während der Hahn a eine Stellung besitzt, die keine Kommunikation mit dem Innern des Rezipienten gestattet. Ist der Hahn eingebunden, dann wird er so gedreht, daß das Blut aus dem Gefäß direkt in den Rezipienten einfließen kann). Ist genügend Blut eingeflossen, dann wird der Rezipient wieder nach außen abgeschlossen. Er wird gewogen und so die Gewichtsmenge des Blutes festgestellt.

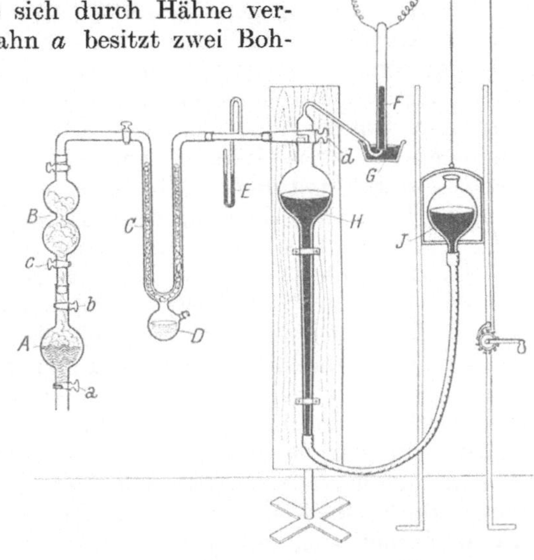

Fig. 143. Blutgaspumpe.

Der Rezipient A steht mit dem sogenannten Schaumgefäß B in Verbindung. Auch dieses läuft nach oben und unten in ein Rohr aus. Beide sind durch Sperrhähne verschließbar. Das Schaumgefäß kann als Vorlage betrachtet werden. Es dient zum Auffangen des bei der stürmischen Gasentwicklung sich bildenden Schaumes. Auf das Schaumgefäß folgt ein sogenannter Trockenapparat C, eine U-förmige Röhre, die mit Bimssteinstücken gefüllt ist. Unten trägt das Rohr eine kugelige Erweiterung D. Darin befindet sich konzentrierte Schwefelsäure. Die Bimssteinstücke sind ebenfalls mit Schwefelsäure getränkt. In diesem Apparat werden die Blutgase von den mitgeführten Wasserdämpfen befreit. An das Trocknungsgefäß schließt sich die eigentliche Pumpe an. Das Verbindungsstück trägt ein kurzes Rohr, das mit einem Manometer E verbunden ist. Er dient zur Kontrolle des Grades der Luftleere im Apparat. Die Pumpe besteht aus zwei oben und unten in offene Röhren auslaufenden Glaskugeln H und J. Die beiden Röhren sind durch einen Gummischlauch verbunden und die beiden Kugeln und der Schlauch bis zur halben Höhe der Kugeln mit Quecksilber angefüllt. Die eine Kugel H ist befestigt, die andere J kann durch eine Windevorrichtung auf- und abwärts bewegt werden. Wird J gehoben, dann füllt sich H. Wird dagegen J gesenkt, dann wird H entleert. Das obere Ende der Kugel H steht einerseits mit dem Trockenapparat in Verbindung, andererseits zweigt sich am oberen Ende ein dünneres Rohr ab, dessen freies Ende in eine Quecksilberwanne G untertaucht. Die Öffnung dieses Rohres mündet unter dem Quecksilber in das Auffangerohr (Eudiometer) F. Das Gefäß H kann mittels des doppelt durchbohrten Hahnes d sowohl mit dem Trockenapparat als mit dem eben genannten verengten Rohr in Verbindung gebracht werden.

Die Gasentwicklung im Blute nimmt man nun in folgender Weise vor. Es wird zunächst der Apparat vollständig leer gepumpt. Man stellt den Grad des Vakuums am Manometer fest. Nun werden die Hähne b und c geöffnet und zwischen Gefäß A und den übrigen Apparaten eine Verbindung hergestellt. Der Rezipient wird in Wasser von 60° eingetaucht. Sofort beginnt die Entgasung des Blutes. Es schäumt lebhaft. Durch Senken der Kugel J bringt man die Gase in die Kugel H herüber. Nun wird der Hahn d gedreht und eine Kommunikation von H mit dem Eudiometerrohr hergestellt. Jetzt hebt man die Kugel J und treibt dadurch die Gase in das Eudiometerrohr. Der ganze Prozeß wird wiederholt, bis alle Gase sich in diesem befinden. Es wird dann die Menge des in ihm befindlichen Gases gemessen. Es besteht aus einem Gemenge von Sauerstoff, Kohlensäure und Stickstoff. Die Kohlensäure weisen wir nach, indem wir durch das Quecksilber eine an einen Platindraht angeschmolzene, befeuchtete Ätzkalikugel durchführen. Die Kohlensäure bindet sich mit dem Ätzkali zu Kaliumcarbonat. Nach längerem Verweilen wird die Kugel wieder herausgezogen. Die Verminderung des Volumens der Gase zeigt, wieviel Kohlensäure vorhanden war. Den Sauerstoff bestimmt man durch Verpuffen im Eudiometerrohr. Man führt in die Eudiometerröhre ein abgemessenes Volumen Wasserstoff ein. Dann läßt man durch die am oberen Ende des Eudiometerrohres eingeschmolzenen Platindrähte einen elektrischen Funken springen. Sauerstoff und Wasserstoff verbinden sich zu Wasser. Es entsteht eine weitere Volumenverkleinerung des Gasgemisches im Eudiometerrohr. Ein Drittel davon entfällt auf den zur Wasserbildung verbrauchten Sauerstoff. Es bleibt noch ein Gas übrig. Es ist dies der Stickstoff, den wir nun direkt abmessen können.

5. Kreislauf des Blutes. Herz.

Beobachtung des Blutkreislaufes in der Schwimmhaut des Frosches unter dem Mikroskop.

Wir benutzen zu diesem Versuche einen möglichst wenig pigmentierten Frosch, am besten eine Rana temporaria. Wir machen ihn durch Einspritzung von 0,1 ccm einer 1 prozentigen Curarelösung in den Rückenlymphsack bewegungslos. Man wartet ab, bis die Lähmung eine vollständige ist. Jetzt bringt man den Frosch mit dem Bauch nach unten auf eine Korkplatte. Diese besitzt ein kreisrundes Loch, das von einer schmalen Korkleiste eingefaßt ist. Über dieses spannen wir die Schwimmhaut eines Fußes aus und befestigen sie mit schräg eingesteckten Stecknadeln. Oder wir benutzen eine Glasplatte, auf der schmale, halbkreisförmige Korkstreifen festgekittet sind. Die Schwimmhaut darf nicht zu stark gespannt werden, weil sonst der Kreislauf beeinträchtigt wird. Jetzt feuchten wir die Schwimmhaut mit physiologischer Kochsalzlösung an, hüllen den ganzen Frosch in mit dieser getränktes Filtrierpapier und bringen nun die Kork- resp.

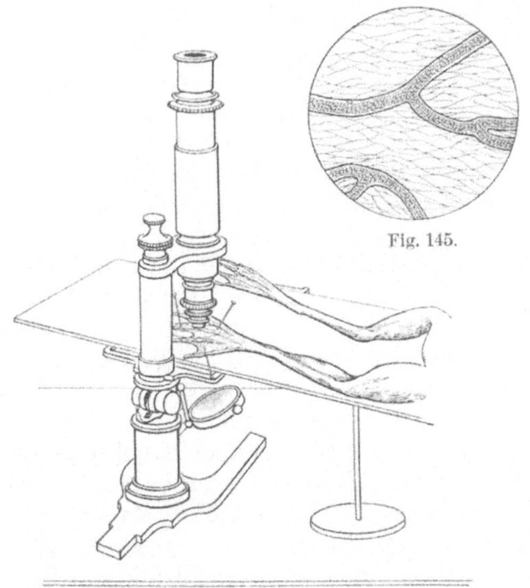

Fig. 145.

Fig. 144. Betrachtung des Blutkreislaufes der Schwimmhaut des Frosches.

Glasplatte mit dem Frosch unter das Mikroskop (Fig. 144.) Wir können nun den Kreislauf direkt verfolgen. Schon bei schwacher Vergrößerung erkennen wir Arterien, Venen und Capillaren (Fig. 145). Das Blut der Arterien erscheint heller rot, als das der Venen. Man kann ferner feststellen, daß der Blutstrom in den Arterien eine regelmäßige pulsatorische Beschleunigung zeigt. In den Venen fehlt diese vollständig. Hier ist das Strömen ein ganz gleichmäßiges. Am besten orientiert man sich an den

Stellen, an denen Verzweigungen stattfinden. Bei der Arterie sehen wir, daß das Blut an der verzweigten Stelle in die Äste hineinströmt, während bei der Vene das Blut umgekehrt aus verzweigten Stellen in ein größeres Stammgefäß übergeht. Sehr oft sehen wir, daß an solchen verzweigten Stellen Blutkörperchen gegen den Scheitel der Verzweigung anrennen. Bei dieser Gelegenheit können wir genau verfolgen, daß die roten Blutkörperchen keine bestimmte, unveränderliche Gestalt haben. Das Blutkörperchen reitet gewissermaßen auf dem Scheitel der Verzweigung, es schmiegt sich der Gefäßwand eng an und ragt mit den Enden in die beiden Zweige hinein, bis schließlich auf der einen Seite ein Übergewicht hergestellt ist und das Blutkörperchen nun auf einmal davonschießt. Sehr schön kann man auch den axialen Strom an größeren Arterien und Venen beobachten. Man sieht wie die roten Blutkörperchen als roter Faden in der Mitte des Gefäßes sich dahinbewegen. Beiderseits davon erkennen wir einen schmalen hellen Rand, den sogenannten Wandstrom. Im Wandstrom sehen wir einzelne Leukocyten, die oft an der Wand des Gefäßes lange haften bleiben oder sich sehr langsam dahinbewegen. Ferner können wir beobachten, wie in den engen Capillaren die Geschwindigkeit des Blutstromes sich verlangsamt. (Vergrößerung des Gesamtquerschnittes der Blutbahn!) Schalten wir ein sogenanntes Okularmikrometer ein, dann läßt sich bei starker Vergrößerung mit Hilfe einer Sekundenuhr die Geschwindigkeit des Blutstromes direkt feststellen. Wir brauchen nur ein bestimmtes Blutkörperchen uns zu merken und zu verfolgen, wie rasch es eine bestimmte Strecke der Mikrometerteilung zurücklegt.

Während der Beobachtung des Kreislaufs muß man immer wieder frische Kochsalzlösung auf die Schwimmhaut geben, um zu vermeiden, daß die Blutzirkulation durch Eintrocknung geschädigt wird. Sind alle Einzelheiten festgestellt, dann legen wir bei demselben Tiere, ohne es von der Kork- resp. Glasplatte wegzunehmen, den Nervus ischiadicus frei. (Vgl. S. 214.) Der freigelegte Nerv wird, nachdem das Präparat wieder unter das Mikroskop gebracht worden ist, mit einem mit physiologischer Kochsalzlösung befeuchteten Pinsel sorgfältig emporgehoben und auf hakenförmig gekrümmte Elektroden gelegt. Man merke sich die Gefäßweite und reize dann mit Hilfe eines Induktoriums den Nerven, und zwar längere Zeit hindurch mit ziemlich starken Strömen. Man beobachtet, daß nach einiger Zeit die Gefäße sich verengen. Gleichzeitig tritt eine Beschleunigung des Blutstromes auf. Wird sehr stark gereizt, dann kann in den Capillaren das Blut unter Umständen vollständig verschwinden, indem diese sich vollständig kontrahieren.

Spritzen wir einem anderen Frosch, dessen Kreislauf wir betrachtet haben, eine Lösung von l-Adrenalin (Suprarenin) (1 : 5 Millionen) unter die Rückenhaut, so sehen wir nach kurzer Zeit eine starke Verengung der Blutgefäße. Auch die Pigmentzellen ändern ihre Gestalt. Sie kontrahieren sich. Der Frosch sieht heller aus.

An Stelle der Schwimmhaut kann man auch das Mesenterium

zur Beobachtung des Kreislaufes benutzen. Man durchtrennt in diesem
Falle mit einem etwa 1 cm langen Längsschnitt an der Seite des mitt-
leren Teiles des Abdomens die Haut und die Muskulatur und eröffnet das
Peritoneum. Nun holt man aus der Schnittöffnung den Dünndarm mit
Hilfe einer Pinzette heraus und steckt ihn mittels Stecknadeln auf dem
Korkring der oben erwähnten Glasplatte fest. Es wird hierbei das Mesen-
terium ausgespannt. Nun befeuchtet man mit physiologischer Kochsalz-
lösung, bedeckt mit einem Deckglas und beobachtet den Kreislauf mit
Hilfe eines Mikroskops. Nach kurzer Zeit beobachtet man eine hauchige
Trübung des Mesenteriums. Sie nimmt nach und nach zu. Bei schar-
fer Beobachtung kann man sehen, daß aus den Mesenterialgefäßen
Leukocyten auswandern. Nach einiger Zeit treten auch rote Blutkörperchen aus, nachdem vorher in den kleinen Gefäßen der Kreislauf vollständig zum Stillstand gekommen ist. Es ist dies der Beginn der Entzündung.

Sehr schön kann man den Kreislauf auch verfolgen, wenn man den
Augenhintergrund beim Frosche im aufrechten Bild betrachtet. (Vgl.
Sehorgan.) Endlich kann man auch am Kaninchenohr das Kreisen des
Blutes betrachten, indem man das Ohr mit der Hand etwas anspannt
und Licht durchfallen läßt.

Blickt man ferner vollständig akkommodationslos gegen eine große
helle Fläche, z. B. gegen den Himmel oder durch dunkelblaues Glas
gegen die Sonne, so treten im Gesichtsfeld helleuchtende Pünktchen,
die sich auf größere oder kleinere Strecken in gewundenen Bahnen
bewegen, auf. Verfolgt man ein bestimmtes Körperchen auf seinem
Weg, dann kann man, wenn man die Zeit kennt, in der eine bestimmte
Strecke zurückgelegt worden ist, auf diese Weise die Stromgeschwindigkeit des Blutes in den Netzhautcapillaren direkt bestimmen.

Versuche über die Herztätigkeit.

Versuche am Frosche.

Beobachtung des freigelegten, schlagenden Froschherzens.

Man führt das eine Blatt einer Schere flach in das Maul eines Frosches
ein, dreht die Schneide nach oben und trennt mit einem Scherenschlag
den Kopf ab. Der Unterkiefer bleibt stehen. Dann führt man sofort
einen Draht in den Rückenmarkskanal ein und zerstört durch wie-
derholte drehende Bewegungen das Rückenmark. Der Frosch wird
nach Anschlingen seiner Extremitäten mit Bindfaden auf ein sogenanntes
Froschbrett aufgespannt. (Vgl. Fig. 146.) Nun faßt man mit einer Haken-
pinzette die Haut zwischen den Armen und präpariert mit der Schere
einen Hautlappen nach unten hin ab. Der Lappen wird über den
Bauch umgeklappt. Zu den weiteren Operationen verwenden wir entweder neue Instrumente, oder wir reinigen die gebrauchten gründlich.
Wir waschen auch die Hände, um einer Übertragung von Hautsekret
auf das Herz vorzubeugen. Jetzt packt man mit einer Pinzette den
unteren knorpligen Teil des Brustbeins, hebt dieses etwas an und führt

das stumpfe Blatt einer Schere dicht an der Innenseite des Brustbeins ein und schneidet nach oben hin eine kleine viereckige Öffnung. Man beobachtet an der freigelegten Stelle Pulsationen. Nun drückt man dicht unterhalb der Herzgegend vorsichtig auf den Bauch und preßt so den Ventrikel aus der Wunde heraus. (Vgl. Fig. 146.)

Diese einfache Operation genügt, um mancherlei Beobachtungen über die Herztätigkeit anzustellen. Wir beobachten Rhythmus und Schlagzahl. Wir betupfen ferner das Herz mit einer verdünnten Lösung von Chlorkalium oder eines anderen Kalisalzes und beobachten, daß es stillsteht. Nun geben wir einen Tropfen einer 1 prozentigen Chlorcalciumlösung oder eines anderen Calciumsalzes zu. Die Herztätigkeit setzt wieder ein. Bei einem anderen Präparat bringen wir mit einem Pinselchen etwas Galle auf das Herz oder eine Lösung von Gallensäuren. Wir beobachten, daß das Herz bedeutend langsamer schlägt. Geben wir etwas einer verdünnten Muscarinlösung auf das Herz, dann tritt diastolischer Herzstillstand ein. Atropin hebt die Wirkung des Muscarins auf. (Vgl. hierzu S. 184).

Will man die Tätigkeit des Herzens genauer studieren, dann legt man es in größerem Umfange frei. Man verfährt wie folgt: Nachdem man, wie vorher, nur in größerer Ausdehnung die Haut abgetragen und auf den Bauch umgeklappt (vgl. Fig. 147) resp. ganz entfernt hat, erfaßt man mit einer Pinzette das obere knorplige Ende des Brustbeins und spaltet es in der Mitte, wobei das stumpfe Blatt der Schere dicht unter dem Knochen vorgeschoben wird. Dieser Schnitt wird in die Bauchmuskulatur fortgesetzt. Das Brustbein wird dann auf beiden Seiten bis zu den Knochen der oberen Extremitäten vollständig abgetragen. Es darf bei dieser Operation die Leber nicht verletzt werden, weil sonst starke Blutungen eintreten. Meist wird der außerordentlich feine, dünne Herzbeutel bei der Abtragung des Brustbeins angeschnitten. Ist dies nicht der Fall, dann sieht man das Herz unter einer dünnen durchsichtigen Haut, dem Herzbeutel, pulsieren. Man erfaßt diesen mit einer feinen Pinzette, schneidet eine Öffnung in ihn und erweitert den Schnitt nach oben bis zur Anheftungsstelle an den Aorten. Nach Anheben der Herzspitze wird das Frenulum durchtrennt. Das pulsierende Herz liegt

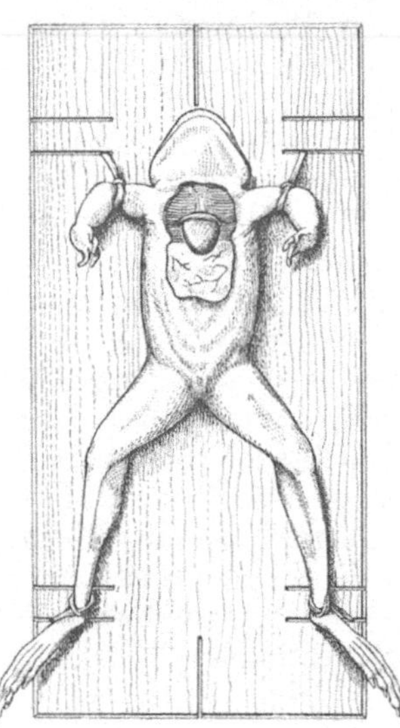

Fig. 146. Beobachtungen am freigelegten Froschherzen.

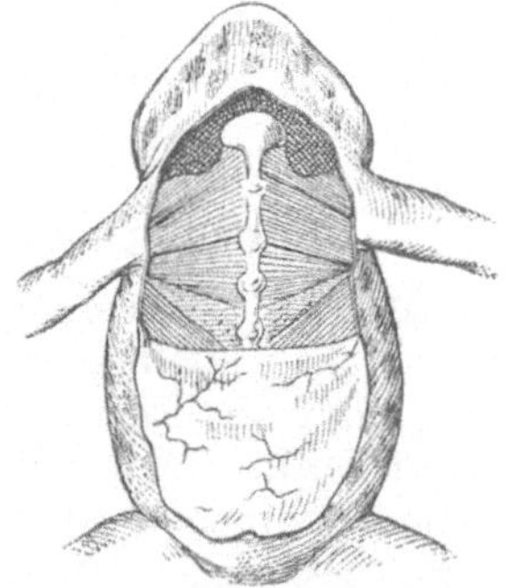

Fig. 147.

nun vollständig frei. Wir erkennen ohne weiteres die Vorhöfe, die Ventrikel und ferner die beiden Aortenbogen, die aus einem gemeinsamen Stamme, der aus dem Bulbus cordis hervorgeht, entspringen.

Man kann an dem so isolierten Froschherzen in sehr schöner Weise die Funktion der einzelnen Teile des Herzens während der normalen Tätigkeit beobachten. Man sieht, daß die Kontraktion sich von den Vorhöfen auf die Kammern fortpflanzt. Dann erschlafft das Herz für eine kurze Zeit vollständig, und es beginnt derselbe Vorgang von neuem. Man hat den Eindruck des Ablaufens einer vom Venensinus ausgehenden peristaltischen Welle. Bei der Kammersystole sehen wir, daß die Herzspitze sich hebt. Die obere Seite des Herzens wölbt sich vor. Es fühlt sich hart an und sieht blaß aus. Während der Diastole erscheint die Ventrikelwand rot gefärbt. Es ist dies die Folge der reichlichen Durchblutung. Die Ventrikel sind erschlafft. Sie liegen platt da und fühlen sich weich an.

Wir zählen nunmehr die Zahl der Herzschläge bei Zimmertemperatur. Es sind deren gewöhnlich etwa 40. Nun durchschneiden wir alle Verbindungen des Herzens, ohne das Herz selbst irgendwie zu berühren, bringen es dann auf ein Uhrglas und übergießen es mit ein paar Tropfen isotonischer Kochsalzlösung. Das Herz schlägt weiter. Wir beobachten das abwechselnde Zusammenziehen und das Wiederausdehnen: Systole und Diastole. Auch hier kann man verfolgen, wie zuerst die Vorhöfe sich kontrahieren, während die Kammern sich noch in Diastole befinden. Dann geht die Kontraktion auf die Ventrikel über, und nun sind die Vorhöfe erschlafft. Wir zählen auch hier die Zahl der Herzschläge. Dann bringen wir das Uhrglas mit dem Herzen auf Eis und stellen fest, daß die Herzfrequenz abnimmt. Erwärmen wir, indem wir das Uhrglas auf 30 oder 40° erwärmtes Wasser aufsetzen, dann beobachten wir eine Zunahme der Frequenz mit der Steigerung der Temperatur. Man kann auch einfach abgekühlte oder erwärmte Kochsalzlösung auf das Herz gießen.

Zur Prüfung der Wirkung bestimmter Substanzen auf das Herz ist die folgende Versuchsanordnung sehr vorteilhaft. Wir legen zunächst das Herz in der oben (S. 182) beschriebenen Weise frei und schieben dann unter der Verzweigungsstelle der Aorta vorsichtig eine feine Pinzette durch und erfassen mit derselben einen Faden. Dieser wird dann durch Zurückziehen der Pinzette unter dem Gefäß durchgezogen. Die beiden Fadenenden schlingt man übereinander, damit später rasch eine Ligatur angelegt werden kann (vgl. Fig. 148). Nun wird die Wand des linken Aortenbogens mit einer feinen Pinzette erfaßt und das Gefäß angeschnitten. In die Öffnung führt man eine mit Ringerscher Lösung gefüllte Kanüle a (Fig. 150) tief in den Bulbus hinein (vgl. Fig. 149). Durch vorsichtiges Vor- und Zurückschieben der Kanüle sucht man in den Ventrikel hineinzugelangen. Jetzt wird die gelegte Ligatur angezogen, das Herz an der Kanüle hochgehoben und zunächst die beiden Aorten und dann ein feines Gefäßbändchen, das von hinten her zu dem Ventrikel zieht, das sogenannte Frenulum, durchgeschnitten. Endlich durchtrennt man möglichst tief nach unten die in den Sinus venosus einmündenden Hohlvenen, wobei man die Kanüle in horizontaler Lage möglichst hoch hält. Am besten legt man, bevor man die Hohlvenen abschneidet, eine Ligatur um sie. Würde man keine weiteren Vorsichtsmaßregeln ergreifen, dann würde sehr bald Gerinnselbildung im Blute eintreten. Es könnten dann leicht Störungen auftreten. Aus diesem Grunde wird das Blut möglichst aus dem Herzen entfernt. Zunächst geht Blut in die eingesetzte Kanüle über. Dieses wird ausgegossen und durch Ringersche Lösung[1]) ersetzt. Sobald sich diese wieder rotgefärbt hat, gibt man neue Ringersche Lösung hinzu, bis diese schließlich farblos bleibt. Die Flüssigkeit in der Kanüle bewegt sich rhythmisch auf und ab.

Nun bringt man an der Herzspitze eine aus Federdraht gebogene Herzklammer b an. (Vgl. Fig. 151.) Der Herzmuskel darf hierbei nicht verletzt werden.

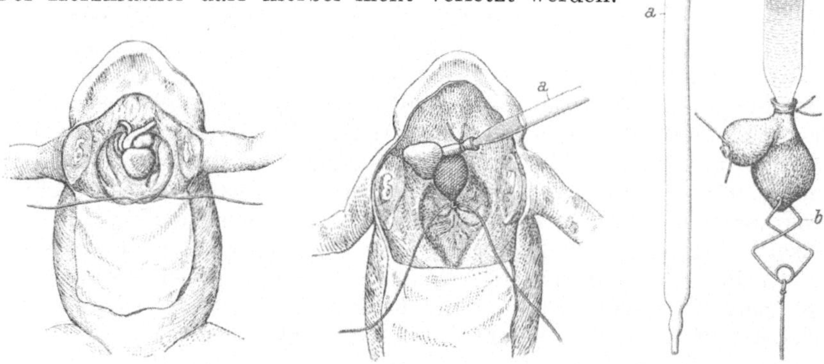

Fig. 148.   Fig. 149.   Fig. 150.   Fig. 151.

Die Herzkanüle wird dann mit dem daran hängenden, pulsierenden Herzen in einem Kork befestigt und dieser in der Klammer eines Stativs fixiert. An der Herzklammer (b, Fig. 151) wird mit Hilfe eines Fadens ein möglichst entlasteter Schreibhebel angebracht. Diese Vorrichtung ermöglicht das Aufschreiben der Herzbewegung z. B. auf eine berußte Trommel. Gleichzeitig kann auch die Zeit registriert werden.

Die geschilderte, für kurze Versuche ausreichende Versuchsanordnung ist ganz besonders geeignet, um die Wirkung von verschiedenen Stoffen auf das Herz zu prüfen. Wir geben die Stoffe in die Herzkanüle hinein. Wird Muscarin in der Verdünnung von 1 : 10 000 benützt, dann erhält man diastolischen Herzstillstand (Vagusreizung). Gießt man nun in die Herzkanüle einige Tropfen einer schwachen Lösung von Atropinsulfat, dann beobachtet man das Auftreten schwacher und allmählich stärker werdender Pulsationen. Nach einiger Zeit wird die Herztätigkeit wieder ganz normal.

---

1) 0,8 % NaCl, 0,01 % CaCl$_2$, 0,0075 % KCl, 0,01 % NaHCO$_3$ oder 0,9 % NaCl, 0,024 % CaCl$_2$, 0,042 % KCl, 0,01—0,03 % NaHCO$_3$ und ev. 0,1 % Traubenzucker.

Stanniusscher Versuch.

Wir legen das Herz in derselben Weise frei, wie es S. 182 beschrieben worden ist. Dann wird ein Faden unter dem Aortenbogen durchgezogen, das Frenulum durchschnitten und nun der Faden so geknüpft, daß der Sinus venosus vollständig vom Vorhof abgeschnürt wird. Es hört das Herz sofort auf, zu schlagen. Der Sinus dagegen pulsiert weiter. Wird nun der Ventrikel gereizt, z. B. durch Anritzen mit einer Nadel, so erhält man eine Kontraktion, und zwar auf jeden Reiz nur e i n e solche. Jetzt legt man eine zweite Schlinge um das Herz, und zwar so, daß der Knoten an der Vorderseite zwischen Vorhof und Ventrikel sich befindet. Auf diese Weise wird der Vorhof vollständig vom Ventrikel getrennt. Liegt die Schlinge richtig, dann bleibt der Vorhof in Ruhe, der Ventrikel schlägt jedoch wieder rhythmisch weiter.

In besonders schöner Weise läßt sich der Stanniussche Versuch beim nach Engelmann suspendierten Herzen ausführen. Die Herzbewegungen werden aufgeschrieben (vgl. Fig. 152, S. 186). Wir legen dann, wie oben geschildert, die erste Ligatur an und beobachten den Stillstand der Herzbewegung. Der Schreibhebel schreibt eine horizontale Linie auf. Jetzt legen wir die zweite Ligatur an. Sofort zeichnet uns der Hebel die Kontraktionen des Ventrikels auf.

Man kann auch an Stelle der Ligatur mit einem Messer den Sinus venosus vom Vorhof abtrennen und dann den Vorhof vom Ventrikel abschneiden. Wird nun auch der Ventrikel etwa in der Mitte quer durchgeschnitten, dann beobachtet man, daß die Basis weiter schlägt, während die abgeschnittene Herzspitze sich ruhig verhält. Wird die Spitze durch Einstechen mit einer Nadel gereizt, dann erfolgt eine einmalige Kontraktion (m e c h a n i s c h e R e i z u n g). Bringt man auf die Herzspitze einen Kochsalzkrystall, dann erfolgt rhythmische Pulsation der Herzspitze (c h e m i s c h e R e i z u n g).

E l e k t r i s c h e R e i z u n g d e r i s o l i e r t e n H e r z s p i t z e. Durch einen Kork werden die von der sekundären Spirale eines Induktoriums abgeleiteten Drähte durchgeführt. Die aus dem Korke hervorragenden Enden werden so gebogen, daß sie die zwischen sie gelegte Herzspitze berühren. Auf die Herzspitze legt man einen Schreibhebel (eine kleine Papierfahne oder einen Strohhalm). Zunächst wird ein Einzelreiz ausgeübt. Man beobachtet, daß bei einer bestimmten Schwelle eine Kontraktion eintritt. Diese ist sofort maximal. (A l l e s - o d e r - N i c h t s - G e s e t z.) Folgen mehrere wirksame Reize schnell hintereinander, dann erhält man nicht wie beim quergestreiften Muskel eine Summation der Reize (vgl. S. 231 ff.), sondern rhythmische Kontraktionen.

Nachweis des Aktionsstromes bei der Herzkontraktion.

Man lege den Nervus ischiadicus eines Froschschenkels (vgl. hierzu S. 239) auf das Herz eines Frosches oder besser noch auf das eines Kaninchens so auf, daß er sich von der Spitze bis zur Basis erstreckt. Wenn das Herz sich kontrahiert, dann beobachtet man jedesmal ein Zucken des Schenkels.

Beobachtung der Herzkontraktion beim in situ befindlichen Herzen mit Hilfe der Engelmannschen Suspensionsmethode.

Einem dekapitierten oder curarisierten Frosche wird in der oben (vgl. S. 182) beschriebenen Weise das Herz freigelegt und aus der Öffnung der Brustwand herausgeklappt. Es wird dann etwa in 1 mm Entfernung von der Herzspitze von unten und hinten her ein spitzes Häk-

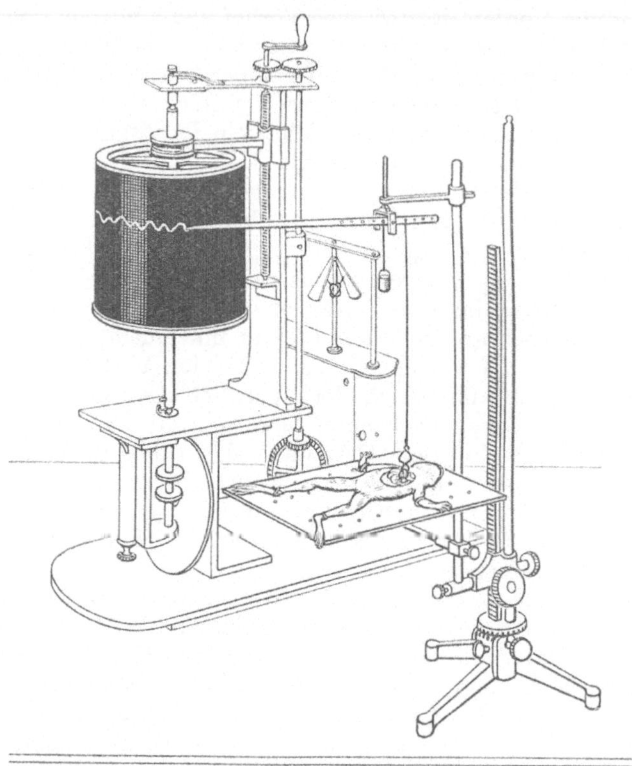

Fig. 152.

chen von Metall oder Glas durch den Herzmuskel gestochen. Am Häkchen befindet sich ein dünner seidener Faden, der am anderen Ende ein zweites Häkchen trägt. Dieses wird mit einem Schreibhebel in Verbindung gesetzt. (Vgl. Fig. 152.) Als Hebel benutzt man ein etwa 12 cm langes, plattes, um eine horizontale Achse drehbares Aluminiumblättchen. Sein vorderes Ende ist zugespitzt. Es dient zur Aufzeichnung der Herzbewegung. Löcher im Schreibhebel dienen zum Einhaken des vorhin erwähnten am Seidenfaden befestigten Häkchens.

Je weiter von der Achse entfernt man das Häkchen befestigt, um so geringer ist die Vergrößerung durch den Schreibhebel. An Stelle des Aluminiumhebels kann man zu der einfachen Beobachtung auch einen Strohhalm mit Fahne benutzen.

Man kann nun die Bewegungen des Herzens und speziell des Ventrikels mit Hilfe des Schreibhebels auf einer berußten Trommel genau registrieren. Auch bei diesen Versuchen kann die Wirkung von Muscarin und Atropin festgestellt werden. Bringt man einen Tropfen Muscarinlösung auf das Herz, dann erhält man sofort diastolischen Stillstand (Vagusreizung). Träufelt man dann eine Spur einer Atropinlösung auf, dann erholt sich das Herz wieder. Man beobachtet zunächst einzelne Kontraktionen, schließlich schlägt das Herz wieder vollständig normal. Gibt man wiederum Muscarin hinzu, dann erhält man keinen Herzstillstand mehr. (Vgl. auch S. 184.)

Wird das Herz durchleuchtet, dann kann man das Hineinströmen des Blutes aus dem Vorhof in den Ventrikel beim suspendierten Herzen direkt verfolgen. Der Ventrikel nimmt bei der Systole ein blasses Aussehen an. Im Moment des Eintretens der Diastole des Ventrikels und der Systole des Vorhofes beobachten wir, wie Blut in den ersteren hineinschießt und schon setzt wieder die Kontraktion des Ventrikels ein.

Reizung des Nervus vagus beim Frosche.

Es wird bei einem schwach curarisierten Frosche in der üblichen Weise das Herz freigelegt. Der Nervus vagus liegt in einer Linie, die sich vom hinteren Ende des Unterkiefers bis zum Vorhofe erstreckt. Am weitesten nach vorne treffen wir zunächst auf den Nervus glossopharyngeus, dann folgt der Nervus hypoglossus und endlich der Nervus vagus mit dem Nervus laryngeus. Die letzteren beiden Nerven laufen ziemlich parallel. Der Nervus vagus teilt sich in zwei Zweige. Der eine verläuft zum Herzen, der andere geht zur Lunge. Der Nervus vagus wird soweit als möglich frei präpariert und dann mit Hilfe eines Fadens angeschlungen. Man zieht die Schlinge zu und schneidet zentralwärts vom Knoten durch. Den peripheren Stumpf zieht man dann mit Hilfe des Fadens hervor und legt den Nerven auf Reizelektroden. Sobald gereizt wird, steht das Herz in Diastole still. Unterbricht man die Reizung, dann beginnt das Herz nach einiger Zeit wieder zu schlagen.

Goltzscher Klopfversuch.

Bei einem schwach curarisierten Frosch wird das Herz in der gewohnten Weise freigelegt. Nun schlägt man mit Hilfe eines ganz leichten Hämmerchens oder mit einem Bleistift schnell hintereinander auf den Bauch. Das Herz steht still. Dieser Stillstand ist ein reflektorischer. Wir reizen durch das Klopfen die Eingeweidenerven. Die Erregung wird der Medulla oblongata zugeleitet und geht von da auf den Nervus vagus über.

Versuche am Kaninchen.

Die geschilderten Versuche am Herzen werden beim Kaninchen wiederholt. Auch hier wird zunächst das Herz an und für sich betrachtet. Man sieht die Systole des Vorhofes bei gleichzeitiger Diastole des Ventrikels, dann die Systole des Ventrikels, während die Vorhöfe erschlafft sind. Auch hier wird der Nervus vagus gereizt und festgestellt, daß zunächst bei schwächeren Reizen eine Verlangsamung der Herztätigkeit eintritt und bei stärkerer Reizung ein Stillstand in Diastole folgt. Ferner prüfen wir die Wirkung von Muscarin und Atropin auf die Herztätigkeit.

Beim Kaninchen kann der Nervus vagus leicht gefunden werden. Das Versuchstier wird entweder mit Äther narkotisiert, oder man spritzt ihm ¹/₄ Stunde vor Beginn des Versuches 1—2 Gramm Chloralhydrat subcutan ein. Dann wird es in Rückenlage auf einem Operationsbrett festgebunden und die Halsgegend mit einer Schere möglichst von Haaren befreit. Nun wird in der Medianlinie des Halses die Haut gespalten. Der Schnitt beginnt unterhalb des Kehlkopfes und geht bis zum Sternum. Es wird die Halsfascie durchschnitten. Man erblickt den Musculus sternocleidomastoideus und den M. sternohyoideus. Die Haut wird nun nach einer Seite geschoben. Wir wollen annehmen, daß wir die Absicht haben, den rechten N. vagus freizulegen. In diesem Falle wird die Haut nach rechts verschoben und in dieser Lage mit Hilfe eines Gewichtshakens fixiert. Man erkennt auf den tiefen Halsmuskeln ein Gefäßnervenbündel. Es enthält neben der Carotis die Vena jugularis interna, den Truncus lymphaticus jugularis, den Nervus vagus und den Nervus sympathicus mit dem Nervus depressor. Vor diesen Gebilden läuft ein feiner Nervenfaden herab. Es ist dies der Ramus descendens hypoglossi. Auf der lateralen Seite liegt der Nervus vagus. Er ist der stärkste und hellste unter den hier verlaufenden Nerven. Der Nervus sympathicus und der Nervus depressor liegen ganz unter der Arterie. Der letztere ist der dünnste unter den drei Nerven. Man kann ihn gegen den Kopf zu bis zu seinem Ursprung aus dem Nervus vagus und Nervus laryngeus superior am unteren Rande der Cartilago thyreoidea verfolgen.

Den Nervus vagus isoliert man in der folgenden Weise: Man faßt das Bindegewebe mit einer feinen Pinzette an, spannt es vorsichtig zur Seite und geht dann mit einem Finder zwischen Nervus vagus und den übrigen Gebilden ein. Der Nerv wird in einer Strecke von etwa 5 cm isoliert. Nun führen wir unter ihm Reizelektroden durch und reizen mit faradischen Strömen. Bei schwächerer Reizung beobachten wir Verlangsamung der Herzfrequenz, bei stärkerer Herzstillstand in Diastole. Den gleichen Effekt erhalten wir, wenn wir den N. vagus durchschneiden und das periphere, d. h. das mit dem Herzen in Verbindung stehende Nervenende reizen. Wir verfahren dabei, wie folgt. Es wird ein mit 0,9 prozentiger Kochsalzlösung durchtränkter Seidenfaden mit einer Pinzette unter dem Nervus vagus hindurchgeführt, der Nerv möglichst nahe am Kopf durch einen einfachen

Knoten abgebunden und dann kranial von der Ligatur mit einer Schere durchschnitten. Bei der Knüpfung der Ligatur und bei der Durchschneidung kann man Schluckbewegungen beobachten. Nun wird der Vagusstumpf vollständig in die Wunde versenkt und die Haut darüber gedeckt, damit keine Vertrocknung eintritt. Man holt den Stumpf mit Hilfe des Fadens erst dann wieder aus der Wunde hervor, wenn die zur Reizung nötigen Apparate vollständig zur Stelle sind. Wir legen dann den Nervus vagus auf die Reizelektroden und reizen zunächst bei weitem Rollenabstand des Induktoriums (vgl. S. 232). Wir beobachten Verlangsamung der Herzfrequenz. Nun reizen wir stärker. Schließlich tritt Herzstillstand in Diastole ein.

Die Wirkung der Reizung des Nervus vagus auf das Herz verfolgen wir zunächst durch Beobachtung des Herzspitzenstoßes. Entweder legen wir die Fingerspitzen auf die Stelle des Thorax, an welcher der Spitzenstoß am besten zu fühlen ist, oder wir auskultieren mit Hilfe eines Stethoskops (vgl. S. 197). Der Beobachter teilt die Zahl der Herzschläge pro Minute mit. Dann beginnt die Reizung.

Nachdem das Tier sich wieder erholt hat, legen wir das Herz frei. Der Hautschnitt wird bis zum Schwertfortsatz des Brustbeins geführt. Dann werden die Brustmuskeln dicht am Sternum durchschnitten und die Knorpel der fünf oberen Rippen am sternalen Ende durchtrennt. Jetzt hebt man das Sternum am Manubrium hoch und präpariert es von hinten ab, nachdem man vorher die an der Apertura sterni sich ansetzenden Muskeln abgeschnitten hat. Man vermeidet durch vorsichtiges Präparieren alle größeren Blutungen. Das Sternum wird dann mit einer Knochenzange in der Höhe der fünften Rippe durchtrennt. Die größte, bei vorsichtigem Vorgehen jedoch leicht zu umgehende Gefahr liegt in der Eröffnung der Pleurahöhle. Es tritt Pneumothorax ein. Ist er nur einseitig, dann atmet das Tier, wenn auch nur mühsam, weiter.

Nunmehr hebt man mit einer Pinzette das Perikard an und eröffnet es mit einer Schere. Das Herz liegt nun frei und ist der direkten Beobachtung zugänglich. Wir erblicken die Vorhöfe und die Kammern. Ferner erkennen wir die Ursprungsstelle der Aorta und der Arteria pulmonalis. Es wird die Zahl der Herzschläge gezählt (150 und mehr in der Minute!). Man betrachte die Formveränderung des Herzens und speziell das Verhalten der Herzspitze. Gleichzeitig verfolge man auch das Verhalten der Lungen bei der Atmung (Verschiebung der Lungenränder). Jetzt wiederholen wir die Vagusreizung.

Durchschneidung des Nervus sympathicus am Halse[1].

Man legt, wie oben schon beschrieben worden ist (S. 188), durch einen Hautschnitt die Muskelrinne zwischen M. sternocleidomastoideus und M. sternohyoideus frei und geht sogleich stumpf in die Tiefe. Den M. sternocleidomastoideus zieht man zur Seite und hält ihn

---

[1] Dieser Versuch kann selbstverständlich auch an dem zu dem vorhergehenden Versuch verwendeten Tier ausgeführt werden.

mit Hilfe eines Gewichtshakens in dieser Lage. Man sieht dann sofort die tiefen Halsmuskeln und auf diesen einen 2—3 mm dicken Strang. Dieser enthält die Arteria carotis, die Vena jugularis interna, den Truncus lymphaticus jugularis, den Nervus vagus, den Nervus sympathicus und den Nervus depressor. Der Nervus sympathicus und N. depressor liegen vollkommen unter der Arterie. Erst wenn man die Bindegewebscheide anspannt, werden die mattgrau aussehenden Nervenfasern sichtbar. Der Nervus depressor ist der dünnste.

Der Nervus sympathicus wird in möglichst großer Ausdehnung freigelegt. Dann führt man unter ihm einen Seidenfaden durch und knotet möglichst nahe der Brust. Jetzt durchschneidet man zwischen Ligatur und Thoraxapertur, versenkt dann den Nerven in die Wunde und läßt den Seidenfaden aus ihr heraushängen. Vor der Durchschneidung betrachtet man die Weite der Ohrgefäße. Kurz nach der Durchschneidung findet man sie stark erweitert. Man vergleiche ferner das Ohr der operierten Seite mit dem anderen im durchfallenden Lichte und stelle auch die Temperatur in beiden Ohren fest. Schon das einfache Anfassen der Ohren zeigt den Temperaturunterschied. Ferner ist die Conjunctiva der operierten Seite stark gerötet und die Pupille stark verengt. Nun wird der Sympathicusstumpf mit Hilfe des Seidenfadens aus der Wunde herausgeholt und über Elektroden gelegt. Bei der Reizung des N. sympathicus tritt sofort Verengung der Arterien ein. Das Ohr wird blaß und ebenso die Conjunctiva. Die Pupille dagegen ist erweitert. Dieser Versuch zeigt, daß der Nervus sympathicus neben vasokonstriktorischen Fasern für die gleiche Kopfhälfte pupillenerweiternde Fasern für die gleichseitige Pupille führt.

Demonstration des Unterschiedes zwischen Arterie und Vene.

Man lege bei einem narkotisierten Kaninchen[1]) in der vorhin beschriebenen Weise die Carotis und Vena jugularis frei. Nun wird die Carotis mit einem Messerchen angestochen. Sofort schießt Blut aus der Wunde hervor. Es findet kein kontinuierliches, gleichmäßiges Ausfließen des Blutes statt. Der Blutstrahl erhält vielmehr eine rhythmische Beschleunigung. Lassen wir das ausspritzende Blut gegen ein Blatt Papier fallen, dann erhalten wir, wenn wir dieses am Gefäße vorbeibewegen, Bilder, die genau denjenigen entsprechen, die wir mit dem Sphygmographen (vgl. S. 199) erhalten, d. h. wir können auf diese Weise direkt Pulskurven aufschreiben.

Nun unterbinden wir die Carotis peripher von der verletzten Stelle. Wir beobachten, daß trotz der Unterbindung das Blut weiter herausgeschleudert wird. Unterbinden wir dagegen das Ende, das mit dem Herzen in Verbindung steht, dann steht die Blutung augenblicklich.

Nun stechen wir die Vena jugularis an. Wir sehen, daß Blut in kontinuierlichem Strome ausfließt. Das Blut hat ein anderes Aus-

---

[1]) Es wird ev. eines der bereits zu anderen Versuchen operierten Kaninchen verwendet (vgl. S. 188 und 189).

sehen, als das aus der Carotis herausfließende. Das letztere ist hellrot gefärbt, das erstere dunkel- bis violettrot. Nun unterbinden wir die Vena jugularis zentral, d. h. es wird das Ende mit der Ligatur versehen, das mit dem Herzen in Verbindung steht. Die Blutung steht nicht. Das periphere Ende blutet weiter. Wird auch dieses unterbunden, dann hört die Blutung augenblicklich auf.

Bestimmung des Blutdruckes.

Die Methoden, die zur Bestimmung des Blutdruckes angewandt werden, können prinzipiell in zwei große Gruppen geteilt werden. Wir können einmal den Blutdruck auf direktem Wege bestimmen, indem wir in ein arterielles Gefäß eine Kanüle einführen und den im Gefäß herrschenden Druck direkt auf ein Manometer einwirken lassen. Wir bestimmen entweder den Seitendruck in dem betreffenden Gefäße selbst, indem wir eine T-Kanüle einbinden, oder aber wir wählen eine einfache Kanüle und bestimmen dann den Seitendruck in dem Gefäß, aus dem die Arterie, in die wir die Kanüle eingebunden haben, ihren Ursprung nimmt. Ein annähernd richtiges Bild über den herrschenden Blutdruck erhält man schon, wenn man das Blut in einem in eine große Arterie eingebundenen Rohr aufsteigen läßt.

Die zweite Gruppe von Blutdrucksmessungen umfaßt Methoden, die den Druck in einem bestimmten Blutgefäß indirekt bestimmen. Diese Art der Messung des Blutdruckes wird vor allem beim Menschen angewandt. Man kann sie auch im Gegensatz zu der oben erwähnten Methode als unblutige bezeichnen.

Direkte Bestimmung des Blutdruckes.

Wir wählen als Versuchstier ein Kaninchen. Wir legen zunächst in der oben beschriebenen Weise die Carotis und gleichzeitig auch die Vena jugularis externa frei. Wir präparieren ferner den Nervus vagus und den Nervus depressor. Beide durchschneiden wir, nachdem wir sie mit einem Seidenfaden festgebunden haben. Die Vena jugularis externa verläuft ganz oberflächlich unter der Haut und dem Platysma. Sie ist von zwei Blättern der Halsfascie umschlossen und liegt vor dem medialen Rande des Musculus sternocleidomastoideus. Die beiden Fascienblätter werden dicht neben der Vene getrennt und diese dann mit einem sogenannten Finder aus der Scheide herauspräpariert. Man isoliert ein Stück von 2—3 cm Länge und legt dann, nachdem man unter das Gefäß am besten eine Haarnadel geschoben hat, einen doppelten Faden unter der Vene durch. Sie sind nun möglichst zentral mit einer Gefäßklemme verschlossen. Die Vene füllt sich strotzend mit Blut. Jetzt wird der eine Ligaturfaden möglichst peripher geknüpft, dann die Gefäßwand mit Hilfe einer kleinen Schere angeschnitten und sofort durch die Öffnung eine vorher paraffinierte Kanüle oder die Nadel einer Pravazspritze (vgl. Fig. 151) eingeführt. Die Kanüle wird durch die zweite Ligatur festgebunden. Die Fadenenden werden an die Kanüle angelegt und an dieser mit einem zweiten Faden nochmals befestigt. An der Kanüle befindet sich ein 2—3 cm langes Schlauchstück, das durch eine Gefäßklemme abgeschlossen ist. Schlauch und Kanüle füllt man vorher mit 0,9 prozentiger Kochsalzlösung. Nun wird die zentral angelegte Gefäßklemme abgenommen. Die Freilegung der Vena jugularis externa und die Einbindung der Kanüle nehmen wir vor, um später in den Kreislauf Substanzen einführen zu können. Genau die gleiche Operation wird auch ausgeführt, wenn wir ganz allgemein intravenöse Injektionen ausführen wollen.

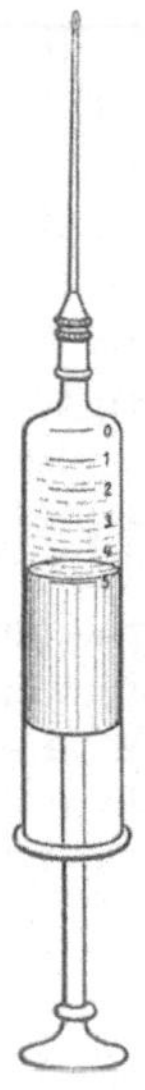

Nunmehr führen wir eine mit Paraffin ausgegossene Kanüle in die Carotis ein. Die Kanüle trägt einen Gummischlauch, den wir durch eine gut sitzende Gefäßklemme am Ende abschließen. Kanüle und Schlauchstück sind mit konzentrierter Magnesiumsulfatlösung gefüllt. Zunächst wird unter die Carotis eine Haarnadel gebracht. Es ist dann die Carotis von allen Seiten gut zugänglich. Nun werden zwei Ligaturfäden unter der Arterie durchgeführt. Den einen schieben wir möglichst peripher, den andern zentral. Zunächst wird die periphere Ligatur festgeknotet. Das zentrale Ende der Carotis verschließen wir mittels einer Gefäßklemme. Jetzt wird mit einer kleinen Schere ein Lappenschnitt in der Gefäßwand angebracht und sofort die vorbereitete Kanüle a eingeführt (vgl. Fig. 154). Mit Vorteil verwendet man eine solche, die einen seitlichen Auslauf hat. Dieser muß natürlich verschließbar sein. Man kann dann, falls Gerinnung eintritt, leicht von dieser Seitenöffnung aus das Gerinnsel herausholen, ohne die übrigen Teile der Apparatur auseinander zu nehmen. Nunmehr verbindet man das an der Kanüle angebrachte Schlauchstück mit dem Zuleitungsrohr b. Auch dieses Rohr,

Fig. 153.
Pravaz-
spritze.

das man sich zweckmäßig aus kleinen, sich berührenden Stücken Glasrohr, die untereinander mit Kautschukschlauch verbunden sind, herstellt, ist mit der konz. Glaubersalzlösung gefüllt. Man achte peinlich darauf, daß in dem ganzen System keine Luftblasen vorhanden sind. Den Schlauch b verbinden wir mit einem Manometer, entweder einem Quecksilbermanometer oder aber einem Federmanometer. Nun wird die Klemme, die das an der Kanüle sich befindende Schlauchstück verschlossen hat, abgenommen, und ferner auch die die Carotis verschließende Klemme entfernt. Wir beobachten, daß der Manometer Druck anzeigt. Dieser läßt sich direkt an der Skala des Manometers ablesen. Wir beobachten dabei, daß die Quecksilbersäule rhythmisch hin und her schwankt. Wir können durch einfache Beobachtung Maximum und Minimum dieser Ausschläge an der Skala feststellen.

Ein genaueres Bild des Blutdruckes und der Blutdruckschwankungen erhalten wir, indem wir den Manometerstand sich aufzeichnen lassen. Zu diesem Zwecke ist der Manometer mit einem sogenannten Schwimmer (e) versehen. Dieser schwimmt auf dem freien Quecksilbermeniscus.

Er trägt am oberen Ende eine Schreibvorrichtung: ein kleines, einer Tabakspfeife ähnlich sehendes Gefäß, das mit Tinte gefüllt ist, und dessen Spitze wir an eine Schreibfläche anlegen. Diese ist auf der Trommel d eines Kymographions aufgespannt. Wir setzen die Trommel in Rotation und schreiben gleichzeitig auf das Papier auch die Zeit auf. Das Quecksilbermanometer gibt kein sehr genaues Bild feinerer Blutdruckschwankungen, weil das Quecksilber infolge seiner Trägheit den einzelnen Blutdruckschwankungen nur sehr unvollkommen folgt und außerdem Eigenschwingungen zeigt.

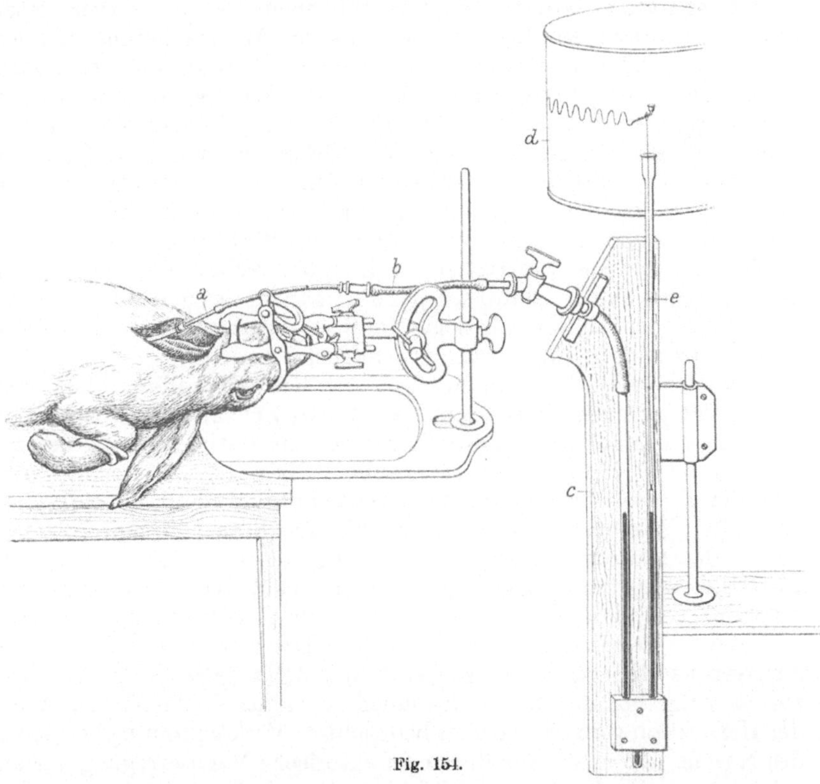

Fig. 154.

Zu feineren Untersuchungen benutzen wir daher entweder ein Gummimanometer oder ein solches, bei dem die Gummimembran durch ein dünnes Wellblech ersetzt ist. Im Prinzip haben wir genau dieselben Verhältnisse, wie beim Quecksilbermanometer. Bei Druckzunahme wird die Gummimembran resp. das Wellblech vorgewölbt. Bei Druckabnahme dagegen werden beide sich der Ruhelage nähern. Bei Anwendung der zuletzt erwähnten Versuchsanordnung verwenden wir eine berußte Papierfläche und schreiben den Blutdruck mit einem Hebel aus Metall auf. (Vgl. z. B. Fig. 162, S. 200.) Um ein Urteil über die Größe des Blutdruckes zu gewinnen, markieren wir uns bei den genannten

Manometern den Ausgangsstand des Schreibhebels der Membran entweder mit Hilfe eines zweiten, feststehenden Metallschreibhebels, oder wir zeichnen vor Abnahme der Carotisklemme eine Nullinie auf. Dann schreiben wir eine sogenannte Normalkurve. Wir beobachten an ihr aufsteigende und absteigende Teile. Der Abstand der Fußpunkte der Normalkurve von der Nullinie ergibt dann den diastolischen und derjenige der Gipfelpunkte den systolischen Blutdruck. Außer diesen kardialen Schwankungen des Blutdruckes beobachten wir noch solche, die durch die Respiration hervorgerufen sind.

Reizung des Nervus vagus: Wir holen nun den vorher versenkten Vagusstumpf am Ligaturfaden aus der Wunde heraus und legen ihn auf die mit der sekundären Rolle eines Induktoriums verbundenen Elektroden. Wir tetanisieren den Nerv. Wir beobachten zunächst eine Verlangsamung der Herzfrequenz. Der Blutdruck zeigt dabei keine wesentlichen Änderungen. Verstärken wir nun den Reiz, dann tritt bald diastolischer Herzstillstand ein. Der Blutdruck fällt stark. Der Herzstillstand wird ab und zu durch kräftige Herzaktionen unterbrochen. Es kommt dies dann auch am Blutdruck zum Ausdruck. Entfernen wir die Elektroden, d. h. unterbrechen wir die Reizung, dann erhebt sich der Blutdruck ganz allmählich wieder auf die normale Höhe. Oft beobachten wir sogar, daß er darüber hinaus schießt und erst später wieder zur Norm zurückkehrt.

Nachdem wir wiederum eine normale Kurve erhalten haben, reizen wir in der gleichen Weise den Nervus depressor. Wir beobachten nach einer relativ langen Latenzzeit eine sehr starke Senkung des Blutdruckes. Die Herzaktion ist mäßig verlangsamt. Nunmehr sucht man den zweiten Nervus vagus am Halse auf und durchschneidet diesen ebenfalls. Wir beobachten, daß die Herzfrequenz zunimmt. Das Verhalten des Blutdruckes zeigt dabei keine Regelmäßigkeit. Bald sehen wir eine Blutdrucksteigerung eintreten, bald bleibt sie aus. Reizt man das periphere Vagusende, dann erhält man wiederum Blutdrucksenkung bei verminderter Herzfrequenz. Das gleiche ist der Fall, wenn der Nervus depressor gereizt wird, nur fehlt jetzt — im Gegensatz zur Reizung bei Intaktsein des einen N. vagus — die Verlangsamung der Herzaktion ganz. Die früher beobachtete Verlangsamung bei Reizung des Nervus depressor war durch reflektorische Vaguserregung zustande gekommen. Nachdem nun beide Nervi vagi durchschnitten sind, ist eine Übertragung des Reizes unmöglich. Die Blutdrucksenkung bei Reizung des Nervus depressor beruht auf einer reflektorischen Herabsetzung des Gefäßtonus vom Vasomotorenzentrum aus.

Nun lassen wir von der in die Vena jugularis eingebundenen Kanüle aus, mit Hilfe einer Pravazspritze oder einer Pipette, 0,2 ccm einer l-Adrenalinlösung 1 : 4000, langsam einfließen. Wir beobachten, daß nach ganz kurzer Zeit ein Ansteigen des Blutdruckes stattfindet. Wir wiederholen, nachdem der Blutdruck zur Norm zurückgekehrt ist, den gleichen Versuch mit d-Adrenalin und stellen fest, daß keine Veränderung des Blutdruckes eintritt. Die nach Einführung des von der Nebenniere gebildeten l-Adrenalins auftretende Blutdrucksteigerung ist durch Kontraktion der peripheren Blutgefäße bedingt.

Ist die Vena jugularis externa nicht freigelegt worden, dann spritzen wir die Adrenalinlösung mit Hilfe einer Pravazspritze in eine Ohrvene. (Vgl. Fig. 155.) Vorher stauen wir das Blut in einer solchen, indem wir das zentrale Ende mit dem Finger zudrücken. Auf diese Weise wird die Vene besser zugänglich. Wir beachten bei diesem Versuch die kurz nach der Injektion eintretende Blässe des Ohres.

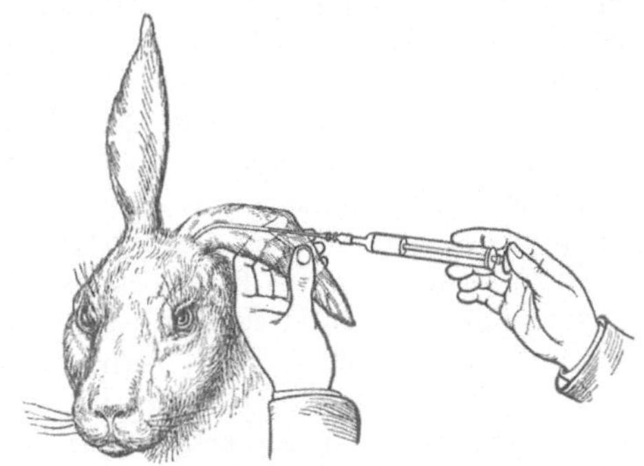

Fig. 155. Intravenöse Einspritzung.

Indirekte Bestimmung des Blutdruckes.

Wir benutzen dazu den von Riva-Rocci-v. Recklinghausen angegebenen Tonometer. Er besteht aus einer Gummimanschette, die durch einen Schlauch mit einem Gebläse in Verbindung steht. Die Manschette wird dicht um den Oberarm gelegt und nun mit dem Gebläse mit Luft gefüllt. Dabei kommt es schließlich zur vollständigen Kompression der Arteria brachialis. Diesen Moment können wir leicht feststellen, indem wir am Unterarm den Puls der Arteria radialis mit dem Finger kontrollieren. Sobald die Kompression eine so große ist, daß die Pulswelle unterdrückt wird, wird der tastende Finger keinen Puls mehr wahrnehmen. Wir bestimmen mit Hilfe eines Manometers (vgl. Fig. 156) den Druck, der notwendig ist, um das Verschwinden des Pulses herbeizuführen.

Bei der praktischen Durchführung suchen wir zunächst, nachdem die Manschette angelegt und die Verbindung mit dem Manometer hergestellt ist, den Ort am Vorderarm auf, an dem wir den Puls am besten fühlen. Wir kontrollieren den Puls mit der linken Hand und blasen mit der rechten durch abwechselnde Kompression des Gummiballons die Manschette auf, bis der

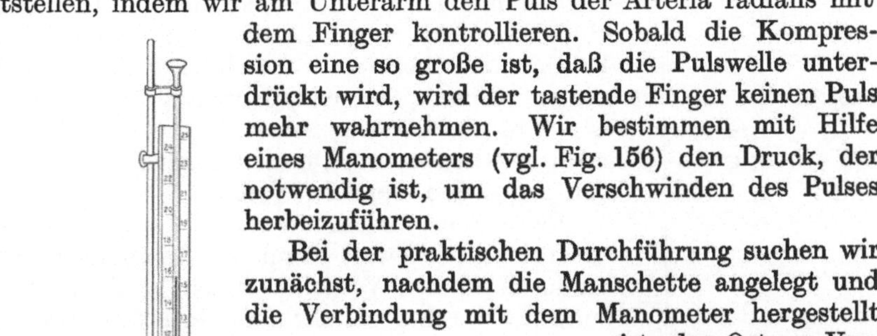
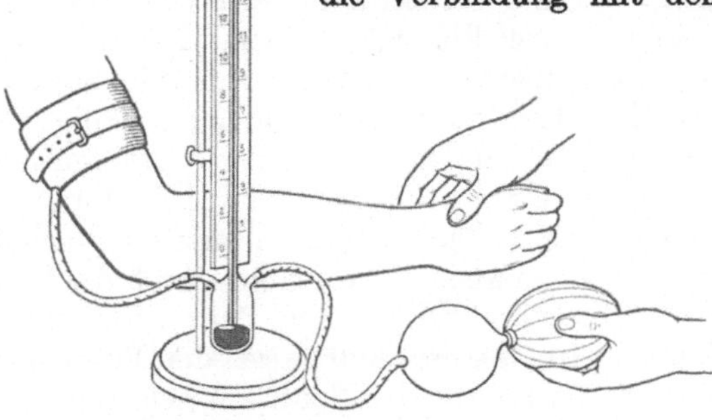

Fig. 156. Bestimmung des Blutdruckes nach
Riva-Rocci-v. Recklinghausen.

13*

Puls eben verschwindet. Nun lesen wir am Manometer den Stand der Quecksilbersäule ab und vermindern hierauf den auf den Oberarm ausgeübten Druck so lange, bis der Puls eben wieder erscheint. Wir stellen wieder den Stand des Manometers fest und nehmen das Mittel aus beiden Ablesungen. Der Versuch wird mehrmals wiederholt. Um Stauungen und sonstige Störungen im Kreislauf zu vermeiden, wird vor jedem neuen Versuche die Luft aus der Manschette vollständig herausgelassen und einige Zeit abgewartet.

Die Bestimmung des Blutdruckes mit Hilfe des Tonometers ist keine ganz exakte. Einmal wird ein Teil des aufgewendeten Druckes dazu benutzt, um Gewebe: Haut, Muskeln usw., zu deformieren. Ferner spielt die Regidität der Gefäßwand auch eine Rolle. Doch kann man die auf genanntem Wege erhaltenen Werte ganz gut zu vergleichenden Versuchen benutzen.

Wir lassen nun die Versuchsperson einige Kniebeugen ausführen oder sie in raschem Tempo eine Treppe ersteigen und bestimmen wieder den Blutdruck. Ferner stellen wir den Blutdruck bei der gleichen Versuchsperson im Stehen und Liegen fest und vergleichen endlich die bei verschieden großen Individuen erhaltenen Werte untereinander.

Prüfung der Funktion der Herzklappen.

In ein frisches Herz vom Schwein, vom Schaf oder vom Hund wird ein Glasrohr durch die Aorta oder durch die Arteria pulmonalis eingeführt und dann in dem Gefäße mit Hilfe eines Bindfadens festgebunden. (Vgl. Fig. 157.) Nun füllt man in das Rohr Flüssigkeit ein und merkt sich die Höhe der Flüssigkeitssäule. Wenn der Klappenschluß ein normaler ist, wird das Niveau selbst nach vielen Stunden noch erhalten sein. Die Semilunarklappen schließen gegen den Ventrikel fest ab.

Bei einem anderen Versuche stoßen wir das Glasrohr mit Gewalt durch die Semilunarklappen hindurch in den Ventrikel hinein und füllen nun zunächst durch das Rohr den Ventrikel mit Wasser und geben so viel Flüssigkeit hinzu, daß im Rohre selbst noch solche stehen bleibt. Wir notieren uns wieder den Stand der Flüssigkeitssäule und beobachten, ob Flüssigkeit aus den Vorhöfen austritt. Es ist dies nicht der Fall. Die Atrioventrikularklappen schließen dicht gegen die Vorhöfe ab. Wir können auch ein Glasrohr durch die Vena cava einführen und nunmehr wiederum Flüssigkeit eingießen. In diesem Fall wird die Flüssigkeit durch den Vorhof in die Ventrikel gelangen und aus den großen Arterien ausfließen, weil in diesem Falle die Klappen das Weiterfließen der Flüssigkeit nicht hindern.

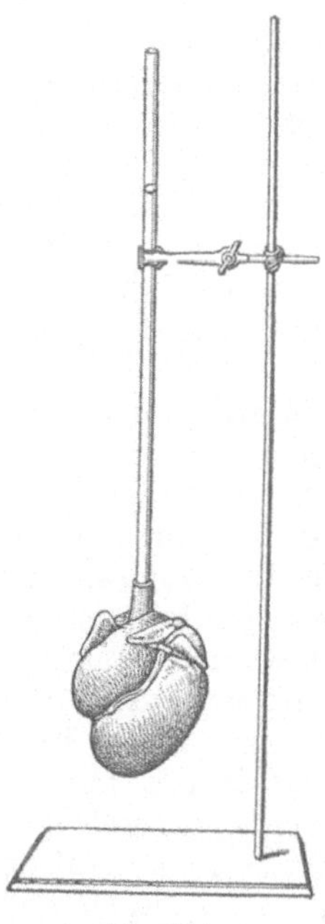

Fig. 157.

Auskultation der Herztöne.

Wir auskultieren durch Aufsetzen eines Stethoskopes oder durch direktes Anlegen des Ohres die Mitralklappe an der Stelle des Herzspitzenstoßes im fünften Intercostalraum etwas innerhalb der Mammillarlinie (Fig. 158), die Tricuspidalklappe über dem unteren Teile des Brustbeines in der Höhe des 5—6. Rippenknorpels. Die Pulmonalklappe wird im zweiten Intercostalraum links nahe dem Sternalrande und endlich die Aortenklappe im zweiten Intercostalraum am rechten Rand des Sternums behorcht. An all diesen Stellen hören wir zwei Töne, die sich in kurzen Intervallen folgen. Zuerst einen dumpfen, langgezogenen, systolischen Ton, und einen kürzeren, schärfer begrenzten, diastolischen Ton. Dann folgt ein Intervall, und wieder tritt der dumpfe, langgezogene Ton auf. Wir bezeichnen den ersteren als ersten Herzton. Er wird durch die Kontraktion des Herzmuskels selbst und ferner durch die Anspannung der Atrioventrikularklappen hervorgerufen. Der kürzere, schärfer begrenzte, diastolische Ton,

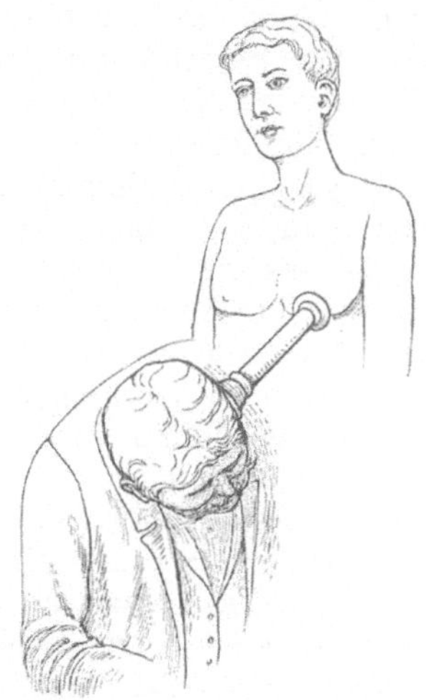

Fig. 158.

der zweite Herzton, wird durch das Anspannen der Semilunarklappen bedingt.

Wir zählen die Herztöne beim ruhenden Individuum und lassen dann die Versuchsperson sich bewegen. Wir auskultieren wieder und stellen fest, daß nunmehr die Herzaktion verstärkt und beschleunigt ist.

Beobachtung des Spitzenstoßes beim Menschen.

Bei mageren Menschen können wir im fünften Intercostalraum in der Mammillarlinie den Spitzenstoß direkt sehen. Legen wir die Hand an die betreffende Stelle, dann fühlen wir, wie in bestimmten Zeitintervallen die Herzspitze gegen die Brustwand andrängt. Zur genaueren Beobachtung verwenden wir besondere Apparate.

Graphische Registrierung des Spitzenstoßes. Die Registrierung des Spitzenstoßes erfolgt mit dem sogenannten Kardiographen. (Vgl. Fig. 159.) Er besteht aus einem Bleiring a, der sich leicht der Form der Brustwand anpassen läßt. Er wird an der Stelle, an der man den

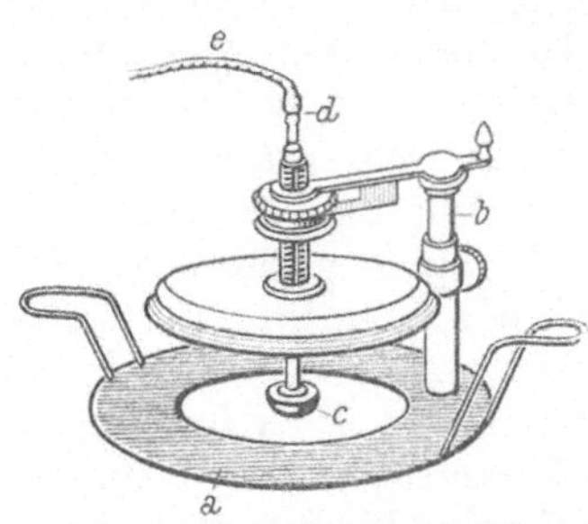

Fig. 159. Kardiograph.

Spitzenstoß am besten fühlt, mit Hilfe eines um den Thorax geschlungenen Bandes fixiert. Auf dem Bleiring ist die sogenannte Aufnahmekapsel montiert. Diese ist in der nach Jaquet ausgeführten Konstruktion vertikal und horizontal an dem Stativ *b* verschiebbar. Die Aufnahmekapsel besteht im wesentlichen aus einer Metallkapsel, die an ihrem offenen Ende von einer Kautschukmembran überspannt ist. Diese trägt genau in ihrer Mitte eine kleine aufgekittete Blechscheibe. Auf dieser sitzt die Pelotte *c*. Vom Metallboden der Kapsel geht das Rohr *d* ab. Wir verbinden es mit einem Kautschukschlauch *e*, der am andern Ende mit dem Registrierapparat in Verbindung steht. Dieser ist ganz ähnlich gebaut, wie der Aufnahmeapparat. Er besitzt ebenfalls eine gespannte Membran, nur ist auf dieser nicht eine Pelotte, sondern ein Schreibhebel befestigt. Wird die Membran des Aufnahme-apparates nach innen gedrückt, dann beobachten wir am Registrier-apparat ein Ausbauchen der abschließenden Membran. Wird umgekehrt die Membran des Aufnahmeapparates nach außen gezogen, dann folgt die Membran des Registrierapparates genau im gleichen Verhältnis und im gleichen Sinne dieser Bewegung. Die Übertragung wird durch Luft bewerkstelligt.

Die Pelotte wird auf die Stelle gebracht, an der man den Spitzen-stoß am besten fühlt. Die Bewegungen des Schreibhebels des Registrier-apparates lassen wir auf einer berußten Fläche sich aufzeichnen. Wir erhalten eine Kurve, die sogenannte Herzspitzenstoßkurve = Kardio-gramm. Sie zeigt einen steil ansteigenden Ast (Systole des Ventrikels: Anspannungszeit), dann ein schwach geneigtes Plateau (Systole des Ventrikels: Austreibungszeit) und einen wiederum steil abfallenden Ast (Diastole des Ventrikels). Bevor dieser die Grundlinie erreicht hat, beobachten wir noch eine kleine Erhebung (Schluß der Semilunarklap-pen). Nun verläuft die Kurve, entsprechend der Herzpause, fast hori-zontal ganz schwach ansteigend. Dann erscheint eine kleine Zacke (Vorhofsystole), und es beginnt die Systole des Ventrikels: die Kurve steigt steil an. Die Deutung der Herzspitzenstoßkurve stützt sich auf die an den Herzdruckkurven gemachten Beobachtungen.

Beobachtungen über den Puls.

Der Puls wird gewöhnlich beim Menschen an der Arteria radialis geprüft. Wir suchen am vorderen, volaren Teil des Vorderarmes an der radialen Seite die Stelle auf, an der wir den Puls am besten fühlen. Wir beurteilen zuerst die Qualität des Pulses. Wir prüfen, ob die Frequenz eine große oder kleine ist, indem wir die Zahl der einzelnen Pulse während einer bestimmten Zeit, z. B. einer Minute, zählen. Gleichzeitig stellen wir fest, ob wir einen Pulsus celer oder einen Pulsus tardus haben. Ferner verfolgen wir, ob wir den Puls leicht oder schwer unterdrücken können. Wir zählen den Puls im Liegen, dann auch im Stehen. Ferner lassen wir die Versuchsperson im Zimmer herumgehen, eine Leiter ersteigen, oder eine Treppe hinauf- und hinab-eilen und zählen dann sofort die Pulszahl wieder. Wir notieren uns die Zahl genau. Wir vergleichen ferner die gefundenen Zahlen für die Puls-frequenz bei verschieden großen Individuen.

Aufzeichnung der Pulskurve der Arteria radialis mit Hilfe des Jaquetschen Sphygmographen.

Wir suchen zunächst die Stelle auf, an der wir den Radialispuls am deutlichsten fühlen und markieren sie mit Hilfe eines Fettstiftes genau. Nun befestigen wir den Rahmen des Sphygmographen mit Hilfe der Lederriemen der ihn tragenden Manschette so am Vorderarm, daß die vorher markierte Stelle in die Mitte des vom vorderen Teil des Rahmens eingeschlossenen Raumes zu liegen kommt. (Vgl. Fig. 160.) Diese Stelle ist bei manchen Apparaten durch eine Einbuchtung am Rahmen kenntlich gemacht. Der Rahmen muß einesteils fest sitzen, anderenteils darf er jedoch die Arterie nicht komprimieren. Letzteres tritt besonders dann leicht ein, wenn der hintere (zentral gelegene) Riemen der Manschette zu fest angezogen ist. Bevor man den Sphygmographen aufsetzt, wird nochmals sorgfältig geprüft, ob der Puls gut fühlbar ist. Ferner stellt man fest, ob die markierte Stelle auch nach dem Fest-

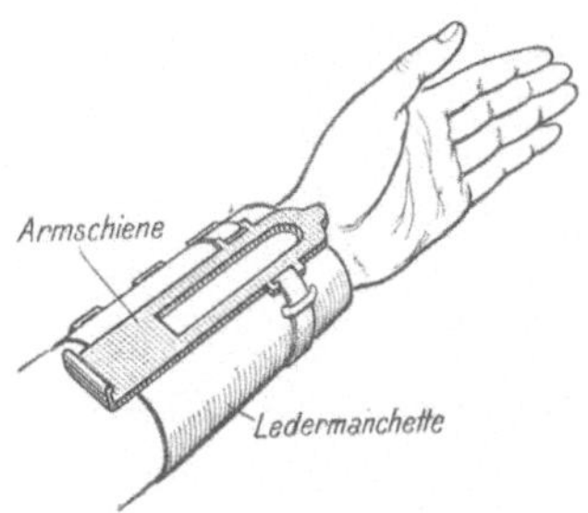

Fig. 160. Manschette mit Schiene für den Sphygmographen.

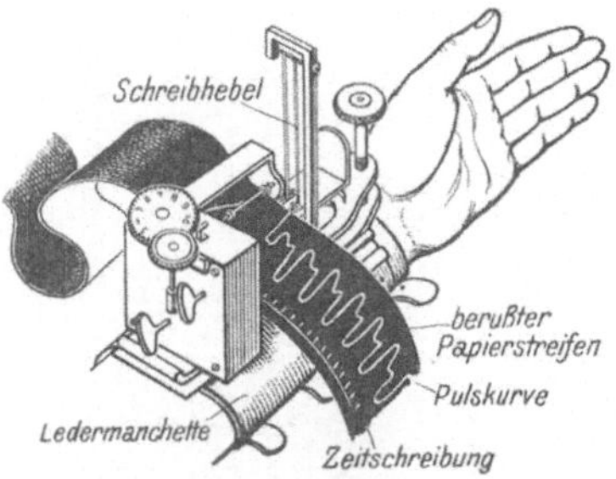

Fig. 161. Sphygmograph nach Jaquet.

binden der Manschette noch dem Orte, an dem der Puls am deutlichsten in Erscheinung tritt, entspricht. Durch diese Prüfung erspart man sich viel Zeit und auch Ärger. Ferner zieht man die beiden Uhrwerke des Sphygmographen auf. Das eine treibt die Rolle, auf welcher der berußte Papierstreifen vorbeigeführt wird, das andere dient der Zeitschreibung. Jetzt wird der eigentliche Sphygmograph in das am zentralwärts gelegenen Ende des Rahmens befindliche Scharnier eingesetzt. Durch Drehen der am vorderen Ende angebrachten, in eine im Rahmen vorhandene Schraubenmutter passende Schraube wird der Apparat befestigt (Fig. 161). War der Rahmen richtig aufgelegt, dann kommt jetzt die Pelotte der unten angebrachten Metallfeder genau auf die Stelle zu liegen, an der man den Puls am besten gefühlt hat. Die Bewegungen der Metallfeder werden durch einen Winkelhebel auf einen zweiten, kleinen, horizontal sich bewegenden Metallschreibhebel übertragen. Schon beim Festziehen der Schraube bemerkt man, daß der Schreibhebel rhythmische Bewegung zeigt. Eine mit Einteilung versehene Schraube gestattet eine Veränderung der Spannung der die Pelotte tragenden Feder. Zeigt der Hebel gute Ausschläge, dann läßt man nunmehr den berußten Papierstreifen vorbeiziehen. Die Pulskurve zeigt einen steil ansteigenden Teil und einen gewöhnlich durch mehrere Zacken unterbrochenen abfallenden Teil. Eine größere Zacke ist die dikrote Erhebung (Rückstoßelevation).

Registrierung der durch die Pulswelle bedingten Volumenänderungen einer Extremität.

Es wird der Arm der Versuchsperson in ein Glasgefäß eingeführt und mittels einer Gummimanschette, die man mit Hilfe eines Gebläses aufblasen kann, luftdicht mit diesem verbunden. Jetzt wird der Glasmantel vollständig mit Wasser gefüllt. Wir bemerken bereits an der im Rohr a befindlichen Flüssigkeitssäule Schwankungen, welche der Pulswelle annähernd entsprechen. Wir verbinden das Rohr a mit einem Gummischlauch, den wir mit einem Mareyschen Schreiber in Verbindung setzen (Fig. 162). Durch diesen zeichnen wir die Änderungen des

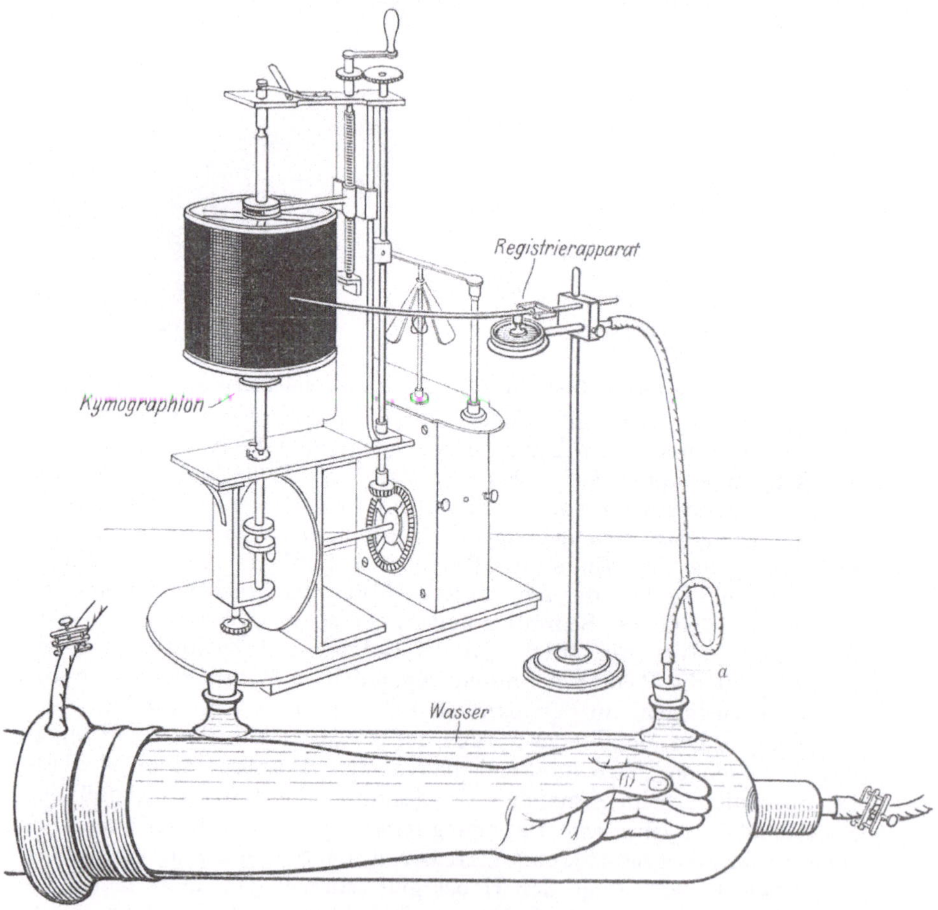

Fig. 162. Plethysmograph.

Volumens des Armes auf eine berußte Fläche auf. Mit jeder Systole wird Blut in die Arterien geworfen. Damit ist eine Volumenzunahme des Armes verbunden, da der Abfluß des Venenblutes ein kontinuierlicher, gleichmäßiger ist. Den Apparat nennen wir Plethysmograph, und die in genannter Art erhaltenen Kurven Plethysmogramme. Man spricht auch von Volumenpulsen. Wir können diese Methode auch dazu benutzen, um die Stromgeschwindigkeit in der Extremität zu messen.

6. Atmung.

Nachweis der Kohlensäure in der Exspirationsluft.

Man atme durch eine Waschflasche, die mit Barytlösung gefüllt ist, aus (Fig. 163). Man beobachtet, daß die durchtretenden Luftblasen sich jedesmal mit einem Häutchen umgeben. Es hat sich kohlensaurer Baryt gebildet. Man atme einmal ruhig ein und dann sofort durch eine in einem Reagensglas befindliche Barytlösung aus. Dann halte man die Atmung so lange als möglich an und atme durch die Barytlösung eines zweiten Reagensglases aus. Man beobachtet, daß im letzteren Fall ein viel größerer Niederschlag an kohlensaurem Baryt entsteht, als im ersteren Fall.

Sehr überzeugend läßt sich der Beweis, daß die ausgeatmete Luft reicher an Kohlensäure ist, als die eingeatmete, führen, wenn man letztere ebenfalls durch Barytlösung hindurchgehen läßt, oder aber man absor-

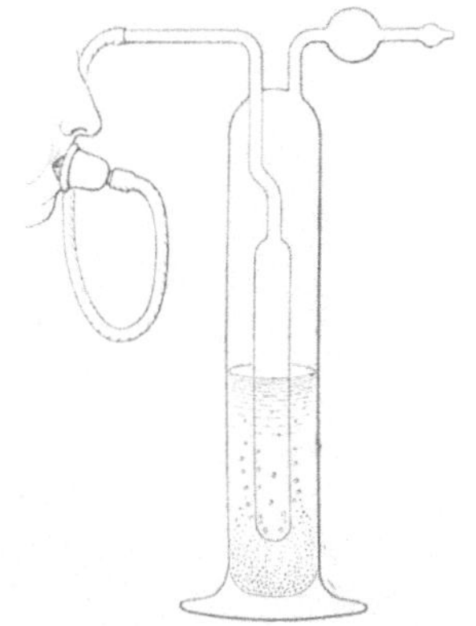

Fig. 163. Nachweis der Kohlensäure in der Ausatmungsluft.

biert die Kohlensäure der Einatmungsluft durch Kalilauge und atmet durch die Barytlösung aus. Man verwendet dazu ein T-Stück, das auf der einen Seite ein Ventil besitzt, das nur der eingeatmeten Luft den Zutritt gestattet, und auf der anderen Seite ein solches, das nur die ausgeatmete Luft hindurch läßt.

Messung der Vitalkapazität am Menschen.

Wir benutzen zu der Messung der Vitalkapazität einen nach Hutchinson konstruierten Spirometer. (Fig. 164.) Er besteht aus folgenden Teilen: Ein oben offenes, zylindrisches Blechgefäß A besitzt nahe dem Gefäßboden einen Tubus. Durch diesen führt ein bis zum oberen Gefäßrand reichendes Rohr. Dieses besitzt an dem aus dem Tubus hervorragenden Teil einen Hahn. An diesem ist ein mit einem Mundstück versehener Gummischlauch angebracht. Das Gefäß wird nun soweit mit Wasser gefüllt, daß gerade noch die innere Öffnung des Rohres über das Wasser emporragt. In das genannte Gefäß ist ein zweites, etwas kleineres und unten offenes Blechgefäß *B* (Gasometerglocke) eingetaucht. Es ist durch eine an dem oberen Boden angebrachte Schnur, die über eine Rolle geführt ist, aufgehängt und wird durch ein Gewicht *C* im Gleichgewicht gehalten. Wird nun durch den Schlauch Luft in die Gasometerglocke eingeblasen, dann steigt die bewegliche Glocke in die Höhe und zeigt das eingeblasene Volumen Luft an. Wir können es an einer seitlich angebrachten Skala direkt ablesen. Bei Beginn des Versuches wird auf den Nullpunkt der Skala eingestellt. Nun atmen wir zunächst ganz ruhig ein, bringen den Mund an das Mundstück und atmen ohne jede besondere Anstrengung aus. Wir messen so die Respirationsluft (ca. 500 ccm). Bei einem zweiten Versuch atmen wir normalerweise ein und exspirieren, nachdem die Gasometerglocke wieder vorsichtig in die ursprüngliche Stellung (Nullpunkt) zurückgebracht worden ist, forciert in den Apparat hinein. Es kommt so die Reserveluft (ca. 1500 ccm) neben der Respirationsluft zum Vorschein. Schließlich atmen wir forciert ein und forciert aus. Das gesamte Volumen der nun ausgeatmeten Luft repräsentiert die Vitalkapazität (ca. 3500 ccm). Jetzt nehmen wir durch forcierte Inspiration soviel Luft auf, als wir können. Wird nun ohne besondere Anstrengung durch das Mundstück ausgeatmet, so erhalten wir Respirationsluft + Komplementärluft. Da wir erstere schon kennen, so entfällt das Mehr an Luftvolumen auf die letztere (ca. 1500 ccm).

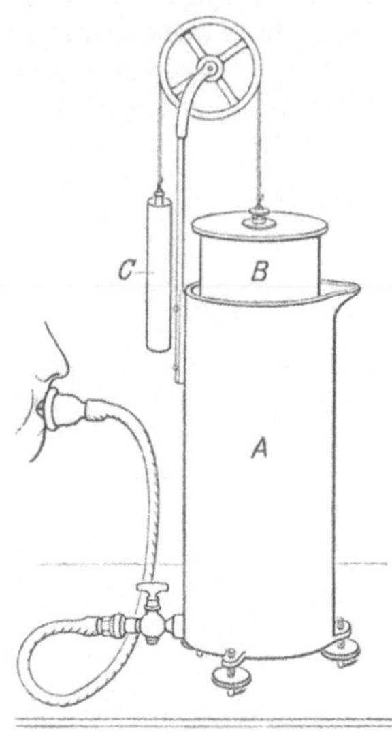

Fig. 164. Spirometer.

Wir vergleichen die vitale Kapazität bei verschieden großen Versuchspersonen und bei Männern und Frauen. Ferner läßt sich leicht der Einfluß der Übung feststellen.

Auskultation des Atemgeräusches am Menschen.

Man bringt entweder das Ohr direkt an den Thorax, oder man benützt ein Stethoskop. Man hört über der ganzen Lunge während der Dauer der Inspiration ein gleichmäßig schlürfendes Geräusch (vesiculäres Atemgeräusch). Bei der Exspiration fehlt entweder jedes Auskultationsphänomen, oder man hört ganz am Anfang der Exspiration ein kurzes, leises, hauchendes Geräusch.

Perkussion des Thorax beim Menschen.

Wir verwenden entweder ein sogenanntes Plessimeter (*a*) und einen Perkussionshammer (*b*) (Fig. 165), oder aber wir benützen den Mittelfinger der linken Hand als Plessimeter und klopfen mit dem

Mittelfinger der rechten Hand. Wir
erhalten über den Lungen überall einen
lauten Perkussionsschall. Wir stellen
bei gewöhnlicher Atmung und noch
besser bei forcierter Exspiration die
untere Lungengrenze in der Mammillarlinie (etwa unterer Rand der 6. Rippe)
fest und lassen dann forciert inspirieren. Wir erhalten nun bis zur
7. Rippe und ev. noch weiter nach
unten Lungenschall. Demonstration
der Verschiebung der Lungenränder.

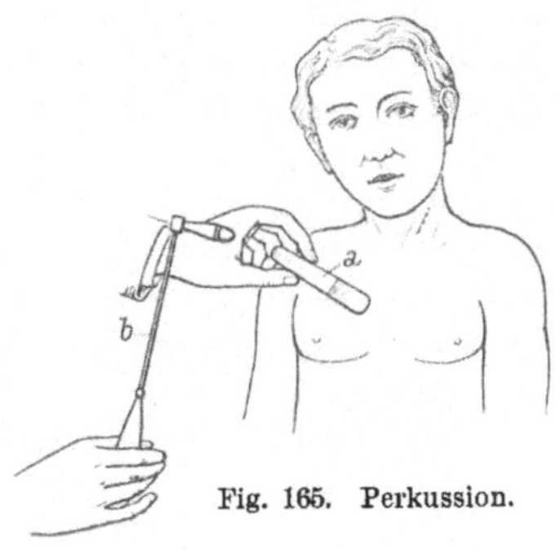

Fig. 165. Perkussion.

Registrierung der Atembewegung.

Auf dem Thorax der Versuchsperson wird mit Hilfe eines Bandes
(Gurtes) (d und c in Fig. 166) ein Aufnahmeapparat befestigt. Er besteht aus einem trichterförmigen Metallgefäß, dessen weite Öffnung
mit einer doppelten Gummimembran a überspannt ist. Zwischen
beide Blätter wird durch das Rohr b Luft eingeblasen, so daß das
äußere Blatt vorgewölbt ist. Dann wird das Rohr b verschlossen. Die
engere Öffnung des Metallge-
fäßes setzt sich in ein Rohr
fort, an dem ein Gummi-
schlauch e befestigt ist. Dieser
trägt am anderen Ende eine
Registrierkapsel, die ihre Bewegungen mit Hilfe eines
Schreibhebels auf eine berußte,

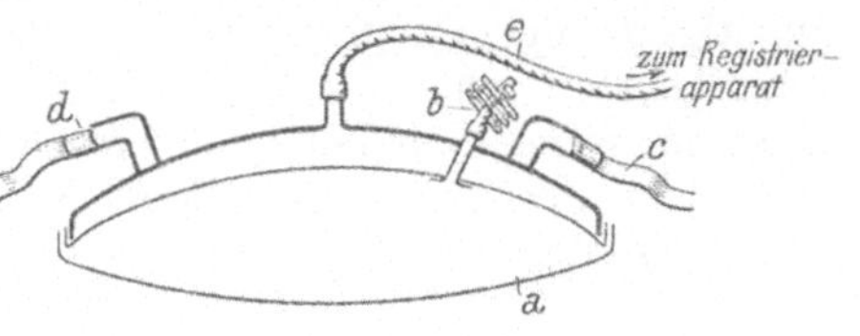

Fig. 166.

auf ein Kymographion aufgespannte Fläche aufzeichnet. Jede Lage-
veränderung der Membran des Aufnahmeapparates bewirkt durch Luft-
übertragung eine gleichsinnige Änderung der Membran des Registrier-
apparates. — An Stelle der Aufnahmekapsel können wir auch einfach
ein Stück eines dicken, zylindrischen, elastischen, an beiden Enden ab-
gebundenen Schlauches benützen. Ein in der Wand befestigtes Röhrchen vermittelt die Verbindung mit der Registrierkapsel.

Die Kurve, Pneumogramm genannt, zeigt einen aufsteigenden
Schenkel (Inspirationsbewegung) und einen absteigenden (Exspirations-
bewegung). Eine eigentliche Pause beobachten wir nicht.

Wir zählen bei der Versuchsperson die Zahl der Atemzüge in
der Minute, ohne daß sie sich beobachtet weiß und wiederholen die
Zählung, nachdem wir sie aufgefordert haben, möglichst „normal" zu
atmen. Wir beobachten meist, daß die Atmung jetzt beschleunigt und
oft unregelmäßig wird. Ferner verfolgen wir die Atemfrequenz und
den Atemtypus bei ruhiger Atmung und bei Anstrengung. Dann
wird das Verhalten der an den Rippen und der Thoraxapertur sich ansetzenden Muskeln bei ruhiger und bei forcierter Atmung betrachtet

und endlich bei einer mageren Versuchsperson die Bewegung des Zwerchfells verfolgt. Schließlich messen wir den Thoraxumfang bei normaler Atmung, bei In- und Exspiration und schließlich bei forcierten Atemphasen.

Einatmung von Ammoniak bewirkt sofortigen Atemstillstand in Inspirationsstellung. Halten wir die Atmung an, so tritt Dyspnoë auf. Jetzt atmen wir rasch hintereinander tief ein. Das Bedürfnis zu inspirieren kehrt erst nach längerer Zeit wieder (Apnoë).

Einfluß der Respirationsphasen auf die Herzphasen.

Wir suchen zunächst den Puls an der Radialis auf und kontrollieren ihn während der folgenden, mit großer Vorsicht auszuführenden Versuche. Es wird maximal inspiriert und dann bei geschlossener Glottis exspiriert. Hierbei wird der Brustraum stark verkleinert. Die unter hohem Druck stehende Lungenluft preßt das Herz und die intrathorakalen Gefäße zusammen. (Begünstigung der Systole bei der Exspiration!) Der Puls wird schwächer und schließlich hört er ganz auf. Der Versuch wird sofort abgebrochen. (Valsalvas Versuch.)

Bei einem zweiten Versuch exspirieren wir maximal und machen dann bei geschlossener Glottis eine Inspirationsbewegung. Dabei wird der Brustraum erweitert. Das Herz wird gewaltsam dilatiert. (Begünstigung der Diastole während der Inspiration!) Das Herz und die intrathorakal gelegenen Venen füllen sich stark mit Blut. Da das linke Herz nur wenig Blut bei der erschwerten Systole austreiben kann, so wird auch hier der Puls schwächer. Schließlich bleibt er ganz aus. (Johannes Müllerscher Versuch.)

Beobachtung der Atmung beim Kaninchen.

Wir führen zunächst die Tracheotomie aus. Durch einen oberhalb des Kehlkopfes beginnenden, bis zum oberen Rand des Sternums reichenden, in der Mittellinie des Halses geführten Hautschnitt legen wir das oberflächliche Blatt der Halsfascie frei. Sie wird mit einer Pinzette emporgehoben und mit einer Schere eröffnet. Nun sehen wir die beiden Mm. sternohyoidei vor uns. Sie stoßen genau in der Mittellinie zusammen. Sie werden stumpf auseinander präpariert. Wir gelangen dann direkt auf die Trachea, die von den beiden dünnen Mm. sternothyreoidei bedeckt ist. Auch diese werden stumpf auseinander gezogen. Nun wird die Trachea aus dem lockeren Bindegewebe herausgelöst und auf eine Strecke von 2—3 cm vollständig frei präpariert. Jetzt schieben wir unter die Trachea eine Pinzette, packen mit dieser einen dicken Seidenfaden und führen ihn unter der Trachea durch. An den Enden des Seidenfadens heben wir die Trachea empor und gehen zwischen zwei Knorpelringen mit einer Schere ein. Von diesem Querschnitte aus führen wir nach oben und unten dazu senkrechte, 1—2 Knorpelringe durchtrennende Schnitte. Nun führen wir die Trachealkanüle ein. Wir wählen ein einfaches, den Raumverhältnissen der

Trachea angepaßtes Rohr. Es wird mit dem erwähnten Seidenfaden festgebunden und dann am freien Ende mittels eines Schlauchstückes mit einem, ein seitliches, verschließbares Ansatzrohr tragenden Glasrohr verbunden. Dieses selbst verbinden wir mit einer T-Kanüle. (Vgl. Fig. 167.) Der
eine Ast dieser letzteren steht mit einer Flasche, die Barythydrat enthält,
in Verbindung und dient zur Luftzufuhr. Durch den andern Ast lassen wir
die Exspirationsluft
streichen. Sie geht
gleichfalls durch Ba-
rythydratlösung,
ehe sie nach außen
gelangt. Wir können
bei dieser Versuchs-
anordnung leicht
feststellen, daß die
Ausatmungsluft
mehr Kohlensäure
enthält, als die ein-
geatmete Luft.

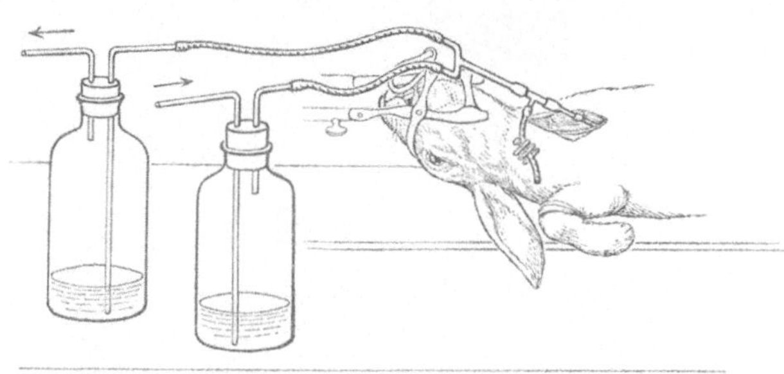

Fig. 167.

Verhindern wir, daß das Tier Luft erhält, indem wir das Luftzulei-
tungsrohr zuklemmen, dann beobachten wir den dyspnoischen Atemtypus. Die einzelnen Atemzüge werden tiefer. Gewöhnlich tritt auch
eine deutliche Verlangsamung der Atmung auf. Wenn man die Luftzufuhr längere Zeit vollständig unterdrückt, so erhält man neben tiefen,
krampfartigen Inspirationen bei starker Verlangsamung der Atemzüge schließlich reflektorische Erstickungskrämpfe, die sich
auf die gesamte Körpermuskulatur ausdehnen. Sobald sie sich zeigen,
hören wir mit der Absperrung der Luftzufuhr auf. Das Tier erholt sich
bald wieder. Die Atmung wird zunächst meist beschleunigt, um nach
kurzer Zeit wieder den normalen Typus anzunehmen.

Jetzt suchen wir den Nervus vagus auf der einen Seite auf. Wir
legen ihn frei und binden ihn an zwei benachbarten Stellen ab. Zwischen den beiden Knoten durchtrennen wir den Nerven. Wir können
nunmehr das periphere und das zentrale Ende jederzeit mit Hilfe der
Fäden aus der Wunde herausholen.

Wir entfernen nunmehr das T-Stück und verbinden die Kanüle
mittels eines Schlauches mit dem Rohr c der Flasche a. (Vgl. Fig. 168.)
Diese enthält Luft und ist durch das Rohr d mit einer Registierkapsel e
verbunden. Diese überträgt alle Druckschwankungen in dem genannten
Systeme mit Hilfe des Schreibhebels f auf die berußte, auf der Trommel eines Kymographions g aufgespannte Schreibfläche. Mit der
Schreibvorrichtung h zeichnen wir die Zeit auf.

Jetzt holen wir das zentrale Vagusende aus der Wunde heraus und
legen es auf die Reizelektroden. Wir erhalten bei genügend starken faradischen Strömen exspiratorischen Atemstillstand. (Vgl. die auf-
gezeichnete Kurve in Fig. 168.) Gleichzeitig beobachten wir die Herzaktion, indem wir z. B. die Herzspitze auskultieren. Die Herzfrequenz

bleibt ziemlich unverändert. Wird dagegen das periphere Vagusende gereizt, dann erhalten wir, wie schon oben erwähnt (S. 194), diasto-

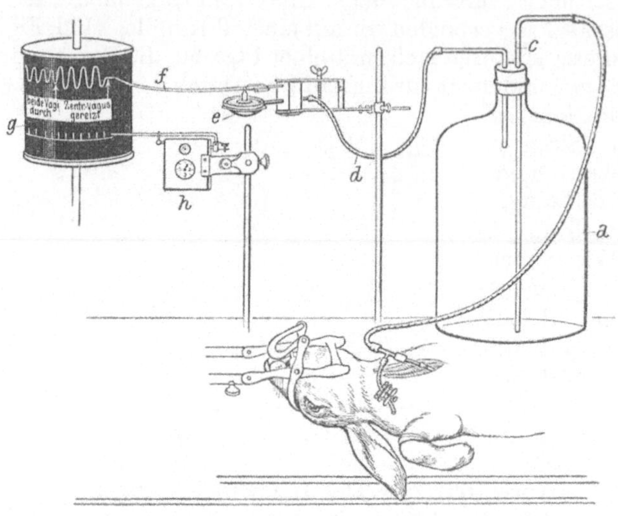

Fig. 168.

lischen Herzstillstand. Die Atemfrequenz dagegen bleibt unbeeinflußt.

Nunmehr verbinden wir die Trachealkanüle mit einem Manometer (vgl. Fig. 169), nachdem wir die Klemme des Seitenauslasses a gelockert

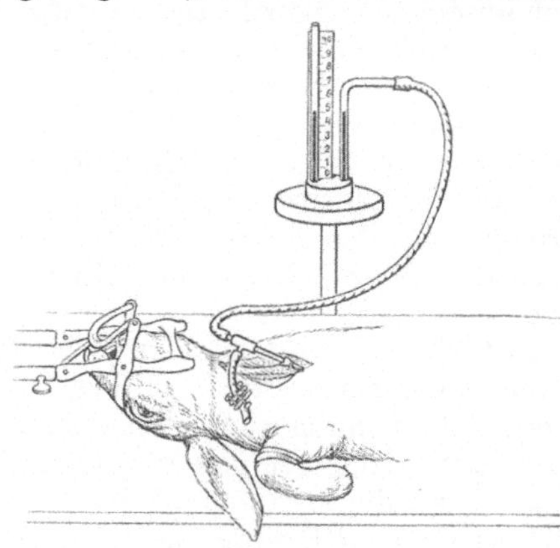

Fig. 169. Donders Versuch.

haben, damit das Tier atmen kann. Wir lassen es nun tief inspirieren, am besten halten wir etwas Ammoniak vor die Mündung des Rohres: es tritt inspiratorischer Atemstillstand ein. Jetzt verschließen wir das seitliche Rohr rasch mit der Klemmschraube und eröffnen im gleichen Momente den Thorax und den Pleuraraum, nachdem wir vorher den Stand des Manometers festgestellt haben. Wir beobachten dann, daß die Quecksilbersäule fällt. Gleichzeitig können wir feststellen, daß die Lunge den Pleuraraum nicht mehr vollständig ausfüllt. Die Lunge hat sich retrahiert (sogenannter negativer Druck, Donders Versuch).

Versuch zur Demonstration des passiven Verhaltens der Lungen bei den Atemphasen.

Wir entnehmen dem Kaninchen, bei dem wir im vorhergehenden Versuch einen Pneumothorax erzeugt haben, die unverletzte Lunge mit der Trachea und bringen sie in den aus Fig. 170 ersichtlichen Apparat (Donders Lungenmodell). Er besteht aus einem glockenförmigen Gefäß, das nach unten durch eine feste Gummimembran abgeschlossen ist. In der Mitte dieser Membran ist ein Knopf befestigt. In den Innenraum dieser Glocke bringen wir die Lunge. Die noch in der Trachea festgebundene Kanüle verbin-wir mit dem Rohr *a*. Dieses ist durch den die obere Öffnung der Glocke dicht abschließenden Stopfen *b* durchgeführt. Nun kommuniziert der zwischen Lunge und Glaswand befindliche Raum der Glocke nicht mehr mit der Außenluft. Dagegen stehen die Lungen durch die Trachea, die Kanüle und das Rohr *a* mit ihr in Verbindung. Wenn wir nun durch Zug am Knopf die Gummimembran nach unten ziehen (vgl. Fig. 170), dann vergrößern wir den Raum zwischen Lunge und Gefäßwand. Die Lunge erweitert sich sofort. Auf dem Lungengewebe lastet durch die Trachea hindurch der Atmosphärendruck. Durch diesen wird bei Erweiterung des genannten Raumes die Lunge gezwungen, dessen Vergrößerung zu folgen. Sobald wir die Gummimembran wieder in Ruhestellung zurückführen, oder gar darüber hinaus in die Glocke hineinpressen, verkleinert sich die Lunge wieder. Wir ahmen so gewissermaßen In- und Ex-

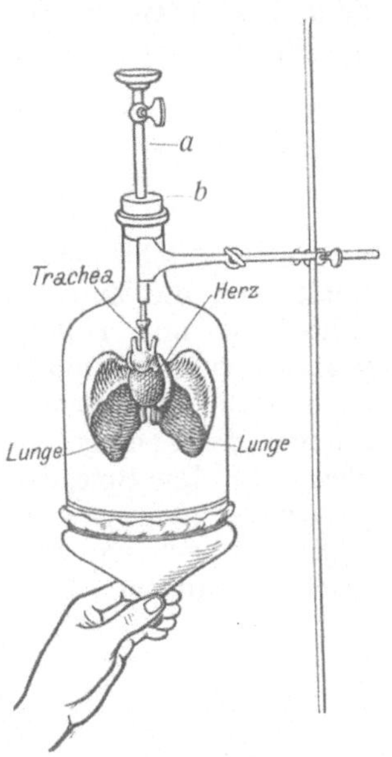

Fig. 170. Donders Lungenmodell.

spiration nach. Bei der ersteren Phase hören wir, wenn wir die Membran rasch nach unten ziehen, ein zischendes Geräusch. Es wird durch das rasche Eindringen der Luft in die Trachea verursacht. Bei sehr starker Vergrößerung des Raumes zwischen Lunge und Gefäßwand können wir Lufteintritt in das Lungengewebe beobachten (Emphysem). Es treten plötzlich, speziell an den Lungenrändern, starke Hervorwölbungen auf. Sie sind blaßgefärbt und verschwinden auch bei forcierter Verkleinerung des erwähnten Raumes nicht mehr ganz, d. h. die betreffenden Teile kollabieren nicht mehr vollständig. Der Glockeninnenraum darf nicht direkt mit dem Pleuraraum verglichen werden. Die Existenz eines wirklichen Pleuraraumes ist nicht erwiesen. Die Pleura visceralis und parietalis sind vielmehr nur durch eine dünne Flüssigkeitsschicht (Lymphe) von einander getrennt. — Beim Elephanten ist der Pleuraraum sogar von Bindegewebe ausgefüllt. (Schmaltz.)

Nun wird die Lunge aus dem Apparat herausgenommen, in kleine Teile zerschnitten und in Wasser geworfen. (Lungenprobe.) Wir beobachten, daß die Lungenstückchen schwimmen. Auch wenn wir ein Lungenstückchen zwischen den Fingern möglichst luftleer zu quetschen suchen, wird es immer noch auf dem Wasser schwimmen.

Betrachtung der oberen Atemwege, speziell des Kehlkopfes.

Wir benutzen zur Betrachtung des Kehlkopfes einen Kehlkopfspiegel. Er besteht aus einem kleinen runden Spiegel, der sich am Ende eines langen Griffes unter einer Neigung von 120° befindet. (Vgl. Fig. 171) Er wird in den Mundrachenraum eingeführt. Auf das Spiegelchen werfen wir mit Hilfe eines Stirnreflektors *a* Licht

Fig. 171.

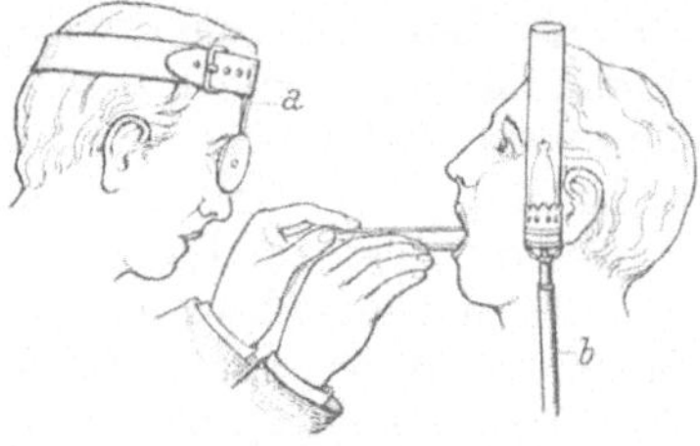

von einer Lichtquelle *b*. Es empfiehlt sich, die Zunge des zu Beobachtenden mit Hilfe eines Handtuches anzufassen und möglichst flach nach vorne zu ziehen, oder wir benutzen dazu einen Spatel. (Vgl.

Fig. 172.

Fig. 172.) Das Spiegelchen wird vor der Einführung auf Körpertemperatur erwärmt, weil es sich sonst beschlagen würde. Es wird gegen die vordere Fläche des Gaumensegels angedrückt. Wir betrachten zunächst die Stellung der Stimmbänder bei ruhiger Atmung.

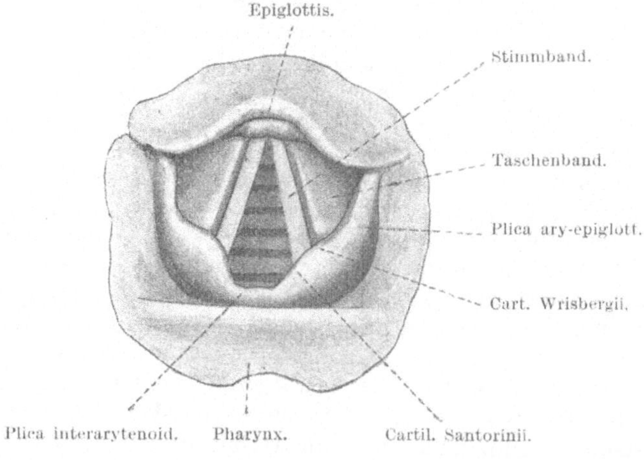

Fig. 173.

Wir erblicken im Spiegelbild die nach vorn liegenden Kehlkopfteile oben und die nach hinten liegenden unten. (Vgl. Fig. 173.) Am besten orientieren wir uns vom Zungengrund aus. Wir sehen ohne weiteres die Epiglottis. Ferner erkennen wir die seitlich nach unten ziehenden Plicae ary-epiglotticae. Man kann meist sehr gut die eingelagerten Knorpel als kleine Höcker unterscheiden. Von der Mitte der Epiglottis aus erstrecken sich die beiden Stimmbänder nach unten. Sie schließen zwischen sich einen schrägen Spalt ein, die Glottis. Ferner sehen wir die vordere Kehlkopf- und Luftröhrenwand. Bei jeder Inspiration weichen die Stimmbänder auseinander. Bei der Exspiration nähern sie sich. Wir lassen nun tief inspirieren und bemerken, daß nunmehr die Stimmbänder sehr weit auseinander gehen. Man kann bei tiefer Inspiration die Trachea ziemlich weit nach unten verfolgen. Unter günstigen Verhältnissen erblickt man sogar die beiden Hauptbronchien. Wir lassen nunmehr die Versuchsperson die Vokale e oder i aussprechen. Es nähern sich die Stimmbänder stark der Mittellinie. Es bleibt nur noch ein ganz schmaler Spalt übrig.

Anhang.

Johannes Müllers Versuch am Kehlkopf.

Der Kehlkopf eines Hundes, Schafes oder Schweines wird mit einem Stück der Luftröhre zu dem folgenden Versuche verwandt. In die Luftröhre wird ein Glasrohr eingeführt und mit Bindfaden befestigt (Fig. 174). Dann wird durch die Gießbeckenknorpel ein Nagel quer hindurch gestoßen und das spitze Ende umgebogen (ev. genügt auch eine starke Sicherheitsnadel). Nun bringen wir das Präparat auf ein Brett, in das wir einen Nagel eingeschlagen haben. Der Kehlkopf wird mit dem erwähnten, quer durchgestoßenen Nagel mittels eines Bindfadens oder Drahtes an dem eingeschlagenen Nagel fixiert. Nunmehr wird im Schildknorpel dicht über der Stelle, an der die Stimmbänder sich anheften, ein Häkchen befestigt. Dieses ist mit einer Schnur verbunden, die über eine Rolle läuft.

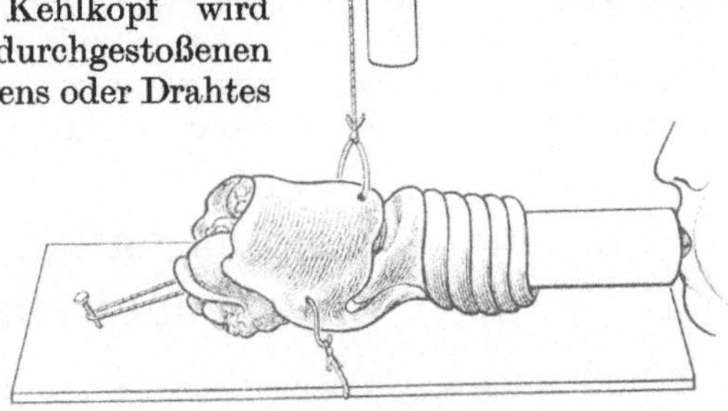

Fig. 174.

Durch verschieden schwere, an der Schnur angebrachte Gewichte können wir die Stimmbänder in verschiedenem Grade anspannen. Durch das in die Trachea eingebundene Glasrohr blasen wir die Stimmbänder an. Wir können leicht eine Änderung der Tonhöhe mit dem Grade der Anspannung der Stimmbänder feststellen. Selbstverständlich müssen wir bei diesen Versuchen stets möglichst gleich stark anblasen. Man beachte die Bewegungen der Stimmbänder während des Anblasens und in Ruhe. Bei der gleichen Versuchsanordnung wird der Einfluß der Stärke des Anblasens auf die Tonhöhe demonstriert.

Demonstration der Atmung bei der Pflanze.

Wir versenken einen Zweig eines Strauches oder eine Pflanze unter Wasser (vgl. Fig. 175) und setzen das Gefäß Sonnenlicht aus. Wir beobachten, daß von den Blättern aus Gasblasen aufsteigen. Es handelt sich um Sauerstoff.

Bei einem anderen Versuch stellen wir eine Topfpflanze auf eine Wagschale und tarieren sie genau aus. Wir beobachten, daß sich nach

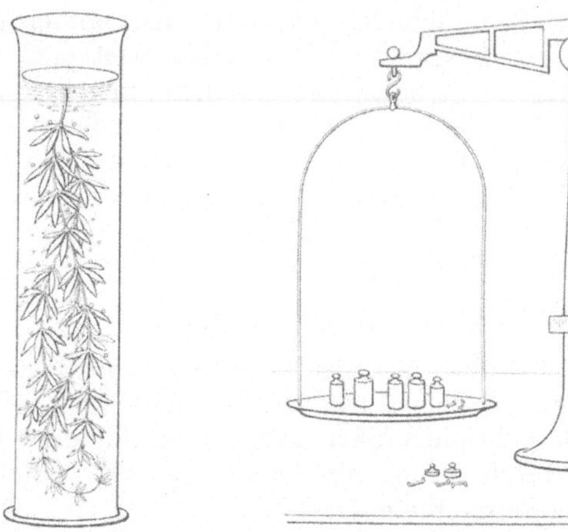

Fig. 175. Sauerstoffausscheidung durch die Pflanze.

Fig. 176. Nachweis der Assimilation von Kohlensäure durch die Pflanze.

einiger Zeit — besonders rasch, wenn direktes Sonnenlicht einwirken kann — die Wagschale, auf welcher der Topf sich befindet, senkt. Die Pflanze hat Kohlensäure aufgenommen und zur Synthese von organischen Verbindungen verbraucht (vgl. Fig. 176).

7. Allgemeine Eigenschaften des Muskel- und Nervengewebes.

Für die unten beschriebenen Versuche werden Muskel- und Nervenpräparate gebraucht. Man verwendet am besten die betreffenden Organe des Frosches. Die Herstellung der Präparate bedarf einiger Übung. Folgende Regeln sind zu beachten. Einmal muß man peinlich vermeiden, daß mit den genannten Geweben Hautsekret in Berührung kommt. Es werden deshalb alle Instrumente, die zum Abziehen der Haut benutzt wurden, beiseite gelegt oder gleich gründlich gereinigt. Ebenso wäscht der Operateur seine Hände. Bei der Präparation der Muskel- und Nervenpräparate müssen alle Verletzungen dieser Gewebe vermieden werden. Die Darstellung der Präparate muß rasch erfolgen. Braucht man bei mangelnder Übung längere Zeit, unterbricht man die weitere Präparation aus irgendeinem Grunde, oder wird das fertige

Präparat nicht sofort gebraucht, dann befeuchtet man es mit physiologischer Kochsalzlösung. Am besten bringt man es in den beiden letzteren Fällen in eine sog. feuchte Kammer (Fig. 177). Auf einem
Teller wird Fließpapier ausgebreitet und mit
physiologischer Kochsalzlösung getränkt. Auf
dieses legt man das Präparat und stülpt
eine Glasglocke über den Teller. Am besten
stellt man noch ein mit physiologischer
Kochsalzlösung gefülltes Schälchen unter
die Glocke. Besonders leicht trocknen Nervenpräparate aus. Am besten deckt man
diese, bis man sie braucht, mit Muskeln

Fig. 177.

ganz zu. Während der Versuche müssen die Organe stets von Zeit
zu Zeit mit physiologischer Kochsalzlösung befeuchtet werden.

Da zu den einzelnen Versuchen immer wieder die auf gleiche Art
gewonnenen Präparate zur Verwendung kommen, sei ihre Herstellung
vorausgeschickt.

Präparation des M. gastrocnemius vom Frosch in Verbindung mit dem Femur.

Zunächst wird der Frosch getötet. Wir schneiden zu diesem Zwecke
den Kopf dicht an der Wirbelsäule ab und zerstören mit Hilfe
einer Stricknadel das Rückenmark vollständig. Nun faßt man mit
einer Pinzette die Bauchhaut und präpariert mit einer Schere die
Haut und die Baucheingeweide von der Symphyse aus vollständig ab
(Fig. 178). Es verbleiben dann noch die Nieren, die großen Gefäße

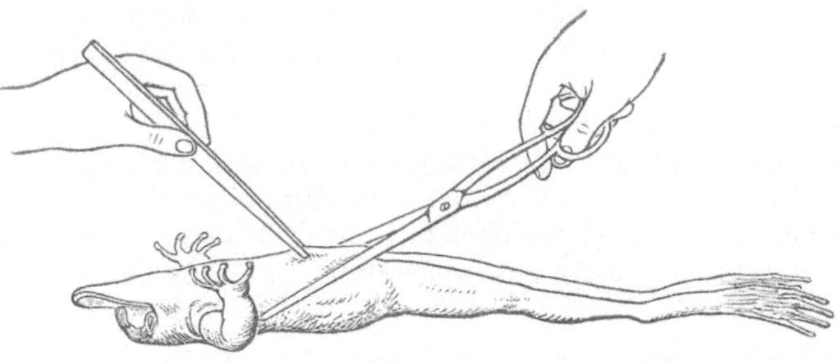

Fig. 178.

und die Reste der Geschlechtsorgane, des Rectums und der Blase übrig.
Nunmehr erfaßt man mit Hilfe eines Tuches die Wirbelsäule am Kopf-
ende und zieht mit der Hand die Haut kräftig (vgl. Fig. 183) nach
unten und enthäutet dadurch das Präparat vollständig. Jetzt reinigt
man die gebrauchten Instrumente und die Hände, weil die an der
Haut des Frosches befindlichen Sekrete, wie oben schon erwähnt,
Muskeln und Nerven schädigen würden. Man faßt nun denjenigen Ober-

14*

schenkel, den man zu präparieren wünscht, in der Mitte zwischen Zeigefinger und Daumen der linken Hand und trägt mit einer Schere sämtliche am Knie sich ansetzenden Oberschenkelmuskeln ab. Sie werden dann soweit bis zum Becken zu vom Femur abpräpariert, daß dieser bis zum Hüftgelenk vollständig frei liegt. Der Femur wird dicht am Hüftgelenk durchgetrennt. Durch Schaben mit einem Scherenblatt oder mit dem Schaber eines Skalpells reinigen wir ihn vollständig von anhaftenden Muskeln.

Das Präparat besteht nun aus dem Oberschenkelknochen und dem noch unberührten Unterschenkel. Jetzt erfaßt man das Präparat am Fuße und dreht es so, daß der Musculus gastrocnemius mit der Achillessehne nach oben zu liegen kommt. Man bohrt in die Achillessehne mit

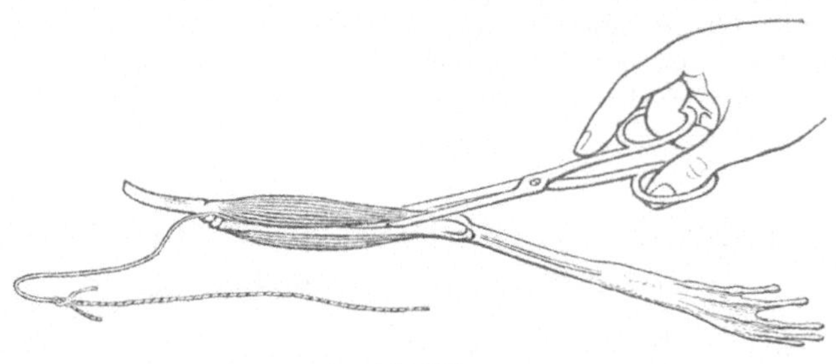

Fig. 179.

dem spitzen Blatt einer Schere proximal von dem in ihr befindlichen Sesambein ein Loch. Dann wird die Sehne an ihrem Übergang in die Plantaraponeurose durchgeschnitten (Fig. 179) und ganz vom Knochen abpräpariert. Man schneidet dabei dicht am Knochen entlang und unterstützt das Abtrennen, indem man die Sehne des Muskels mit Daumen und Zeigefinger der linken Hand erfaßt und durch leichten, gegen das Kniegelenk gerichteten Zug die Fascie anspannt. Die Fascie ist so dünn, daß man den Muskel durch einfaches Ziehen vom Knochen abziehen kann. Da jedoch hierbei leicht Verletzungen des Muskels eintreten können, ist ein Abtrennen mit Hilfe einer Schere vorzuziehen. Schließlich wird der Unterschenkel mit der noch anhaftenden Muskulatur dicht am Kniegelenk abgeschnitten.

Präparation des M. sartorius beim Frosch.

Es wird ein Frosch in genau der eben beschriebenen Weise getötet und ihm dann ebenfalls die Haut abgezogen. Wir legen nunmehr zuerst die Symphyse frei, indem wir die Bauchmuskelansätze vollständig abtragen. Sie wird dann mit Hilfe einer Schere durchgeschnitten (Fig. 180). Jetzt wird der Unterschenkel zwischen Zeigefinger und Daumen der linken Hand fixiert und mit dem spitzen Scherenblatt an der Außenseite der an der Tibia sich ansetzenden Sartoriussehne eingegangen. Man führt zunächst das Scherenblatt ganz flach unter der Sehne hindurch und

dreht dann die Schere so, daß die Schneiden der beiden Blätter das Kniegelenk zwischen sich fassen und schneidet es durch. Nunmehr trägt man
alle an der Tibia entspringenden Muskeln ab und läßt
nur den M. sartorius übrig. Die Tibia selbst wird im
unteren Drittel durchtrennt. Man ergreift nun mit
Daumen und Zeigefinger der linken Hand den Tibia-
stumpf und spannt die den M. sartorius umklei-
dende Fascie an, schneidet sie durch und präpariert
den M. sartorius bis zu seinem Ursprung an dem
vorderen Umfang der Symphyse und dem Os ilei
frei. Jetzt wird der Oberschenkel möglichst nahe
am Hüftgelenk durchgeschnitten. Die am Darmbein und am Hüftgelenk entspringenden Muskeln
werden mit Ausnahme des M. sartorius abgelöst. Nun
entfernt man mittels einer Schere den Gelenkkopf
des Femur aus der Gelenkpfanne und bohrt mit
einer Nadel ein Loch durch diese. Es sei noch
besonders bemerkt, daß während der Präparation der
M. sartorius nicht zucken darf. Es tritt dies nur
dann ein, wenn er verletzt wird. Eine einzige Ausnahme erhält man bei der Durchschneidung eines
am medialen Rande des Muskel eine Arterie beglei-
tenden Nerven. Hierbei zuckt der Muskel.

Fig. 180.

Präparation eines Nervenmuskelpräparates.

Auch hier wird der Frosch in der üblichen Weise getötet und dann
die Haut abgezogen. Man entfernt wiederum die Eingeweide aus der
Bauchhöhle und nimmt diesmal auch die Nieren, die großen Gefäße usw.
weg. Man erblickt dann zu beiden Seiten der Wirbelsäule den Plexus
lumbosacralis. Man schiebt nun unter das Nervenbündel eine Schere
platt durch, erfaßt mit ihr die Wirbelsäule und schneidet sie ober- und
unterhalb an der Austrittsstelle des N. ischiadicus durch. Dann erfaßt
man das Knochenstück mit einer Pinzette und präpariert den Nerven, soweit man ihn in der Bauchhöhle und im Becken erreichen kann, frei. In
den meisten Fällen wird man beide Nn. ischiadici präparieren, d. h. gleich
zwei Nervenmuskelpräparate gewinnen. In diesem Falle wird die
Wirbelsäule in der Längsrichtung gespalten, so daß dann jeder Nerv
mit einem Knochenstück in Verbindung steht. Dann verfährt man
auf beiden Seiten, wie es eben geschildert worden ist.

Jetzt erfolgt die Präparation des außerhalb des Beckens auf der
Hinterseite des Oberschenkels verlaufenden Teils des N. ischiadicus[1]).
Man legt das Präparat auf die Bauchseite und legt den N. ischiadicus
am Oberschenkel ganz frei, indem man in der leicht erkennbaren Furche

---

[1]) Man kann auch zuerst diesen und dann den abdominalen Anteil des
N. ischiadicus freilegen.

zwischen den beiden großen Muskelgruppen der dorsalen Seite des Oberschenkels stumpf in die Tiefe geht und die Spalte mit Muskelhaken auseinander hält. (Vgl. Fig. 181.) Man erkennt in der Tiefe den N. ischiadicus (*a* in Fig. 181), begleitet von der Arteria ischiadica. Es wird nun das stumpfe Scherenblatt unter dem Nerven durchgeführt. Dann durchtrennt man Muskeln und Oberschenkelknochen etwa in der Mitte des Oberschenkels. Die Muskeln werden in der oben beschriebenen Weise (vgl. S. 212) vom Femur abpräpariert. Jetzt brauchen wir nur noch das Stück des N. ischiadicus freizulegen, das durch die Beckenausgangsmuskulatur tritt. Man schiebt das spitze Blatt der Schere, indem man gleichzeitig mit einer Pinzette die Spitze des Steißbeines anhebt und nach der anderen Seite zieht, zwischen Nerv und Darmbeinflügel, schneidet hart am Darmbein den M. coccygeoiliacus durch, löst das Steißbein mit den anhaftenden Muskeln ab und durchschneidet es am proximalen

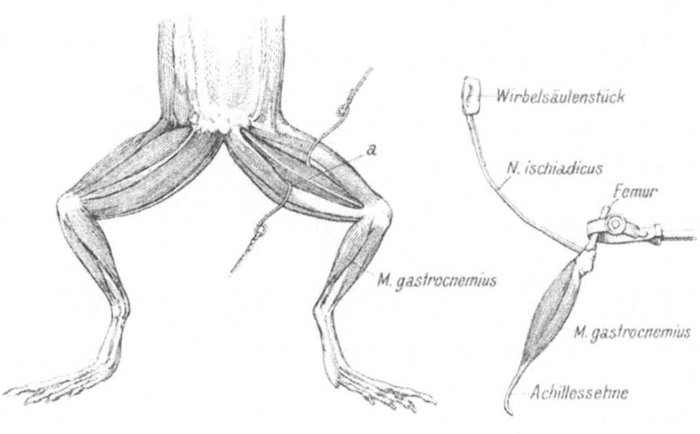

Fig. 181.   Fig. 182.

Ende. Jetzt kann man den N. ischiadicus in seinem ganzen Verlauf bis zum Knie verfolgen. Das Präparat besteht nun aus dem Nervus ischiadicus, dem von Muskeln befreiten Femur und dem intakten Unterschenkel. Nachdem man den Nerv sorgfältig in mit physiologischer Kochsalzlösung getränkte Wattebäuschchen eingepackt hat, präpariert man in der auf S. 212 geschilderten Weise den M. gastrocnemius (Fig. 179). Die Fig. 182 zeigt das fertige Präparat. Während der ganzen Präparation darf der N. ischiadicus niemals mit einem Instrument (Pinzette usw.) angefaßt werden. Stets benutze man die Knochenstücke als Handhabe.

Bei manchen Versuchen braucht man nicht ein so langes Stück des N. ischiadicus. In diesem Falle wird der untere Teil des Froschkörpers (vgl. Fig. 183) enthäutet und der N. ischiadicus nach Ausräumung der Bauchhöhle direkt frei präpariert, mit einem Faden möglichst nahe der Wirbelsäule abgebunden und durchgeschnitten (Fig. 184 u. 185), oder aber man verzichtet auf das in der Bauchhöhle verlaufende

Stück der N. ischiadicus und sucht gleich die Muskelfurche an der hinteren (oberen) Seite des Oberschenkels auf. Es wird der N. ischiadicus freigelegt und möglichst weit in das Becken hinein verfolgt. Dann wird der Nerv so proximal als möglich mit einem Seidenfaden abgebunden, proximal dicht am Knoten durchschnitten und unter Anspannung des Fadens vollends von der Unterlage frei präpariert. Im übrigen verfährt man zur Herstellung des Gastrocnemiuspräparates, wie oben.

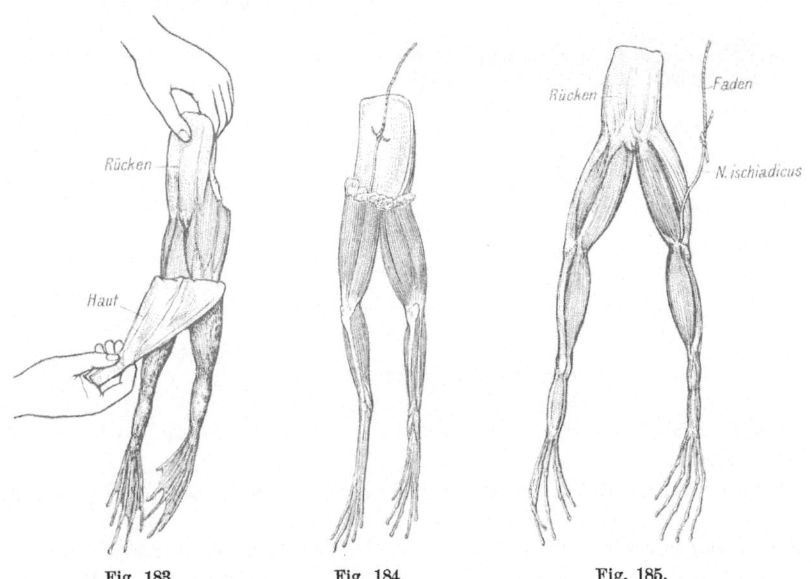

Fig. 183.   Fig. 184.   Fig. 185.

Bei einem Präparate, bei dem man nur den N. ischiadicus in der Muskelspalte freigelegt hat, demonstriere man den Effekt mechanischer Reizung. Man fasse den Nerven mit einer Pinzette an und quetsche ihn. Das Bein zuckt. Nun durchschneidet man den Nerv und quetscht das distale Ende und dann auch das proximale. Nur im ersteren Falle erhalten wir Muskelkontraktion.

Elastizität des Muskels.

Versuch über die Dehnbarkeit des ruhenden Muskels.

Ein Sartorius- bzw. Gastrocnemiuspräparat wird mit dem Knochenstück in einer Klammer *a* befestigt (Fig. 186). Das untere Ende des Muskels steht mit Hilfe eines Muskelhäkchens mit dem Schlitten *b* in Verbindung. An diesem hängt, senkrecht unter der Befestigungsstelle des Muskels, eine Wagschale *c*. Der Schlitten ist mit einer Schreibvorrichtung *e* versehen, die auf der berußten Fläche *d* die momentane Länge des Muskels aufzeichnet. Wir ziehen zunächst bei unbelastetem Muskel ein kleines Stück der Schreibfläche am Schreibstift vorbei und markieren uns so die Länge des Muskels. Nun geben wir Gewichte in die Wagschale und markieren uns jedesmal durch Vorüberführen der berußten Schreibfläche an der Schreibspitze die Länge des Muskels. Wir beobachten, daß der Muskel durch die zunehmende Belastung immer mehr gedehnt wird. Bei gleichmäßig zunehmender Belastung erfolgt aber nicht eine gleichmäßige Dehnung, sondern je höher die Belastung steigt, um so geringer wird die Dehnungszunahme. Entlastet man den Muskel, dann kehrt er nicht sofort zur ursprünglichen Länge zurück. Wir erhalten einen sog. **Dehnungsrückstand.**

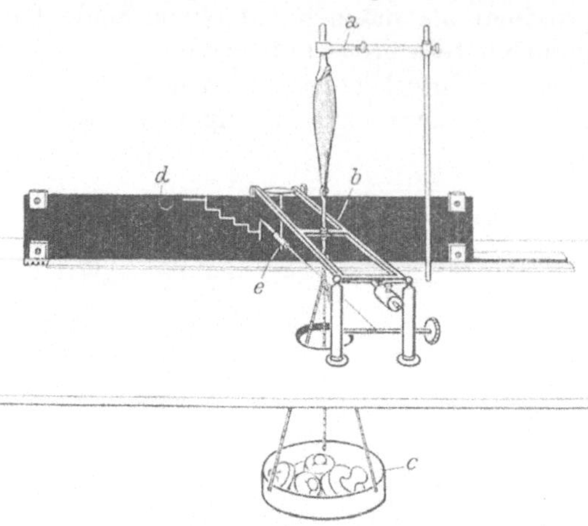

Fig. 186. Bestimmung der Dehnbarkeit des Muskels.

Erst allmählich wird die frühere Länge wieder angenommen. Wenn wir die genannten Versuche mit Hilfe eines Kymographions ausführen und dessen Trommel sich drehen lassen, dann erhalten wir sog. **Dehnungskurven.**

Beispiel: Bei der Belastung mit 50 Gramm beobachten wir z. B. eine Dehnung um 3,5 mm, bei 100 Gramm um 6,8 mm, bei 150 Gramm um 8,4 mm, bei 200 Gramm um 10,0 mm, bei 250 Gramm um 10,5 mm, bei 300 Gramm um 10,6 mm, bei 350 Gramm um 10,6 mm, bei 400 Gramm auch wiederum um 10,6 mm.

Läßt man das aufgelegte Gewicht längere Zeit auf den Muskel einwirken, dann beobachten wir, daß er sich mit der Zeit noch mehr verlängert: **Nachdehnung.**

Erregbarkeit von Muskel und Nerv.
Leitungsvermögen des Nerven.

Verschiedene Arten der Reizung des Muskels.

a) Direkte Reizung.

Wir wählen zu den Versuchen ein Sartoriuspräparat. (Vgl. S. 212.) Dieses wird mit dem Tibiaende in der Klemme *a* eines sogenannten Muskeltelegraphen (Fig. 187) befestigt. Durch die durchbohrte Gelenkpfanne des Beckens führen wir ein Muskelhäkchen. An diesem ist ein Bindfaden befestigt, der über eine Rolle *r* geführt ist. Die Achse der Rolle trägt einen mit einer Fahne *f* versehenen Zeiger. Über eine zweite an der gleichen Achse angebrachten Rolle läuft ein Faden mit einem Eimerchen *g*. Es dient, mit passenden Mengen

Schrotkörnern versehen, zum Anspannen des Muskels. Jede Verkürzung des Muskels wird durch die Fahne in vergrößertem Maßstabe angezeigt.

Wir beginnen zunächst mit mechanischen Reizen. Wir kneifen den Muskel mit Hilfe einer Pinzette. Man muß hierbei rasch zufassen. Oder aber wir stechen eine Nadel in den Muskel ein. Um zu beweisen, daß auch thermische Reize wirksam sind, gießen wir auf den Muskel über 40° warmes Wasser. Wir beobachten, daß nach einiger Zeit Dauerkontraktion auftritt. War die Temperatur des Wassers 45—50°, dann stirbt der Muskel ab. Es kommt zur dauernden Verkürzung (Wärmestarre).

Ein zweites ganz analog vorbereitetes Präparat benutzen wir, um die Wirkung elektrischer Reize zu demonstrieren. Wir bringen den Muskel gleichzeitig mit einem Zink- und Kupferblech in Berührung. Beide müssen an den Stellen, auf die wir den Muskel

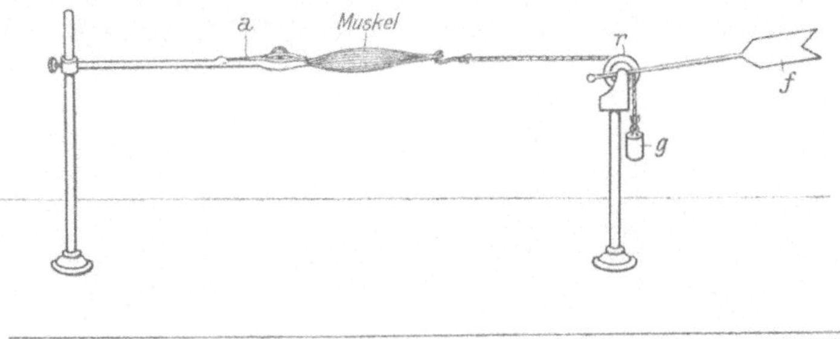

Fig. 187. Muskeltelegraph.

auffallen lassen, ganz blank sein. Wir nehmen am besten das Tibiastück aus der Klammer des Muskeltelegraphen heraus und lassen dann den Muskel auf die beiden Bleche auffallen. (Vgl. Fig. 189.) Wir beobachten im Moment der Berührung eine Zuckung (Schließung des Stromes) und wieder eine solche, wenn wir den Muskel von den Blechen abheben (Öffnen des Stromes). Dagegen bleibt der Muskel während des Liegens auf beiden Blechen in Ruhe.

Endlich prüfen wir auch chemische Reize. Pinseln wir auf den Muskel konzentrierte Kochsalzlösung oder Glycerin, dann beobachten wir, daß der Muskel zuckt. Verwenden wir Ammoniak, dann erhalten wir ebenfalls einen Erfolg.

Bei einem dritten Präparat beobachten wir die Folgen des Austrocknens. Wir lassen das Präparat einige Zeit stehen, ohne daß wir Kochsalzlösung aufpinseln. Wir sehen dann, daß nach einiger Zeit der Muskel spontan sich zu kontrahieren beginnt. Zunächst treten einzelne Zuckungen auf und schließlich Dauerkontraktionen.

b) Indirekte Reizung. Reizung des Muskels vom Nerven aus.

Wir können die unten mitgeteilten Versuche am einfachsten ausführen, indem wir den N. ischiadicus auf der dorsalen Fläche des Oberschenkels aufsuchen und eine Strecke weit frei präparieren

(vgl. Fig. 188). Oder aber wir benutzen ein Gastrocnemius-Nerven-
präparat. In diesem Falle wird der Femur in der Klemme des
Muskeltelegraphen fixiert und im Loch der Achillessehne das Muskelhäkchen angebracht. Den an diesem befestigten Faden führen wir über
die Rolle des Muskeltelegraphen. Die an deren Achse angebrachte
Fahne gibt uns über jede Verkürzung des Muskels in vergrößertem
Maßstabe Auskunft. (Vgl. über die übrige Einrichtung des Muskeltelegraphen S. 216.) Um Vertrocknung auszuschließen, befeuchten
wir den Nerv und auch den Muskel ab und zu mit physiologischer
Kochsalzlösung.

Wir lassen nun den Nerven gleichzeitig auf ein Zink- und ein Kupferblech auffallen (Fig. 189). In dem Moment, in dem der Nerv die
beiden Metalle berührt, kontrahiert sich der Muskel. Wenn wir den
Nerven abheben, beobachten wir das gleiche Phänomen. Der Nerv
wirkt in diesem Fall als feuchter Leiter (elektrische Reizung). Der

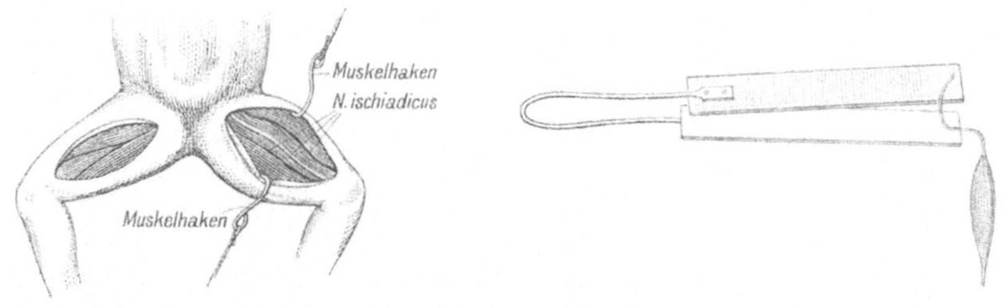

Fig. 188.   Fig. 189.

erhobene Befund beweist, daß durch den Nerven eine Erregung auf
den Muskel übertragen werden kann.

Den gleichen Effekt erhalten wir, wenn wir den Nerven mit einer
Pinzette plötzlich quetschen oder, wenn wir mit der Schere ein Stückchen
vom Nerven abschneiden. Bei dieser Gelegenheit suchen wir festzustellen,
ob für die Reizleitung die Kontinuität des Nerven notwendig ist. Wir
quetschen den Nerven in der Nähe seines zentralen Endes möglichst
stark durch. Wir beobachten in diesem Moment eine Muskelzuckung.
Nun quetschen wir eine noch weiter zentral gelegene Stelle. Wir beobachten keinen Erfolg, wohl aber, wenn wir peripher von dem gequetschten
Stück wiederum z. B. einen mechanischen Reiz ausüben. Nunmehr
stechen wir mit einer heiß gemachten Nadel distal vom gequetschten,
d. h. in den dem Muskel zugewandten Teil in den Nerven ein, oder
wir tauchen den Nerven in heißes Wasser. Diese thermischen Reize
sind gleichfalls von Kontraktionen des Muskels gefolgt.

Bei einem zweiten ganz analog hergestellten Präparat untersuchen
wir den Effekt der chemischen Reizung. Wir gießen auf ein Uhr-
schälchen etwas Ammoniak und lassen den Nerven in die Lösung eintauchen. Wir erhalten keine Zuckung des Muskels. Bei der Ausführung
dieses Versuches muß man sehr vorsichtig sein, weil der Muskel selbst
durch Ammoniak erregbar ist. Man muß somit vermeiden, daß die

Ammoniakdämpfe auf diesen einwirken können. Am besten trägt man das Ammoniak mit Hilfe eines kleinen Pinsels auf den Nerven auf. Wir lassen ferner den Nerven in ein Schälchen mit konzentrierter Kochsalzlösung fallen. Wir erhalten nach einiger Zeit einzelne Zuckungen und schließlich eine Dauerkontraktion (Tetanus). An Stelle von konzentrierter Kochsalzlösung können wir auch Glycerin verwenden.

Versuche, welche die direkte Erregbarkeit des Muskels beweisen.

Versuch 1. Wir bringen mit Hilfe eines Pinselchens etwas einer verdünnten wässrigen Ammoniaklösung auf einen im Muskeltelegraphen befestigten Muskel. (Vgl. auch S. 217.) Zunächst treten vereinzelte kurze Zuckungen auf, die sich mehr und mehr häufen. Der Nerv wird durch Ammoniak nicht erregt (vgl. S. 218). Die indirekte Reizung ist daher ohne Erfolg.

Versuch 2. Wir bereiten eine Lösung von Curare in Wasser (1 Gramm Curare in 100 ccm Wasser gelöst. Die Lösung wird filtriert). Nun spritzen wir 0,1—0,2 ccm der Curarelösung in die Rückenhaut eines Frosches ein. Nach kurzer Zeit ist er vollkommen bewegungslos. Daß er nicht tot ist, kann man leicht feststellen, indem man die Herzaktion beobachtet. Meist kann man am unverletzten Tier den Spitzenstoß direkt sehen. Sollte das nicht der Fall sein, dann eröffnet man den Thorax und stellt fest, daß das Herz schlägt. Nunmehr wird der Nervus ischiadicus freigelegt. Wir reizen ihn durch faradische Ströme und beobachten, daß kein Erfolg eintritt. Wenn wir dagegen die von ihm innervierten Muskeln direkt reizen, dann erhalten wir sofort Zuckung.

Versuch 3. Bei einem zweiten Versuch legen wir bei einem Frosche den Nervus ischiadicus frei und führen unter ihm einen starken Seidenfaden durch. Dieser wird um den ganzen Oberschenkel herumgeschlungen und an der lateralen Seite geknüpft. Die Ligatur muß so fest sitzen, daß die Blutzirkulation im Bein vollständig unterbrochen wird. Man überzeugt sich hiervon, indem man die Schwimmhaut unter dem Mikroskop betrachtet. Es liegt nun nur der Nervus ischiadicus außerhalb der Ligatur. Nun spritzt man 0,1 ccm einer 1proz. Curarelösung in den seitlichen Rückenlymphsack und wartet ab, bis die willkürlichen Bewegungen des Tieres erloschen sind. Die Muskeln des Schenkels, der unterbunden worden ist, sind vom Nerven aus erregbar. Selbstverständlich sind auch die Muskeln selbst erregbar. Das Curare konnte nicht zu den Nervenendigungen des unterbundenen Beines hingelangen, weil wir ja die Zirkulation vollständig unterbrochen haben. Überall, wo das Curare hingeführt werden konnte, sind die Endigungen der Nerven in den Muskeln außer Funktion gesetzt.

Versuche über den Erfolg von Einzelreizen.

Zur Reizung wählen wir den elektrischen Strom. Schon die einfache Beobachtung beim Auffallen des Nerven oder des Muskels auf die zwei verschiedenen Metalle, Kupfer und Zink, hat gezeigt, daß nur dann ein Erfolg zu sehen ist, wenn der Nerv resp. der Muskel die Metallplatten eben berührt, oder wenn der Kontakt wieder aufgehoben wird. Während des Liegens des Nerven resp. des Muskels auf den beiden Metallplatten beobachten wir keine Veränderung in der Gestalt des Muskels, trotzdem im Muskel resp. Nerven ein konstanter Strom kreist. Dieser einfache Befund beweist, daß der galvanische Strom an und für sich keine erregende Wirkung besitzt. Der Muskel resp. Nerv wird nur in dem Augenblicke erregt, in dem der Strom geschlossen oder unterbrochen wird. Zum Studium des Reizerfolges ist somit der galvanische Strom ungeeignet. Wir benutzen daher den faradischen Strom.

Bei den im folgenden beschriebenen Versuchen kehrt im großen und ganzen fast immer die gleiche Versuchsanordnung wieder. (Vgl.

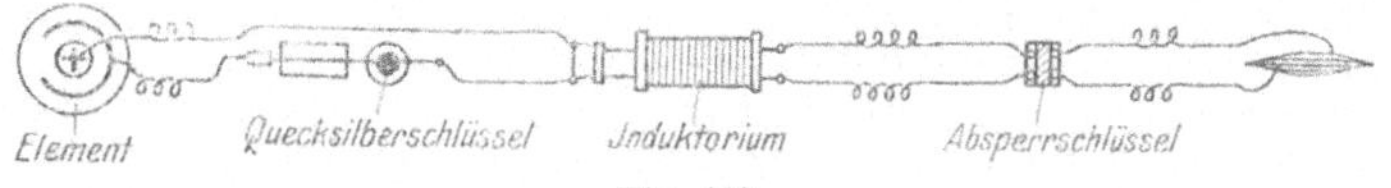

Fig. 190.

Fig. 190). Sie sei deshalb in ihren Grundzügen den Versuchen vorausgeschickt. Zur Erzeugung des elektrischen Stromes verwenden wir Daniellsche Elemente. Den Strom leiten wir zu einem sog. du Bois-Reymondschen Schlitteninduktorium, und zwar verbinden wir die Leitungsdrähte mit der primären, feststehenden Spule. In den einen der Leitungsdrähte fügen wir zweckmäßig einen Schlüssel zum Schließen und Öffnen des primären Stromes ein. Wir verwenden entweder einen Quecksilberschlüssel (vgl. Fig. 191) oder einen sog. Absperrschlüssel

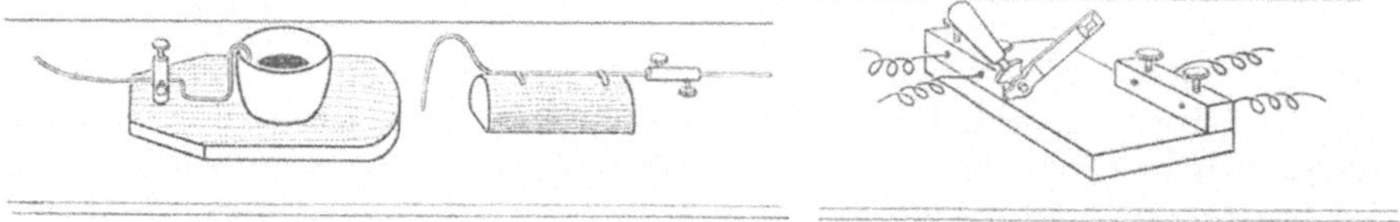

Fig. 191.   Quecksilberschlüssel.   Fig. 192.   Absperrschlüssel.

(vgl. Fig. 192). Zur Reizung benutzen wir im allgemeinen nicht den primären, sondern den sekundären, von der auf einem sog. Schlitten verschiebbaren Rolle abgeleiteten, induzierten Strom. Wir erhalten jedesmal im Moment des Schließens und des Öffnens des primären Stromes in der sekundären Spule einen induzierten Strom und zwar beim Schließen des primären Stromes einen diesem entgegengesetzt gerichteten induzierten Strom und bei der Öffnung des primären Stromes einen diesem gleichgerichteten induzierten Strom. Einen induzierten Strom erhalten wir auch beim Verstärken oder Abschwächen des primären Stromes, ferner bei Annäherung oder Entfernung des primären Stromkreises resp., was dasselbe bedeutet, der sekundären Spule. Verstärkung und Annäherung des primären Stromes entsprechen dem

Schließen, und Abschwächung und Entfernen des primären
Stromes kommen dem Öffnen des Stromes gleich. Solange der primäre
Strom unverändert ist, haben wir in der sekundären Spule keinen
Strom. Die induzierten Ströme sind in gewissem Sinne schnell verlaufende Stromstöße, die nur bei Änderungen in der Stärke des Stromes
oder des Abstandes des primären Stromkreises vom sekundären auftreten. Wir erhalten auch induzierte Ströme, wenn wir dem geschlossenen Kreis einen Magneten nähern oder diesen entfernen.

Es empfiehlt sich, diese Erscheinungen durch einen Versuch zu be-
legen. Wir verbinden die sekundäre Spule des Induktionsapparates mit
einem empfindlichen Galvanometer, am besten mit einem Multiplikator
(vgl. S. 240). Wir beobachten zunächst keinen Strom, d. h. keine
Ablenkung der Magnetnadel. Sobald wir jedoch einen Magneten rasch
in die Höhlung der Spule einführen, sehen wir, daß die Magnetnadel
einen Ausschlag zeigt, und ebenso, jedoch in entgegengesetzter

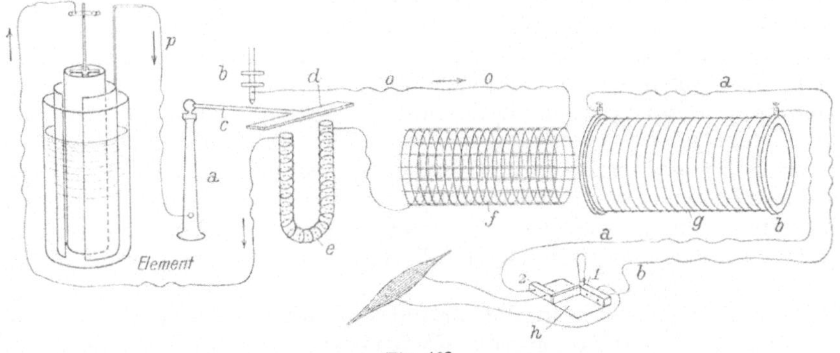

Fig. 193.

Richtung, wenn wir den Magneten wieder entfernen. Analoge Beobachtungen können wir ausführen, wenn wir den primären Strom schließen
oder öffnen oder den Abstand der beiden Rollen ändern. Wir verbinden
zu diesem Zwecke die primäre Spirale mit einem konstanten Elemente.
Die sekundäre Spule ist, wie schon erwähnt, auf einem sog. Schlitten
verschiebbar. Dieser besitzt am Rande eine Einteilung, die uns gestattet
die Stellung der sekundären Spirale zur primären genau abzulesen.

In vielen Fällen wünscht man, rasch hintereinander zahlreiche
Schließungen und Öffnungen des primären Stromes hervorzurufen.
Man benützt hierzu einen sog. Wagnerschen Hammer. Das vor-
stehende Schema (Fig. 193) gibt einen Einblick in die Zusammen-
setzung des ganzen Apparates. Von dem Element fließt der primäre
Strom durch den Draht p zu der Metallsäule a und von da zu der
Metallfeder c. Diese trägt an ihrem Ende einen aus Eisen bestehenden
Anker d. Die Feder steht mit der Schraube b in Kontakt. Von dieser
führt der Draht o zur primären Spirale f und von hier weiter um den
Elektromagneten e herum und schließlich zum Element zurück. Ist
der Strom geschlossen, dann wird der Elektromagnet magnetisch und

zieht den Anker herunter. Dadurch wird der Kontakt zwischen der Feder und der Schraube gelöst und gleichzeitig der Strom unterbrochen. Jetzt verliert der Elektromagnet seinen Magnetismus, die Feder schwingt wieder zurück, tritt in Kontakt mit der Schraube und der Strom ist von neuem geschlossen. Im nächsten Moment wiederholt sich die Unterbrechung wieder usw. Der primären Spule gegenüber befindet sich die sekundäre Spirale g. Auch diese setzt sich aus parallel geschalteten Drahtschlingen zusammen. Von der sekundären Spirale leiten wir die Drähte a und b zum Muskel resp. zum Nerven ab. In vielen Fällen wünscht man die Zuleitung der induzierten Ströme zum Nerven resp. zum Muskel beliebig zu unterbrechen und wieder herzustellen. Man benutzt hierzu einen sog. Absperrschlüssel h. Es werden die Enden der sekundären Spirale zu den beiden Metallklötzen 1 und 2 geführt. Von diesen aus verlaufen die Drähte weiter zum Nerven resp. Muskel. Zwischen den beiden Metallklötzen befindet sich eine Metalleiste, die sich durch einen Hebel aufheben und herunterklappen läßt. Wenn diese Leiste mit den Metallklötzchen 1 und 2 in Kontakt steht, dann geht der Strom durch die Metallbrücke, weil diese einen viel geringeren Widerstand bietet, als das tierische Gewebe. Wenn dagegen die Metalleiste emporgeklappt ist, dann ist der Strom gezwungen, das tierische Gewebe zu durcheilen.

Es sei noch bemerkt, daß Schließen und Öffnen des Induktionsstromes physiologisch ganz verschieden wirksam sind. Schließt man den primären Strom, dann erzeugt er nicht nur in der sekundären Spirale einen ihm entgegengesetzten Induktionsstrom, sondern jede Windung der primären Spirale wirkt induzierend auf die ihr benachbarte Windung. Wir erhalten dadurch in der primären Spirale einen dem primären Strom entgegengerichteten, sog. Extrastrom. Durch diesen wird die Entwicklung des primären Stromes verzögert, d. h. der Strom kann nur allmählich zu seiner vollen Stärke ansteigen. Der in der sekundären Spirale induzierte Strom zeigt ein ganz analoges Verhalten. Auch er schwillt allmählich an. Ganz andere Verhältnisse haben wir beim Öffnen des primären Stromes. Hier kann der verzögernde Extrastrom nicht zur Ausbildung gelangen. Es fällt der primäre Strom direkt auf Null ab. Wir erhalten in der sekundären Spirale ebenfalls einen sehr viel rascher verlaufenden Öffnungsinduktionsstrom. Diesen Unterschieden in der Entwicklung des Öffnungs- und Schließungsinduktionsstromes entspricht, wie wir bei den unten geschilderten Versuchen sehen werden, und wie schon eingangs betont wurde, eine verschiedene Wirksamkeit beider Ströme bei ihrer Einwirkung auf Muskel und Nerv[1]).

Versuch 1. Aufsuchung der Reizschwelle. Wir benutzen zu dem Versuch den M. gastrocnemius. Wir spannen ihn in der früher erwähnten Weise in den Muskeltelegraphen ein (Fig. 194).

---

[1]) Durch eine besondere Nebenschließung kann man die Bildung des Extrastromes verhindern resp. ihn unschädlich machen, doch sind solche Einrichtungen für die folgenden einfachen Versuche nicht notwendig.

Mit den Enden des Muskels bringen wir die Drähte der sekundären Spule des Induktorium in Verbindung. In den einen der der primären Spule den Strom zuleitenden Drähte schalten wir einen Quecksilberschlüssel ein. Dieser hat folgende Einrichtung. Auf einem Holzbrettchen befindet sich ein Napf, der mit reinem Quecksilber gefüllt ist. Die Oberfläche des Quecksilbers muß stets rein bleiben. Auf dem Brettchen befindet sich eine Polschraube, die durch einen Draht mit dem im Näpfchen befindlichen Quecksilber verbunden ist. In dieser Schraube befestigen wir z. B. den vom Element abgeleiteten Draht. Auf einem Holzklotz ist ferner ein Drahtbügel angebracht. Er besitzt ebenfalls eine Polschraube, in welcher der Draht befestigt ist, der zur primären Spule führt. Wir können nun durch Eintauchen des Drahtbügels in das Quecksilber den Strom schließen und umgekehrt durch Herausnehmen

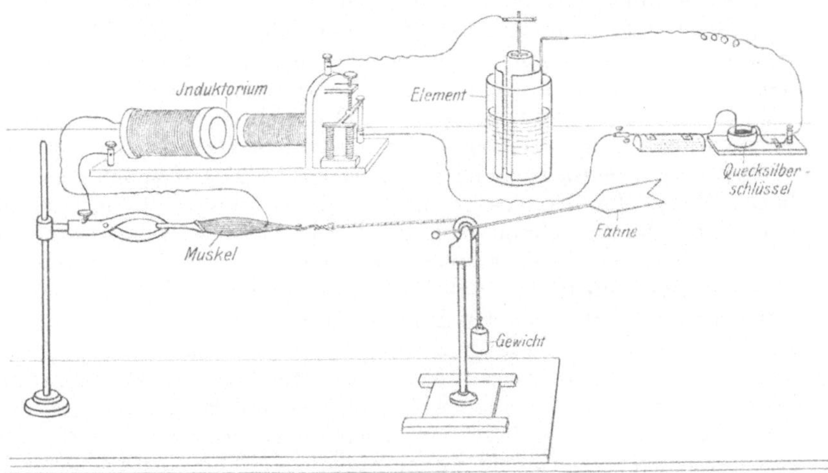

Fig. 194.

den Strom öffnen. Die Stromunterbrechung durch den Wagnerschen Hammer schalten wir bei den folgenden Versuchen ganz aus, so daß die Schließung und Öffnung des primären Stromes nur durch den Quecksilberschlüssel erfolgt.

Wir wählen zunächst einen weiten Rollenabstand. Der Strom ist noch geöffnet. Jetzt schließen wir ihn durch Eintauchen des Metallbügels in das Quecksilbernäpfchen. Wir beobachten, ob der Muskeltelegraph eine Kontraktion des Muskels anzeigt. Wir erhalten zunächst keine Reaktion. Sie bleibt auch beim Öffnen des Stromes aus. Nun nähern wir die sekundäre Rolle der primären und beobachten bei der Schließung und auch bei der Öffnung des Stromes das Verhalten des Muskeltelegraphen und auch des Muskels selbst. Bei einem bestimmten Rollenabstand erhalten wir dann bei der Öffnung des primären Stromes Zuckung des Muskels, während bei der Schließung noch jede Kontraktion ausbleibt. Wir haben die

Reizschwelle für die Öffnungszuckung erreicht. Wir entfernen nun die Rollen wieder etwas auseinander und beobachten, ob wir nunmehr bei der Öffnung des primären Stromes eine Zuckung erhalten. Ist dies nicht der Fall, dann war die Bestimmung der Schwelle richtig. Wir müssen allerdings bei der Ausführung dieses Versuches die Einzelreize sich nicht zu schnell folgen lassen. Reizen wir bei einem Rollenabstand, der eben noch keine Öffnungszuckung ergab, dann beobachten wir bei mehrmaliger rasch aufeinander folgender Wiederholung des gleichen Reizes, daß eine Zuckung auftritt: Summation der Reize. Nun nähern wir die beiden Rollen sich mehr und mehr und kommen dann zu einer Stelle, bei der wir sowohl bei der Öffnung als auch bei der Schließung eine Zuckung erhalten. Nun nähern wir die Rollen noch weiter und stellen gleichzeitig fest, daß nunmehr bei Schließung und bei Öffnung die Zuckung eine immer erheblichere wird. Schließlich er hält man eine maximale Zuckung. Bei weiterer Erhöhung der Reizstärke nimmt die Zuckungshöhe nicht mehr zu: immer vorausgesetzt, daß die Einzelreize in genügenden Zeitabständen sich folgen.

Versuch 2. Genau den gleichen Versuch führen wir bei gleicher Versuchsanordnung bei einem Nervenmuskelpräparat aus. Wir bestimmen zunächst bei direkter Reizung des Muskels in der bei Versuch 1 beschriebenen Weise den Rollenabstand für die Öffnungszuckung und denjenigen für die Schließungszuckung. Dann reizen wir vom Nerven aus und beobachten, bei welchem Rollenabstand sich Zuckung des Muskels zeigt. Wir finden, daß die Öffnungszuckung bei einem größeren Rollenabstand eintritt als bei direkter Reizung des Muskels, und ebenso erhalten wir die Schließungszuckung früher als beim vorhergehenden Versuch. Um den Nerven zu reizen, benutzen wir sog. Reizelektroden. Es werden zwei etwa 5 cm lange Glasröhrchen mit Bindfaden zusammengebunden und durch diese die zuleitenden Drähte hindurchgeführt und festgekittet. Die freien Enden ragen etwa 1 cm aus den Röhrchen hervor. Diese führt man am besten durch einen Korkstopfen und befestigt diesen mit einer Klammer an einem Stativ. Man kann dann einfach den Nerven auf die Drahtenden auflegen. Noch besser verwendet man unpolarisierbare Elektroden (vgl. S. 240).

Versuch 3. Um ein genaueres Bild der Muskelkontraktion zu erhalten, schreiben wir die Verkürzung auf. Im Prinzip haben wir die gleiche Versuchsanordnung, wie vorher. Wir wählen wieder ein Gastrocnemiuspräparat und befestigen das Femurende in einer Muskelklemme (vgl. Fig. 186). Das andere Ende verbinden wir mit einem um eine Achse drehbaren leichten Schreibhebel (Fig. 195). Zur Spannung des Muskels hängen wir diesem ein Gewicht G an. Dieses darf nicht senkrecht unter dem Angriffspunkt des Muskels angebracht sein, weil ihm sonst während der Kontraktion des Muskels eine zu rasche Bewegung erteilt werden könnte. so daß der Muskel zum Teil entlastet würde. Es wird deshalb das Gewicht an einem Faden angebracht, der um die an der Achse des Schreibhebels angebrachte Rolle R geschlungen ist. Die Spitze des Schreibhebels schreibt die Verkürzung des Muskels auf eine auf der Trommel eines Kymographions aufgespannte berußte Fläche auf. Diese wird, nachdem der Hebel bei unbewegter Trommel eine senkrechte Linie aufgeschrieben hat, jedesmal etwas gedreht, damit die neue Aufzeichnung nicht mit der vorhergehenden zusammenfällt. Nunmehr wiederholen wir bei der Versuchsanordnung des Versuches 1 (S. 222) das Aufsuchen der Reizschwelle. Wir beobachten bei einem bestimmten Rollenabstand eine Öffnungszuckung. Sie ist ganz minimal. Der Schreibhebel zeichnet uns eine eben wahrnehmbare Erhebung auf der berußten Fläche auf. Nunmehr verringern wir den Rollenabstand, bis wir auch eine Schließungszuckung erhalten. Bei weiterer Annäherung stellen wir fest, daß die einzelnen Zuckungen größer werden. Der Muskel verkürzt sich immer stärker. Wir kommen schließlich zu einer maximalen Zuckung. Wiederholen wir bei einem bestimmten Rollenabstand die Reizung mehrere Male hintereinander, dann beobachten wir, daß die Zuckungshöhen größer werden. Der Muskel wird erregbarer (Treppe).

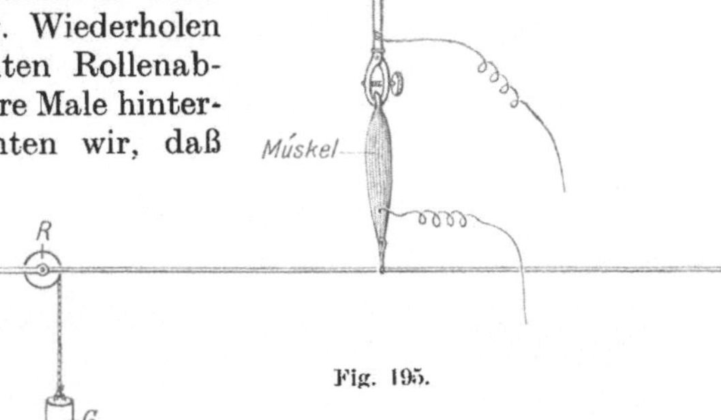

Fig. 195.

Versuch 4. Wir wiederholen den bei Versuch 2 (S. 224) beschriebenen Versuch, d. h. wir reizen vom Nerven aus. Im übrigen ist die Versuchsanordnung genau dieselbe. Wir stellen auch hier die Reizschwelle für die Öffnungs- und die Schließungszuckung fest. Wir beobachten dabei ebenfalls die Rollenabstände und erzeugen die maximale Zuckung.

Versuch 5. Die Versuchsanordnung bei Versuch 3 und 4 gestattet uns, den Verkürzungszustand bei gegebener Reizstärke genau zu verfolgen. Wir erhalten aber keinen Einblick in den Verlauf der einzelnen Zuckung. Um diesen verfolgen zu können, lassen wir den Schreibhebel den im Moment vorhandenen Verkürzungszustand auf einer sich bewegenden berußten Fläche aufschreiben. Wir erhalten so eine sog. Zuckungskurve. Im übrigen ist die Versuchsanordnung die gleiche, wie bei Versuch 3 u. 4, nur lassen wir das Kymographion sich drehen. Die Drehung muß eine rasche sein. Sie wird durch ein Uhrwerk mit Schwungscheibe bewirkt. Wir können zu diesem Versuche auch ein sog. Federmyographion benutzen. Vgl. Fig. 196. Bei diesem wird die berußte Schreibfläche a durch die Kraft einer gespannten Feder c in Bewegung gesetzt. Um auch über die Zeitverhältnisse orientiert zu sein, läßt man eine vibrierende Stimmgabel mit bekannter Schwingungszahl eine sog. Zeitkurve aufschreiben.

Wir müssen ferner eine Vorrichtung haben, um den Moment des Reizes zu markieren. An Stelle des Quecksilberschlüssels findet sich im primären Stromkreis ein sog. Kontakt. Ein am unteren Rande der Trommel angebrachter Zapfen stößt gegen ein Metallplättchen und hebt es von einem Stifte ab. Stift und Metallplättchen sind mit je einem Zuleitungsdraht verbunden. Drehen wir die Trommel langsam bis der Zapfen gegen das Metallplättchen stößt, so wird der primäre Strom geöffnet. Der Muskel zuckt in diesem Momente und zeichnet auf der ruhenden Schreibfläche einen senkrechten Strich auf. Wir überzeugen uns bei diesem Vorversuch, ob der Rollenabstand der richtige ist, d. h. wir stellen fest, ob die Zuckungshöhe eine genügende ist. Eine ganz ähnliche Einrichtung (Fig. 196b) besitzt auch das Federmyographion, bei dem wir auch durch einen besonderen Versuch den Moment des Reizes sich aufzeichnen lassen. Ferner zeichnen wir eine Abszisse auf, indem wir bei

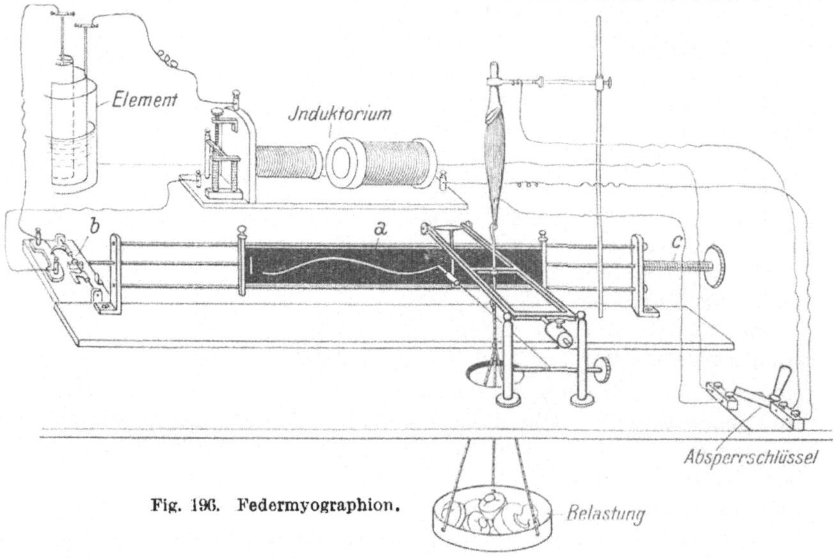

Fig. 196. Federmyographion.

angelegtem Schreibhebel die Trommel rotieren lassen, ohne den Muskel zu reizen. Diese Linie gestattet dann ein Urteil über die Höhe der Zuckung während ihres ganzen Verlaufes.

Nachdem diese Vorbereitungen getroffen sind, beginnt der eigentliche Versuch. Wir lassen die Trommel rasch rotieren. Der Zapfen der Trommel öffnet den primären Strom. In diesem Moment erfolgt der Reiz. Der Muskel zuckt. Betrachten wir nun die erhaltene Kurve (Fig. 197), dann fällt uns zunächst auf, daß diese nicht im Moment des Reizes sich von der Abszisse abhebt. Es vergeht eine bestimmte Zeit vom Reizmoment bis zum Beginn der Verkürzung des Muskels. Wir nennen diese Periode das Stadium der latenten Reizung. Nun steigt die Kurve zunächst allmählich, dann steiler an und schließlich wird ein Maximum erreicht: Stadium der ansteigenden Energie. Dann sinkt die Kurve wieder zur Abszisse ab: Stadium der sinkenden Energie. Das Ende der Kurve zeigt oft kleinere Wellen. Diese sind ohne Bedeutung. Sie rühren von Trägheitsschwingungen des Schreibhebels her.

Man beobachtet ferner, daß die absteigende Kurve nicht gleich zur Abszisse zurückkehrt. Es findet sich zunächst ein gewisser Verkürzungsrückstand. Diese Art der Zuckung nennen wir isotonische Zuckung. Bei der gleichen Versuchsanordnung können wir nunmehr auch stärkere Reize anwenden, indem wir bei verschiedenem Rollenabstand reizen und die jedesmal erhaltene Kurve betrachten. Vor allem interessiert uns die Dauer des Latenzstadiums bei verschieden starken Reizen.

Bei genau der gleichen Versuchsanordnung verfolgen wir den Einfluß der Ermüdung, indem wir längere Zeit bei gleichem Rollenabstand reizen. Ferner prüfen wir den Einfluß

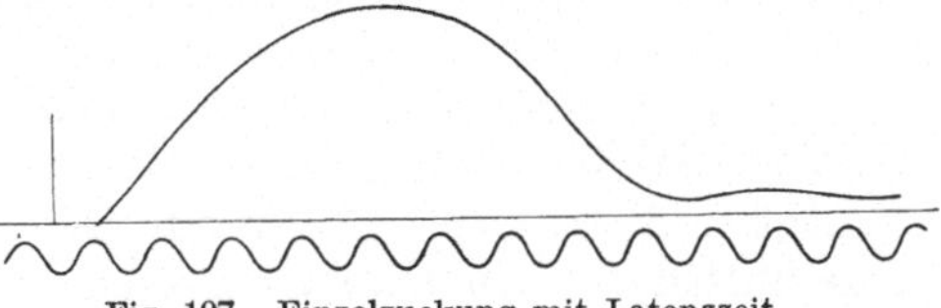

Fig. 197.   Einzelzuckung mit Latenzzeit.

der Temperatur auf die Dauer der Latenzzeit und die Raschheit des Ablaufs der Zuckung, indem wir den Muskel mit auf 0° abgekühlter Kochsalzlösung befeuchten oder umgekehrt 30—35° warme Kochsalzlösung aufträufeln. Es läßt sich leicht feststellen, daß die Dauer der Zuckung und auch diejenige des Latenzstadiums bei Abkühlung und bei Ermüdung zunimmt. Erwärmung hat den umgekehrten Effekt.

Hat man schließlich durch zahlreiche Wiederholungen der Reize den Muskel soweit ermüdet, daß er bei einem bestimmten Rollenabstand nicht mehr oder kaum mehr reagiert, dann warten wir einige Zeit und prüfen wieder bei gleichem Rollenabstand. Der Muskel hat sich wieder erholt: er verkürzt sich.

Endlich können wir auch bei dieser Versuchsanordnung mit Hilfe der Reizelektroden vom Nerven aus reizen. Wir erhalten ebenfalls ein Latenzstadium und eine Kurve, die der eben besprochenen gleich ist.

Versuch 6. Um auch eine andere Versuchsanordnung kennen zu lernen, stufen wir die Stromstärke mit Hilfe eines Rheostaten oder eines Rheochords ab. Vgl. S. 228 und Fig. 198. Vom Element e aus leiten wir den Strom zunächst zum Rheochord, und zwar verbinden wir den einen Draht mit dessen einem Ende und den anderen mit dem verschiebbaren Keil k. Ein in den Stromkreis eingeschalteter Quecksilberschlüssel gestattet das Öffnen und Schließen des Stromes. Der Muskel ist im Muskeltelegraphen befestigt. Durch Verschieben des Keiles k können wir die Strecke des auf der Holzleiste r aufgespannten Drahtes, durch die der Strom hindurch muß, variieren. Wir ändern damit den Widerstand und damit die Stromstärke. Bei einem bestimmten Abstand des Schiebers k vom Metallklotz x wird der Muskel zucken. Wir können so die Reizschwelle ausfindig machen.

Versuch 7. Versuch mit dem belasteten Muskel. Bei sonst gleicher Versuchsanordnung, wie beim Versuche über die Dehnbarkeit des ruhenden Muskels (S. 216), bringen wir nahe an der Drehachse des Schreibhebels eine Gewichtschale an. Wir verzeichnen zunächst die Länge des unbelasteten Muskels, indem wir die Schreibfläche am Schreibhebel vorbeiführen und so eine Abszisse aufzeichnen. Nunmehr wird der

unbelastete Muskel mit maximalen Reizen gereizt. Wir erhalten auf
der ruhenden Schreibfläche einen vertikalen Strich. Die Reizung wird
unterbrochen, indem wir den im sekundären Stromkreis eingeschalteten
Absperrschlüssel schließen und damit den Strom vom Muskel ablenken
(vgl. S. 222). Jetzt dreht man die Trommel etwa 0,5 cm weiter und belastet den Muskel mit 5 Gramm. Die dabei eintretende Verlängerung des
Muskels läßt man auf der Schreibfläche sich aufzeichnen. Man erhält
eine vertikale von der Abszisse nach abwärts gerichtete Linie. Hat der
Muskel seine definitive Länge angenommen, dann reizt man wiederum
mit maximalen Reizen, nachdem man den Absperrschlüssel im sekundären Stromkreis geöffnet hat. Die Verkürzung wird wiederum aufge-
zeichnet und dann das belastende Gewicht abgenommen. Sobald der
Schreibhebel zur Abszisse zurückgekehrt ist, dreht man die Trommel

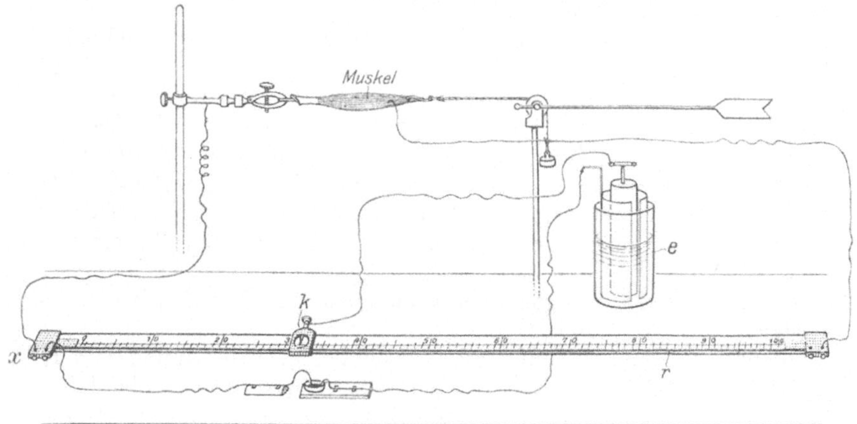

Fig. 198.

wiederum um 0,5 cm weiter und belastet nunmehr mit 10 Gramm,
verzeichnet die Verlängerung des Muskels, reizt, zeichnet die Verkürzung auf usw. Immer wieder legt man 5 Gramm mehr hinzu und
beobachtet die einzelnen Zuckungshöhen. Man erhält so eine ganze
Reihe von parallelen Linien. Wenn man die oberen Endpunkte derselben miteinander verbindet, dann gewinnt man die Dehnungskurve des tätigen Muskels und durch Verbindung der unteren
Enden die Dehnungskurve des ruhenden Muskels.

Versuch 8. Versuch über die Ermüdung des Muskels. Wir
verwenden die übliche Versuchsanordnung: Element, Schlitteninduktorium. Von der sekundären Spirale leiten wir die Drähte direkt zum
Muskel. In einem dieser Drähte ist eine Nebenschließung angebracht. In
der primären Leitung bewirken wir mit Hilfe eines Metronoms rhythmische Schließung und Öffnung des primären Stromes. Das Metronom
stellen wir so ein, daß etwa alle Sekunden ein Öffnen des Stromes erfolgt.
Die Rollen des Induktorium stellen wir so weit auseinander, daß gerade
eine Öffnungszuckung zustande kommt. Wir erhalten dann jedesmal

bei der Öffnung des Stromes eine Zuckung. Wir zeichnen die Verkürzung des Muskels auf ein Kymographion auf, das wir mit angemessener Geschwindigkeit am Schreibhebel vorbeiführen. Wir beobachten, daß die Höhe der Zuckung am Anfang mit der Zahl der Zuckungen zunimmt: Erscheinung der Treppe. Dann bleiben dieHubhöhen eine Zeitlang gleich, um dann allmählich immer mehr abzunehmen, bis schließlich vollständige Unerregbarkeit des Muskels auftritt. Die Zuckungsdauer nimmt mit der Dauer der Reizung zu. Schließlich wird der Muskel zwischen den einzelnen Reizen gar nicht mehr erschlaffen. Es stellt sich eine scheinbar dauernde Verkürzung des Muskels, eine Kontraktur ein. Wenn man nun den Muskel einige Zeit in Ruhe läßt und wieder den Strom schließt und öffnet, dann erhält man wiederum eine Kontraktion des Muskels. Während der Ruhe hat sich auch die Verkürzung des Muskels wieder ausgeglichen.

Versuch 9. Bestimmung der Leitungsgeschwindigkeit im Nerven. Wir benützen ein Nervenmuskelpräparat. Als Reizapparat verwenden wir ein Schlitteninduktorium. Wir stellen die Rollen so, daß bei der Öffnung des Stromes eine maximale Zuckung eintritt. Zur Aufzeichnung der Verkürzung des Muskels benutzen wir ein Federmyographion. Bei diesem wird der primäre Strom geöffnet, wenn die berußte Schreibtafel am Schreibhebel vorbeigeschleudert wird (vgl. S. 226). Von der sekundären Spule des Induktoriums führen wir die Drähte zunächst zu einer Wippe, bei der wir das Kreuz herausgenommen haben (vgl. S. 233). Von den von der Wippe ausgehenden beiden Zweigleitungen führt das eine Drahtpaar zu einer Stelle des Nerven, die dem Muskel benachbart liegt, die andere an eine distalere, dem zentralen Ende des Nerven möglichst nahe gelegene Stelle. Zwischen den Elektroden liegt dann eine bestimmte, meßbare Nervenstrecke. Wir schreiben ferner die Zeit mit Hilfe einer Stimmgabel mit elektrischer Übertragung auf. Den Muskel belasten wir mit etwa 5 Gramm. Zunächst stellen wir die Wippe so, daß die untere Stelle des Nerven gereizt wird, und zeichnen nun die Zuckung des Muskels auf. Dann stellen wir die Wippe um. Es wird nun die obere Nervenstelle gereizt. Wir erhalten so zwei Kurven, wovon die zweite sich etwas später von der Abszisse abhebt, als die erstere und in ihrem ganzen Verlauf ein bestimmtes Stück später fällt. Die horizontale Entfernung der genannten beiden Kurven messen wir mit Zirkel und Maßstab unter der Lupe. Die dem gemessenen Abstand entsprechende Zeit können wir an der Kurve, die vom Zeitschreiber geschrieben worden ist, ablesen. Sie entspricht der Zeit, die der Reiz brauchte, um im Nerven von der oberen zur unteren Reizstelle zu gelangen. Man kann dann aus der abgelesenen Zeit unter Berücksichtigung der Länge des Nerven berechnen, welche Zeit der Reiz gebraucht hat, um die betreffende Nervenstrecke zu durcheilen. Es empfiehlt sich, den Versuch mehrmals hintereinander zu wiederholen und zwar auch mit Änderung der Länge der Nervenstrecke.

Bei der gleichen Versuchsanordnung bringen wir mit Hilfe eines Pinselchens zwischen die beiden Reizstellen Chloroform oder Äther auf

den Nerven. Wir beobachten, daß jetzt von der zentral gelegenen Reizstelle aus keine Kontraktion des Muskels ausgelöst werden kann. Der
Nerv ist an der betupften Stelle unwegsam geworden. Wenn wir die
betreffende Stelle durch Auftupfen von physiologischer Kochsalzlösung
gut auswaschen, dann wird die Reizleitung wieder hergestellt. Die
**Kontinuität des Nerven ist für die Reizleitung unbedingt
erforderlich.**

Versuch 10. Wir benützen ein Gastrocnemiuspräparat und bringen
dieses am Muskeltelegraphen an. Wir reizen den Muskel in der gewöhnlichen Weise **direkt** und stellen fest, daß er erregbar ist. Nun legen
wir ihn in eine 1 proz. Rohrzuckerlösung. Wir befestigen das Präparat
dann wieder im Muskeltelegraphen und reizen. Es bleibt, wenn der
Muskel genügend lange Zeit in der Zuckerlösung
belassen worden war, jeder Erfolg aus. Nun bringen
wir ihn für einige Zeit in 0,9 proz. Kochsalzlösung
und stellen fest, daß er wieder erregbar ist.

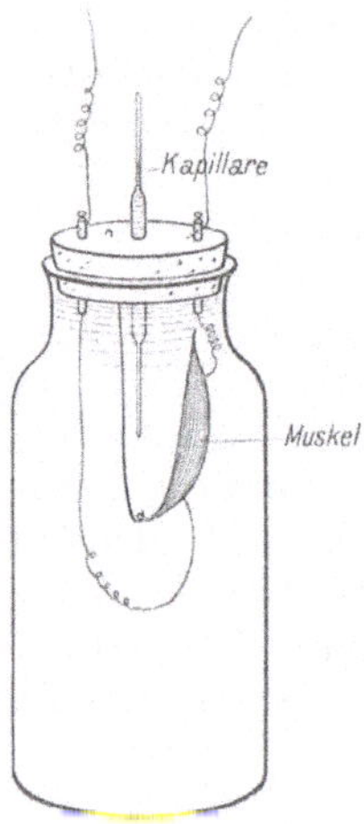

**Versuch 11. Beobachtung des Verhaltens
des Volumens des Muskels bei der Kontraktion.** Wir füllen eine Pulverflasche bis zum
Rande mit ausgekochter 0,9 proz. Kochsalzlösung.
Vgl. Fig. 199. Dann verschließen wir sie mit einem
Korkstopfen, durch den hindurch ein Glasrohr, das
zu einer Capillare ausgezogen ist, geführt ist. Die
Capillare besitzt eine feine Einteilung. Die Kochsalzlösung steigt beim Aufsetzen des Stopfens in
dem Rohr empor und läuft zum Teil aus der Capillare heraus. Durch den Korkstopfen sind ferner
Drähte durchgeführt. Der Kork muß möglichst frei
von Rissen und Löchernsein, weil sich sonst in den
Unebenheiten Luft ansammeln kann. Diese würde
das Resultat des Versuches beeinträchtigen. Am
besten verwenden wir einen paraffinierten Stopfen. Der Muskel wird mit
den erwähnten Drähten so in Verbindung gebracht, daß er sich ungehindert verkürzen kann. Nachdem der ganze Apparat zusammengesetzt ist,
stellt man in der Capillare ein bestimmtes Niveau her, indem man aus
ihr mit Hilfe von Fließpapier etwas Wasser heraussaugt. Man liest
dann den Stand des Wasserfadens in der Capillare genau ab, reizt nun
den Muskel mit faradischen Strömen und beobachtet während der
Kontraktion des Muskels die Stellung des Wasserfadens. Er bleibt
**vollständig unverrückt, d. h. das Volumen des Muskels nimmt
während der Kontraktion nicht zu und auch nicht ab.**

**Versuch 12. Registrierung der Spannungsänderung des
Muskels.** Bei den vorhergehenden Versuchen war das eine Ende
des Muskels festgestellt, während das andere sich frei bewegen konnte.
Wenn wir die Spannungsänderung im Muskel bei der Kontraktion
verfolgen wollen, dann müssen wir verhindern, daß die Enden des
Muskels sich nähern können. Wir erhalten in diesem Fall keine Ver-

kürzung, dafür tritt die Spannungsänderung in Erscheinung. Wir nennen dieses Verfahren das isometrische. Wir wählen ein Gastrocnemius- oder ein Sartorius-präparat. In beiden Fällen wird der Muskel mit Hilfe einer Muskelklammer *a* am Winkelrahmen *w* befestigt (Fig. 200). Das andere Ende wird mittels eines Muskelhäkchens *b* am Schreibhebel nahe dem Drehpunkte angebracht. Hinter dem Drehpunkte verhindert eine Feder, daß der Muskel sich verkürzen kann. Die übrige Versuchsanordnung ist vollständig gleich, wie bei den Versuchen über die isotonische Zuckung (vgl. S. 224 ff). Die isometrische Zuckungskurve sieht der isotonischen sehr ähnlich. Sie steigt nur etwas steiler an und fällt rascher ab.

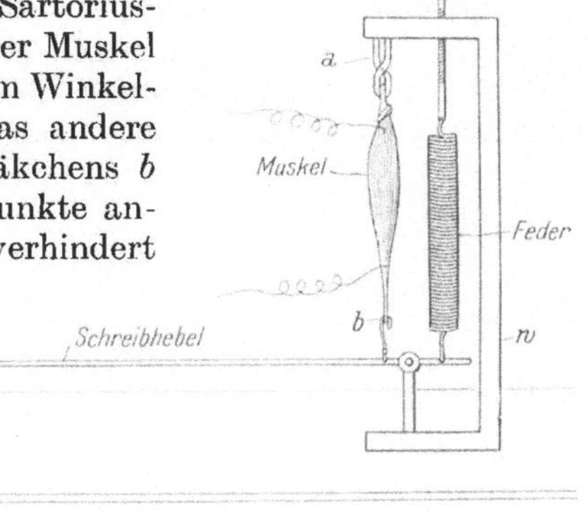

Fig. 200.

Versuche über den Erfolg mehrerer sich rasch folgender Reize.

Versuch 1. Wir haben die gleiche Versuchsanordnung, wie bei Versuch 8, Seite 228. Nur befindet sich im primären Strome zum Unterbrechen des Stromes an Stelle des Metronoms ein sog. akustischer Stromunterbrecher von Bernstein (Fig. 201). Wir

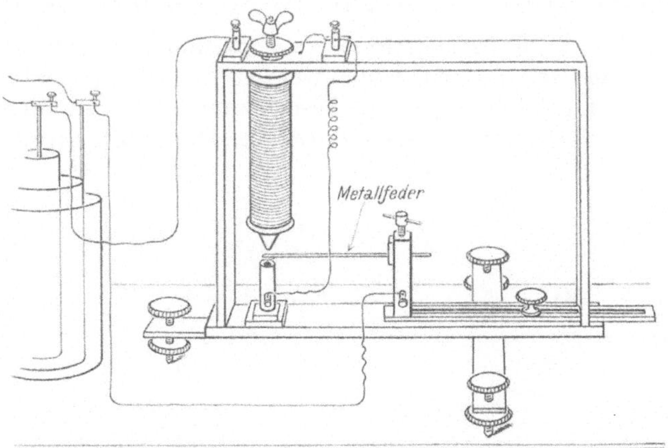

Fig. 201. Akustischer Stromunterbrecher.

können bei diesem Stromunterbrecher verschieden lange Metallfedern einschalten und so die Schwingungszahl beliebig variieren. Wir stellen die Feder so ein, daß wir in der Sekunde 8—10 Reize erhalten. Wir zeichnen die Zuckungen des Muskels auf. Darauf steigern wir die Reizfrequenz. Wir beobachten bei einer bestimmten Zahl von Reizen in der Sekunde, daß die einzelnen Zuckungen nicht mehr von einander getrennt sind. Sie setzen sich vielmehr aufeinander auf: Superposition der Zuckungen. Bei etwa 20 Reizen in der Sekunde kann man die einzelnen Zuckungen schon nicht mehr erkennen. Wir erhalten eine mehr oder weniger glatte Kurve. Schließlich erreichen wir das Verkürzungsmaximum des Muskels. Bei weiterer Steigerung der Reizfrequenz nimmt die Verkürzung nicht mehr zu: Tetanus.

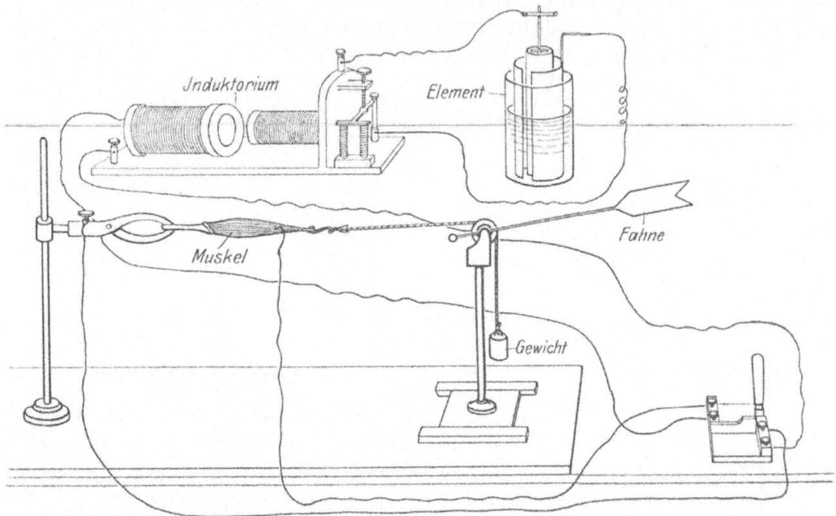

Fig. 202. Versuchsanordnung zur Erzeugung eines Tetanus bei direkter Reizung des Muskels.

Versuch 2. Wir brauchen ein Element und ein Schlitteninduktorium. Von der sekundären Spule werden die Leitungsdrähte direkt dem Muskel (Fig. 202) resp. beim Nervenmuskelpräparat dem Nerven (Fig. 203) zugeleitet. In der sekundären Leitung haben wir eine Nebenschließung. Wir bringen die Feder des Wagnerschen Hammers in

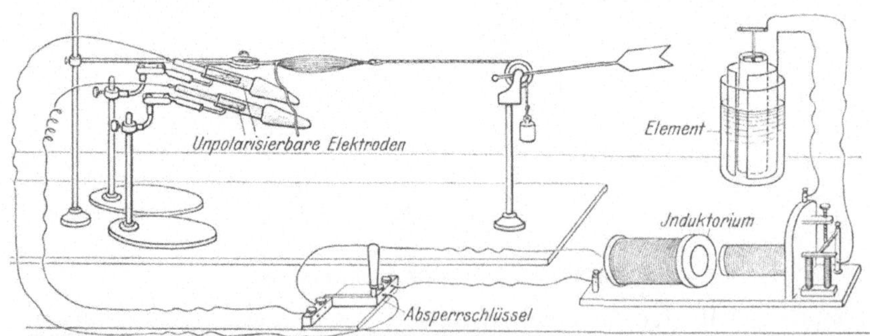

Fig. 203. Versuchsanordnung zur Erzeugung eines Tetanus bei indirekter Reizung des Muskels.

schwingende Bewegung und erzeugen faradischen Strom. (Vgl. die Versuchsanordnung in Fig. 202 u. 203.) Wir beobachten, daß der Muskel einen dauernden Verkürzungszustand zeigt: Auftreten des Tetanus.

Änderung der Erregbarkeit des Nerven im Elektrotonus.

Wir schalten eine Reihe von Elementen hintereinander und verbinden den einen Draht mit einem Widerstandkasten *a* (Fig. 204). Dieser steht in Verbindung mit dem Rheochord *b*, der seinerseits mit der Wippe *c* verbunden ist. Die zweite Leitung geht ebenfalls zum Rheochord. In diesen Draht ist ein Quecksilberschlüssel *d* eingeschaltet. Von der

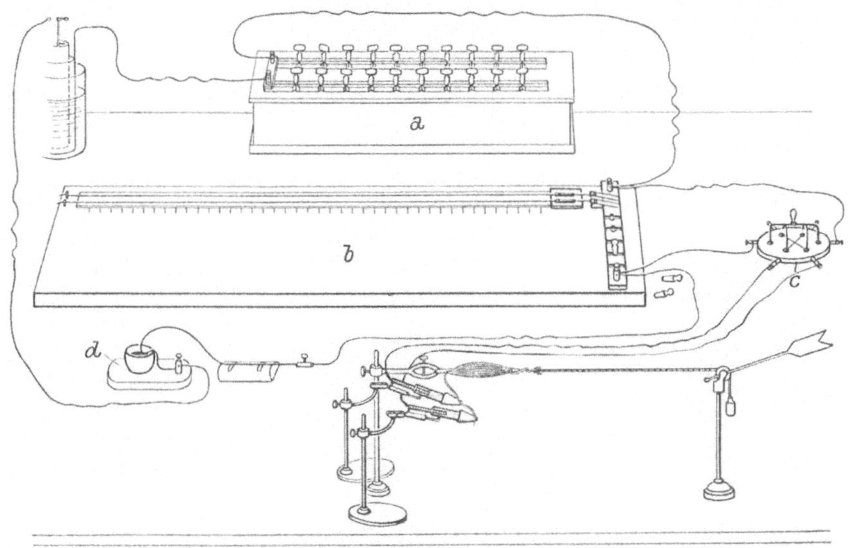

Fig. 204.

Wippe aus geht die Leitung zum Nerven resp. Muskel. Die erwähnte Wippe besteht aus einem Holzteller (Fig. 205). Auf diesem befinden sich in regelmäßiger Anordnung in der Peripherie 6 Quecksilbernäpfe. Jeder Napf hat eine Verbindung mit einer Polschraube. Die Quecksilbernäpfe 1 und 2 sind durch eine Drahtbrücke verbunden. Diese besteht in der Mitte aus Glas, an den beiden Enden aus dickem Metalldraht. Mit jedem der Metalldrähte steht ein Metallbügel in Verbindung. Die Enden dieser Bügel stehen entweder in den Quecksilbernäpfen 5 und 6, oder bei Umlegung der Drahtbrücke in den Quecksilbernäpfen 3 und 4. Der Napf 5 ist mit Napf 4 durch ein Drahtstück in

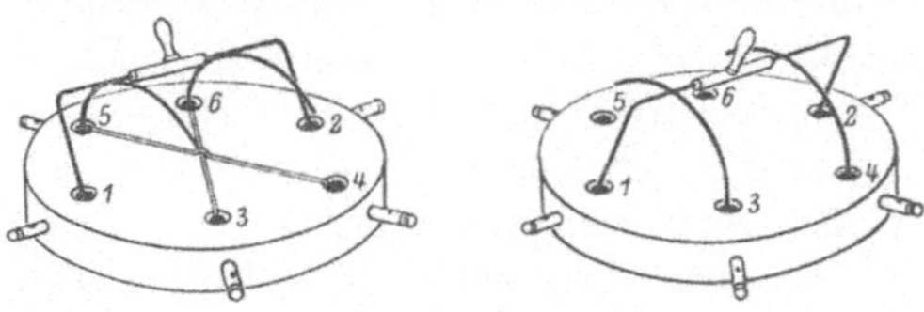

Fig. 205. Wippe.

Verbindung gebracht und 6 mit 3. Die beiden Drahtstücke sind an der Kreuzungsstelle gegeneinander isoliert. Die zuleitenden Drähte werden in 1 und 2 eingeschraubt und in 5 und 6 die ableitenden Drähte. Wir haben somit bei der Stellung des Bügels in 5 und 6 eine Leitung von 1 nach 5 und von 2 nach 6, und bei der Stellung des Bügels in 3 und 4, von 1 zu 3 und von da nach 6, von 2 nach 4 und von da nach 5, somit gegenüber der ersten Bügelstellung eine umgekehrte Stromrichtung. Wenn wir die beiden Metalldrähte, die 3 mit 6 und 4 mit 5 verbinden, herausnehmen, dann können wir den Strom bald durch das eine, bald durch das andere von zwei verschiedenen Drahtpaaren senden. Es seien z. B. 1 und 2 in Verbindung mit der Batterie, 5 und 6 mit dem einen Drahtpaar und 3 und 4 mit dem andern. Wenn wir nun den Bügel in 5 und 6 einstellen, dann geht der Strom durch das eine Drahtpaar, bei der Stellung 3 und 4 durch das andere.

Der Rheochord besteht im einfachsten Falle aus einem Draht, der auf einer Holzleiste ausgespannt ist (vgl. Fig. 198, S. 228). Die Enden des Drahtes gehen über zwei Metallklötze; auf ihm selbst ruht ein dritter, verschiebbarer. Die Klötze tragen Schrauben zum Befestigen von Drähten. Wir verbinden den einen Draht, der vom Element kommt, mit dem einen der Endklötze und den andern Draht mit dem verschiebbaren Klotz. Je weiter der verschiebbare Klotz von dem erwähnten Endklotz entfernt ist, um so größer ist die Strecke, die vom Strom durchflossen werden muß, um so größer ist dann auch der Widerstand und um so kleiner natürlich die Stromstärke.

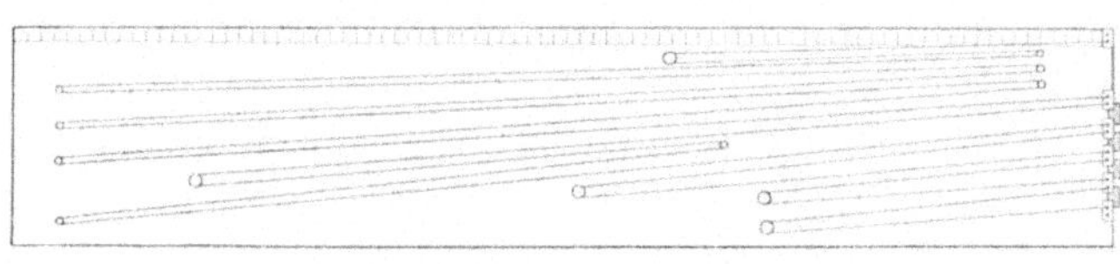

Fig. 206.   Rheochord.

Eine weitergehende Abstufung des Widerstandes und damit der Stromstärke gestattet der Rheochord von Du Bois-Reymond (Fig. 206). Er besteht aus einem Kasten, der an einem Ende eine Metalleiste trägt, die durch Zwischenräume unterbrochen ist. In diese hinein passen Messingstöpsel. Die einzelnen Teile der unterbrochenen Metalleiste sind durch verschieden lange, dünne Platindrähte untereinander verbunden. Nehmen wir alle Stöpsel heraus, dann muß der Strom durch sämtliche Drahtschlingen hindurchgehen. Schalten wir einen Stöpsel nach dem andern ein, dann verringern wir den Widerstand mehr und mehr. Schließlich können wir, wenn alle Stöpsel eingeschaltet sind, den Strom direkt durch die nun vollständige Metalleiste hindurchschicken. Der Widerstandskasten, auch Rheostat genannt, zeigt dieselbe Einrichtung, nur sind hier die Drähte auf Rollen gewickelt. Auf diese Weise wird Raum erspart.

Bei der oben erwähnten Versuchsanordnung stellen wir zunächst die Wippe so, daß die negative Elektrode dem Muskel benachbart ist. In diesem Falle geht der Strom im Nerven in der Richtung vom Zentrum zur Peripherie. Wir bezeichnen einen solchen Strom als absteigenden. Wir schalten zunächst so viele Widerstände mit Hilfe des Rheostaten ein, daß weder Schließen noch Öffnen des Stromes einen Effekt haben.

Das Schließen und Öffnen nehmen wir mittels des im primären Stromkreis eingeschalteten Quecksilberschlüssels vor. Jetzt verstärken wir den Strom ganz geringfügig, indem wir den Schlitten auf dem Rheochord etwas verschieben, resp. einen Metallstöpsel einschalten. Wiederum wird mit dem Quecksilberschlüssel der Strom geschlossen und dann wieder geöffnet und genau festgestellt, ob der Muskel, der im Muskeltelegraphen befestigt ist, einen Ausschlag zeigt. Man muß das Öffnen und Schließen möglichst gleichmäßig vornehmen, d. h. den Metallbügel des Quecksilberschlüssels schnell in das Quecksilber eintauchen und ebenso schnell entfernen. Bei den schwächsten Strömen, bei denen ein Erfolg gerade wahrnehmbar ist, erhalten wir zunächst nur bei der Schließung eine Zuckung. Bei etwas stärkeren Strömen haben wir sowohl Schließungs- als auch Öffnungszuckung. Wird der Strom noch weiter verstärkt, dann erhalten wir eine schwache Öffnungszuckung. Diese bleibt schließlich auch aus.

Nun legen wir die Wippe um. Die negative Elektrode ist nun vom Muskel entfernt, die positive ihm benachbart. Der Strom ist nun aufsteigend. Wir fangen wiederum mit ganz schwachem Strom an und reizen mit immer stärkeren. Wir beobachten, daß dann, wenn die gewählte Stromstärke eben gerade einen Erfolg zeigt, nur eine Schließungszuckung vorhanden ist. Bei etwas stärkeren Strömen erhalten wir bei Schließung und Öffnung eine Zuckung und schließlich bei starken Strömen eine Öffnungszuckung, bei der Schließung jedoch keine Zuckung oder höchstens eine ganz schwache (Pflügers Zuckungsgesetz). Bei dieser Gelegenheit stellen wir auch nochmals fest, daß während der Dauer der Durchströmung des Muskels kein Effekt wahrnehmbar ist. Der Muskel verkürzt sich nicht, nur beim Entstehen und Verschwinden des Stromes, beim Schließen und Öffnen haben wir einen Erfolg. (Vgl. auch S. 220 ff.)

Änderung der Erregbarkeit des Nerven während er von einem konstanten Strome durchströmt wird.

Wir wählen ein Nervenmuskelpräparat und spannen den Muskel in gewohnter Weise im Muskeltelegraphen ein. Durch den Nerven senden wir zunächst einen konstanten Strom. Den von Daniellschen Elementen erzeugten Strom leiten wir nach einer Wippe. Als Nebenleitung ist ein Rheochord eingeschaltet. Zum Öffnen und Schließen des Stromes wird ein Quecksilberschlüssel benutzt. Von der Wippe aus gehen die Leitungsdrähte zu unpolarisierbaren Elektroden, vgl. S. 240, auf denen der Nerv liegt. Wir legen sie etwa in der Mitte des Nerven an. (Fig. 207 zeigt die Versuchsanordnung schematisch.)

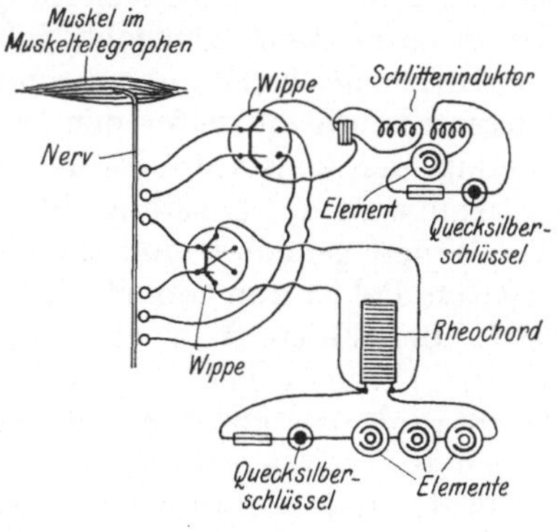

Fig. 207.

Zwei unpolarisierbare Elektroden bringen wir ferner an der Strecke des Nerven zwischen den genannten Elektroden und dem Muskel an und zwei weitere endlich am zentralen Ende des Nerven. Diese Elektroden dienen zur Zuleitung des Reizstromes. Diesen nehmen wir von der sekundären Spule des Schlitteninduktoriums ab. Durch eine Nebenschließung (Absperrschlüssel) können wir den Strom bald zum Nerven senden, bald ihn unterbrechen. Im primären Stromkreis schließen und öffnen wir mit Hilfe eines Quecksilberschlüssels. Von der Wippe aus führen Leitungsdrähte einerseits zu den distalen, andererseits zu den dem Muskel proximalen Elektroden. Durch Umstellung des Bügels der Wippe können wir bald das proximale, bald das distale Ende des Nerven reizen.

Wir wählen jetzt einen bestimmten Rollenabstand und stellen zunächst fest, wann wir sowohl Schließungs- als auch Öffnungszuckung erhalten. Diese Stromstärke benutzen wir nun zu den folgenden Versuchen. Der konstante Strom bleibt zunächst offen. Wir reizen mit der genannten Stromstärke am distalen und dann am proximalen Nervenende und stellen fest, ob bei Öffnung und Schließung Zuckung auftritt. Nun schließen wir den konstanten Strom und reizen, während dieser den Nerv durchfließt, wiederum an beiden Enden des Nerven und beobachten, ob bei der Schließung und Öffnung der Muskel zuckt. Dann unterbrechen wir den konstanten Strom und prüfen, ob nun der Reizstrom denselben Effekt hat, wie vor und während der Durchleitung des konstanten Stromes. Man gibt nun dem konstanten Strom durch entsprechende Umlegung der Wippe eine bestimmte. Richtung, so daß z. B. die negative Elektrode dem Muskel zunächst liegt. Wir erhalten so den absteigenden Strom. Jetzt verbindet man den Reizstrom mit den beiden Elektroden, die dem Muskel benachbart sind. Der konstante Strom ist noch offen. Man wählt nun eine Stellung der sekundären zur primären Spule, bei der eben keine Zuckung mehr zustande kommt. Nun wird der konstante Strom geschlossen und derselbe Reiz wieder ausgeübt. Man erhält nun eine Zuckung. Daraus dürfen wir schließen, daß die Erregbarkeit des Nerven erhöht ist. Wird der konstante Strom geöffnet und dann wieder gereizt, dann erhält man, wie es vor der Durchleitung der Fall war, keine Zuckung. Es sei darauf aufmerksam gemacht, daß wir selbstverständlich beim Schließen und Öffnen des konstanten Stromes Muskelzuckung erhalten. Wir beachten diese hier nicht weiter, denn wir wollen in erster Linie prüfen, welchen Einfluß der konstante Strom auf die Erregbarkeit des Nerven hat.

Nun wird der konstante Strom in seiner Richtung durch Umlegen der Wippe geändert und zu einem aufsteigenden gemacht. Der negative Pol ist nun vom Muskel abliegend und der positive ihm benachbart. Bei diesem Versuche wählen wir vor der Schließung des konstanten Stromes eine Reizstärke, die gerde noch eine Zuckung ergibt. Dann wird der konstante Strom geschlossen und wiederum bei derselben Reizstärke gereizt. Wir erhalten keine Zuckung. Die Erregbarkeit des Nerven ist herabgesetzt. Nach dem Öffnen des Stromes erhalten wir wiederum die gleiche Zuckung, wie vorher.

Jetzt reizen wir von den beiden oberen Elektroden aus, indem wir die Wippe umlegen. Wir prüfen zunächst bei absteigendem konstantem Strom und beobachten, daß während der Durchleitung des konstanten Stromes die Erregbarkeit herabgesetzt ist. Wird der konstante Strom aufsteigend gemacht, dann erhalten wir eine erhöhte Erregbarkeit.

Die eben angeführten Versuche geben uns einen Einblick in die Veränderung der Erregbarkeit während des Durchfließens eines konstanten Stromes durch den Nerven. Wir sprechen von einem Elektrotonus, und zwar bezeichnen wir den an der Kathode befindlichen als Katelektrotonus und den an der Anode befindlichen als Anelektrotonus. Unsere Befunde ergeben, daß Erregbarkeit und Leitungsfähigkeit im Katelektrotonus erhöht, im Anelektrotonus dagegen herabgesetzt sind. Das Entstehen des Katelektrotonus und das Verschwinden des Anelektrotonus wirken reizend. Bei gleicher Stromstärke hat der Katelektrotonus eine stärkere Reizwirkung, als das Verschwinden des Anelektrotonus. Nach der Öffnung des konstanten Stromes ist die Erregbarkeit und Leitungsfähigkeit an der Kathode herabgesetzt, dagegen an der Anode erhöht. Wir können auf Grund dieses Befundes das früher schon durch einen Versuch, vgl. S. 235, demonstrierte sog. Pflügersche Zuckungsgesetz in eine bestimmte Fassung bringen. Bei schwachen Strömen hat nur der stärkere Reiz eine Wirkung. Es wirkt das Entstehen des Katelektrotonus erregend, dagegen ist das Verschwinden des Anelektrotonus ein zu geringer Reiz, um einen Erfolg herbeizuführen. Aus diesem Grunde erhalten wir nur Schließungszuckung. Bei mittelstarken Strömen dagegen haben wir sowohl Schließungs- als Öffnungszuckung, weil in diesem Falle Entstehen des Katelektrotonus und Verschwinden des Anelektrotonus von Erfolg begleitet sind. Bei sehr starken absteigenden Strömen wirkt das Auftreten des Katelektrotonus erregend. Der Reiz kann von der Kathode ungehindert zum Muskel gelangen. Aus diesem Grunde haben wir eine Schließungszuckung. Das Verschwinden des Anelektrotonus wirkt an der Anode erregend. Wir erhalten jedoch keine Öffnungszuckung, weil der Reiz, um zum Muskel zu gelangen, durch die Stelle der herabgesetzten Leitungsfähigkeit an der Kathode hindurchgehen muß. An dieser Stelle verschwindet der Katelektrotonus. Wir haben, wie oben erwähnt, hier herabgesetzte Leitungsfähigkeit. Bei starken aufsteigenden Strömen wirkt das Entstehen des Katelektrotonus an der Kathode erregend. Trotzdem erhalten wir keine Muskelzuckung, weil der Reiz eine Strecke herabgesetzter Leitungsfähigkeit an der Anode passieren muß, um zum Muskel zu gelangen. Der Widerstand ist so groß, daß der Reiz entweder stark abgeschwächt oder aber gar nicht hindurchkommt. Wenn der Anelektrotonus verschwindet, dann haben wir Erregung an der Anode. Diese ist beim aufsteigenden Strome dem Muskel benachbart. Infolgedessen erhalten wir eine Öffnungszuckung.

Nachweis elektromotorischer Eigenschaften in Muskel und Nerv.

Die folgenden Versuche beschäftigen sich mit der Fragestellung, ob wir im unverletzten ruhenden, verletzten ruhenden und im tätigen Muskel und Nerven elektrische Ströme nachweisen können. Die Versuchsanordnung muß daher eine ganz andere als bei den vorhergehenden Versuchen sein. Wir benutzen das tierische Gewebe als Stromquelle und leiten von ihm den elektrischen Strom zu einem sehr empfindlichen Apparat ab, der uns vorhandene Ströme nachweist. Fig. 208 gibt uns in Form eines Schemas einen Einblick in die Versuchsanordnung. Vom Muskel verlaufen zwei Leitungsdrähte zum Galvanometer. Um den Strom beliebig schließen und unterbrechen zu können, ist ein Quecksilberschlüssel in den einen Leitungsdraht eingeschaltet.

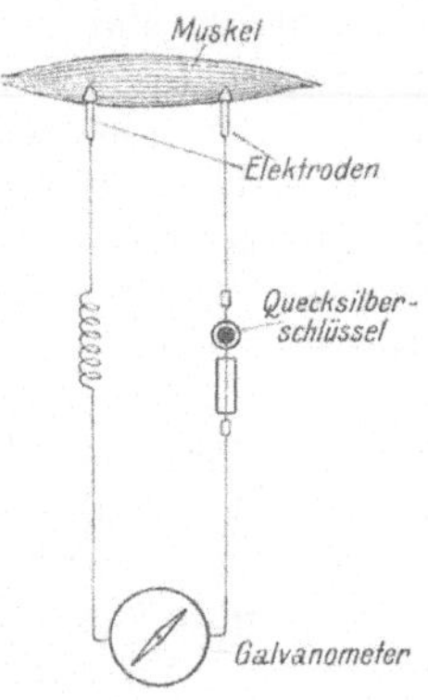

Fig. 208.

Versuch 1. Wir bereiten uns zwei Nervenmuskelpräparate. Das eine davon A befestigen wir in der gewohnten Weise in einem Muskeltelegraphen. Den Nerven legen wir auf Reizelektroden. (Überzeugender wird der Versuch, wenn wir den Reiz mit Hilfe eines sog. Tetanomotors ausüben: mechanischer Reiz.) Das zweite Nervenmuskelpräparat B wird in der Klammer des Stativs eines zweiten Muskeltelegraphen befestigt. Wir haben bei dieser Versuchsanordnung zwei nebeneinander geschaltete Muskeltelegraphen (Fig. 209). Nun lassen wir den Nerven des Nerven-Muskelpräparates B auf den Muskel A auffallen. Wenn Muskel A vollständig unverletzt ist, dann be-

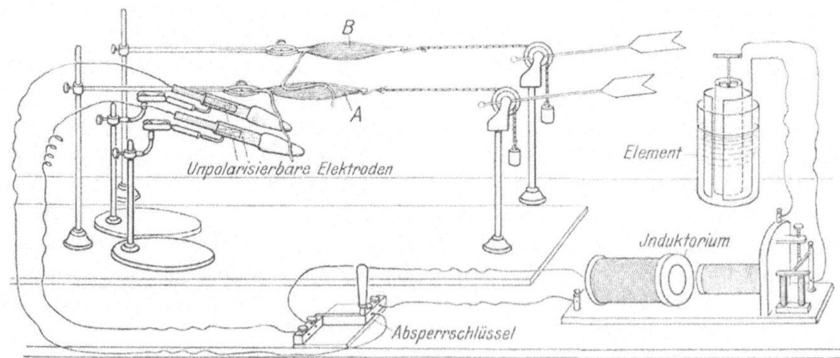

Fig. 209. Versuchsanordnung zur Demonstration des sekundären Tetanus.

obachten wir am Muskel B keine Kontraktion. Ist A dagegen verletzt, dann zuckt B. Jetzt tetanisieren wir den Muskel A, indem wir mit faradischen Strömen reizen. Wir beobachten, daß der Muskel B ebenfalls in Tetanus gerät (sekundärer Tetanus).

Versuch 2. Wir lassen den Nerven eines Nerven-Muskelpräparates oder ganz einfach den frei präparierten und mit dem Schenkel in Zusammenhang stehenden N. ischiadicus (vgl. Fig. 210a u. b) auf einen quer durchschnittenen Muskel so auffallen, daß der eine Teil des Nerven auf den Querschnitt, der andere auf die Längsseite des Muskels auffällt. Wir erhalten im Moment des Auffallens eine Zuckung des Muskelnervenpräparates. Läßt man dagegen den Nerven auf einen gänzlich unverletzten Muskel auffallen, dann erhält man keine Zuckung (Fig. 210b)· Der ruhende, unverletzte Muskel ist stromlos.

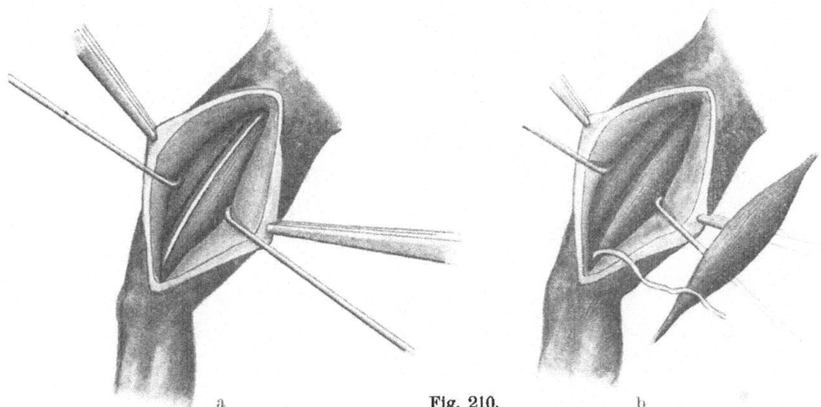

Fig. 210.

Versuch 3. Zum Nachweis der in Nerven und Muskeln auftretenden Ströme brauchen wir besonders empfindliche Apparate. Wir benutzen dazu einen sog. Multiplikator (Fig. 211). Er besteht aus einem astatischen Nadelpaar, um das der Strom in zahlreichen Windungen in feinem, umsponnenem Draht herumgeführt wird. Die Magnetnadel hängt an einem langen feinen Kokonfaden. Die untere Nadel befindet sich innerhalb der erwähnten Drahtwindungen, die obere über ihnen. Die obere Nadel zeigt ihre Ausschläge auf dem Zifferblatt, über dem sie sich bewegt, an. Wir können an der vorhandenen Einteilung ihre Stellung jederzeit ablesen. Zur bequemeren Verfolgung der Ausschläge ist mit der Magnetnadel ein kleiner vertikal stehender Spiegel fest verbunden. Auf das Spiegelchen lassen wir Licht einer Lichtquelle unter Zwischenschaltung einer Sammellinse auffallen. Dem Spiegelchen gegenüber befindet sich eine Skala. Jede Bewegung der Nadel zeichnet sich in stark vergrößertem Maßstabe an der Skala durch die vom Spiegelchen reflektierten Lichtstrahlen ab. Beim Beginn des Versuches stellen wir die Nadel auf den Nullpunkt ein.

Zum Abnehmen des Stromes von dem tierischen Gewebe benutzen wir unpolarisierbare Elektroden. Diese sind in folgender Weise zusammengesetzt. Mit dem Zuleitungsdraht ist ein amalgamierter Zinkstab (c, Fig. 212) verbunden. Dieser ragt in ein Glasröhrchen b, dessen untere Öffnung mit einem Pfropfen von Ton a verschlossen ist. Der Ton ist mit Kochsalz-

lösung getränkt. Das Röhrchen selbst ist im übrigen mit Zinksulfatlösung gefüllt. Der Tonpfropfen wird, vgl. Fig. 212, zu einer Spitze ausgezogen. Auf diese wird der Nerv resp. Muskel aufgelegt. Von den Elektroden führen zwei Drahtleitungen zu dem Multiplikator. Zur bequemen
Öffnung und Schließung des Stromes ist ein Absperrschlüssel eingeschaltet.

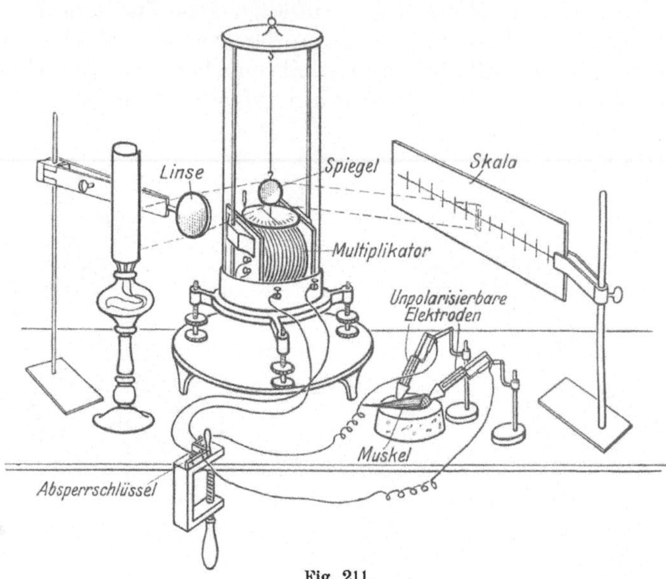

Fig. 211.

Versuchsanordnung zum Nachweis elektromotorischer Eigenschaften im Muskel resp. Nerv.

Man muß sich bei der Ausführung des Versuches zunächst davon überzeugen, ob nicht außer dem zu untersuchenden Gewebe irgendeine Quelle

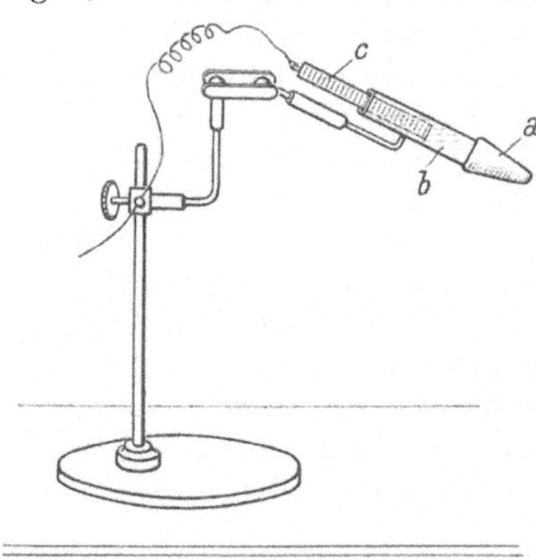

Fig. 212.

vorhanden ist, die Elektrizität liefert. Wir legen z. B. die unpolarisierbaren Elektroden auf ein Stück
Fließpapier, das mit physiologischer
Kochsalzlösung getränkt ist, schließen dann den Stromkreis und beobachten, ob die Nadel irgendeine
Bewegung zeigt. Nur wenn sie
vollständig in Ruhe bleibt, können
wir zur Ausführung des eigentlichen Versuches schreiten. Man
verbindet nunmehr die Elektroden
mit dem Muskel oder mit dem Nerven und beobachtet das Verhalten
der Nadel.

Wir präparieren einen M. sartorius mit besonderer Sorgfalt. Wir
müssen hierbei erstens einmal alle Instrumente, die wir zum Durchschneiden und Entfernen der Haut gebraucht haben, entweder durch

neue ersetzen oder aber sehr sorgfältig abwaschen. Ferner reinigen wir unsere Hände gründlich. Es wird auf diese Weise vermieden, daß Hautsekret auf die zu untersuchenden Organe gelangt. (Vgl. auch S. 210.) Bei der Präparation des Muskels vermeiden wir ferner jede Zerrung und jede Verletzung. Die ganze Fascie des Muskels muß erhalten bleiben. Wenn wir auf einen derartig präparierten Muskel die ableitenden Elektroden auflegen, dann erhalten wir beim Schließen des Stromkreises mit dem Absperrschlüssel keine Spur einer Abweichung der Nadel. Tritt eine solche ein, dann ist der Muskel verletzt worden. Die geringste Verletzung genügt schon, um einen Strom hervorzubringen.

Versuch 4. Ein sorgfältig präparierter M. sartorius wird an beiden Enden abgeschnitten, so daß wir zwei Querschnitte haben. Nun legen wir die eine Elektrode auf die Mitte des einen Querschnittes und die andere Elektrode auf die Mitte der unverletzten Längsseite (Längsschnitt) des Muskels. Wir beobachten, daß nach Schließung des Stromkreises die Nadel einen starken Ausschlag zeigt. Bei einem weiteren Versuche legen wir beide Elektroden auf die Längsseite des Muskels und zwar in symmetrischer Anordnung zur Mitte des Längsschnittes. Wir erhalten keinen Strom. Das gleiche Resultat ergibt sich, wen wir die beiden Elektroden auf dem Querschnitt symmetrisch zur Mitte des Querschnittes anlegen. Wählen wir asymmetrische Anordnungen, dann zeigt die Nadel Strom an.

Wir beachten bei diesen Versuchen nicht nur den Ausschlag der Magnetnadel als solchen, sondern auch die Richtung, nach der dieser erfolgt, d. h. wir stellen die Stromrichtung fest. Wir müssen, um ein Urteil über die Stromrichtung zu gewinnen, den Multiplikator vorher „eichen", indem wir ihn mit einem Element verbinden, dessen Pole wir kennen. Um den Strom abzuschwächen, schalten wir einen Rheostaten ein. Wir bestimmen dann die Richtung, nach welcher die Nadel bei einer ganz bestimmten Stromrichtung ausschlägt. Vergleichen wir nunmehr die bei Verwendung des Muskels erhaltenen Resultate, dann ergibt sich, daß der Querschnitt sich negativ zum Längsschnitt verhält.

Versuch 5. Wir führen den gleichen Versuch mit dem Nervus. ischiadicus aus. Wir isolieren ein Stück und schneiden es an beiden Enden durch und erzeugen so Querschnitte. Wir erhalten genau das gleiche Resultat, wie vorher beim Muskel. Am besten legt man die Mitte des Längsschnittes auf die eine Elektrode und läßt die beiden Querschnitte auf der anderen Elektrode aufsitzen.

Nachweis der negativen Schwankung. Aktionsstrom.

Versuch 1. Wir wählen ein Nervenmuskelpräparat und erzeugen am Muskel einen künstlichen Querschnitt. Dann legen wir zwei unpolarisierbare Elektroden auf. Die eine Elektrode bringen wir mit dem Querschnitt und die andere mit irgend einer Stelle des Längsschnittes in Berührung. Die Elektroden befestigen wir mit durch Kochsalzlösung befeuchteten Baumwollfäden, um zu vermeiden, daß sie bei der Kontraktion des Muskels sich verschieben. Wir bestimmen nun mit Hilfe des Multiplikators in der schon vorher erwähnten Weise den Muskelstrom des ruhenden Muskels. Nunmehr tetanisieren wir den Muskel mit Hilfe von Induktionsströmen und beobachten, daß die abgelenkte Magnetnadel zurückgeht und sich dem Nullpunkt nähert.

Versuch 2. An Stelle des Multiplikators kann man auch ein sog. Capillarelektrometer verwenden. Bei dem von Lippman-Verzár konstruierten Capillarelektrometer wird ein in einer Glascapillare eingeschlossener Quecksilberfaden, der mit einer leitenden Flüssigkeit in

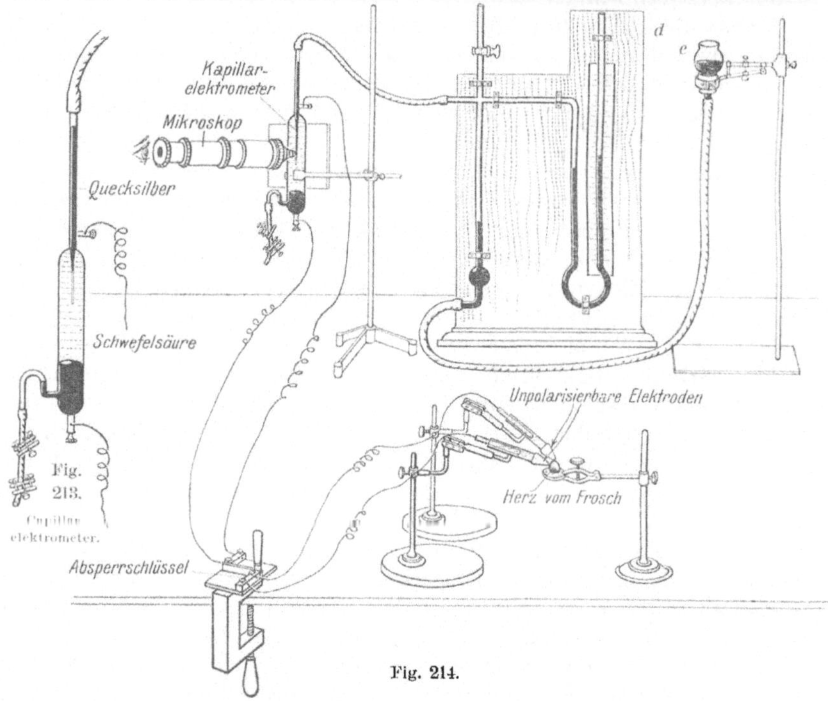

Fig. 214.

Berührung steht, durch den galvanischen Strom verschoben (vgl. Fig. 213). Durch die an der Grenzfläche stattfindende Polarisation wird die Capillaritätskonstante des Quecksilbers verändert. Die Verschiebung des Quecksilberfadens beobachtet man mit Hilfe eines Mikroskops und bestimmt auch die Richtung, in der die Verschiebung stattfindet. Wir benutzen zu dem Versuch einen Muskel, dem wir einen künstlichen Querschnitt angelegt haben und legen auf den Querschnitt und auf die Längsseite je eine unpolarisierbare Elektrode. Von der einen Elektrode führt der Leitungsdraht zu einem in einem Glasrohr eingeschmolzenen Platindraht. In diesem Gefäß befindet sich Quecksilber und darüber verdünnte Schwefelsäure. Der zweite Leitungsdraht steht mit dem in der Capillare befindlichen Quecksilber in Verbindung (Fig. 213).

Versuch 3. Nachweis des Aktionsstroms des schlagenden Herzens. Eine unpolarisierbare Elektrode wird auf die Herzbasis, die andere auf die Herzspitze gelegt. (Vgl. Fig. 214.) Die Leitungsdrähte stehen in Verbindung mit dem Capillarelektrometer. Durch einen Absperrschlüssel wird der Kreis geschlossen. Wir beobachten den Stand des Quecksilberfadens in der Capillare mit Hilfe eines Mikroskopes, das mit einem Okularmikrometer versehen ist. Um das Quecksilber in die Capillare hineinzutreiben und auf einer bestimmten Stelle unter gleichem Druck zu halten, ist das Quecksilbergefäß des Capillarelektrometers mit dem Apparat d verbunden. Durch Heben und Senken der Kugel e bewirken wir, daß mehr oder weniger Druck auf der Quecksilbersäule in der Capillare lastet. (Vgl. auch Seite 185.) — Hinweis auf das Elektrocardiogramm.

8. Flimmerbewegung. Muskelkraft.
Gehen und Stehen.

Flimmerbewegung.

Versuch 1. Wir durchschneiden bei einem Frosche die Wirbelsäule an der Grenze zwischen dieser und dem Kopf und zerstören das Gehirn sowie das Rückenmark mit einer in die Schädelhöhle resp. den Wirbelkanal eingeführten Stricknadel. Jetzt wird der ganze Unterkiefer abgetragen und der Frosch auf den Rücken gelegt. Es liegen nun das Dach der Mundhöhle und der Schlund ganz frei. Wir bringen etwas in einem Tropfen 0,6 proz. Kochsalzlösung suspendierte Tierkohle auf die Schleimhaut des Daches der Mundhöhle. Wir sehen bald, wie ein schwarzer Streifen allmählich nach dem Schlund hin vorrückt. Ein Stückchen dieser Schleimhaut bringen wir auf einen Objektträger, feuchten mit Kochsalzlösung an und legen ein Deckglas auf. Wir können unter dem Mikroskop sehen, wie die Flimmerhärchen sich in ganz bestimmter Richtung bewegen. Bringen wir den Objektträger auf Eis, dann bemerken wir eine starke Verlangsamung der Flimmerbewegung. Erwärmen wir dagegen vorsichtig, dann nimmt die Bewegung zu. Ein Stückchen der Schleimhaut bringe man mit der Epithelseite nach unten auf eine mit gewöhnlichem Wasser benetzte Glasplatte. Wir beobachten, wie das Schleimhautstück meist in Bogenlinien umherkriecht. Durch leichtes Anwärmen der Glasplatte beschleunigen wir die Wanderung.

Versuch 2. Versuch mit der Engelmannschen Flimmermühle. Wir spannen ein Stückchen der Rachenschleimhaut vom Frosche (vgl. oben) unter der Walze a so aus, daß die Flimmerepithelien nach oben liegen. Die Hartgummiwalze a beginnt sich sofort zu drehen. Die Bewegung wird durch den langen Zeiger b angezeigt. (Fig. 215.) Um das Austrocknen der Schleimhaut zu vermeiden und unter bestimmten Bedingungen arbeiten zu können, z. B. bei bestimmter Temperatur oder unter Einwirkung eines bestimmten Gases, bedecken

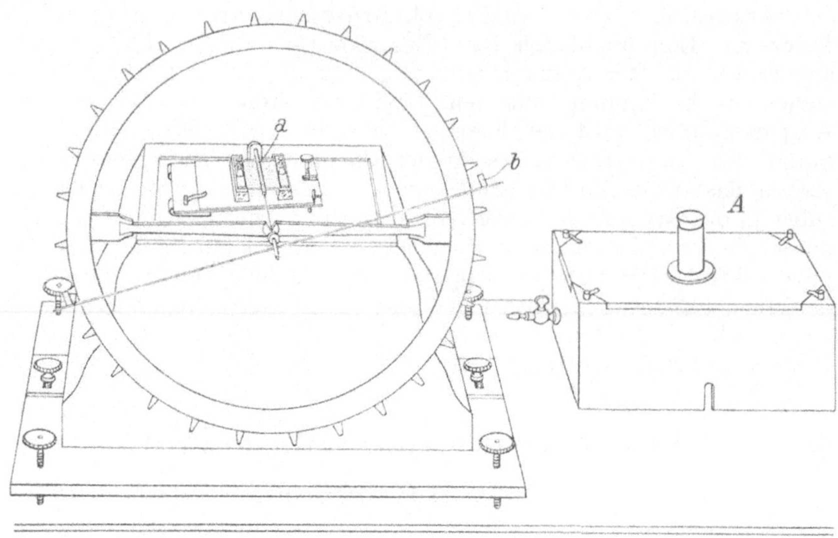

Fig. 215.

wir das Präparat mit dem Deckel *A* und bilden so eine abgeschlossene Kammer.

Messung der Muskelkraft mit Mossos Ergograph.

Das Prinzip der Methode ist das folgende. Es wird ein Gewicht an einer Schnur so lange emporgezogen, als es möglich ist. Um dabei nur bestimmte Muskelgruppen in Tätigkeit treten zu lassen, sind besondere Apparate, Ergographen genannt, konstruiert worden. Bei dem von Du Bois Reymond jr. modifizierten Ergographen umfaßt

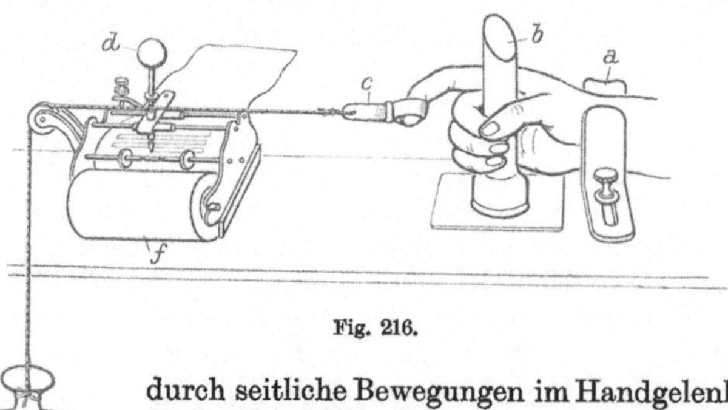

Fig. 216.

die Hand einen Holzzylinder *b*. Auf diese Weise wird sie unbeweglich gemacht. Außerdem wird der Arm zwischen den Metallstützen *a* fixiert. Es werden dadurch seitliche Bewegungen im Handgelenk ausgeschlossen. (Vgl. Fig. 216.) Das an einer Darmsaite hängende Gewicht *e* wird nun durch den freibeweglichen Zeigefinger mittels einer an der ersten oder zweiten Phalange angelegten Lederschlinge *c* über eine Rolle gezogen. Jeder einzelne Zug wird durch eine einfache Schreibvorrichtung notiert. Der

Schlitten, der den Papierstreifen trägt, wird mittels Zahn- und Feder-
vorrichtung bei jedem Zug automatisch vorwärtsgeschoben. Der Papierstreifen ist mit einer Teilung in Millimeter versehen. Sie gestattet
eine rasche Messung der vom Bleistift d aufgezeichneten Ordinaten.
Wir wählen ein Gewicht von 5 kg und heben es in einem bestimmten
Rhythmus von z. B. 2 Sekunden so lange, bis die Muskelkraft vollständig erschöpft ist. Wir erhalten auf diese Weise eine Ermüdungskurve.

Funktion des Fußgewölbes.

Die Versuchsperson stellt sich mit
nackten Füßen auf ein berußtes Blatt
Papier. Wir erhalten ein deutliches Bild
derjenigen Stellen des Fußes, die beim unbelasteten Körper den Boden berühren
(Fig 217a). Nun wiederholen wir den
gleichen Versuch bei starker Belastung.
Der Fuß berührt nunmehr eine viel
größere Fläche des Bodens. (Vgl. Fig.
217b.)

Bei dieser Gelegenheit wird das Gehen
und Stehen, vor allem das Abwickeln des
Fußes betrachtet und die Bedeutung der
Unterstützungsfläche für das sichere
Stehen festgestellt.

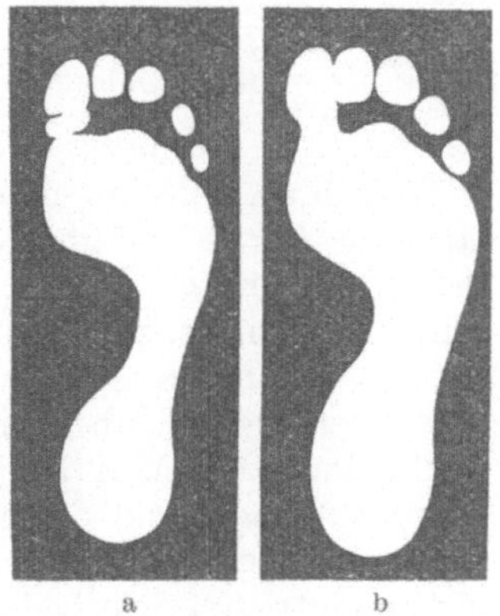

Fig. 217. Fußabdruck ohne und mit
Belastung.

9. Sinnesorgane.

1. Sinnesorgane der Haut.

Aufsuchung der Druck-, Schmerz- und Temperaturpunkte.

Wir benutzen eine sogenannte Reizborste nach v. Frey (Fig. 218). Am
Ende eines Holzstäbchens befindet sich ein senkrecht dazu angeklebtes
Haar. Dieses wird mit dem freien Ende senkrecht auf die Haut aufgesetzt.
Am besten verwendet man ver-
schieden dicke Haare. Wir unter-
suchen verschiedene Stellen der
Haut, z. B. den Handrücken, die

Fig. 218.

Haut des Armes, die Haut des Gesichtes usw. Wir beobachten, daß an
vielen Stellen der Haut beim Aufsetzen der Reizborste nur Druck empfunden wird. Diese Stellen sprechen wir als Druckpunkte an, vgl. Fig.
219,4a. Sie liegen an den behaarten Teilen der Haut in der Nähe der
Austrittsstellen der Haare. Fig. 219,2 zeigt die Austrittsstellen der Haare
auf einer bestimmten Hautfläche. In ihrer Nachbarschaft lassen sich
Druckpunkte feststellen. Häufig empfindet man bei der Berührung
mit dem Tasthaar nicht Druck sondern Schmerz. Es sind dies die

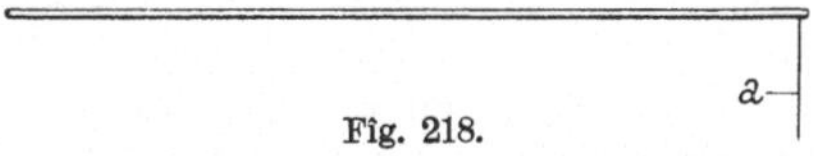

Schmerzpunkte. Bei guter Beobachtung kann man auch Punkte herausfinden, die bei der Berührung mit der Borste eine Temperaturempfindung (Kälte- und Wärmepunkte *K.P* und *W.P* in Fig. 217, 1 und 3) geben. Bei dieser Untersuchung kann man sehr leicht feststellen, daß bei einiger Übung mehr Druckpunkte auf derselben Stelle der Haut angegeben werden, als beim Beginn des Versuches. Ferner kann man zeigen, daß bei Ermüdung wieder weniger Druckpunkte festgestellt werden können. Sehr groß ist vor allem auch der Einfluß der Aufmerksamkeit der Versuchsperson.

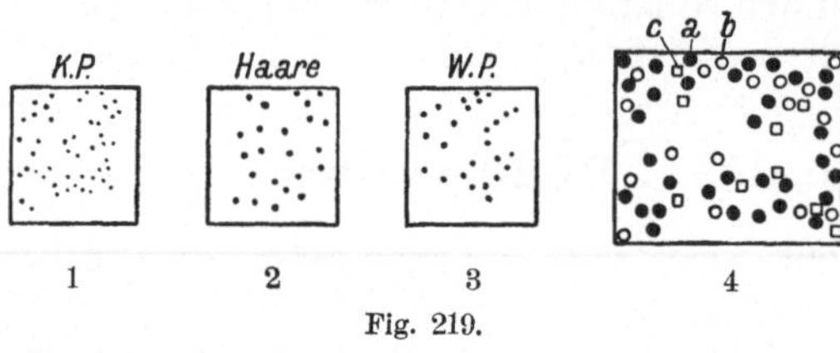

Fig. 219.

Am besten grenzt man mit einem Fettstift auf der Haut eine bestimmte Partie ab und untersucht diese möglichst exakt und zählt die Druckpunkte. Sie werden bei vergleichenden Versuchen am besten mit Hilfe von konzentrierter Salpetersäure gekennzeichnet. Man erhält da, wo ein feines Stäbchen, das mit konzentrierter Salpetersäure getränkt ist, die Haut berührt, das Auftreten der Xanthoproteinreaktion (gelbe Punkte). Man darf selbstverständlich nicht zu viel Salpetersäure auftragen und das Stäbchen nicht fest an die Haut andrücken, weil man sonst Verätzungen erhält. Man kann auch einen feinen Argentum nitricum-Stift benutzen. Hat man alle Druckpunkte (Fig. 219,4*a*) bestimmt und etwaige Schmerz- und Temperaturpunkte (Fig. 219,4*b*, *c*) ebenfalls aufgesucht, dann wiederholt man die ganze Untersuchung und entdeckt nunmehr sehr häufig mehr Druck-, Schmerz- und Temperaturpunkte als vorher.

Die **Schmerzpunkte** sucht man besser mit einer ganz feinen Nadel auf. Man beobachtet beim Einstechen der Nadel, daß manchmal Schmerz empfunden wird, manchmal hat man ausschließlich die Empfindung von Druck, in andern Fällen direkt Kälte- oder Wärmeempfindung. Die Kältepunkte (Fig. 219,1) und die Wärmepunkte (Fig. 219,3) kann man mit Hilfe von stumpfen abgekühlten resp. erwärmten Nadeln aufsuchen.

Untersuchung des Lokalisationsvermögens. Raum- oder Ortssinn.

Wir benutzen dazu einen sog. **Weberschen Tasterzirkel**, auch **Ästhesiometer** genannt. Es ist dies ein Stangenzirkel mit einer feststehenden und einer verschiebbaren Elfenbeinspitze. Auf der Stange ist ein in Millimeter eingeteilter Maßstab angebracht. Die Versuchsperson schließt die Augen. Wir setzen die Elfenbeinspitzen des Zirkels genau gleichzeitig auf die Haut auf. Die Versuchsperson muß angeben, ob sie eine oder zwei Spitzen empfunden hat. Gibt die Versuchsperson an, daß sie zwei Spitzen gefühlt hat, dann nähert man die Spitzen und stellt fest, bei welcher Entfernung nur noch eine Spitze empfunden wird. Die kleinste Distanz, bei der gerade noch zwei Spitzen scharf

unterschieden werden, gibt uns das Maß für die **Feinheit des Lo-
kalisationsvermögens.** Schließlich fährt man mit dem Zirkel bei
gleichbleibendem Abstand der Spitzen über die Haut. Die Versuchsperson erhält dann den Eindruck, als ob die Spitzen bald genähert, bald
von einander entfernt würden. (Bestimmung der **Simultanschwelle.**)

Man kann leicht feststellen, daß die Ausführung dieses Versuches
eine große Übung erfordert, indem man die beiden Spitzen, nachdem
die Versuchsperson angegeben hat, daß sie nur noch eine fühlt, nicht
gleichzeitig, sondern nacheinander aufsetzt. (Bestimmung der sog.
Sukzessivschwelle.) Die
Versuchsperson wird jetzt
mitteilen, daß sie zwei Spitzen gefühlt hat. Setzt man
somit die Spitzen nicht ganz
exakt gleichzeitig auf, dann
ergeben sich Fehlerquellen.
Um den kleinsten Abstand,
bei dem die beiden Spitzen
bei gleichzeitigem und un-
gleichzeitigem Aufsetzen

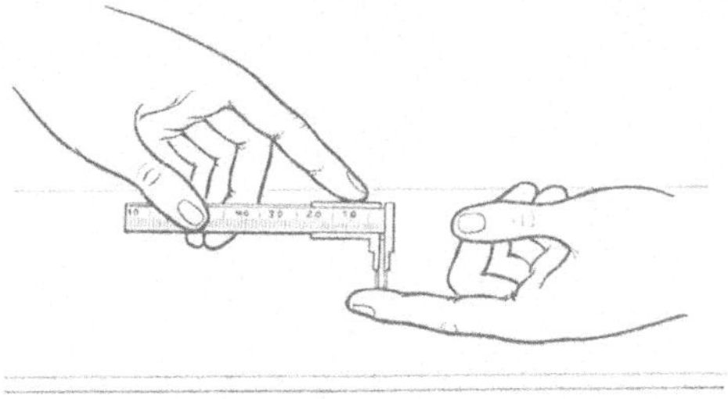

Fig. 220. Versuch mit dem Tasterzirkel.

noch getrennt wahrgenommen werden, sicher feststellen zu können,
empfiehlt es sich, von der Stellung der Spitzen aus, bei der nur eine
solche gefühlt worden ist, durch Erweiterung des Abstandes jene Distanz
der Spitzen aufzusuchen, bei der beide Spitzen wieder deutlich getrennt
gefühlt werden.

Hat man den Abstand der beiden Spitzen, bei dem beide eben noch
erkannt werden, an einer bestimmten Hautstelle in bestimmter Richtung
festgestellt, dann prüft man, ob an der gleichen Stelle andere Angaben
erfolgen, wenn man die Richtung wechselt. Man vergleiche z. B. Längsrichtung und Querrichtung. Schließlich vergleiche man verschiedene
Hautstellen unter einander.

Der größte Abstand der Spitzen, bei dem wir nur eine Berührungs-
empfindung auf der Haut wahrnehmen, gibt den Durchmesser eines
sog. **Empfindungskreises** an. Diese sind an verschiedenen Körper-
stellen verschieden groß. Auch ihr Aussehen ist ein verschiedenes.
Sie sind z. B. an den Extremitäten oval.

Nun fordern wir die Versuchsperson, deren Augen verschlossen sind,
auf, nachdem wir mit einem Tasthaar eine bestimmte Körperstelle berührt haben, den Berührungsort mit Hilfe einer Stricknadel oder eines
ähnlichen Instrumentes so genau, wie möglich, zu zeigen. Man kann auch
so verfahren, daß man kurz hinter einander entweder genau die gleiche
Hautstelle oder aber zwei verschiedene Stellen berührt und dann die
Versuchsperson angeben läßt, ob die gleiche Stelle zweimal berührt wurde.

Die Ausführung dieser Versuche erfordert viel Übung und von
seiten der Versuchsperson große Aufmerksamkeit. Die Hauptschwierig-
keit des Versuches besteht darin, die einzelnen Berührungen gleichmäßig durchzuführen. Bald berührt man unabsichtlich ganz leise, bald

wird man das Tasthaar stärker anpressen usw. Man kann sich leicht durch absichtlich verschiedenartiges Aufsetzen des Tasthaares auf ein und dieselbe Körperstelle davon überzeugen, daß die Versuchsperson ganz verschiedene Angaben macht.

Versuche über Täuschungen.

Versuch 1. Wir nehmen bei normaler Stellung des Zeige- und Mittelfingers eine kleine Kugel, z. B. eine Erbse, zwischen diese beiden Finger und bewegen sie bei geschlossenen Augen durch Verschiebung der Finger hin und her (Fig. 221 b). Wir fühlen nur einen Gegenstand. Jetzt kreuzen wir die Finger, so daß die Kugel die mediale (radiale) Seite des Zeigefingers und die laterale (ulnare) Fläche des Mittelfingers berührt (Fig. 221 a). Rollen wir bei geschlossenen Augen die Kugel

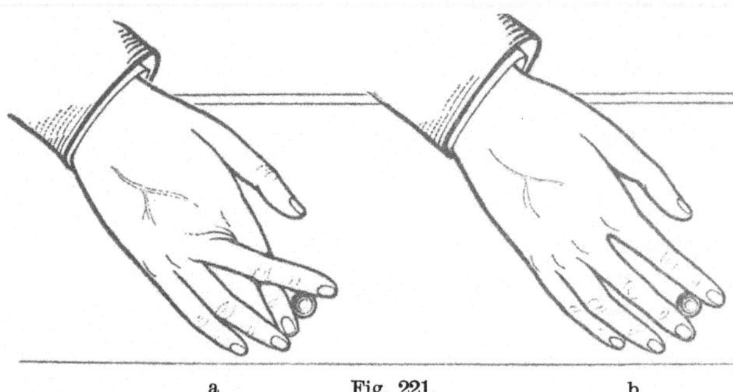

a   Fig. 221.   b

hin und her, dann haben wir deutlich die Empfindung, als ob zwei Kugeln vorhanden wären. (Versuch von Aristoteles.)

Versuch 2. Wir berühren bei normaler Fingerstellung verschiedene Punkte der Endphalangen des Mittel- und des Ringfingers. Wir halten dabei die Augen geschlossen. Es wird ganz richtig lokalisiert. Nun werden die Finger gekreuzt und die Berührungen wiederholt. Die Lokalisation ist eine unrichtige. Wird der Ringfinger berührt, dann lokalisieren wir am Mittelfinger und umgekehrt.

Bewegungsempfindungen.

Die Versuchsperson wird aufgefordert, bei geschlossenen Augen eine Stellung der Extremität einzunehmen, die man ihr vorher gezeigt hat, oder man läßt sie eine bestimmte von ihr bei offenen Augen ausgeführte Bewegung, bei geschlossenen Augen wiederholen. Dann fordern wir sie auf, eine beliebige Stellung des Armes, der Hand oder einzelner Finger einzunehmen und dann die Lage der betreffenden Körperteile genau zu schildern. Endlich geben wir einzelnen Teilen der Gliedmaßen bestimmte Stellungen und lassen dann die Versuchsperson die Lageänderung schildern. (Prüfung auf Muskel-, Sehnen-, Gelenkund Knochensinn.)

2. Geruchssinn.

Wir verwenden zur quantitativen Untersuchung des Riechvermögens den Olfaktometer von Zwaardemaker (Fig. 222). Er besteht aus einem zylindrischen Rohre a, das den Riechstoff enthält und einem zweiten engeren Rohre c, durch das man riecht. Der Zylinder wird über das Rohr geschoben und das umgebogene Ende des letzteren in das eine Nasenloch eingeführt. Je tiefer wir den mit Riechstoff beladenen Zylinder über das Rohr ziehen, ein um so kleinerer Teil davon wird von der eingeatmeten Luft bestrichen.

Um die andere Nasenhälfte vom Mitriechen auszuschließen, bringt man zwischen Nase und die riechende Fläche einen Schirm s an. Der Zylinder besteht aus poröser gebrannter Kaolinmasse. Er wird z. B. in eine Lösung von Valeriansäure von bestimmtem Gehalt (z. B. 1 : 10 000) eingetaucht. Nach einigen Stunden hat die Lösung die Poren der Röhre ausgefüllt. Durch kurzes, ruckweises Schwingen werden die anhängenden Flüssigkeitstropfen entfernt und nunmehr der Zylinder ganz über das eigentliche Riech-

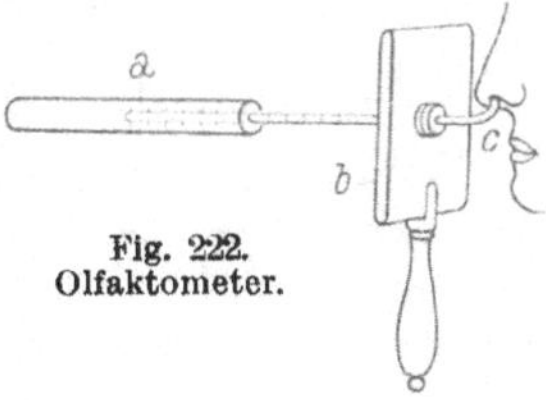

Fig. 222.
Olfaktometer.

rohr c herübergezogen, das die Versuchsperson nunmehr in das eine Nasenloch einführt. Nunmehr verschiebt man den durchtränkten Zylinder so lange, bis die Versuchsperson angibt, eine bestimmte Geruchsempfindung zu haben. Man mißt dann das über das Rohr hervorstehende Zylinderstück. Der Versuch wird bei verschiedenen Personen durchgeführt und festgestellt, daß die Feinheit des Riechvermögens eine sehr verschiedene ist.

Riechen wir abwechselnd an einem Fläschchen, das etwa 1 proz. Essigsäure und einem solchen, das eine 1 proz. Ammoniaklösung enthält, dann werden wir bei genügendem Zeitintervall zwei verschiedene Empfindungen wahrnehmen. Riechen wir rasch hintereinander an beiden Fläschchen, oder benutzen wir kleine Waschflaschen, die mit den genannten Lösungen gefüllt sind, und leiten von der einen Flasche ein Rohr in das eine Nasenloch und von der anderen Flasche ein solches in die zweite Nasenöffnung und riechen gleichzeitig, dann nehmen wir bald den Geruch nach Essigsäure, bald nach Ammoniak wahr, oder aber wir haben bei geeigneter Konzentration der verdampften Substanzen überhaupt keine Geruchsempfindung. (Wettstreit beider Geruchsempfindungen.)

3. Geschmackssinn.

Wir bringen mittels feiner Pinselchen oder mit Glasstäbchen geringe Mengen von einer Zuckerlösung, von Weinsäure, von Chinin usw. auf bestimmte Stellen der Zunge (auf den Zungenrücken, den Seitenrand) (Fig. 223) und lassen die Versuchsperson jedesmal angeben, ob und welche Geschmacksempfindung sie hat. An bestimmten Stellen wird sauer, an anderen süß und endlich an wieder anderen Stellen bitter wahrgenommen. Durch Wiederholung der Ver-

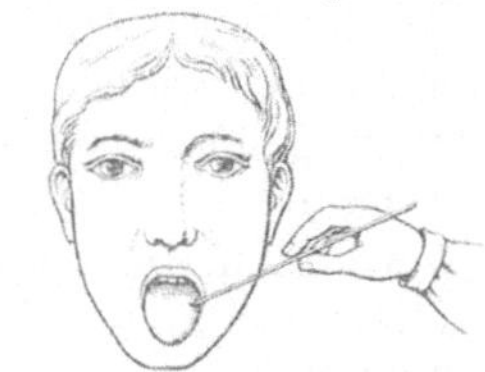

Fig. 223. Untersuchung de
Geschmackssinnes.

suche überzeugen wir uns, daß die Empfindung der einzelnen Geschmacksqualitäten sich lokalisieren läßt.

Prüfung des Geschmacks stereoisomerer Körper: l-Leucin schmeckt bitter, dl-Leucin schwach süß, d-Leucin sehr süß. Das gleiche Verhalten zeigen d-Valin, dl-Valin und l-Valin; l-Histidin, dl-Histidin und d-Histidin.

4. Gehörorgan.

a) Funktion des N. cochlearis.

Nachweis der Schalleitung durch Luft und durch Knochen.

Wir schlagen eine Stimmgabel an und setzen diese auf das Schädeldach (Fig. 224) oder auf die Zähne. Wir warten ab, bis wir keinen Ton mehr wahrnehmen. Nunmehr bringen wir die Stimmgabel vor das Ohr. Wir hören noch deutlich und längere Zeit, daß die Stimmgabel tönt.

Betrachtung des Trommelfells.

Der Beobachter ergreift die Ohrmuschel des zu Untersuchenden und zieht sie etwas nach hinten und oben. Die Versuchsperson wird

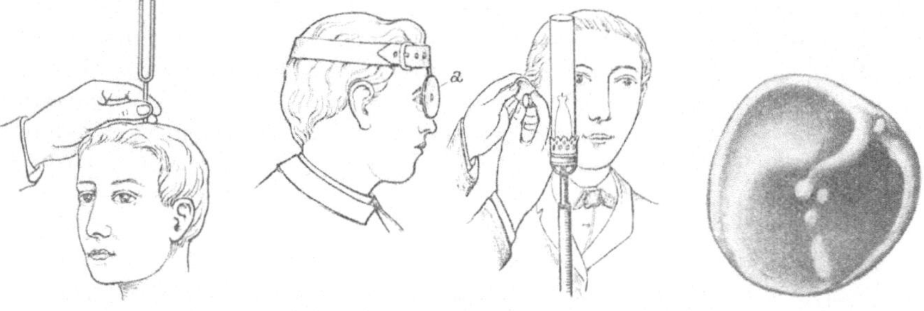

Fig. 224.   Fig. 225.   Fig. 226. Trommelfell.

so gesetzt, daß das zu untersuchende Ohr von der Lichtquelle abgewendet ist. Das Licht der Lichtquelle werfen wir mit Hilfe eines Spiegels — am besten eines Hohlspiegels mit zentraler Öffnung — in das Ohr hinein (Fig. 225a). Am vorteilhaftesten tragen wir den Reflektor mit Hilfe eines Bandes um die Stirn festgeschnallt. Das Auge des Beobachters befindet sich etwa 12 cm vom Ohr entfernt. Wir sehen das Trommelfell als kleine blaßgrau gefärbte Membran. Sie zeigt an ihrer unteren Partie einen hellen Lichtreflex. Nahe an dem vorderen oberen Rande erblicken wir einen gelblichweißen Vorsprung. Es ist dies der kurze Fortsatz des Hammers. Von ihm aus verläuft der Hammerstiel nach unten innen und hinten. Er endigt an einer stark eingezogenen Stelle des Trommelfells. Vom kurzen Fortsatz aus sehen wir nach hinten eine bogenförmige längere Falte ziehen und nach vorn eine kürzere (Fig. 226).

Erzeugung des Kurvenbildes eines Vokales im rotierenden Spiegel.

In den Trichter *a* wird ein bestimmter Vokal laut hineingesungen oder gesprochen. Die in *b* befindliche Flamme zeigt zuckende Bewegungen, die wir in dem durch Drehen am Rade *d* in Bewegung gesetzten Spiegel *c* betrachten. Wir erhalten für jeden Vokal typische Flammenbilder (Fig. 227).

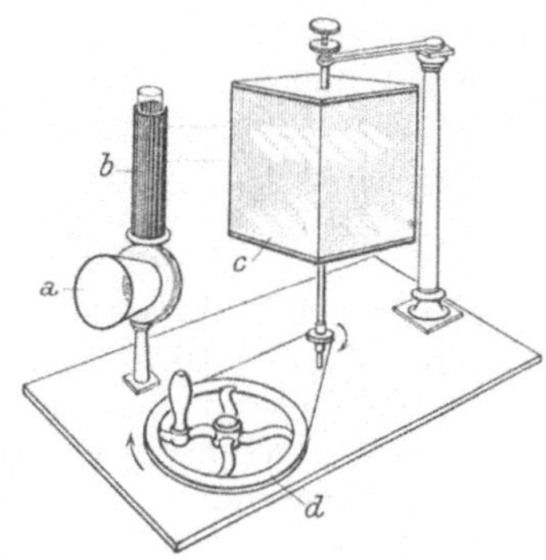

Fig. 227.

b) Funktion des N. vestibularis.

Eine Taube, der man 24 Stunden vor der Operation kein Futter und vor allem kein Wasser gegeben hat, wird mit Äther narkotisiert. Dann entfernt man mit einer Schere die Federn des Kopfes und führt von der Schnabelwurzel bis zum hinteren Teil des Schädels einen bis auf das Periost gehenden Schnitt. Man sucht nun die Ansatzstelle der Nackenmuskeln am Hinterhauptbein auf. An der Stelle, an der eine leicht zu unterscheidende breitere hintere und eine schmälere vordere Muskelmasse zusammenstößt, löst man ihre Ansätze ab. Man muß bei dieser Operation sehr vorsichtig sein, damit jede größere Blutung unterbleibt. Ist eine solche eingetreten, dann ist der Versuch meist als mißlungen zu betrachten, weil es schwer hält, im Knochen, der sich rasch mit Blut tränkt, das Labyrinth zu finden. Hat man die Ansatzstelle der genannten Muskelpartie weit genug entfernt, dann erblickt man eine Vorwölbung (Protuberantia occipitalis lateralis). Hier be-

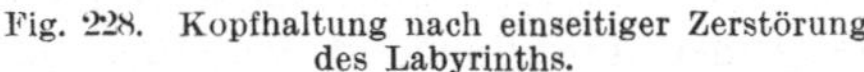

Fig. 228. Kopfhaltung nach einseitiger Zerstörung des Labyrinths.

Fig. 229.

finden sich die gesuchten Bogengänge. Man trägt nun den Knochen an dieser Stelle in ganz kleinen Stückchen unter Vermeidung von Blutungen ab. Schließlich öffnet man die knöchernen Bogengänge und zerstört die häutigen Gänge durch Einführung einer spitzen Nadel. Nun wird die Wunde geschlossen und die Haut vernäht.

Das Tier zeigt sofort nach der Operation pendelnde Bewegungen des Kopfes. Es bewegt sich sehr unsicher, schwankt hin und her und fällt auch häufig hin. Beim Fressen ist das Tier auch sehr ungeschickt. Es pickt oft am Futter vorbei. Den Kopf hält die Taube nach der operierten Seite geneigt. Diese Stellung wird von Tag zu Tag ausgeprägter. (Vgl. Fig. 228.)

Bei einer anderen Taube führen wir die Zerstörung des Labyrinthes auf beiden Seiten durch. Beugen wir den Kopf des Tieres, nachdem es sich von den Nachwehen der Operation erholt hat, nach rückwärts und bringen wir am Schnabel mit Hilfe eines Bindfadens ein kleines Gewicht an, dann vermag die Taube den Kopf nicht mehr zu heben (Fig. 229). (Demonstration der Muskelschwäche.) Das operierte Tier bewegt sich fast gar nicht.

Galvanischer Schwindel.

Versuch 1. Wir leiten den Strom von etwa 15 Zink-Kohle-Elementen zu einer Wippe. In den einen Leitungsdraht schalten wir einen Quecksilberschlüssel ein. An den von der Wippe ausgehenden Drähten befestigen wir kleine mit gesättigter Kochsalzlösung getränkte Schwammstücke. Diese führen wir in beide Gehörgänge eines Kaninchens ein und fixieren sie mit Hilfe von am Ohrlöffel angebrachten Klemmpinzetten. Jetzt wird der Strom geschlossen. Das Tier wälzt sich sofort und zwar in der Richtung der Anodenseite. Legen wir die Wippe um, so dreht sich das Tier in umgekehrter Richtung.

Versuch 2. Bei gleicher Versuchsanordnung legen wir zwei gepolsterte, mit gesättigter Kochsalzlösung durchtränkte Lederelektroden bei einem Menschen in der Gegend der Processus mastoidei dem Schädel an. Die Versuchsperson hält die Elektroden an Holzgriffen fest. Nun wird bei einer bestimmten Stromrichtung der Strom geschlossen. Die Versuchsperson neigt sofort den Kopf nach der Anode. Wird die Wippe umgelegt, dann wird auch die Kopfhaltung eine entgegengesetzte. Beim Öffnen des Stromes erfolgt Neigung des Kopfes nach der Kathode. Man beobachte auch den oft sehr deutlichen Nystagmus. Die Versuchsperson empfindet Schwindel, ferner hat sie häufig Geschmacksempfindungen.

Calorischer Nystagmus.

Wir spritzen der Versuchsperson Wasser von 45° in den äußeren Gehörgang und beobachten das Verhalten der Augen. Sie bewegen sich hin und her und zwar ist die raschere Komponente der Bewegung gegen das Ohr gerichtet, in das die Einspritzung erfolgt ist. Das umgekehrte Verhalten sieht man, wenn Flüssigkeit angewandt wird, deren Temperatur geringer als die des Blutes ist.

5. Sehorgan.

Akkommodation des Auges.

1. Betrachtung der Purkinje-Sansonschen Spiegelbilder beim nicht-akkommodierten und akkommodierten Auge.

Wir verdunkeln den Versuchsraum vollständig. Die Versuchsperson blickt geradeaus. 30 cm seitwärts von der Gesichtslinie der Versuchsperson in gleicher Höhe mit ihrem Auge stellen wir eine Kerzenflamme auf. Der Beobachter bringt sein Auge in der für ihn entsprechenden Sehweite in gleiche Höhe mit dem zu beobachtenden Auge und blickt unter einem zu dessen Gesichtslinie 45° betragenden Winkel in das betreffende Auge hinein. Die Versuchsperson wird nun aufgefordert, in die Ferne zu blicken, d. h. nicht zu akkommodieren. (Es gehört hierzu eine gewisse Übung. Nicht jedermann wird auf die Aufforderung, in die Ferne zu blicken, die Akkommodation einstellen. Man beobachtet vielmehr sehr oft, daß im Gegenteil akkommodiert wird.) Wir erblicken nun in dem beobachteten Auge drei Bildchen von der Kerzenflamme (Fig. 230, A) und zwar zunächst ein von der Hornhautfläche geliefertes aufrechtes, scharfes, stark verkleinertes Bildchen, dann ein zweites von der vorderen Linsenfläche stammendes viel größeres, ebenfalls aufrechtes Bild. Dieses ist meistens nicht ganz scharf umrandet, ja oft so verwaschen, daß man die Gestalt

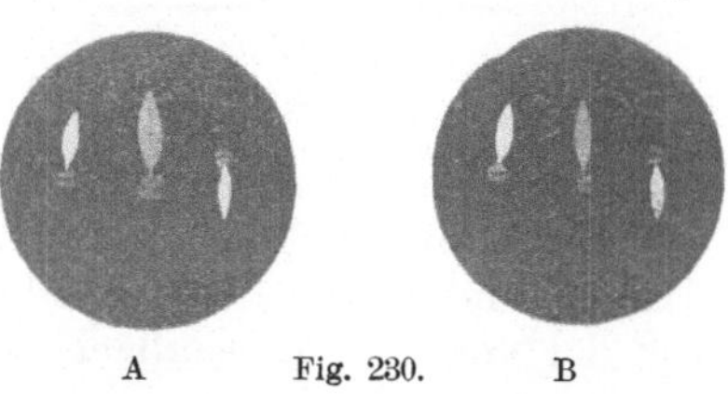

der Flamme gar nicht erkennen kann. Endlich beobachten wir ein umgekehrtes, stark verkleinertes Bild. Es ist kleiner als das Hornhautbild. Im übrigen ist es gut begrenzt. Es wird von der hinteren Linsenfläche (Hohlspiegel) entworfen. Das zweite Bild liegt scheinbar etwa 10 mm hinter der Pupille, das zuletzt genannte Bild ganz nahe der Pupille. Man merkt sich das Aussehen und die Größe dieser drei Bildchen und fordert nun die Versuchsperson auf, einen in der Nähe gelegenen Punkt zu fixieren. Am besten hält man einen Finger an die Stelle des Nahepunktes und ersucht die Versuchsperson, diesen zu fixieren. Der Beobachter darf die Spiegelbildchen nicht aus dem Auge verlieren. Wir beobachten, daß nunmehr das zweite Bild kleiner wird und sich dem Hornhautbildchen nähert (Fig. 230, B). Das Hornhautbild selbst und das dritte Bild bleiben an Ort und Stelle. Der Umstand, daß das zweite Bild sich verkleinert, spricht dafür, daß die vordere Linsenfläche bei der Akkommodation stärker gekrümmt worden ist. (Ein Konvexspiegel liefert um so kleinere Spiegelbilder, je stärker gekrümmt er ist!) In Wirklichkeit wird auch das von der hinteren Linsenfläche entworfene Bildchen etwas kleiner, doch können wir das durch die einfache Beobachtung nicht feststellen. Bei diesem Versuch stellen wir gleichzeitig fest, daß die Pupille bei der Akkommodation sich verengert und beim Sehen in die Ferne erweitert.

Man kann zur Ausführung des geschilderten Versuches auch das Helmholtzsche Phagoskop (Fig. 231) verwenden. Es besteht aus einem innen geschwärzten hohlen Kasten. Er besitzt sechs Flächen, von denen drei länger und drei kürzer sind. Vier dieser Flächen haben Öffnungen. Vor der einen befindet sich das zu untersuchende Auge A, vor der zweiten das beobachtende Auge B. Die dritte Öffnung besteht aus zwei dicht übereinanderliegenden Ausschnitten für die Lichtquelle C. Endlich findet

sich an der vorderen Kastenwand gegenüber der Öffnung, die das
zu untersuchende Auge aufnimmt, ein kleiner Ausschnitt, in dessen
Mitte eine Nadel *a* angebracht
ist. In einer Entfernung von
etwa $1\frac{1}{2}$ m von dieser wird
eine zweite Nadel *b* befestigt,
die mit der am Apparat befindlichen genau in der Visierlinie
des zu beobachtenden Auges
steht. Wir fordern nun die Versuchsperson auf, die entferntere
Nadel zu fixieren und beobachten die Spiegelbildchen (6 einzelne Spiegelbilder, 3 Paar übereinander liegende). Dann lassen

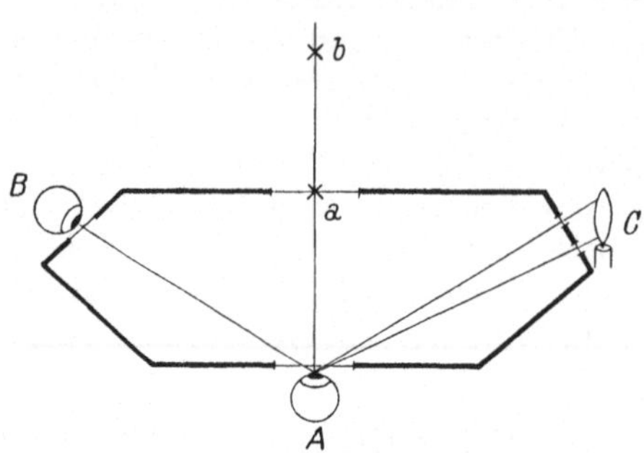

Fig. 231. Phagoskop.

wir sie akkommodieren, d. h. die im Nahpunkte aufgestellte Nadel
fixieren und stellen die Veränderung der Lage und des Aussehens des
von der vorderen Linsenfläche entworfenen Spiegelbildpaares fest.

2. Scheinerscher Versuch.

Versuch 1. Wir befestigen am Ende einer Holzleiste ein Kartenblatt
mit Hilfe einer Stecknadel. In dieses stoßen wir mittels einer feinen
Nadel zwei Öffnungen, die 2 mm von einander entfernt sind. Es müssen
beide Öffnungen noch in den Bereich der Pupillenöffnung fallen. Auf der
Holzleiste bringen wir etwa 15 cm vom Kartenblatt entfernt eine Nadel
an und eine zweite in der Entfernung von einem Meter. Wir fixieren
nun durch die beiden Öffnungen in der Karte die näher gelegene Stecknadel (*b* in Fig. 232, B). Wir sehen dabei die entferntere doppelt *d d*.
Die Doppelbilder sind in diesem Falle nicht
gekreuzt, wie man sich leicht durch Verdecken
je eines der Löcher im Kartenblatt überzeugen
kann (vgl. Fig. 232). Fixieren wir umgekehrt
die entferntere Nadel (*a* in Fig. 232, A), dann
sehen wir die nahe gelegene doppelt, und zwar
erhalten wir ein gekreuztes Doppelbild *c c*. Verdecken wir die linke Öffnung im Kartenblatt,
dann verschwindet das rechts gelegene Doppelbild. (Vgl. hierzu Fig. 232).

Versuch 2. Bei einem weiteren Versuch benutzen wir einen Apparat, bei dem die Nadel auf
einer Leiste verschiebbar ist (Fig. 233). Diese
trägt eine Einteilung, so daß wir die Entfernung
der Nadel von dem Schirm direkt ablesen können. Die Versuchsperson
fixiert die Nadel durch zwei in einem Schirm befindliche Öffnungen.
Man nähert nun die Nadel so lange dem Auge der Versuchsperson, bis
sie angibt, daß sie die Nadel nicht mehr scharf, sondern doppelt sieht.
Nun gehen wir mit der Nadel wieder zu dem Punkt zurück, an dem

die Nadel scharf und einfach gesehen wird. Wir erhalten auf diese
Weise den **Nahepunkt**, und bestimmen zugleich das **Maximum
der Akkommodation**. Wir messen den Abstand vom Schirm bis
zu dieser Stelle. Den **Fernpunkt** können wir auf diese Weise beim
Emmetropen nicht ohne weiteres bestimmen, weil ja in diesem Falle
die Nadel bis ins Unendliche verschoben werden müßte. Ebensowenig

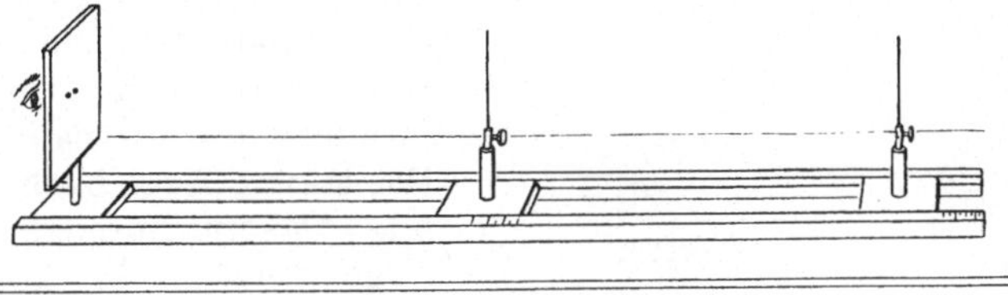

Fig. 233.

können wir den Fernpunkt des Hypermetropen feststellen, da dieser
negativ ist. Nur beim Myopen können wir den Fernpunkt mit Hilfe
des Scheinerschen Versuches bestimmen.

Um bei der gegebenen Versuchsanordnung auch beim Emmetropen
den Fernpunkt bestimmen zu können, müssen wir sein Auge künstlich
stark kurzsichtig machen. Dies erreichen wir, indem wir hinter dem
Schirm eine starke Konvexlinse von bekannter Brennweite anbringen.
Wir wollen annehmen, wir hätten eine Linse von 10 Dioptrien gewählt.
Wenn wir die Nadel 10 cm von der Linse entfernt aufstellen, dann befindet sie sich im Brennpunkte der Linse. Die Strahlen der Linse treten
parallel aus. Das Bild ist demgemäß im Unendlichen gelegen. Wird die
Nadel vom Auge ohne Akkommodation scharf gesehen, dann handelt es
sich um ein emmetropes Auge. Der Fernpunkt liegt im Unendlichen.

Pupillenreaktion.

Wir betrachten die Weite der Pupillen bei einer Versuchsperson, die
am Fenster steht und ins Freie schaut. Nun wird ein Auge verdeckt.
Man beobachtet, daß die Pupille des unbedeckten Auges sich erweitert
(**konsensuelle Pupillenreaktion**). Wird nun das bedeckte Auge
wieder frei gegeben, dann verkleinern sich die Pupillen rasch auf beiden
Seiten. Werden beide Augen zugleich bedeckt und nach etwa 30 Sekunden wieder freigegeben, dann beobachtet man, daß die Pupillen
stark und gleichmäßig erweitert waren. Sie verengern sich nun.

Wir fordern die Versuchsperson auf, in die Ferne zu blicken. Die
Pupillen sind mittelweit. Nun lassen wir rasch einen etwa im Nahe-
punkt (ca. 15 cm vom Auge entfernten) befindlichen Gegenstand (eine
Nadel) fixieren. Die Pupillen verengern sich stark (**akkommodative
Pupillenreaktion**). (Vgl. auch S. 253.) Man beachte dabei auch die Kon-
vergenzbewegung des Auges beim Fixieren des nahen Gegenstandes.

Anhang.

Einfluß des l-Adrenalins auf die Pupillenweite.

Wir enucleiren einem getöteten Frosch beide Bulbi und legen sie so in kleine Trichter, daß die Pupille nach oben sieht. Nun stellen wir die mit physiologischer Kochsalzlösung benetzten Präparate in einen hell erleuchteten Raum und messen dann nach einiger Zeit die Pupillenweite. Dann träufeln wir auf das eine Auge einen Tropfen einer Lösung von l-Adrenalin 1 : 10000. Das andere Auge bleibt ohne Zusatz. Das mit Adrenalin benetzte Auge zeigt nach kurzer Zeit starke Pupillenerweiterung (vgl. Fig. 234, B). A zeigt die Pupillenweite des Kontrollauges. Den

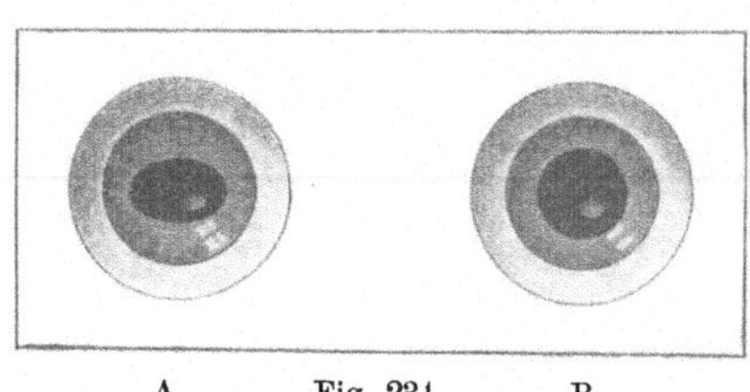

A   Fig. 234.   B

gleichen Versuch wiederholen wir mit einem anderen Augenpaar, nur träufeln wir an Stelle von l-Adrenalin die in der Natur nicht vorkommende rechtsdrehende Form auf. Die Pupille bleibt, verglichen mit dem Kontrollauge, gleich weit. Um mit dl-Adrenalin eine gleich starke Pupillenerweiterung zu erhalten, wie mit l-Adrenalin, müssen wir von ersterem eine doppelt so stark konzentrierte Lösung benutzen.

Bestimmung des Krümmungsradius der Hornhaut mit Hilfe des Ophthalmometers von Helmholtz.

Die Methode gründet sich auf die Beobachtung, daß bei einem sphärischen Konvexspiegel die Größe eines leuchtenden Körpers sich zur Größe seines Spiegelbildchens wie der Abstand des Objektes vom Krümmungsmittelpunkt des Spiegels zum halben Krümmungsradius des Konvexspiegels verhält. Wir können somit den Krümmungsradius einer spiegelnden Fläche berechnen, wenn die Größe des Objektes und sein Abstand vom Scheitel des Spiegels und ferner die Größe der Spiegelbilder bekannt sind. Zur Messung der Größe der letzteren dient das Helmholtzsche Ophthalmometer (Fig. 235). Alle anderen Faktoren zur Berechnung des Krümmungsradius lassen sich direkt bestimmen.

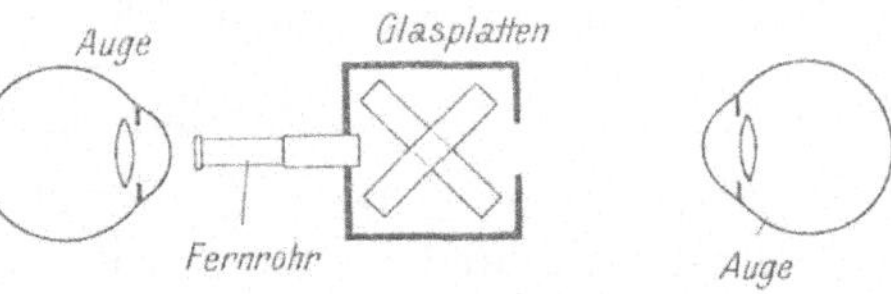

Fig. 235.   Ophthalmometer.

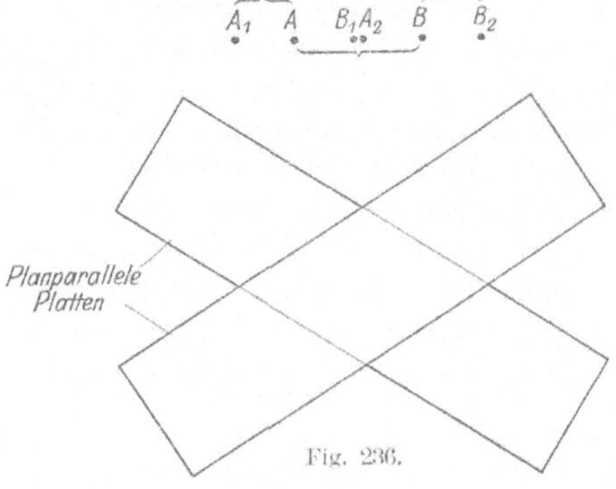

Der Einrichtung des Ophthalmometers liegt das Prinzip zugrunde, daß die Größe eines Gegenstandes aus der Parallelverschiebung gemessen werden kann, die eine schräg zu der Richtung eines Lichtstrahls gestellte planparallele Glasplatte diesem erteilt.

Man läßt zwei leuchtende Punkte oder Spaltöffnungen von bekanntem Abstand sich in der Hornhaut spiegeln. Den Abstand beider Spiegelbilder mißt man mit Hilfe eines Fernrohrs mit folgender Einrichtung. Vor ihm sind zwei dicke, planparallele Glasplatten angebracht, die um eine gemeinsame Achse drehbar sind. Bei der Drehung entfernen sich beide Platten in entgegengesetzter Richtung um genau den gleichen Winkel aus der Nullage. Den Drehungswinkel kann man an einer Teilung ablesen. Der Beobachter erblickt durch das Fernrohr die beiden Spiegelbilder in dem zu untersuchenden Auge. Die Glasplatten sind zunächst in Nulllage, d. h. sie stehen senkrecht zur Sehachse. Wir erblicken somit die Bildchen an der gleichen Stelle, wie wir sie auch ohne Vorhandensein der Platte sehen würden. Jetzt drehen wir die Glasplatten. Es erscheinen Doppelbilder (A und B, Fig. 236) der beiden Lichtquellen, somit vier Bilder A_1 und A_2 und B_1 und B_2. Wir verschieben die Platten nun so lange, bis von den vier Spiegelbildchen die beiden mittleren, B_1 und A_2, sich gerade berühren. Es ist dann die Verschiebung gleich dem halben Abstand der beiden Bilder A und B. Aus der Größe der Winkelstellung der beiden Glasplatten — ihre Dicke und ihr Brechungsindex sind bekannt — kann man die Größe der Spiegelbildchen berechnen und nach der oben angegebenen Grundlage den Krümmungsradius feststellen.

Betrachtung des Augenhintergrundes.

1. Im aufrechten Bild.

Versuch 1. Sehr schön kann man den Augenhintergrund im aufrechten Bilde beim Frosch erkennen. Der Frosch wird in ein Handtuch eingewickelt (vgl. Fig. 237). Man wirft dann von einer Lichtquelle mit Hilfe eines Augenspiegels (Fig. 238) Licht in das Auge und beobachtet durch das im Augenspiegel befindliche Loch den Augenhintergrund. Er erscheint bläulich grün. Wir sehen deutlich die Blutgefäße und können beobachten, wie die Blutkörperchen in ihnen dahinrollen.

Versuch 2. Ein sehr schönes Bild erhalten wir auch beim Kaninchen. Bei diesem träufeln wir 1—2 Tropfen einer 1 proz. Atropinlösung in den Bindehautsack, um die Pupille zu erweitern. Nun stellen wir seitlich hinter dem Tiere eine Lichtquelle in Augenhöhe auf, und beobachten mit Hilfe eines schwach gekrümmten

Fig. 237.

Hohlspiegels, der in der Mitte ein kleines Loch hat (Fig. 237). Der Spiegel wird dicht an das beobachtende Auge gehalten und so eingestellt, daß er das von der Lampe auf ihn fallende Licht durch die Pupille auf den Augenhintergrund des beobachteten Auges wirft. Wir erhalten ein virtuelles aufrechtes Bild. Nur der Emmetrope kann den Augenhintergrund auf diese Weise direkt beobachten. Man muß dabei die Akkommodation zu Hilfe nehmen, weil das Kaninchen eine schwache Hypermetropie besitzt. Es treten bei ihm die von der Netzhaut kommenden Strahlen etwas divergent aus. Akkommodiert der Beobachter, dann kann er die Strahlen auf seiner Netzhaut vereinigen. Der Myope oder Hypermetrope muß hinter dem Spiegel eine seine Refraktionsanomalie korrigierende Linse anbringen.

Fig. 238.
Augenspiegel.

2. Im umgekehrten Bild.

Wir benutzen hierzu die gleiche Versuchsanordnung, wie oben beschrieben, nur bringen wir vor das zu untersuchende Auge eine starke Konvexlinse im Abstand ihrer Brennweite. Entweder halten

Fig. 239.

wir die Linse mit der Hand, oder wir spannen sie in ein Stativ ein (vgl. Fig. 239 und 240). Mit dem Spiegel werfen wir wiederum das Licht der Lichtquelle in das zu beobachtende Auge, bis die Pupille aufleuchtet. Wir erhalten ein reelles umgekehrtes Bild. Es liegt zwischen dem Beobachter und

Fig. 240.

der Konvexlinse (vgl. Fig. 241). Der Beobachter muß also auf diese Stelle hin akkommodieren. Der Augenhintergrund erscheint uns hellrot. Wir sehen ein großes, weißes, horizontal verlaufendes Band, das sich gegen die Mitte zu etwas verschmälert. An dieser Stelle beobachten wir einen grauen Ring. Dieser begrenzt die Eintrittsstelle des Nervus opticus. Ferner sehen wir Zweige der Arteria und Vena

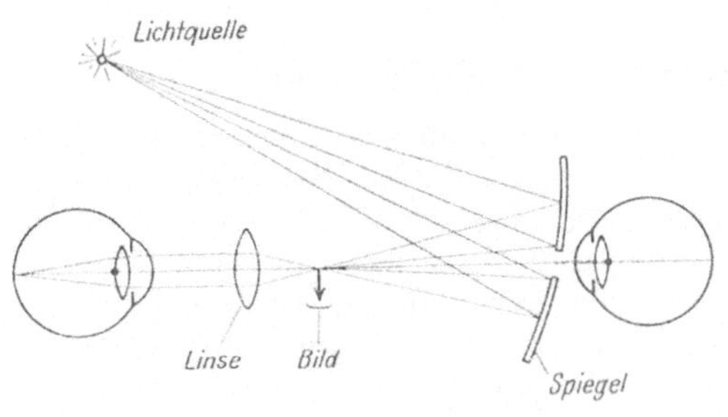

Fig. 241.

centralis retinae. Sie kommen aus der Tiefe der Papille und verteilen sich auf dem Augenhintergrunde. Beim albinotischen Kaninchen kann man außerdem die Chorioidealgefäße sehen.

Wir betrachten in genau der gleichen Weise den Augenhintergrund beim Menschen im aufrechten und umgekehrten Bild.

Nachweis des blinden Fleckes.

Versuch 1. Man betrachte die Fig. 242. Das linke Auge wird geschlossen und mit dem rechten in einem Abstand von 40 cm von der Figur das Kreuz fixiert. Die helle Scheibe verschwindet. Wir fixieren das Kreuz mit der Stelle des schärfsten Sehens, mit der Fovea centralis.

Versuch 2. Es wird in der Fig. 243 der Punkt bei geschlossenem linken Auge bei einem Abstand von ca. 25 cm fixiert. Die Lücke verschwindet. Die Linie erscheint kontinuierlich.

Beobachtung entoptischer Erscheinungen.

Versuch 1. Beobachtung der Gefäßschattenfigur (Purkinje). Wir blicken in einem dunklen Zimmer geradeaus und bewegen ein Kerzenlicht ganz nahe unterhalb und seitlich vom Auge hin und her. Plötzlich erscheint im Gesichtsfeld eine

Fig. 242.

rote Scheibe, in der sich dunkelgraue bis schwarze, schmale Bänder scharf abgrenzen. Diese gehen von einer Stelle aus und verzweigen sich dann. Mit den Bewegungen des Lichtes bewegen sich auch die Linien hin und her. Oft gelingt die Beobachtung der

Pulsation. Diese Erscheinung wird durch die Schatten hervorgerufen, die von den an der Innenseite der Retina verlaufenden Gefäßen auf die lichtempfindliche Schicht geworfen werden (entoptische Wahrnehmung der Netzhautgefäße). Durch den genannten Versuch wird bewiesen, daß die Lichtperzeption durch die nach außen gelegenen Netzhautelemente bewirkt wird.

Versuch 2. Man blicke durch ein dunkelblaues Glas gegen die Sonne oder akkomodationslos gegen eine große, helle Fläche. Man erblickt helleuchtende Punkte, die sich in gewundenen Bahnen

Fig. 243.

bewegen. Einzelne verschwinden oft und tauchen wieder auf. (Vgl. hierzu auch S. 181.) Wir beobachten hierbei die Blutkörperchen in unseren Netzhautgefäßen.

Bestimmung des Gesichtsfeldes.

Wir fordern die zu untersuchende Person auf, ein Auge zu schließen und mit dem anderen einen bestimmten Punkt oder Gegenstand, z. B. den Zeigefinger (oder die Hand oder ein Kartenblatt usw.) unausgesetzt zu fixieren. Wir bewegen nun den Zeigefinger in dem Gesichtsfeld der zu untersuchenden Person nach oben, unten, rechts und links und fordern sie auf, anzugeben, wann sie den Finger nicht mehr sieht. Dann nähern wir ihn wieder von der gleichen Seite. Die Versuchsperson meldet dann, wann der Finger eben wieder in ihrem Gesichtsfeld erscheint. Wir können uns mit dieser einfachen Methode rasch ein Bild des Umfanges des Gesichtsfeldes machen.

Genauere Untersuchungen gestattet der sog. Perimeter (Fig. 244).

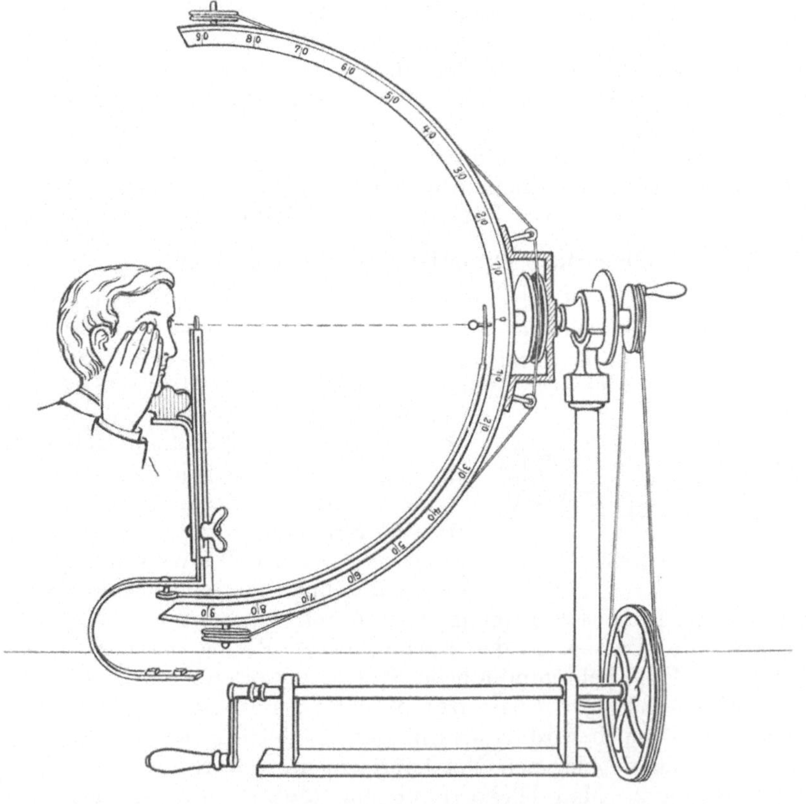

Fig. 244. Perimeter.

Die Versuchsperson stützt ihr Kinn auf einen Halter. Sie fixiert mit einem Auge unverwandt die an dem gegenüberliegenden Halbkreis angebrachte Kugel Das andere Auge ist geschlossen. Das zu fixierende Objekt, die Kugel, läßt sich hin und her bewegen. Man bewegt die Kugel vom Zentrum allmählich weg und fordert die Versuchsperson auf, anzugeben, wann sie das zu fixierende Objekt nicht mehr erblickt. Umgekehrt bewegt man den zu fixierenden Gegenstand von der Peripherie nach dem Zentrum und läßt melden, wann das Objekt wieder im Gesichtsfeld erscheint. Die jeweilige Stellung der Kugel läßt sich mit Hilfe besonderer Einrichtungen genau bestimmen. Der innen geschwärzte Halbkreis, in dessen Mittelpunkt das zu untersuchende Auge sich befindet, ist in seinem Scheitelpunkt mit Hilfe einer Kurbel drehbar. Die Winkelstellung des Perimeterhalbkreises im vertikalen Meridian

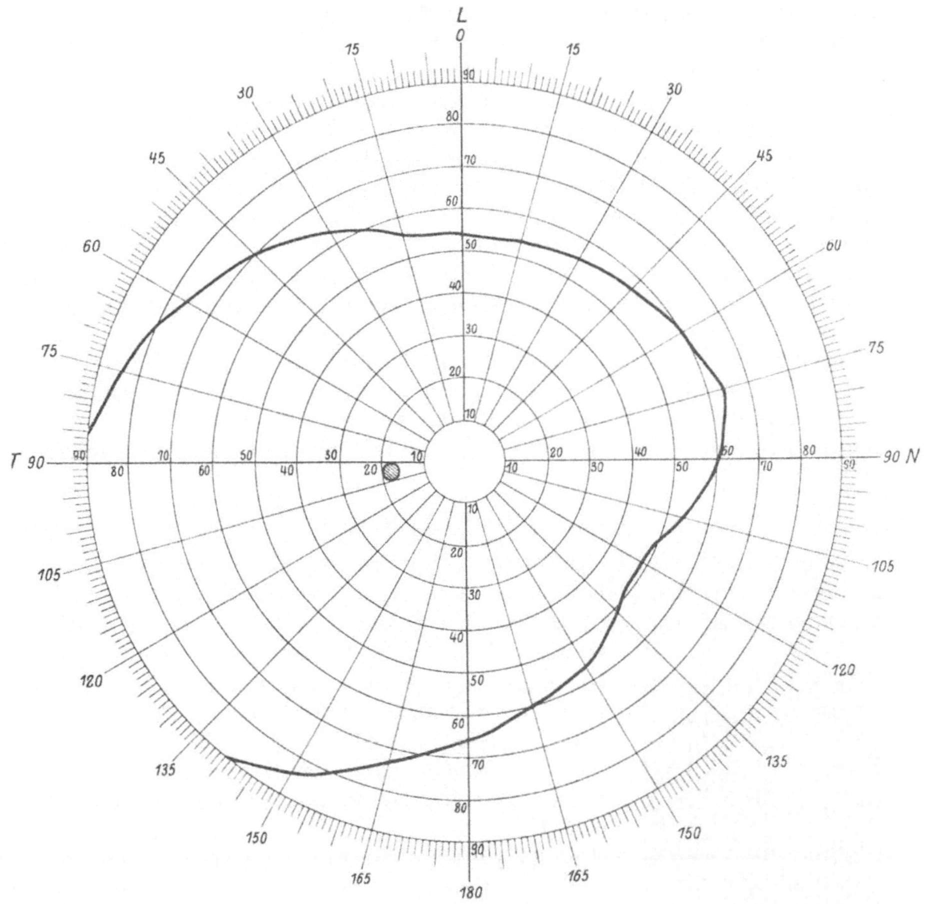

Fig. 245. Gesichtsfeldschema.

kann auf einer in Grade geteilten Scheibe abgelesen werden. Der Perimeterhalbkreis ist von seiner Mitte aus ebenfalls mit einer Gradeinteilung versehen. Wir können mit Hilfe dieser Einrichtungen die Grenzen des Gesichtsfeldes genau feststellen und die gefundenen Werte in ein sog. Gesichtsfeldschema Fig. 245 eintragen. Dieses besteht aus neun gleich weit voneinander abstehenden konzentrischen Kreisen. Der äußerste besitzt eine Gradeinteilung. Von 15 zu 15⁰ sind Radien des Kreises gezogen, die durch die einzelnen Kreise in neun gleiche Teile geteilt werden. Jeder entspricht 10⁰ des Perimeterbogens. Wir wollen annehmen, daß wir im vertikalen Meridian gefunden haben, daß die Versuchsperson die Kugel oben bei 50⁰ des Perimeterbogens, unten bei 66⁰ zuerst gesehen hat. Diese Punkte werden in dem Schema notiert. In gleicher Weise werden weitere Meridiane geprüft. Je mehr Meridiane untersucht werden, um so genauer wird selbstverständlich die Gesichtsfeldbestimmung. Die gefundenen Punkte werden dann untereinander verbunden. Wir erhalten so die **Grenzen des Gesichtsfeldes**. Bei dieser Untersuchung kann man leicht feststellen, daß bei Wiederholung der Bestimmung bessere Werte erhalten werden, d. h. das zu fixierende Objekt wird früher gesehen und damit wird das Gesichtsfeld ein größeres. Es kommt die Übung und vermehrte Aufmerksamkeit zum Ausdruck. Wird der Versuch sehr lange fortgesetzt, dann tritt Ermüdung ein, und das Gesichtsfeld verkleinert sich. Ferner kann man leicht feststellen, daß die Beleuchtung, ferner auch die Größe und Form des zu fixierenden Objektes von Bedeutung sind.

Wir prüfen ferner in der gleichen Weise das Gesichtsfeld für verschiedene **Farben**. Die peripherste Schicht der Netzhaut ist vollständig farbenblind. Wir können mit ihr nur hell und dunkel unterscheiden. Dann folgt eine Zone, in der wir **gelb** und **blau** unterscheiden, dagegen rot und grün noch nicht. Weiter zentralwärts erkennen wir neben gelb und blau auch **rot**, und schließlich folgt dann noch mehr zentralwärts eine Zone, in der wir auch noch **grün** empfinden.

Nachweis des Astigmatismus.

Man betrachte in beistehender Figur die vertikalen Striche scharf. Es erscheinen dann die horizontalen weniger scharf begrenzt und nicht so tief schwarz, wie erstere. Umgekehrt werden, wenn die horizontalen Linien scharf fixiert werden, die vertikalen nicht so genau wahrgenommen (Fig. 246). Das Auge hat in den verschiedenen Meridianen eine verschieden starke Brechkraft.

Die Unterschiede in der Krümmung der einzelnen Hornhautmeridiane können wir ferner mit Hilfe der sog. **Placidoschen Scheibe** (Fig. 247) erkennen. Auf einer weißen Scheibe sind eine Reihe von konzentrischen, schwarzen Ringen angebracht. Die Scheibe besitzt im Zentrum eine Öffnung. Der Untersucher hält sich

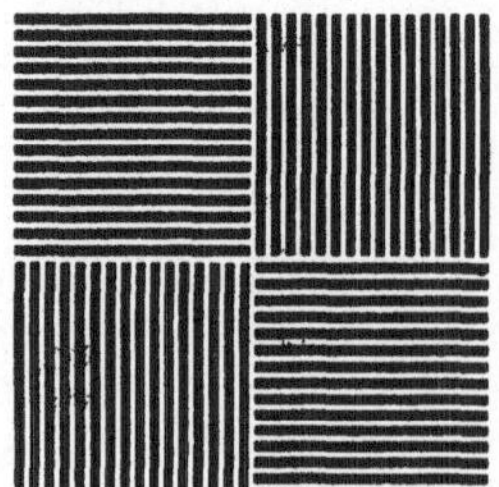

Fig. 246.

die gleichmäßig geschwärzte Rückseite der Scheibe dicht vor das Auge und betrachtet durch die zentrale Öffnung das Spiegelbild der konzentrischen Kreise auf der Hornhaut der Versuchsperson. Finden sich größere Unterschiede in der Krümmung der Hornhautmeridiane, dann erscheinen die Spiegelbilder der Kreise nicht mehr als solche, sondern als Ellipsen. Die lange Achse der Ellipse entspricht dem am schwächsten brechenden Hornhautmeridian, die kurze Achse dem am stärksten brechenden.

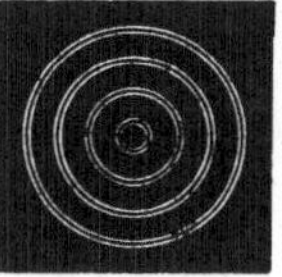

Fig. 247.

Einfachsehen mit zwei Netzhäuten.

Versuch 1. Jedes Auge blicke in der Fig. 248 den gegenüberliegenden Punkt an und richte zugleich den Blick starr geradeaus, d. h. man schalte die Akkomodation aus. Wir bemerken, wie die beiden Punkte plötzlich aufeinander zuschwimmen und in der Mitte zwischen den ursprünglich sichtbaren Punkten zu einem Punkte verschmelzen. Diese Erscheinung wird dadurch hervorgerufen, daß die beiden Punkte im gegenüberliegenden Auge auf identische Netzhautpunkte treffen. Wir erblicken neben diesem mittleren Punkt noch die beiden ursprünglichen

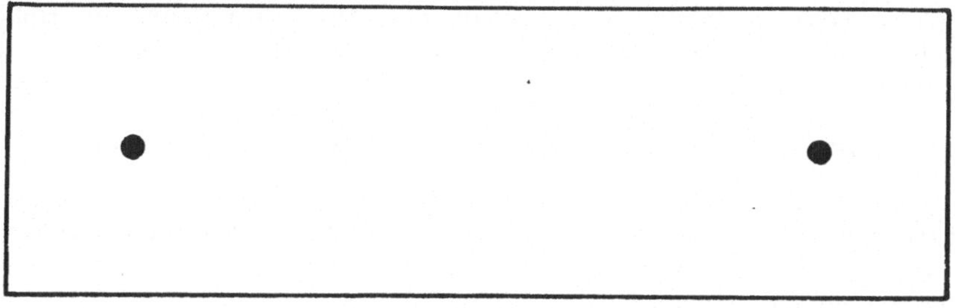

Fig. 248.

Punkte und zwar mit dem rechten Auge den linken und mit dem linken den rechten. Stellt man eine bis zur Nase reichende Scheidewand aus dünnem Papier auf die Mitte zwischen die beiden Punkte, dann erblickt man nur noch den durch Verschmelzung entstandenen Punkt (Hinweis auf das stereoskopische Sehen).

Versuch 2. Wählt man an Stelle der Punkte zwei verschiedene Figuren, dann erblickt man bald die eine, bald die andere Figur (Wettstreit beider Gesichtsfelder, Valentin).

Versuch 3. Wir formen aus Papier zwei Röhren und bringen vor jedes Auge eine und blicken hindurch. Berühren sich die Röhren, dann erblicken wir eine einheitliche, runde Öffnung. Entfernen wir die Röhren vorne voneinander, d. h. machen wir sie divergent, dann erscheint uns die Öffnung zunächst oval und schließlich erblicken wir zwei Öffnungen.

Stecken wir am vorderen Ende der Papierröhren je eine gleich große Nadel ein, dann erblicken wir bei sich berührenden resp. parallel gerichteten Röhren nur eine Nadel in einer einheitlichen Öffnung. Es ist dies besonders dann der Fall, wenn wir in die Ferne sehen, d. h. nicht akkommodieren. Sobald wir jedoch die Röhren divergent oder konvergent machen, erblicken wir beide Nadeln.

Wahrnehmung der Farben.

Mischung von Farben durch Übereinanderlegen einzelner Teile zweier Spektra und mit Hilfe des Farbenkreisels.

Adaptation des Auges.

Wir begeben uns aus einem hell erleuchteten Raum rasch in einen verdunkelten. Wir können zunächst in diesem keine Gegenstände unterscheiden. Nach einiger Zeit erscheinen uns die Umrisse der im Raume befindlichen Objekte immer deutlicher. Die einzelnen Individuen adaptieren sich verschieden rasch. Wir vergleichen die Raschheit der Adaptation, nachdem wir von einem etwas verdunkelten Raume, in dem wir uns einige Zeit aufgehalten haben, in ein völlig verdunkeltes Zimmer übertreten, mit der Gewöhnung des Auges an die Dunkelheit beim plötzlichen Übertritt vom Hellen ins Dunkle. Umgekehrt werden wir zunächst geblendet, wenn wir aus dem Dunkeln plötzlich ins Helle sehen. Das ans Dunkle adaptierte Auge muß sich an die Helle erst gewöhnen.

Versuche über den Verlauf der Erregung in der Netzhaut.

Versuch 1. Wir blicken in eine helle Lichtflamme und verdecken dann rasch die Augen, oder wir sehen auf einen vollständig dunklen Hintergrund. Es tritt dann eine helle Erscheinung auf, die die Form der soeben fixierten Lichtflamme zeigt.

Versuch 2. Eine mit schwarzen und weißen Sektoren versehene Scheibe (vgl. Fig. 249) wird in Rotation versetzt. Bei geringer Geschwindigkeit unterscheiden wir die einzelnen Sektoren deutlich. Bei rascherer Bewegung werden die Ränder der Sektoren verwischt. Es beruht dies darauf, daß die Erregung der Netzhautelemente durch das von den weißen Sektoren ausgesandte Licht nicht sofort ihr Maximum erreicht, und sie ferner nicht unmittelbar abklingt, wenn die weiße Fläche vorbeirotiert ist. Bei sehr rascher Rotation erscheint die ganze Scheibe gleichmäßig grau.

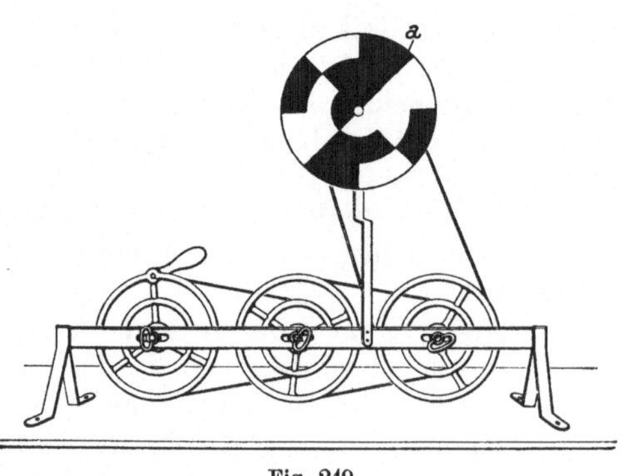

Fig. 249.

Versuche mit dem Stroboskop. Verschmelzung der Nachbilder bei genügend rascher Umdrehung. (Positive Nachbilder.)

Umstimmung des Auges bei Ermüdung.

Blicken wir gegen ein hell erleuchtetes Fenster und wenden wir dann den Blick auf eine gleichmäßig beleuchtete Fläche, z. B. auf die Decke des Zimmers oder eine helle Wand, dann erscheinen die einzelnen Teile des Fensters, Fensterflächen und Rahmen, ganz deutlich, jedoch sind die hellen Teile dunkel und die dunklen hell. (Negatives Nachbild.) Besonders eindrucksvolle Resultate erhält man, wenn man längere Zeit farbige Bilder fixiert und dann auf eine weiße Fläche blickt. Wir sehen das gleiche Bild in der Kontrastfarbe. Sie liegt bei hellem Tageslichte der komplementären Farbe sehr nahe.

Demonstration der Erweiterung des Gesichtsfeldes beim binokulären Sehen gegenüber dem monokulären.

Versuch 1. Wir nähern einer Versuchsperson, die geradeaus schaut, einen Gegenstand von links und rechts und von oben und unten, d. h. wir bestimmen ihr Gesichtsfeld. (Wir können diesen Versuch auch mit Hilfe des Perimeters ausführen, vgl. S. 260.) Dann fordern wir die Person auf, ein Auge zu schließen, z. B. das rechte. Sie wird dann einen von rechts herangeführten Gegenstand erst viel später wahrnehmen, als bei binokulärem Sehen. Das Gesichtsfeld ist stark eingeschränkt.

Versuch 2. Wir bringen einen Bleistift oder einen Holzstab oder dgl. zwischen unsere Augen und die Schrift z. B. eines Buches. Wir können ungehindert, ohne den Kopf zu bewegen, lesen. Es sind keine Buchstaben verdeckt. Schließen wir ein Auge, dann ist das Lesen der einzelnen Sätze bei feststehender Kopfhaltung unmöglich, weil Teile von Wörtern verdeckt sind.

Optische Täuschungen.

a) Irradiation. Man betrachte in Fig. 250 u. 251 die hellen und dunkeln Flächen und vergleiche ihre Größe. Die hellen Flächen erscheinen größer als die gleich großen dunkeln Flächen.

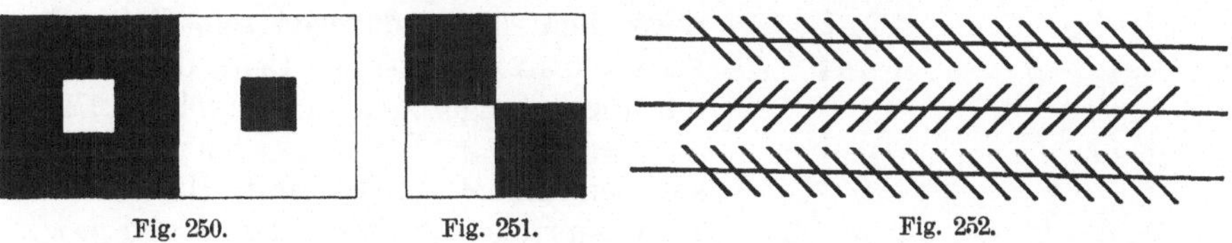

Fig. 250.   Fig. 251.   Fig. 252.

b) Zöllnersche Täuschungsfigur. (Vgl. Fig. 252.) Die horizontalen parallelen Linien scheinen geneigt zu verlaufen, weil sie von schräg gestellten, untereinander parallelen Linien geschnitten werden.

c) **Simultankontrast.** Auf einem Bild, in dem Hell und Dunkel gleichzeitig vorhanden sind, erscheinen uns die hellen Partien (z. B. weiß) um so intensiver hell, je mehr in deren Umgebung das Helle fehlt und um so weniger hell, je mehr Hell sich in der Nähe befindet.

Auf farbigen Bildern erscheint eine bestimmte Farbe um so intensiver, je vollständiger die gleiche Farbe in der Umgebung fehlt.

Wir betrachten ein weißes Gitter auf schwarzem Grund. Die Kreuzungsstellen der weißen Linien erscheinen uns dunkler als das übrige Weiß.

Wir legen ein graues Papierstück auf ein rotes, gelbes oder blaues Papier. Es erscheint grün, resp. blau resp. gelb, d. h. es nimmt die Kontrastfarbe an.

d) **Sukzessivkontrast.** Wir blicken auf einen roten Kreis, der sich in einer weißen Fläche befindet. Dann richten wir den Blick auf einen rein grünen Kreis. Dieser erscheint dann besonders intensiv gefärbt. Oder wir blicken auf eine helle Fläche und dann auf eine dunkle oder umgekehrt. Es erscheint uns die dunkle Fläche besonders schwarz, resp. die helle intensiv hell.

10. Rückenmark und Gehirn.

Versuche über Reflexe.

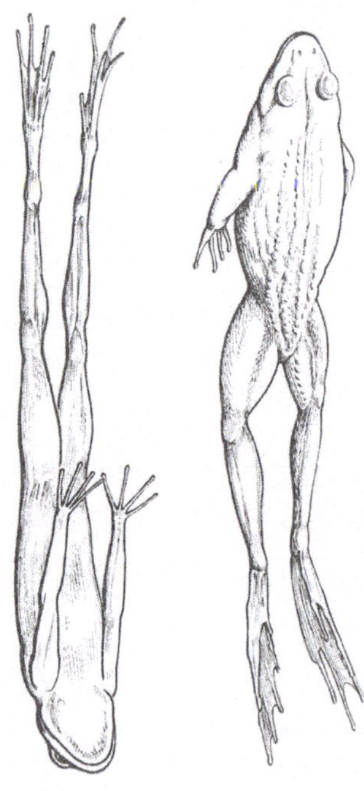

Fig. 253.   Fig. 254.

Versuch 1. Wir legen an der Hinterseite des Schenkels eines dekapitierten Frosches den Nervus ischiadicus frei. (Vgl. S. 215.) Wir beobachten beim Zufassen mit einer Pinzette, daß das zugehörige Bein zuckt. Der N. ischiadicus wird nun durchschnitten und der Frosch mit Hilfe eines Hakens am Unterkiefer aufgehängt. Kneifen wir nun das Bein, dessen N. ischiadicus durchtrennt ist, dann beobachten wir, daß bei genügender Stärke des Reizes das gesunde Bein an den Körper gezogen wird. Das operierte Bein hängt dagegen schlaff herab. Kneift man das gesunde Bein, dann wird nur dieses angezogen (vgl. auch S. 272).

Versuch 2. Reflexkrämpfe. Wir spritzen einem Frosch mit Hilfe einer Pravazspritze $1/_2$ ccm einer 0,1 proz. Strychninlösung unter die Rückenhaut und beobachten das Verhalten des Tieres. besonders bei Erschütterungen. Der Frosch zeigt zunächst, wenn er angefaßt oder wenn der Tisch erschüttert wird, nur träge Bewegung. Nach einiger Zeit beobachten wir, daß er auf Erschütterungen viel leichter anspricht. Bald erhalten wir Streckkrämpfe (vergl. Fig. 253). Zerstört man bei einem solchen Frosche das Rückenmark, dann hören die Krämpfe sofort auf.

Zum Vergleich spritzen wir einem Frosche 1 ccm einer 1 proz. Phenollösung unter die Haut. Nach einem kurzem Erregungsstadium folgt Lähmung. (Vgl. Fig. 254.)

Versuch 3. Durchschneidung der vorderen und hinteren Rückenmarkswurzeln beim Frosch. (Demonstration des Bellschen Gesetzes): Es wird ein Frosch in Bauchlage auf das Froschbrett aufgespannt. Dann durchschneiden wir die Rückenhaut vom vierten Wirbel an bis zum Steißbein (Fig. 255, *a*) und gehen gleich

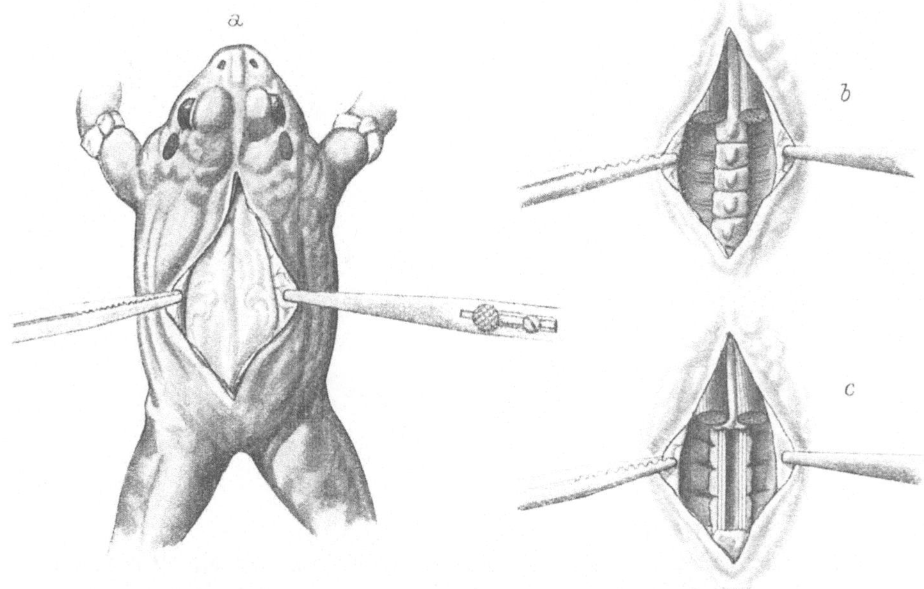

Fig. 255.

in die Tiefe, bis wir auf die Dornfortsätze der Wirbelkörper stoßen. Nunmehr werden die zu ihrer Seite liegenden Muskeln mit einem stumpfen Instrument fortpräpariert, so daß die Wirbelbögen ganz frei liegen (Fig. 255, *b*). Man trägt diese mit Hilfe einer Schere vom dritten bis fünften Wirbel auf beiden Seiten vollständig ab (Fig. 255, *c*). Nunmehr sieht man das Rückenmark mit seinen Häuten vor sich. Diese werden sehr vorsichtig durchschnitten. Man erblickt die siebenten bis zehnten Rückenmarkswurzeln. Wir durchschneiden nun die hinteren (sensiblen) Wurzeln auf der einen Seite, z. B. rechts, und die vorderen (motorischen) Wurzeln links. Nun kneifen wir das rechte Hinterbein. Wir beobachten keinen Erfolg (Fig. 256). Kneifen wir dagegen

das Bein der Seite, auf der wir die vorderen Wurzeln durchschnitten
haben, d. h. das linke Bein, dann erhalten wir je nach der Stärke des
Reizes Bewegung des rechten Hinterbeines (Fig. 257) oder auch Kontraktion anderer Muskeln des Körpers. Dagegen bleibt jede Reaktion
des Beines, das man kneift, aus, weil hier die motorischen Nerven
ausgeschaltet sind. Beim Aufhängen eines derartig operierten Frosches
beobachten wir, daß das Bein auf derjenigen Seite, auf der die hinteren
Wurzeln durchschnitten sind, schlaffer herabhängt, als auf der anderen
Seite (Brondgeestsches Phänomen).

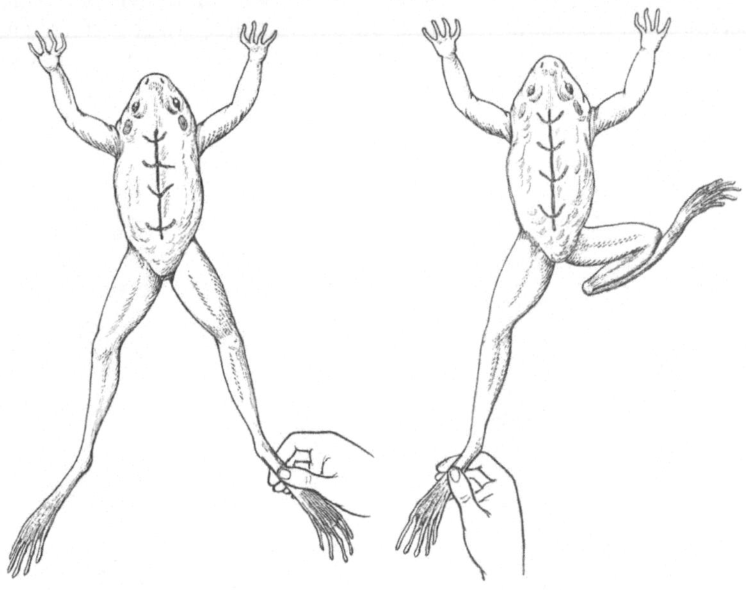

Fig. 256.   Fig. 257.

Versuch 4. Sehnenreflexe beim Menschen. Wir veran-
lassen eine Versuchsperson, sich auf einen Stuhl zu setzen. Wir fassen
dann das eine Bein in der Kniekehle und fordern die Versuchsperson
auf, es möglichst schlaff zu halten und führen entweder mit der Schneide
der Hand oder mit Hilfe eines „Reflexhammers“ einen Schlag auf
das Ligamentum patellae. Es tritt Streckung des Unterschenkels
ein (Patellarreflex). Man verfolge hierbei die Kontraktion des M.
quadriceps femoris durch Auflegen der Hand auf die Vorderfläche
des Oberschenkels. Mißlingt der Versuch, dann liegt es oft daran,
daß die Versuchsperson unwillkürlich den M. quadriceps femoris anspannt. Um die Aufmerksamkeit der Versuchsperson abzulenken,
fordern wir sie auf, beide Hände fest zusammenzuhaken und sie auf
einen gegebenen Befehl hin mit aller Kraft auseinander zu ziehen
(Fig. 258). Während die Versuchsperson diesem Befehl nachkommt,
schlagen wir in der genannten Weise auf das Ligamentum patellae.
(Kunstgriff von Jendrassik.)

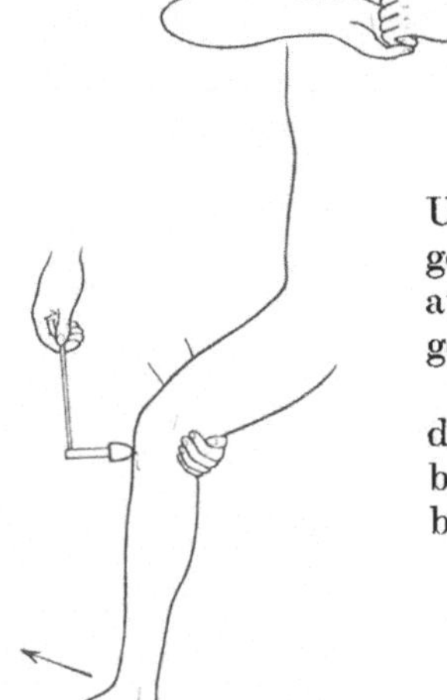

Fig. 258.

Beim Klopfen auf die Achillessehne beobachten wir Plantarflexion des Fußes (Achillessehnenreflex).

Bicepsreflex. Der gestreckte Arm des zu Untersuchenden wird lose auf den Tisch aufgelegt. Dann wird ein kurzer, kräftiger Schlag auf die Bicepssehne nahe der Ellbogenbeuge geführt. Es tritt Beugung des Armes ein.

Tricepsreflex. Beim Beklopfen der Sehne des M. triceps etwas oberhalb des Olecranons beobachtet man, daß der vorher leicht gebeugte Arm in Streckstellung übergeht.

Nachweis des Zuckerzentrums in der Medulla oblongata (Claude Bernard).

Wir wählen ein junges, wohlgenährtes Kaninchen, das wir 24 Stunden vor der Operation in einen Stoffwechselkäfig gebracht haben. Der Urin wird gesammelt und auf Zucker untersucht. Sollte das Kaninchen keinen Urin gelassen haben, dann kann man solchen leicht gewinnen, indem man es in vertikaler Stellung an allen vier Extremitäten ausspannt und dann durch vorsichtig reibende Bewegung mit der Hand immer tiefer in das Becken hinein zu gelangen sucht. Man kann auf diese Weise die Blase leicht auspressen. Nun wird das Tier in Bauchlage auf dem Operationsbrett aufgespannt. Wir narkotisieren es mit Äther. Man faßt nun den Kopf des Tieres mit der linken Hand, setzt mit der rechten ein sog. Piqûre-Instrument oder einen einfachen Troikart auf der Mitte des fast quadratischen Os occipitale auf und bohrt

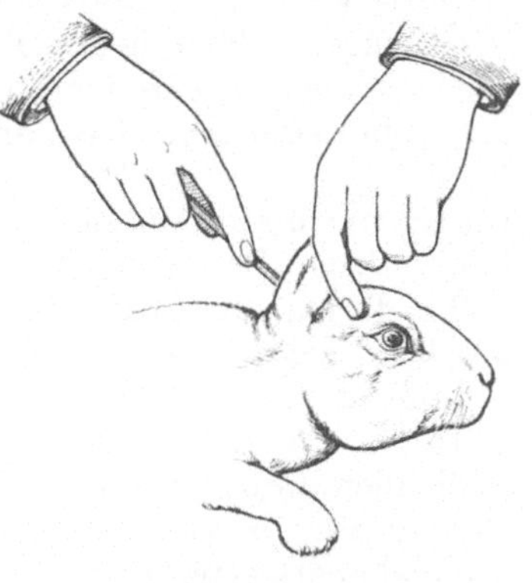

Fig. 259.

unter rotierender Bewegung durch den Knochen durch (Fig. 259), bis man zum Os basilare gelangt. Oft zeigen die Tiere nach der Operation Krämpfe oder Zwangsbewegungen. Ist jedoch die Operation vollständig gelungen, dann bleiben diese Erscheinungen aus. Nun untersucht man den Urin nach verschiedenen Intervallen und stellt den Moment fest, in dem zum erstenmal Zucker im Harn erscheint. Über den Nachweis des Zuckers vgl. S. 55.

Exstirpation des Vorderhirns und der Sehhügel beim Frosch.

Wir stellen bei einem normalen Frosche die Körperhaltung beim Sitzen und sein sonstiges Verhalten fest. Wir sehen, wie er sich spontan

Fig. 260.

bewegt, wie er springt und wie er in aufrechter Stellung sich hinsetzt (Fig. 260). Nun spalten wir die Haut des Kopfes in der Mittellinie und legen das Schädeldach frei. Dann eröffnen wir mit einem starken Skalpell oder einer kleinen Knochenzange die Schädelhöhle und tragen die auf dem Vorderhirn befindlichen Knochenteile ab. Jetzt trennen wir zwischen Vorderhirn und

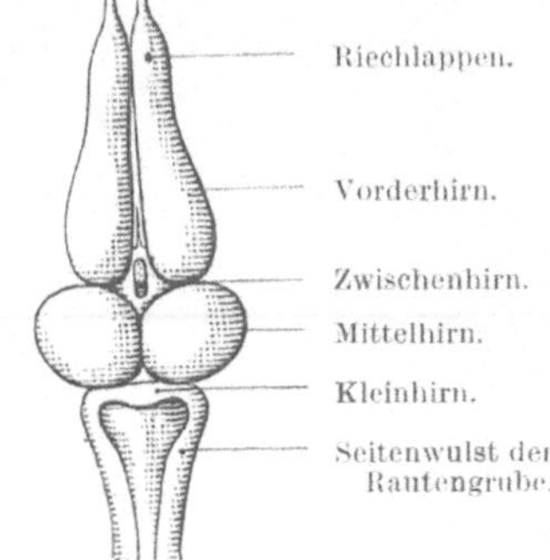

Fig. 261.   Gehirn von Rana esculenta.

Mittelhirn durch und präparieren das erstere ganz aus der Schädelhöhle heraus (Fig. 262). (Vgl. die Anatomie des Froschhirns in Fig. 261.) Die ganze Operation muß mit möglichst geringem Blutverlust durchgeführt werden. Das Versuchstier zeigt zunächst oft schwere Erscheinungen. Es erholt sich aber meistens sehr rasch. Es setzt sich genau so, wie ein anderer Frosch, hin, nur bemerken wir keine spontanen Bewegungen. Im übrigen zeigt sich der Frosch ganz geschickt. Wird er z. B. auf den Rücken gelegt, dann wendet er sich sofort wieder um und setzt sich in die richtige Lage (Fig. 263). Bringt man

ihn auf ein Brettchen, und stellt man dieses allmählich schräg, dann beginnt der Frosch zu klettern. Er hält sich schließlich am oberen Rande des Brettchens fest und überklettert dieses oft auch noch in ganz geschickter Weise. Kneift man den Frosch in ein Bein, dann zieht er dieses an oder hüpft weg. Setzt man den

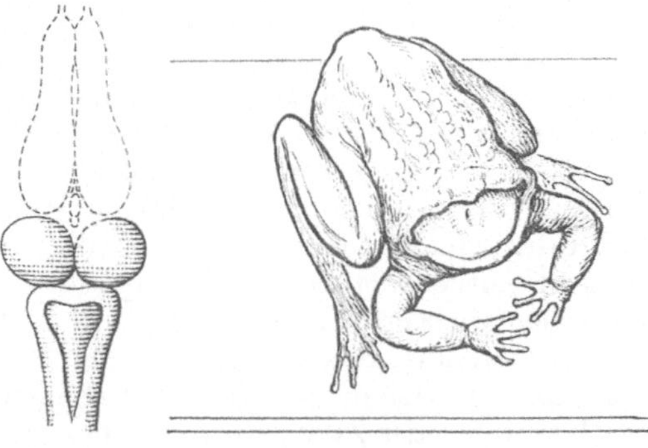

Fig. 262.   Fig. 263.

Frosch ins Wasser, dann schwimmt er. Alle Bewegungen sind hierbei etwas verzögert, träge. Reibt man bei einem männlichen Frosch mit dem Finger den Rücken, oder hält man ihn einfach unter den Armen hoch, dann quakt er (Quakreflex). Eine spontane Nahrungsaufnahme findet nicht statt. Man muß das Tier künstlich füttern. Man kann hierbei in sehr schöner Weise den Schluckreflex verfolgen.

Ist bei der Exstirpation der Sehhügel nicht vollständig abgetragen worden, dann kann man ab und zu spontane Bewegungen und auch selbständige Nahrungsaufnahme beobachten. Hat man ausschließlich das Vorderhirn entfernt, d. h. die Sehhügel geschont, dann läßt sich ein derartig operiertes Tier erst bei genauerer Betrachtung von einem Frosch mit vollständigem Gehirn unterscheiden. Vor allem fällt auf, das das operierte Tier sich nur selten spontan bewegt. Zwingt man es zu Fluchtbewegungen, dann werden diese mit großem Geschick durchgeführt, so daß es oft schwer hält, das Tier wieder einzufangen. Hindernisse werden umgangen.

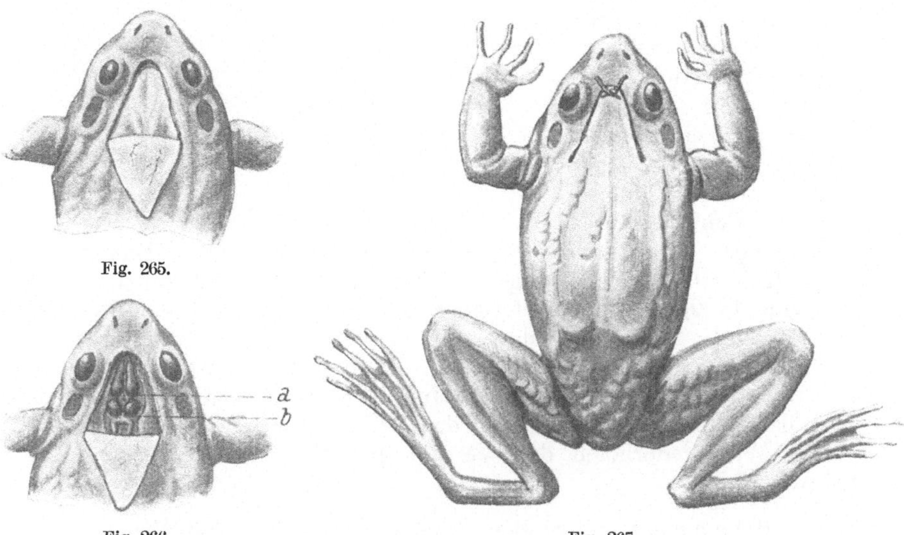

Fig. 264.

Entfernung des Gehirns und der Medulla oblongata.

Wir entfernen bei einem Frosch das gesamte Gehirn und die Medulla oblongata (vgl. Fig. 264). Wir präparieren, wie Fig. 265a zeigt, die Haut in Lappenform vom Schädeldach ab und klappen sie nach hinten um. Dann wird das Schädeldach abgetragen (vgl. Fig. 266). Wir erblicken nach Durch-

Fig. 265.

Fig. 266.

Fig. 267.

schneidung der Hirnhäute das Vorder- (a) und Mittelhirn (b) und ferner die Medulla oblongata. Nach Entfernung dieser Zentralorgane wird der Hautlappen wieder mit Nähten fixiert (vgl. Fig. 267).

Um Blutungen zu vermeiden und die Operation abzukürzen, geht man am einfachsten zwischen Schädel und dem ersten Wirbel ein und schneidet mit einer Schere oder mit einem Messer an dieser Stelle durch. Dann führt man von der eröffneten Stelle aus eine Stricknadel in die Schädelhöhle ein und zerstört das ganze Gehirn. Oder man schneidet einfach den ganzen Kopf vom Rumpfe ab. Der Frosch zeigt keine willkürliche Bewegung mehr. Er liegt ganz flach auf dem

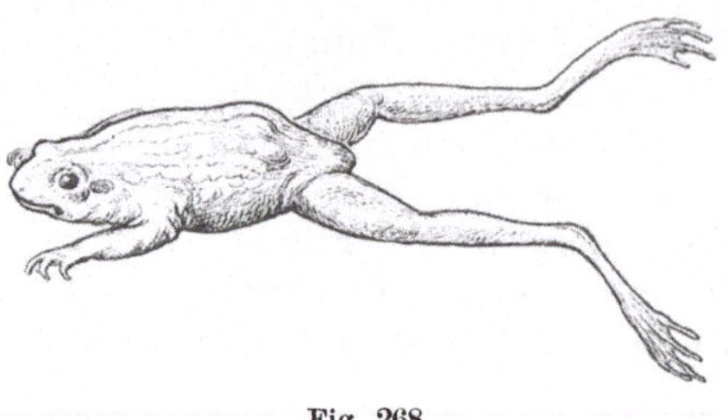

Fig. 268.

Bauch (Fig. 268). Der Kopf wird nach unten gehalten. Legen wir den Frosch auf den Rücken, dann bleibt er liegen. Kletterversuche führt er ebenfalls nicht aus. Kneifen wir ein Bein, dann wird eine Bewegung ausgeführt. Kneifen wir stark, dann können wir sogar Fluchtversuche hervorrufen. Wir beobachten ganz zweck-
mäßige Abwehrerscheinungen. Bringen wir z. B. etwas Essigsäure auf die Rückenhaut der einen Seite, dann sehen wir, daß der Frosch mit dem Hinterbein der gleichen Seite Abwischbewegungen ausführt. (Vgl. Fig. 269.) Amputieren wir dieses Bein, dann versucht der Frosch mit dem andern Hinterbein die Säure zu entfernen (gekreuzter Reflex).

Wir können die Zeit bestimmen, welche vom Moment des Reizes bis zur Abwehrbewegung vergeht. (Bestimmung der Reflexzeit.) Am einfachsten wählen wir verschieden konzentrierte Säuren, z. B. Schwefelsäure.

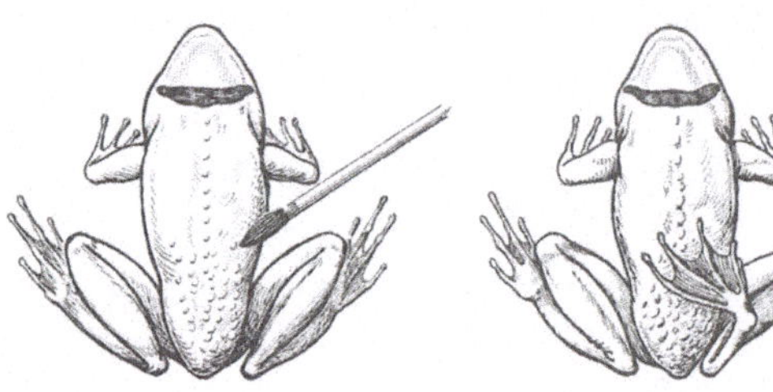

Fig. 269.

Wir hängen zu diesem Zwecke den Frosch an einem Haken auf (Fig. 270). Die Beine hängen schlaff herunter. Nun tauchen wir das eine in 0,1 proz. Schwefelsäure und merken uns die Zeit (oder wir zählen die Metronomschläge), die vergeht, bis der Frosch das Bein aus der Säure herauszieht (Fig. 271). Wir spülen das Bein mit Wasser ab, trocknen es und lassen es dann in 0,2 proz. Säure eintauchen und beobachten, daß nunmehr das Bein viel rascher herausgezogen wird. Wir wiederholen den Versuch mit 0,3, 0,4, 0,5 usw. proz. Schwefelsäure.

Reizung der motorischen Rindenfelder beim Kaninchen.

Ein Kaninchen wird in Bauchlage auf ein Brett aufgespannt und mit Äther narkotisiert. Nachdem Bewußtlosigkeit eingetreten ist, werden die Haare auf der Mitte des Schädels mit der Schere ab-geschnitten. Dann führen wir einen Hautschnitt von der Nasenwurzel bis zum Tuberculum occipitis. Die Hautlappen ziehen wir mit Hilfe von Gewichtshaken auseinander. Es liegt nun das Periost des Schädel-daches frei. Dieses wird durchgetrennt und dann vom Knochen abge-hoben. Nun setzen wir auf den hinteren, seitlichen Teil des Os parietale einen Trepan auf und bohren ein etwa $^1/_2$ cm Durchmesser umfassendes

kreisförmiges Loch in den Knochen. Wir erweitern die Öffnung mit
Hilfe einer Knochenzange, wobei wir uns vorsehen müssen, daß das
Gehirn keine Quetschungen erleidet. Auch die Dura mater muß geschont
werden. Blutungen stillen wir am besten, indem wir stärker blutende
Stellen mit Hilfe eines glühenden Eisens verschorfen. Nunmehr eröffnen
wir die Dura in sagittaler und frontaler Richtung und schlagen die
Lappen zurück. Das Gehirn decken wir sofort mit einem mit 38°
warmer 0,9 proz. Kochsalzlösung getränkten Wattebausch zu.

Wir befreien nunmehr Vorder- und Hinterpfoten aus den Fesseln,
reizen mit faradischen Strömen und tasten mit den Elektroden die frei

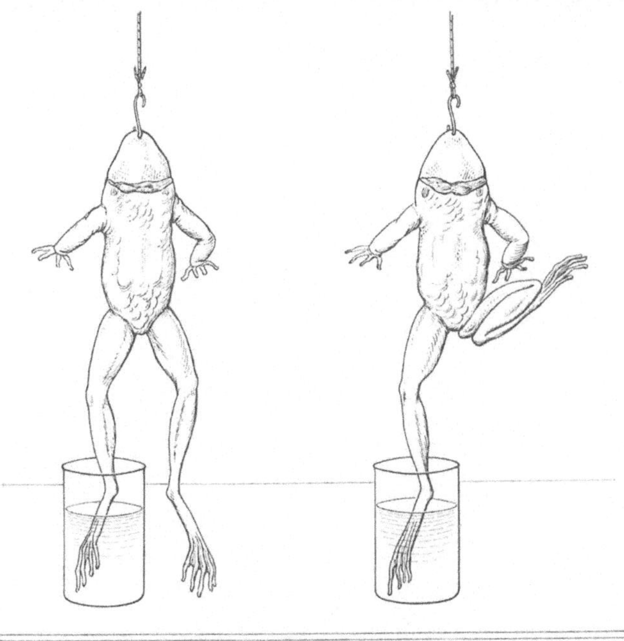

Fig. 270.

gelegte Großhirnoberfläche ab. Wir beginnen mit schwachen Strömen
und verstärken sie allmählich, bis ein Reizerfolg eintritt. Wir beobachten, daß von bestimmten Stellen aus Bewegungen bestimmter Teile
der Extremitäten, bald nur auf der der operierten Seite entsprechenden
Körperhälfte, bald auch auf der gegenüberliegenden, oder auch auf
beiden Seiten auftreten. Wir stellen fest, daß wir von der gleichen
Stelle aus immer den gleichen Erfolg erhalten, vorausgesetzt, daß stets
die gleiche Stromstärke beibehalten wird. Durch Steigerung der Stromstärke kann nämlich eine Fortpflanzung der Erregung auf benachbarte
Teile eintreten. Es werden dann auch tiefer liegende Teile gereizt.
Bei Anwendung sehr starker Ströme erhält man allgemeine Muskel-
krämpfe. Es empfiehlt sich, die Versuche von Zeit zu Zeit zu unter-

brechen und wieder 38° warme physiologische Kochsalzlösung mit Hilfe eines Wattebausches auf die Gehirnoberfläche zu bringen, damit das Gehirn einesteils vor Abkühlung, andernteils auch vor Austrocknung geschützt wird.

Bestimmung der Reaktionszeit.

Die Reaktionszeit, d. h. die Zeit, die vergeht, bis jemand auf einen bestimmten Reiz mit einer bestimmten Handlung reagiert, setzt sich aus verschiedenen Komponenten zusammen. Die durch den Reiz bewirkte Erregung muß auf der sensiblen Bahn dem Großhirn zugeleitet werden (Perzeption). Dann muß die Art der Empfin-

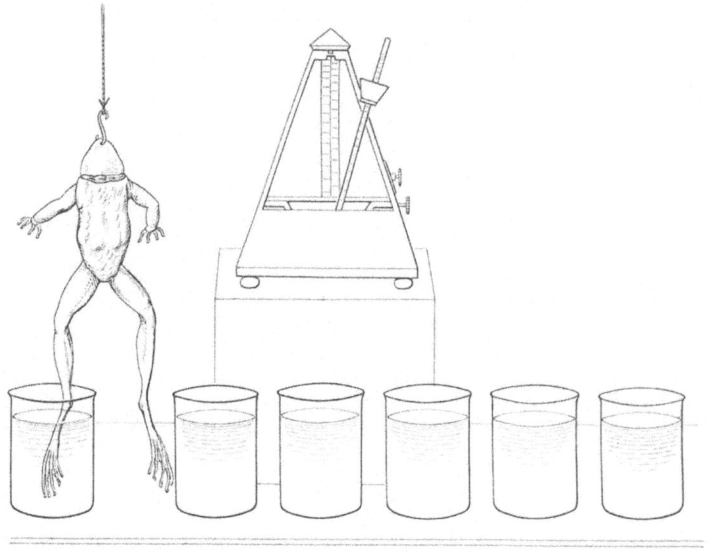

Fig. 271.

dung bewußt werden (Apperzeption). Dann folgt die Übertragung auf die motorische Bahn (Willensimpuls) und dann die verlangte Bewegung. Wir können z. B. einer Versuchsperson einen elektrischen Funken zeigen. Wir markieren uns die Zeit des Auftretens dieses Lichtreizes genau. Die Versuchsperson wird aufgefordert, sofort, wenn sie den Funken sieht, den Zeigefinger zu heben oder mit dem Kopf eine Nickbewegung auszuführen. Dieser Moment wird ebenfalls festgestellt. Die Zeit, die vom Moment des Auftretens des Funkens vergangen ist, bis die Versuchsperson das verabredete Zeichen gab, ist die Reaktionszeit. Wir können die verschiedensten Sinne reizen: Auge, Ohr, die Hautsinne, Geruchs- oder Geschmackssinn. Die Verhältnisse komplizieren sich sofort, wenn wir die Versuchsperson auf bestimmte Zeichen bestimmte Signale geben lassen. Wir verabreden mit ihr z. B., daß sie auf Vorzeigen einer roten Scheibe den Zeigefinger hebt und bei Grün den Mittel-

finger. Oder wir lassen auf einen bestimmten Reiz ein verabredetes Wort
sagen. Noch viel mehr Zeit vergeht, wenn wir die Versuchsperson auf-
fordern, z. B. auf einen Reiz des Geruchs- resp. Geschmackssinnes
einen Gegenstand zu nennen, der ähnlich riecht oder schmeckt. Es
müssen hierbei mancherlei Assoziationsbahnen beschritten werden, bis
die Antwort gefunden ist. Wir können auf diesem Wege sukzessive
immer mehr Bahnen und Zentren in den Bereich des Versuches ein-
beziehen und besonders eindringlich den Einfluß der Übung und auch
den der Ermüdung demonstrieren.

Am einfachsten benutzen wir zu diesen Versuchen ein Kymographion
mit berußter Fläche. Wir zeichnen auf dieser die Zeit auf. Dann
lassen wir durch eine besondere Vorrichtung mit Hilfe eines Schreibhebels den Moment des Reizes aufschreiben. Die Versuchsperson legt
ihren Zeigefinger auf eine Taste, bei deren Niederdrücken ein Hebel
einen vertikalen Strich auf die Trommel aufschreibt, oder sie öffnet
oder schließt einen elektrischen Strom durch Niederdrücken oder Auf-
klappen eines Hebels, z. B. eines Absperrschlüssels. Durch besondere
Vorrichtungen wird der Moment des Schließens resp. Öffnens des
Stromes auf der Trommel markiert.

Sachregister.